飞行技术专业系列教材

重量平衡与飞行计划

（第2版）

主　编　王　可　肖艳平　刘志强

西南交通大学出版社
·成都·

图书在版编目（CIP）数据

重量平衡与飞行计划 / 王可，肖艳平，刘志强主编
.—2版. —成都：西南交通大学出版社，2020.9（2023.1 重印）
飞行技术专业系列教材
ISBN 978-7-5643-7605-5

Ⅰ.①重… Ⅱ.①王… ②肖… ③刘… Ⅲ.①飞机重量控制－高等学校－教材②飞行计划－高等学校－教材
Ⅳ.①V221②V323.1

中国版本图书馆 CIP 数据核字（2020）第 166650 号

飞行技术专业系列教材
Zhongliang Pingheng yu Feixing Jihua
重量平衡与飞行计划
（第2版）
主编 王 可 肖艳平 刘志强

责任编辑	李 伟
封面设计	曹天擎
出版发行	西南交通大学出版社 （四川省成都市金牛区二环路北一段 111 号 西南交通大学创新大厦 21 楼）
发行部电话	028-87600564 028-87600533
邮政编码	610031
网址	http://www.xnjdcbs.com
印刷	四川森林印务有限责任公司
成品尺寸	185 mm × 260 mm
印张	17.5
字数	436 千
版次	2020 年 9 月第 2 版
印次	2023 年 1 月第 7 次
书号	ISBN 978-7-5643-7605-5
定价	58.00 元

审图号 GS（2017）2701 号
课件咨询电话：028-81435775

总　序

民航是现代综合交通运输体系的有机组成部分，以其安全、快捷、通达、舒适等独特优势确立了独立的产业地位。同时，民航在国家参与经济全球化、推动老少边穷地区发展、维护国家统一和民族团结、保障国防和经济安全、加强与世界不同文明沟通、催生相关领域科技创新等方面都发挥着难以估量的作用。因此，民航业已成为国家经济社会发展的战略性先导性产业，其发达程度直接体现了国家的综合实力和现代化水平。

自改革开放以来，我国民航业快速发展，行业规模不断扩大，服务能力逐步提升，安全水平显著提高，为我国改革开放和社会主义现代化建设做出了突出贡献。可以说，我国已经成为名副其实的民航大国。站在新的历史起点上，在2008年的全国民航工作会议上，民航局提出了全面推进建设民航强国的战略构想，拉开了我国由民航大国迈向民航强国的序幕。

要实现民航大国向民航强国的转变，人才储备是最基本的先决条件。长期以来，我国民航业发展的基本矛盾是供给能力难以满足快速增长的市场需求。而其深层次的原因之一，便是人力资源的短缺，尤其是飞行、空管和机务等专业技术人员结构不合理，缺乏高级技术、管理和安全监管人才。有鉴于此，国务院在《关于促进民航业发展的若干意见》中明确指出，要强化科教和人才支撑，要实施重大人才工程，加大飞行、机务、空管等紧缺专业人才的培养力度。

正是在这样的大背景下，作为世界上最大的航空训练机构，作为中国民航培养飞行员和空中交通管制员的主力院校，中国民航飞行学院以中国民航可持续发展为己任，勇挑历史重担，结合自身的办学特色，整合优势资源，组织编写了这套“飞行技术专业系列教材”，以解当下民航专业人才培养的燃眉之急。在这套教材的规划、组织和编写过程中，教材建设团队全面贯彻落实《国家中长期教育改革和发展规划纲要（2010—2020年）》，以培养适应民航业岗位需要的、具有“工匠精神”的应用型高素质人才为目标，创新人才培养模式，突出民航院校办学特色，坚持“以飞为主，协调发展”的方针，深化“产教融合、校企合作”，强化学生实践能力培养。同时，教材建设团队积极推进课程内容改革，在优化专业课程内容的基础上，加强包括职业道德、民航文化在内的人文素养教育。

由中国民航飞行学院编写的这套教材，高度契合民航局颁布的飞行员执照理论考试大纲及知识点要求，对相应的内容体系进行了完善，从而满足了民航专业人才培养的新要求。可以说，本系列教材的出版恰逢其时，是一场不折不扣的“及时雨”。

由于飞行技术专业涉及的知识点多，知识更新速度快，因此教材的编写是一项极其艰巨的任务。但令人欣喜的是，中国民航飞行学院的教师们凭借严谨的工作作风、深厚的学术造诣以及坚韧的精神品质，出色地完成了这一任务。尽管这套教材在模式创新方面尚存在瑕疵，但仍不失为当前民航人才培养领域的优秀教材，值得大力推广。我们相信，这套教材的出版必将为我国民航人才的培养做出贡献，为我国民航事业的发展做出贡献！

是为序。

中国民航飞行学院

教材编写委员会

2016 年 7 月 1 日

第2版前言

本书为飞行技术专业系列教材之一，内容覆盖了飞行员应掌握的相关航空知识，同时兼顾执照理论考试的最新大纲和知识点。本书编写过程中注重知识的系统性和适用性，广泛吸收国内外同类教材的优点，用易学、易懂的方式进行组织和编排，力求做到内容博而不杂。本书可作为飞行技术专业、空管专业、签派专业以及其他民航相关专业的学习用书。

为了适应飞行技术本科专业“双一流”建设的需要和教学进度需要，本书在第一版的基础上进行了大幅调整，全书共分为10章，前5章集中讲述了飞机重量平衡相关知识，后5章集中讲述了飞机飞行计划相关知识。

在重量平衡部分，第1章介绍必要的重量平衡基础知识，第2章介绍重量组成与限制，第3章介绍重心计算和查找方法，第4章结合实际介绍小型通航飞机重量计算方法和重心查找步骤，第5章结合实际介绍大型航线运输飞机重量计算方法和重心查找步骤。

在飞行计划部分，第6章介绍飞行计划相关的法规要求，第7章介绍简易飞行计划的制订，第8章介绍详细飞行计划的制订，第9章介绍特殊飞行计划的制订，包括目的地机场不能加油、利用燃油差价、二次放行和ETOPS（延程运行）飞行计划等，第10章介绍计算机飞行计划的制作、识读及使用。

本书由中国民航飞行学院王可、肖艳平、刘志强担任主编。本书在编写过程中得到了中国国际航空公司、中国南方航空公司、中国东方航空公司、深圳航空公司、上海航空公司、四川航空公司、成都航空公司的大力支持，同时编者参阅了FAA（美国联邦航空管理局）、EASA（欧洲航空安全局）、波音公司、空客公司、杰普逊公司的相关资料，在此深表谢意。

由于编写时间仓促、参考资料不足，加之编者水平有限，疏漏和不妥之处在所难免，恳请广大读者批评指正。

编　者

2020年4月

第 1 版前言

本书为飞行技术专业系列教材之一，内容涵盖了飞行员应该掌握的相关航空知识，同时兼顾了飞行员执照理论考试的最新大纲和知识点。本书注重知识的系统性和适用性，广泛吸收国内外同类教材的优点，用易学、易懂的方式进行组织和编排，力求做到内容博而不杂。本书可作为飞行技术专业人才培养的专业教材，也可作为空管专业、签派专业以及其他民航相关专业的辅助学习资料。

本书由中国民航飞行学院王可、肖艳平、刘志强担任主编，全书分为上下两篇，上篇为“重量平衡”内容，下篇为“飞行计划”内容。

在重量平衡部分，第 1 章介绍了必要的预备知识，第 2 章介绍了重心的基本概念和计算方法，第 3 章介绍了重量组成与限制，第 4～6 章着重介绍了小型通用航空飞机和大型运输飞机的重量计算方法和重心查找步骤，第 7 章介绍了货舱装载，第 8 章介绍了称重，第 9 章介绍了重量平衡业务与法规内容，第 10 章介绍了电子舱单与运务电报。

在飞行计划部分，第 1 章介绍了飞行计划相关的法规要求，第 2 章介绍了气象和航行情报知识在飞行计划制订中的应用，第 3 章介绍了简易飞行计划的制订，第 4 章介绍了详细飞行计划的制订，第 5 章介绍了特殊飞行计划的制订，包括目的地机场不能加油、利用燃油差价、二次放行和 ETOPS 飞行等，第 6 章介绍了计算机飞行计划。

在本书编写过程中，编者得到了中国国际航空公司、中国南方航空公司、中国东方航空公司、深圳航空公司、上海航空公司、成都航空公司的大力支持，并参阅了美国联邦航空管理局（Federal Aviation Administration，FAA）、欧洲航空安全局（European Aviation Safety Agency，EASA）、波音公司、空客公司、杰普逊公司的相关资料，在此对他们深表谢意。

由于编写时间仓促，编者水平有限，书中疏漏和不妥之处在所难免，恳请广大读者批评指正。

编 者

2017 年 4 月

主要英美制单位与国际标准单位的换算关系

1 ft = 0.304 8 m = 12 in

1 m = 3.28 ft

1 n mile(NM) = 1.852 km = 1 852 m

1 mile = 1.609 3 km = 1 609.3 m

1 kn(kt) = 1.852 km/h

1 lb = 0.453 6 kg

1 inHg = 33.86 hPa = 33.86 mbar

1 bar = 100 kPa

1 gal(英) = 4.546 L

1 gal(美) = 3.785 L

注：因飞行活动需要，教材中保留了部分英美制单位，未统一为国际标准单位。

目 录

上篇 重量平衡

下篇 飞行计划

上篇　重量平衡

第 1 章　基础知识

飞机重量与
平衡预备知识

1.1　飞机重量平衡的规章要求

航空器载重平衡是航空公司运行及安全保证的重要环节，与飞行安全密切相关。随着中国民航的快速发展，载重平衡工作已经成为一个专业的运行体系，由过去单一岗位的手工操作逐渐发展为协同开展的系统性工作。载重平衡工作对内涉及配载、地服、装卸、飞行、签派、客舱以及机务等多个部门和岗位，对外涉及相关代理单位。

多年以来，民航运行中发生了多起配载平衡相关不安全事件，促使行业更加重视飞机重量平衡管理工作。《大型飞机公共航空运输承运人运行合格审定规则》（CCAR-121-R6）针对飞机重量平衡的主要条款内容有：

CCAR 第 121.679 条 装载舱单的制定

在每架飞机起飞之前，合格证持有人应当制定装载舱单，并对其准确性负责。该舱单应当由合格证持有人负责管理飞机舱单和装载的人员，或者由合格证持有人授权的其他合格人员制定并签字。机长在收到并核实装载舱单后方可以起飞飞机。

CCAR 第 121.697 条 装载舱单

装载舱单应当包含飞机在起飞时有关装载情况的下列信息：

（a）飞机、燃油和滑油、货物和行李、乘客和机组成员的重量。

（b）该次飞行的最大允许重量，该最大允许重量不得超过下述重量中最小的重量：

（1）对于拟使用跑道，考虑对跑道气压高度和坡度以及起飞时的风和温度条件的修正值之后的最大允许起飞重量；

（2）考虑到预期的燃油和滑油消耗，能够符合适用的航路性能限制的最大起飞重量；

（3）考虑到预期的燃油和滑油消耗，能够在到达目的地机场时符合批准的最大设计着陆重量限制的最大起飞重量；

（4）考虑到预期的燃油和滑油消耗，能够在到达目的地机场和备降机场时符合着陆限制的最大起飞重量。

（c）按照批准的程序计算的总重量。

（d）按照批准的能够保证重心处于批准范围之内的计划，对该飞机实施装载的证据。

CCAR 第 121.699 条 国内、国际定期载客运行装载舱单，签派单和飞行计划的处置

（a）机长应当将下列文件的副本随机携带到目的地：

（1）填写好的装载舱单；

（b）合格证持有人应当保存前款规定的文件的副本至少 3 个月。

CCAR 第 121.700 条 补充运行的装载舱单、飞行放行单和飞行计划的处置

（a）实施补充运行的飞机机长应当携带下列文件的原件或者经签署的文件副本飞行到目的地机场：

（1）装载舱单；

（b）如果飞行在合格证持有人主运行基地始发时，应当在其主运行基地保存本条（a）款规定的文件的原件或者副本。

（c）除本条（d）款规定外，如果飞行在合格证持有人主运行基地以外的机场始发时，机长（或者合格证持有人授权的其他运行控制人员）应当在起飞前或者起飞后立即将本条（a）款列出的文件副本发送或者带回到主运行基地保存。

（d）如果飞行始发在合格证持有人的主运行基地以外机场时，合格证持有人在那个机场委托他人负责管理飞行运行，按照本条（a）款规定签署过的文件副本在送回合格证持有人的主运行基地前在该机场的保存不得超过 30 天。如果这些文件的原件或者副本已经送回合格证持有人的主运行基地，则这些文件不需要继续保存在该机场。

（e）实施补充运行的合格证持有人应当：

（1）根据本条（d）款规定，在其运行手册中制定专门人员负责这些文件副本；

（2）按照本条规定原始文件和副本应当在主运行基地保存 3 个月。

为进一步做好航班载重平衡的管理实施和风险防控，严格落实 CCAR121 第 679、697 条要求，严把载重平衡安全关。2019 年 1 月 17 日，中国民用航空局飞行标准司下发了《关于进一步加强载重平衡工作的通知》（局发明电〔2019〕200 号）。同年 1 月 21 日，民航局飞标司再次下发了《关于开展载重平衡专项检查的通知》（局发明电〔2019〕235 号），对各运输航空公司载重平衡（含舱单制作）工作实施专项检查，并明确了飞行标准部门负责载重平衡（含舱单制作）等方面的政策制定和监管；运输部门负责旅客数量及货物重量等信息传递、行李货物装卸等方面的政策制定和监管。

为切实推进航空公司重量与平衡控制体系建设，实现风险防控和业务全过程的有机融合，民航局飞标司于 2019 年 10 月 22 日颁布了《航空器重量与平衡控制规定》（AC-121-FS-135）咨询通告，对航空运营人重量不平衡控制和管理工作提供了指南，并为局方开展日常监管提供了依据。该咨询通告适用于按照 CCAR-121 部运行的航空运营人，并供 CCAR-135 部运营人参考使用。该咨询通告主要包括以下五部分内容：

第一部分为航空器的载重平衡和装载计划，由载重平衡控制所需的信息、载重平衡的计算、航空器的装载计划、重心包线的建立、机载重量与平衡系统等内容组成。

第二部分为确定旅客和行李重量，由选择确定重量的方法、标准平均重量、根据调查数据确定平均重量、按座位数分级的旅客平均重量、实际重量等内容组成。

第三部分为运营人载重平衡工作要求，由载重平衡的工作流程、载重平衡舱单的制作和管理、运营人载重平衡地面服务代理管理、运营人报告系统等内容组成。

第四部分为训练，由航空器载重平衡训练大纲、训练记录和保存、飞行员/签派员/乘务员的训练要求、代理人载重平衡舱单制作人员的训练要求等内容组成。

第五部分为运行规范的批准。针对航空运营人制定满足该咨询通告各项要求的重量与平衡控制大纲，或采用按照经局方批准的能达到同等安全水平的其他符合性方法制定大纲进行了说明。

其中，第四部分明确要求航空运营人的飞行员在训练大纲中完善载重平衡的训练内容，并建议在其初始训练中包括下列课程内容：

（1）载重平衡的原理与应用，包括航空器的重量和载量限制、性能限制、航空器的平衡和控制、重心对稳定性和操作性的影响及对配平的影响、重心和安全包线、燃油系统和货舱系统、电子舱单、航空器载重平衡手册使用。

（2）载重平衡工作流程。

（3）手工填制或使用系统制作载重平衡舱单、装载通知单的方法。

（4）运输常规货物、特殊货物及集装设备的注意事项。

（5）运输常规旅客、特殊旅客及行李的注意事项。

（6）航空器基础知识，如航空器的舱门位置、货舱分区、货舱容积、货舱限动设备、货舱阻隔网分布、货舱限制要求、座位布局、油箱分布等。

（7）载重平衡风险防控，包括风险防控的概念、对载重平衡隐患的认识、对数据唯一性的防控办法、载重平衡工作沟通的要求等。

1.2　飞机重量平衡与飞机的关系

大多数民用固定翼飞机都由 5 个主要部分组成，即机身（Fuselage）、机翼（Wing）、尾翼（Empennage）、起落装置和动力装置（见图 1.1.1）。

机体组成和重量平衡

图 1.1.1　飞机的基本组成

1. 机身与重量平衡的关系

机身用于装载人员、行李和货物。装载量的不同会导致飞机重量发生变化，而装载量的分布则会导致飞机重心位置发生移动。

通用航空飞机的机身结构较为简单，通常客舱和货舱没有明显的物理分割，往往将整个座舱内的空间划分为数排。第一排提供给飞行员，第二排提供给乘客，再靠后几排比较灵活，需要携带更多的人员时就安放座椅，需要携带其他货物时就将座椅拆卸下来以腾出更多的空间。也有一些机型具有独立的行李舱，但是空间都很狭小。

大型运输类飞机的机身结构较为复杂，其体积庞大，具有独立的驾驶舱、客舱和货舱舱段布局（见图 1.1.2 和图 1.1.3）。用于载客运输的飞机机身的内部通常分为上下层，上层设计为客舱舱段，用于载客，下层设计为货舱舱段，用于载货。而用于进行全货物运输的飞机机身内部全部用于载货。

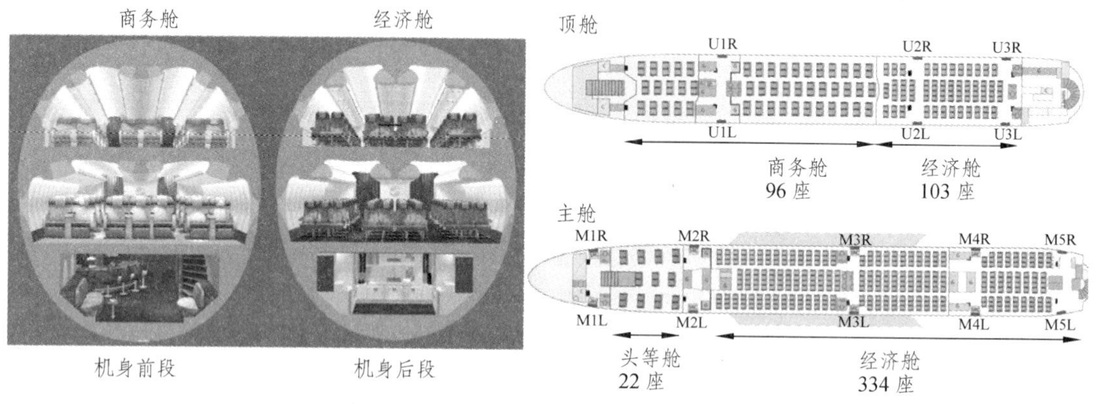

图 1.1.2　A380 飞机机身布局示意图

无论是客舱舱段还是货舱舱段，都可以根据需要进一步分割。譬如客舱可以按功能划分为头等舱、商务舱、经济舱、厨房和洗手间等，货舱可以按位置划分为前货舱、中货舱、后货舱、散货舱等（见图 1.1.3）。

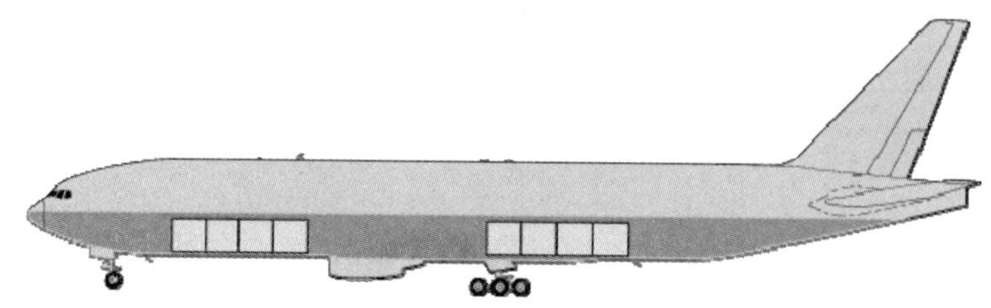

图 1.1.3　大中型客机货舱布局示意图

2. 机翼与重量平衡的关系

机翼除了产生升力，还可以在飞行中储存大量的燃油。受机翼的形状、上反和后掠的影响，用来储存燃油的油箱并不规则。无论是地面加油，还是飞行中耗油，装载燃油的多少都会影响飞机的重量大小和重心位置。

绝大多数飞机在其机翼和机身内部都设计有油箱。尤其是机翼油箱，其储油量远大于机身油箱。对于大型飞机，左右两侧机翼内的燃油重量不仅可以增强飞机的平衡性，而且还可以用于减小翼根的结构应力，防止飞机的结构损坏。

机身内部的油箱可以称为中央油箱，机翼内部的油箱沿着翼根到翼尖的方向可以分为内侧油箱、外侧油箱、透气油箱（见图 1.1.4）。A330/A340 飞机还在其平尾内部设计有配平油箱，用于巡航飞行中调整飞机重心。飞机越庞大，其油箱的划分越复杂。

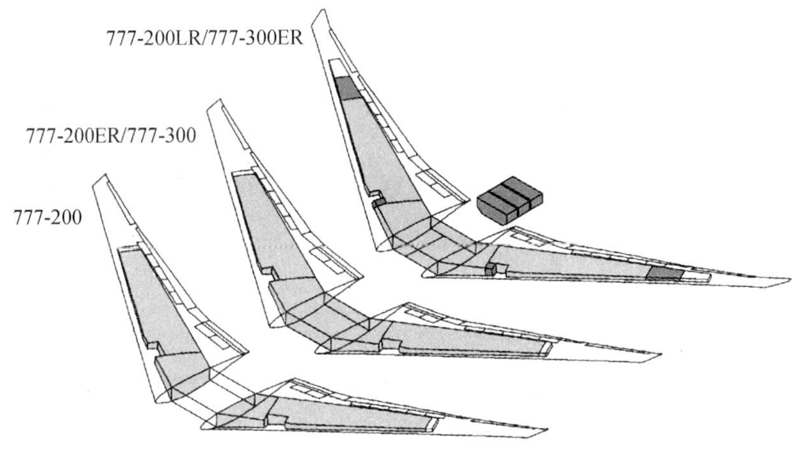

图 1.1.4　机翼油箱分布图

3. 尾翼与重量平衡的关系

尾翼除了提供操控和稳定功效，同时也用于在装载导致飞机的重量和重心变化时，适当调整飞机的俯仰操纵效率。

小型通用飞机在其平尾升降舵的后缘处安装有一个可操纵的活动舵面，称为配平片（Trim Tabs）（见图 1.1.5），用于飞行中减小和消除驾驶盘上的杆力，提高飞机的操纵效率。

大型运输飞机同样也有提高操纵效率的迫切需要，但大型运输飞机往往不使用配平片，而是直接通过平尾前部的可配平水平安定面（THS）来获得期望的效果（见图 1.1.6）。

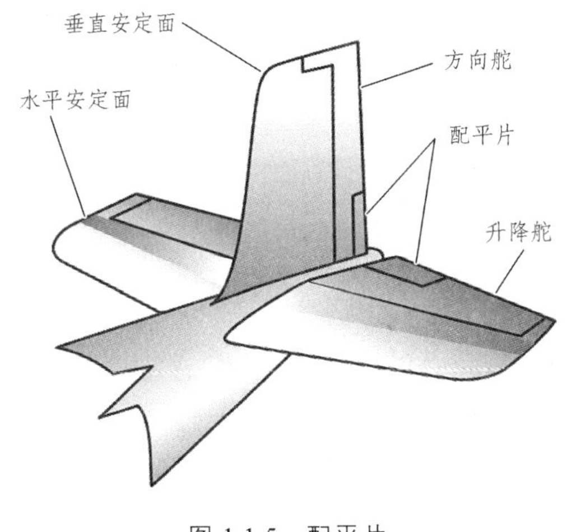

图 1.1.5　配平片

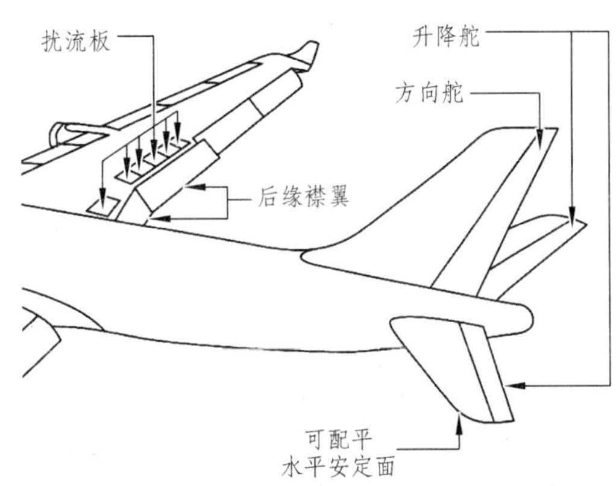

图 1.1.6　可配平水平安定面

4. 起落装置与重量平衡的关系

常见机型的导向轮多位于主轮之前，主轮位于机翼与机身结合部。这种起落架布局可称为前三点式布局。这样的布局方式使得飞机具有良好的地面滑跑方向稳定性。现代飞机绝大多数为前三点式起落架布局（见图 1.1.7）。

图 1.1.7　飞机起落架布局

前三点式起落架布局的现代大型航线运输机为了能够容纳更多的人和货，往往会将机身设计得十分狭长，这样一来，如果重心位置控制不当，在地面装载时容易导致飞机出现后坐现象（见图 1.1.8），在起飞抬轮离地时容易造成飞机出现擦机尾现象。

图 1.1.8　飞机失衡后坐

此外，现代大型航线运输机的起落装置多被设计为可收放式，由减振支柱、刹车和机轮组成的沉重的起落装置在飞行中收放时，会导致飞机重心发生移动。

5. 动力装置与重量平衡的关系

单发飞机的动力装置多位于机头处，双发或多发飞机的动力装置多位于机翼（翼吊式）和机尾（尾吊式）（见图 1.1.9）。

图 1.1.9　不同安装位置的动力装置

只要动力装置的作用力未能恰好通过重心，那么在飞行过程中调整油门改变拉力/推力的大小时，就会打破飞机的力和力矩平衡状态，进而使得飞行状态发生改变。

采用尾吊式发动机的飞机，由于沉重的发动机的影响，飞机在地面装载时若有不当更容易出现后坐现象。

1.3　飞机重心位置对飞行的影响

飞行是转动和平动两种运动形式的叠加，飞机重心对飞行的影响主要体现在转动方面。飞机的转动是在空间中围绕重心的三维立体运动（见图 1.1.10），包括俯仰（Pitch）、滚转（Roll）和偏转（Yaw）。本书仅简单讨论与载重平衡工作密切关联的俯仰转动问题。

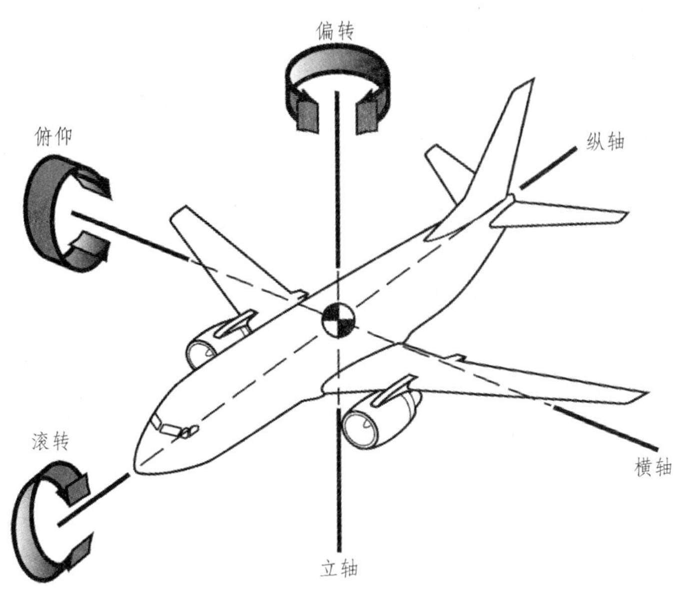

飞机受力与俯仰平衡

图 1.1.10　飞机的空间三维转动

1. 重心与俯仰平衡

飞机的俯仰平衡是指围绕重心作用于飞机的各俯仰力矩之和为零（见图 1.1.11）。作用于飞机的俯仰力矩中最为重要的是机翼升力围绕重心产生的下俯力矩以及平尾负升力围绕重心产生的上仰力矩（见图 1.1.12）。

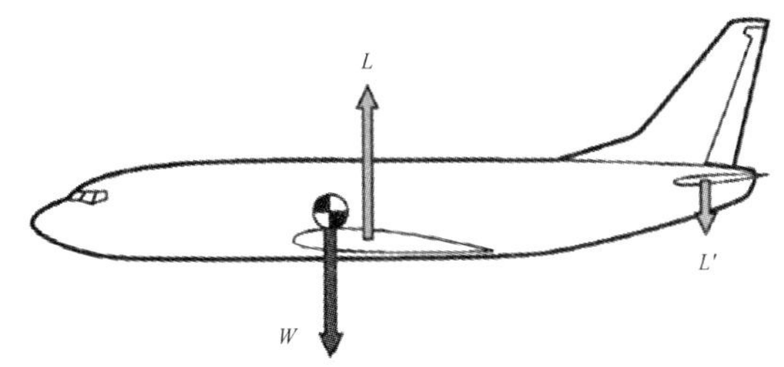

图 1.1.11　机翼升力、平尾负升力与重力的关系

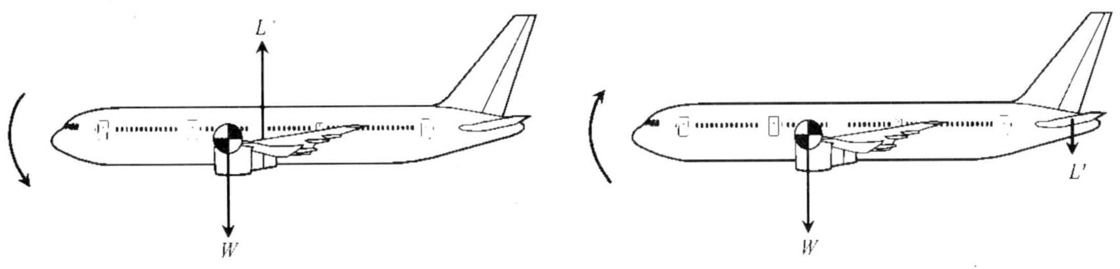

图 1.1.12　机翼升力与平尾负升力产生不同转向力矩

飞机要实现俯仰平衡，既要确保俯仰方向合外力为零，也要确保俯仰方向合力矩为零。当飞机的重量大小或重心位置发生改变，俯仰平衡就会遭到破坏。为了重建平衡，飞行员就需要通过拉杆、推杆、配平等操作来予以实现。其机理与日常生活中人们使用杆秤的原理相似（见图 1.1.13 和图 1.1.14）。

图 1.1.13 杆 秤

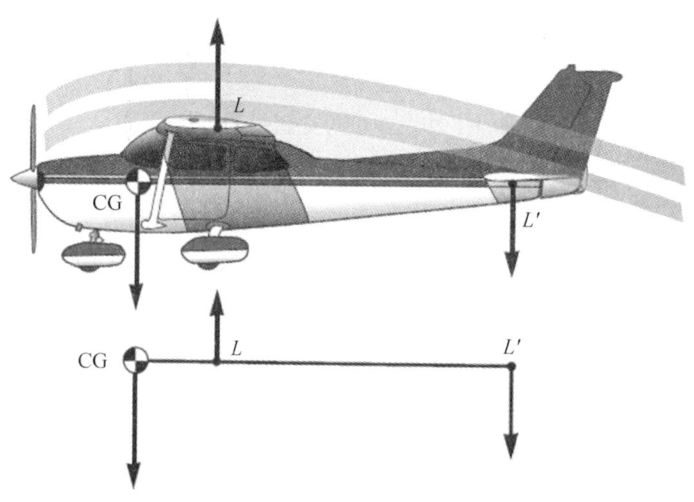

图 1.1.14 利用平尾维持俯仰平衡

飞机重心前移时（见图 1.1.15），机翼升力和平尾负升力到转动中心的力臂均增长，使得低头力矩和抬头力矩均增大。但由于机翼升力远大于平尾负升力，所以飞机低头下俯趋势增强，飞机向下偏离正常飞行轨迹。

此时，如果要抑制飞机低头趋势保持飞机的正常飞行状态，飞行员就需要通过主动拉杆，增大平尾负升力来抵消重心前移所导致的下俯力矩增量，从而满足力矩平衡的需要。飞行员拉杆也使得机翼升力增大，维持了重力、机翼升力、平尾负升力三者受力平衡的需要。

可以联想一下使用杆秤的场景，当秤盘重量不变但是悬挂点前移时，为了维持平衡需要增加秤砣重量，接下来用手拎秤的力也将增加。

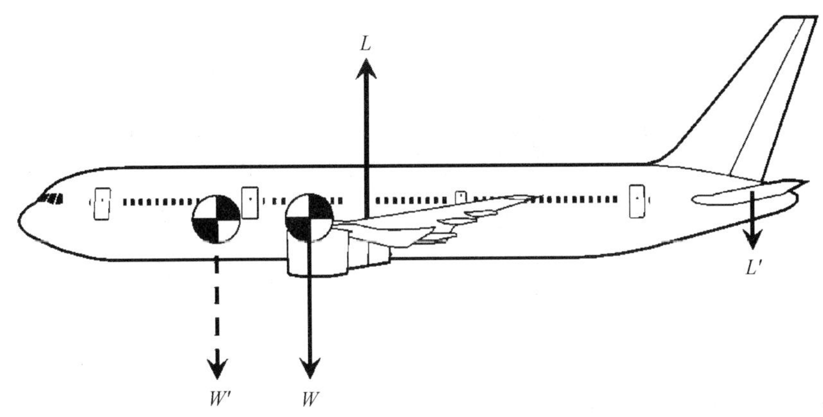

图 1.1.15　重心前移会导致飞机低头

飞机重心前移时，增大机翼升力和平尾负升力还会引起阻力增大，需要产生更大的拉力或推力才能维护匀速飞行状态。这使得发动机输出功率增加，飞行油耗增加，飞行经济性下降。

在对飞机实施装载时，人们在保证安全的前提下使飞机重心适当靠后，这样可以减少阻力，使飞机在整个飞行过程中飞得更加轻盈，从而减少飞行油耗，提高运行经济性，降低燃油成本。对于远程飞行的航线运输机，合理的重心位置将在节能减排、降本增效中发挥重要作用。

2. 重心与俯仰稳定

飞行中，飞机经常会受到各种各样的扰动（如阵风、发动机工作不均衡、舵面的偶然偏转等），使飞机偏离原来的平衡状态。偏离后，飞机若能自动恢复原来的平衡状态，则称飞机具有稳定性（见图 1.1.16）。飞机的稳定性可以分为俯仰稳定、方向稳定和横侧稳定，本书只讨论俯仰稳定（见图 1.1.17）。

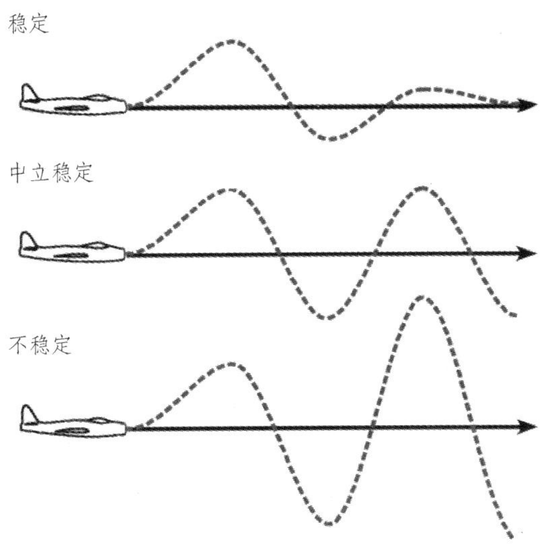

俯仰稳定、俯仰操纵和重心安全范围

图 1.1.16　飞机的稳定性

图 1.1.17　俯仰稳定

飞机的俯仰稳定性主要由平尾来实现。相关资料和书籍认为，当飞机受扰动偏离原来的平衡状态时，除平尾以外，机身、机翼等部分的升力也在发生改变。飞机各个部分升力变化量的总和就是飞机的附加升力。附加升力的着力点叫作焦点（Aerodynamic Center）（见图 1.1.18）。

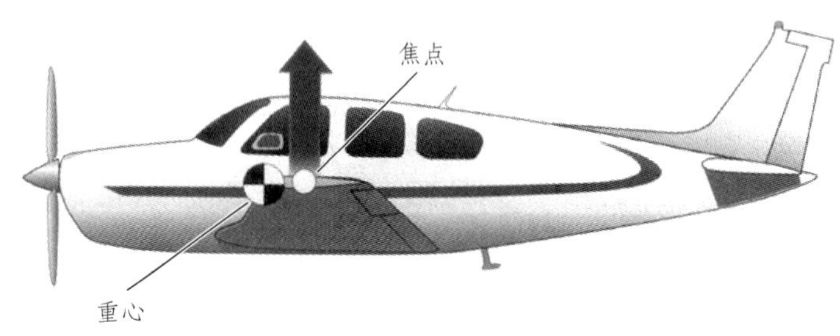

图 1.1.18　焦点与重心的位置关系

重心与焦点的相互位置关系直接影响到飞机的俯仰稳定性。当焦点位于重心之后时，也即重心位于焦点之前时，飞机才能够获得俯仰稳定性（见图 1.1.19）。当飞机焦点位于飞机重心之前或二者重合时，飞机不具有稳定性。

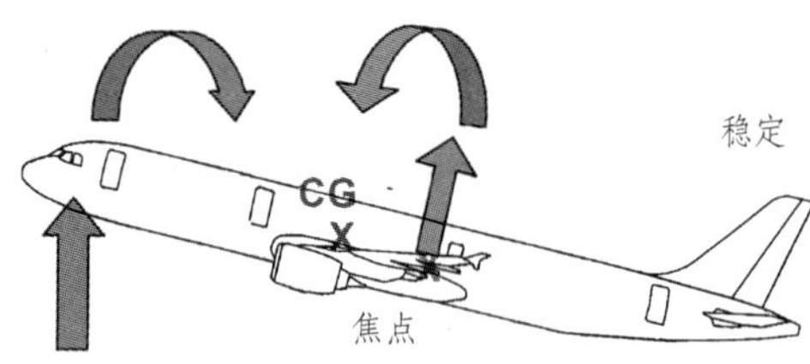

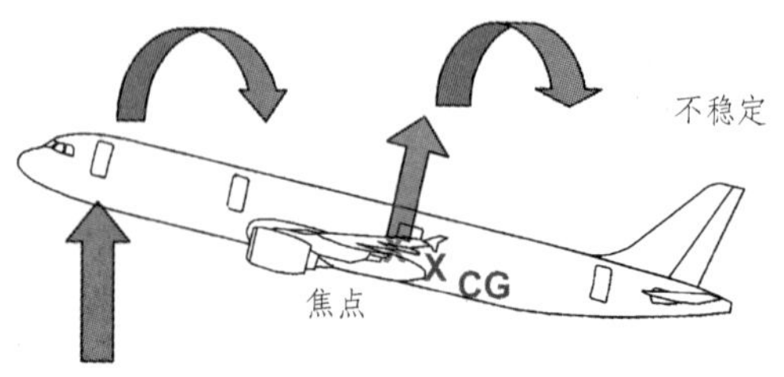

图 1.1.19　焦点位置对稳定性的影响

当飞机重心位于焦点之前时，重心越是前移，重心与焦点距离越远，力臂越长，飞机受扰动后所获得的俯仰稳定性也就越强。所以，就同一机型而言，前重心的装载条件会使飞机具有更强的稳定性。

3. 重心与俯仰操纵

飞机的操纵性，是指飞行员操纵升降舵、方向舵和副翼等改变飞机飞行状态的特性。操纵动作简单、省力，飞机响应快，可认为操纵性强；反之，操纵动作复杂、笨重，飞机响应慢，可认为操纵性弱。本书着重针对俯仰操纵性进行说明（见图 1.1.20）。

图 1.1.20　飞机需要俯仰操纵

为了获得足够的升力，小速度飞行时，飞行员需要通过拉杆来向上偏转升降舵，故施加于驾驶盘上的力通常是拉杆力。同样，大速度飞行时，飞行员需要通过推杆来向下偏转升降舵，故施加于驾驶盘上的力通常是推杆力（见图 1.1.21）。

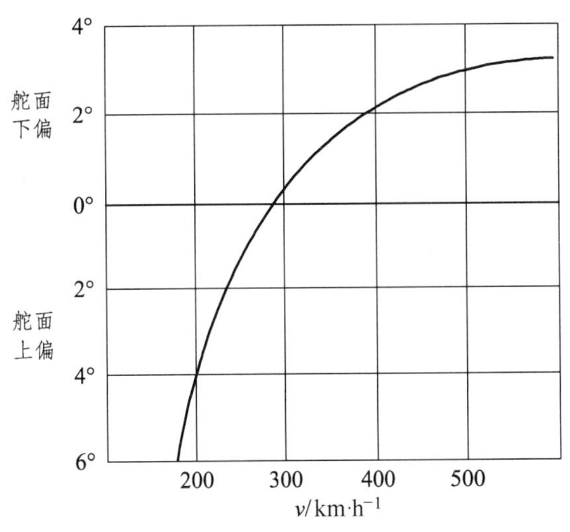

图 1.1.21　飞行速度与杆力

重心位置的前后移动，会导致平飞中升降舵偏转角和杆力的匹配关系发生变化。图 1.1.22 是某飞机在不同重心位置时，升降舵偏转角与杆力和平飞速度的关系曲线。可以看出，即便在相同飞行速度下，不同重心位置所对应的升降舵偏转角和杆力的匹配关系也各不相同。

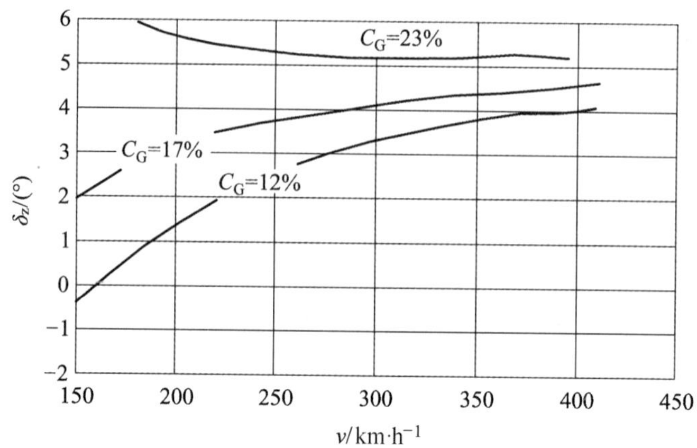

δ_z为正，代表升降舵下偏；δ_z为负，代表升降舵上偏。

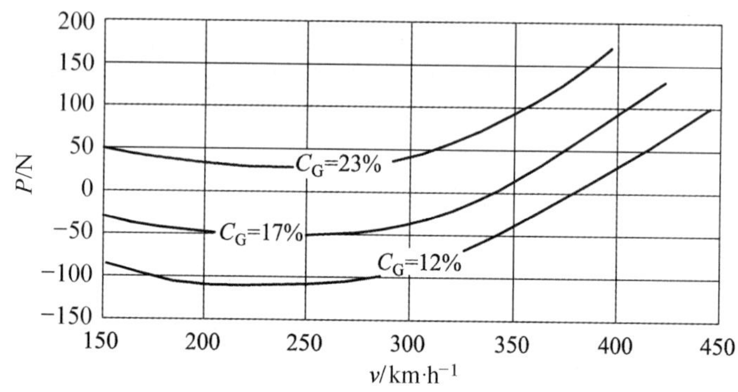

P为正，代表推杆力；P为负，代表拉杆力。

图 1.1.22 不同重心位置对杆力的影响

1.4 飞机重心位置与重心安全范围

操纵性与稳定性均是飞机不可缺少的特性。缺乏稳定性，飞机无法抵抗扰动的影响；缺乏操纵性，飞行员无法实现有效操控。操纵性与稳定性又存在矛盾，通常情况下，稳定性强会使操纵性弱，操纵性强则会使得稳定性弱。重心前后移动同时影响飞机的俯仰稳定性和俯仰操纵性。

重心前移时，飞机的俯仰操纵性开始减弱。由于低头下俯的趋势增强，为保持飞机平衡，所需升降舵上偏角增大，所需拉杆力增大。此外，重心前移越多，所需的升降舵上偏角越大，但升降舵上偏角受到结构和气流分离的限制，不能无限增大。重心前移过多，就可能会出现即使把驾驶盘拉到底，也无法获得期望的飞行姿态。因此，重心位置应有一个前极限（CG Forward Limit）（见图 1.1.23）。

重心后移时，飞机的俯仰稳定性开始减弱。如果重心位置过于靠后，以至接近飞机焦点时，俯仰稳定性将变得很差。一旦重心后移到飞机焦点之后，飞机彻底失去俯仰稳定性。因此，飞机重心位置应有一个后极限（CG Afterward Limit）。为保证飞机具有适当的俯仰稳定性，飞机重心位置后极限应在飞机焦点之前足够的距离处（见图 1.1.24）。

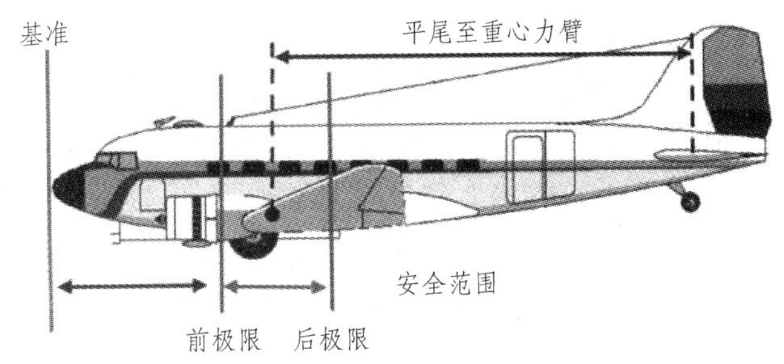

图 1.1.23 重心位置影响操纵力臂

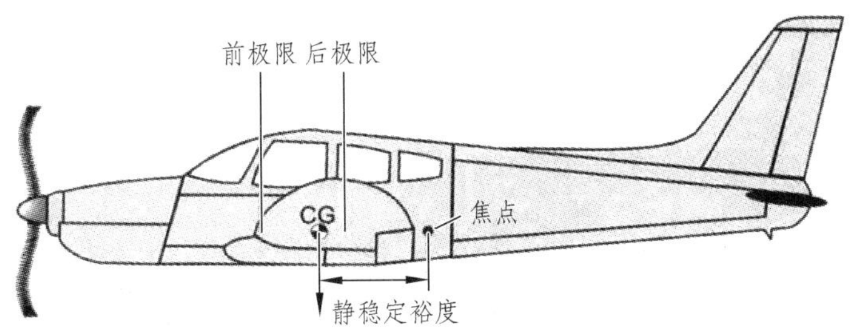

图 1.1.24 重心前极限与后极限

如果在配载时飞机重心过于靠前，逼近甚至超过重心前极限，可能会导致的状况有：

（1）起飞时难以抬轮离地，飞机可能冲出跑道；

（2）爬升困难，飞机无法越过高大的障碍物或难达到规定的梯度要求；

（3）着陆时拉平困难，飞机前轮接地或三点同时接地，容易形成重着陆；

（4）复飞时不能让飞机保持所需的俯仰姿态，受到障碍物威胁；

（5）即便重心不超过前极限，一个靠前的重心状态也会导致飞机失速速度增大，同时增大飞行时的配平阻力，使得巡航经济性下降。

反之，在配载时飞机重心过于靠后，逼近甚至超过重心后极限，可能出现的状况有：

（1）起飞抬轮离地时飞机容易擦机尾，造成飞机结构损坏；

（2）进近着陆和复飞时容易形成过大的俯仰姿态，导致飞机空中失速坠毁；

（3）飞行中操纵过于灵敏，飞行员无法正常操纵，耗费精力，并导致注意力过于集中，危及飞行安全。

综上所述，为保证飞机安全运行，并具有足够的稳定性和良好的操纵性，飞机重心位置应在重心前极限与后极限之间规定的范围以内。

1.5 飞机重心位置与配平

配平机构与重量平衡

为了使飞机在不同的重心位置和飞行状态下均易于操纵，人们使用配平装置来确保飞机具有足够的操纵效率。配平装置利用配平机构进行操作，不受驾驶盘的直接控制。小型通用飞机的配平装置叫作配平片（Trim Tab），大型运输飞机的配平装置叫作可配平水平安定面（Trimmable Horizontal Stabilizer，THS）。

无论是配平片，还是可配平水平安定面，均通过驾驶舱中的配平手轮（见图 1.1.25）进行控制。飞行员通过拨动配平手轮即可让配平装置发挥应有的作用。

图 1.1.25　配平手轮

1.5.1　配平片

在某些恶劣的飞行条件下，升降舵在偏转时可能会遭受极大的空气动力的阻碍，使得飞机的杆力显著增大。杆力过大会导致操纵效率下降，操纵动作变形，影响飞机的正常操纵性。此时，如果飞机具有配平装置且飞行员能够合理使用配平装置，将可以大大改善飞机的操纵效率。

当装载重心过于靠后导致推杆困难时，先让配平片上偏一定角度，配平片产生向下的空气动力，相对于升降舵的转动中心形成转动力矩，促使升降舵向下转动。在这个过程中，配平片起到分担部分推杆力的作用，使得需要人工直接施加的推杆力减小。

当装载重心过于靠前导致拉杆困难时，先让配平片下偏一定角度，配平片产生向上的空气动力，相对于升降舵的转动中心形成转动力矩，促使升降舵向上转动。在这个过程中，配平片起到分担部分拉杆力的作用，使得需要人工直接施加的拉杆力减小（见图 1.1.26）。

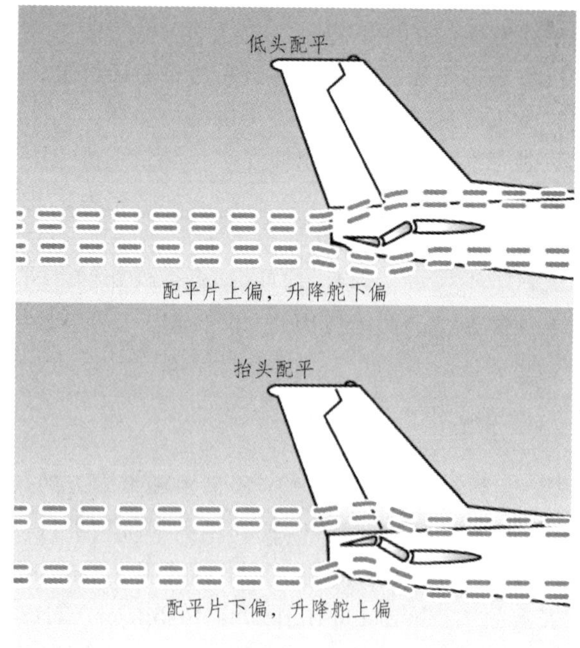

图 1.1.26　抬头配平与低头配平

合理利用配平片减小操纵杆力，使飞行员不再需要长时间握盘用力，提高了操纵效率，也节约了精力。但由于机械装置存在行程限制，不能无限制地通过调整配平片来偏转升降舵，过度使用配平片可能将升降舵有效偏转行程消耗殆尽，驾驶盘就无法直接实现俯仰操纵。故配平片有其局限性，大型运输机往往不予采用。

1.5.2 可配平水平安定面

对于配备有液压系统或电传系统的航线运输飞机，不再以省力为主要目的，如何应对不同航班班次客货装载条件变化导致的重心位置变化所带来的俯仰操纵特性改变，才是主要考虑的问题。使用可配平水平安定面是一个有效的方式（见图 1.1.27）。

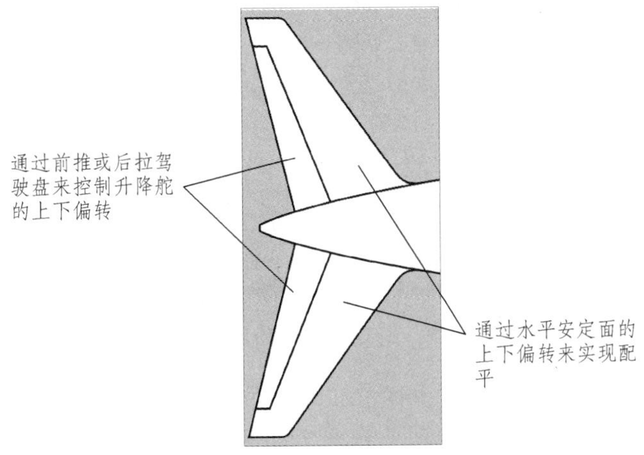

图 1.1.27 可配平水平安定面示意图

可配平水平安定面，是指通过位于平尾前半部分的水平安定面的上下偏转来获得配平效果（见图 1.1.28）。飞行中，可配平水平安定面可以上下偏转，改变平尾在气流中的相对角度，从而调整平尾负升力的大小。其工作机理与配平片有异曲同工之处。

图 1.1.28 某飞机的机尾局部视图

可配平水平安定面仍然通过驾驶舱中的配平手轮进行调节。当重心靠前时，机头沉，调节配平的目的是获得足够的上仰力矩辅助飞行员拉杆操作让飞机抬起头来，称为抬头配平

（Nose Up Trim）；当重心靠后时，机尾沉，此时调节配平的目的是产生足够的下俯力矩辅助飞行员推杆操作让飞机低下头去，称为低头配平（Nose Down Trim）。为了易于识别，工程师在设计时将配平手轮拨动的方向设计为与飞行员推拉杆方向保持一致（见图 1.1.29）。

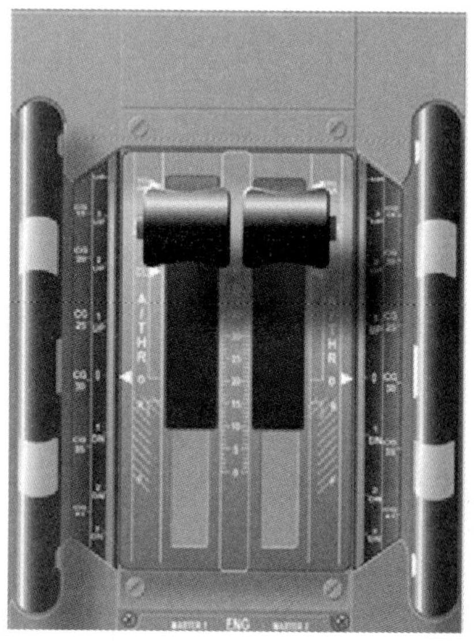

图 1.1.29　航线运输飞机的配平手轮

同一架飞机在执行不同的飞行任务以及面对不同的装载条件时，其重心位置并不固定，每一次飞行所需的配平也各不相同。配平的多少应与重心实际情况相对应，过量的配平会产生负面效果，达不到配平的真正目的。大多数配平手轮有刻度标识，可以帮助使用者快速而准确地实施配平（见图 1.1.30）。

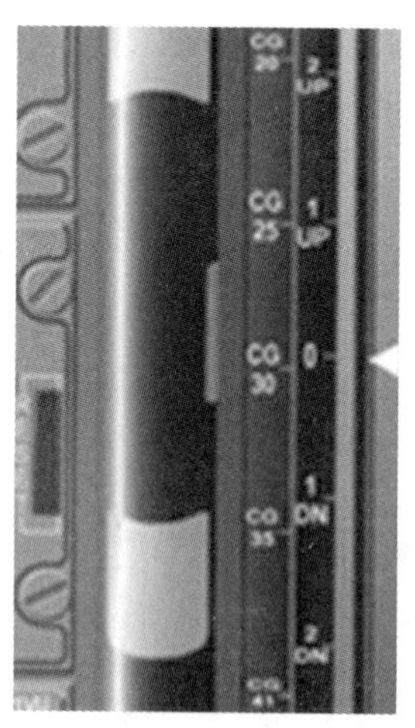

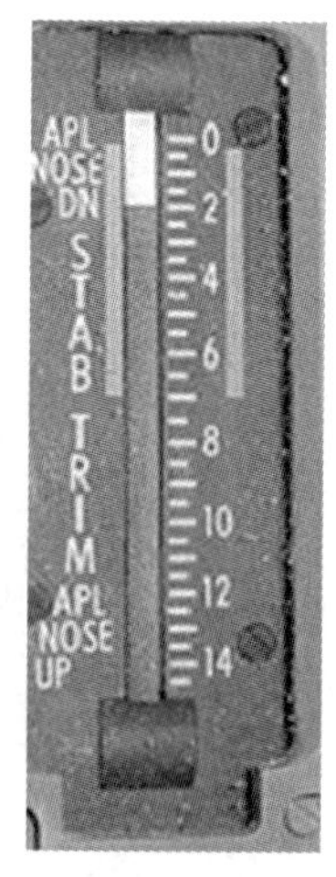

图 1.1.30　A320 和 B767 的配平刻度

起飞配平工作的实施对于各型飞机能够安全起飞至关重要。当重心靠前导致机头过沉时，配平不足可能导致飞机无法正常抬轮离地，冲出跑道；当重心靠后导致机尾过沉时，配平不足可能导致飞机抬轮离地时出现擦尾，损伤机体甚至起火（见图 1.1.31）。

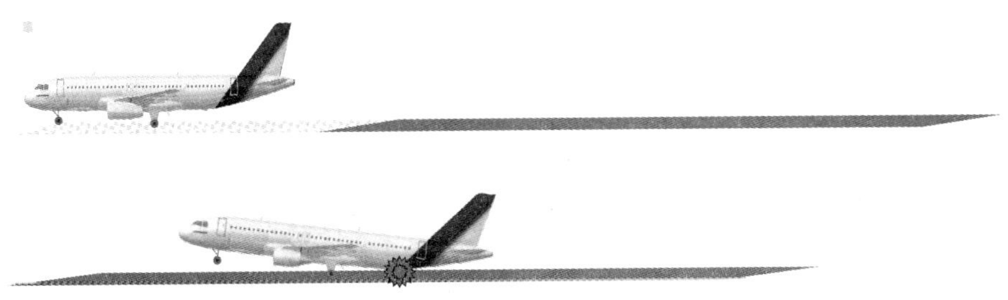

图 1.1.31　配平不当带来的危害

通常在起飞之前，当地面配载工作结束以后，地面人员就能够获得该架飞机的确切重心位置，再根据舱单查找得到与重心相匹配的配平数值，并告知机组。接下来，飞行员拨动配平手轮进行调整，使其对正刻度，这样就完成了起飞配平的相关工作。

复习思考题

1. 试通过个人手机或计算机访问中国民用航空局官方网站，查找 CCAR-121-R6 和 AC-121-FS-135，并浏览与飞机重量平衡相关的条款。
2. 试叙述机身、机翼、尾翼、起落架和动力装置对飞机重量平衡带来的影响。
3. 试对比并叙述前重心和后重心条件下，飞机机翼和平尾升阻力的差异。
4. 试对比并叙述前重心和后重心条件下，飞机稳定性和操纵性的差异。
5. 试说明为何飞机需要设置重心安全范围。
6. 试说明配平片和可配平水平安定面的基本工作原理，并对比二者的优缺点。

第 2 章　重量组成与限制

重量术语

2.1　飞机重量术语

2.1.1　飞机的基本重量

基本空机重量 = 制造商空重 + 标准项目 BEW = MEW + Standard Items

（1）制造商空重（Manufacturer's Empty Weight，MEW），是指飞机在生产线上制造完成时，飞机自身结构重量、动力装置以及必需的设备和系统的重量的总和，是真正意义上的空重量。

（2）标准空机重量（Standard Empty Weight，SEW），是在制造商空重的基础上，计入了永久性的压舱物、不可用燃油、发动机滑油、发动机冷却液、液压用液以后的重量。

（3）基本空机重量（Basic Empty Weight，BEW），是指标准空机重量再加上任何可选用的机载设备或部件的重量；也可认为是在制造商空重基础上考虑了标准项目的变化后，经修正的航空器重量。当飞机制造完毕，并已将相关的服务设施（乘客座椅、机上厨房、卫生间等）安放就位后，需要通过称重的方法来获得飞机的基本空机重量信息。

基本空机重量是大多数通用航空飞机装载计算的基础，其简易舱单的填写往往以基本空机重量为基础，并在其基础上考虑各重量项目的增添。即使型号相同的飞机，选装的设备不同，其基本空机重量也可能不同。同一架飞机的基本空机重量在其使用的寿命期限内也可能发生多次改变，这主要是由于设备的安装与拆卸，机内的局部改造、大修、补片等原因造成的。

运行空机重量 = 基本空机重量 + 运行项目 OEW = BEW + Operational Items

（4）运行空机重量（Operational Empty Weight，OEW），是由基本空机重量加上可运行项目的重量组成的。运行空机重量是在基本空机重量的基础上，根据实际飞行任务的需求不同，对机组、餐食、餐车、航材、饮用水等可变负载项目进行修正后的重量。对于大型的运输类飞机，其舱单的填写以及载重平衡计算通常以运行空机重量作为计算基础，在其上进行重量加减。

由于各制造厂商在定义运行空机重量时，根据自身特点进行了取舍，所以不同机型的运行空机重量所含项目可能会有所差异，再加上实际运行过程中各航空公司业务的差异，就使得在运行空机重量的基础上又衍生出了基重（BW）或干使用重量（DOW）。

干使用重量（基重）≈运行空机重量 DOW（BW）≈OEW

（5）干使用重量（Dry Operating Weight，DOW）或基重（Basic Weight，BW），是在飞机起飞重量的基础上扣除起飞燃油和业载后的重量，是飞机处于可运行状态下的最小重量。干使用重量（DOW）与运行空机重量（OEW）在配载工作中没有本质的差异，只不过定义的方法有所不同，实际所使用机型的舱单及其手册用的是哪一种定义，就在其基础上进行计算。

干使用重量（基重）是计算无燃油重量、着陆重量、起飞重量的基础。各航空公司可以根据自身实际需要决定干使用重量（基重）中所含的项目。在实际载平计算中，由于每次航班实际飞行任务需求不同，需要在航班已知的干使用重量（基重）的基础之上，对机组、配餐、航材和附加设备等项目进行临时性的修正，或增加，或减少。修正后的干使用重量（基重）才是航班载平计算的依据。

2.1.2　飞机的燃油重量

使用重量 = 干使用重量 + 可用燃油 OW = DOW + Usable Fuel

（1）使用重量（Operating Weight，OW），是指干使用重量加上可用燃油，而不包括业载。从干使用重量到使用重量，飞机只需要加装可用燃油，而不考虑乘客、行李、压舱物以及货物的重量。

航班在执行一次飞行任务时，所携带的燃油需根据其具体执行的任务情况而定，例如，航程的远近、备降机场的选择、航路天气条件以及规章要求等。由于飞机最大重量的限制，如果携带过多的燃油，将会导致航班超载或航班载客能力下降，降低经济效益，并且会影响飞行的安全性。

起飞燃油 = 可用燃油 – 启动滑行用油 Take-off Fuel = Usable Fuel – Start-up Fuel and Taxi Fuel

（2）可用燃油（Usable Fuel），是指飞机实际装载用以维持飞机安全正常运行的燃油。它包含启动滑行用油、航程用油和储备用油。

（3）启动滑行用油（Start-up Fuel and Taxi Fuel），主要用于供发动机启动、发动机试车，以及飞机从停机位滑行至松刹车点。启动滑行燃油的多少取决于机场、机型、机位和跑道的具体情况，例如，在北京首都机场这类大型机场运行时，飞机在起飞前可能需要较长时间的地面滑行耗油。

起飞燃油 = 航程用油 + 储备用油 Take-off Fuel = Trip Fuel + Reserved Fuel

（4）起飞燃油（Take-off Fuel），是指飞机正准备进行起飞滑跑时，飞机所携带的完成起

飞、爬升、巡航、下降、等待、进近、复飞、着陆和备降等飞行任务的全部燃油。它是在可用燃油的基础上扣除启动滑行用油。

（5）航程用油（Trip Fuel），是指从起飞滑跑开始至着陆滑跑结束的整个航行过程中所消耗的燃油。在实际飞行中，航程燃油消耗量的多少受到顺风、逆风等天气条件的影响，故一架航班的航程用油并不固定，需要根据当次飞行的飞行计划进行确定。

（6）储备用油（Reserved Fuel），是指根据预估飞机着陆接地时飞机所携带的全部燃油，包括应急燃油、等待燃油和备降燃油。储备用油等于起飞燃油减去航程用油。储备用油同样需要根据当次飞行的飞行计划进行确定，并同时应满足民航规章的相关规定以及航空公司的政策要求，不能随意加装携带。

储备用油是一个总的概念，由多种燃油组成，按照所携带的目的可以进一步细分为等待燃油、备降燃油、应急燃油等。

2.1.3 飞机的运行重量

无燃油重量 = 干使用重量（基重）+ 业载
ZFW = DOW (BW) + Traffic Load

（1）无燃油重量（Zero Fuel Weight），也称零燃油重量，是干使用重量（基重）加上业载，但不计入可用燃油的重量。从干使用重量（基重）到无燃油重量，飞机需要计入乘客、行李、邮件、货物、压舱物、航材等的装载重量，但不计入飞行所需的燃油重量。

实际工作中，如果飞机机翼尚未加入燃油时就开始装载人员和货物，有可能引起机翼和机身结合部位的结构遭受损伤形成事故隐患。为了引起操作人员的注意，常需要单独计算无燃油重量来进行评估。当然，并非所有的机型都存在此问题，具体情况应参照该机型载重平衡手册的相关说明。

起飞重量 = 无燃油重量 + 起飞燃油
TOW = ZFW + Take-off Fuel

起飞重量 = 干使用重量 + 业载 + 起飞燃油
TOW = DOW + Traffic Load + Take-off Fuel

（2）起飞重量（Take-Off Weight，TOW），是指飞机开始起飞滑跑时的实际重量，由无燃油重量和起飞燃油组成。该重量并非一成不变，它随航班任务不同发生相应变化。

起飞重量是载重平衡工作中频繁涉及的重要概念之一。载重平衡计算的目的，就是能够获取一架航班准确的起飞重量信息。起飞重量的准确与否直接影响到航班运行的安全，也影响到起飞离场、航路飞行、盘旋等待和着陆复飞等性能分析工作的实施意义。

着陆重量 = 无燃油重量 + 储备用油
LW = ZFW + Reserved Fuel

着陆重量 = 起飞重量 − 航程用油
LW = TOW − Trip Fuel

（3）着陆重量（Landing Weight，LW），是指飞机正常着陆时的实际重量，由无燃油重量和储备用油组成；也可以用起飞重量扣除航程用油后得到着陆重量。

着陆重量同样是载重平衡工作中频繁涉及的一个重要概念。实际工作中，人们通常需要通过获得准确的着陆重量数据来评估飞机是否能够在目的地机场或备降机场安全着陆或复飞；又或者，需要根据目标机场的机场条件反过来评估所允许的着陆重量，进而评估业载和燃油的加装是否合理。

停机坪重量 = 起飞重量 + 启动滑行用油 RW = TOW + Taxi Fuel

（4）停机坪重量（Ramp Weight）或滑行重量（Taxi Weight），是指飞机在装载完所有计划装载项目后总的重量，它包含干使用重量、业载、启动和滑行用油、航程用油、储备用油。工作中，该重量也可称为全重（All Up Weight，AUW）。

2.1.4　飞机的业载重量

商载 = 乘客 + 行李 + 货物 + 邮件 Payload = Passenger + Baggage + Cargo + Mail

（1）商载（Payload），是指任何可以给航空公司带来利润的乘客、行李、邮件和货物重量的总和。能够创造经济效益是其最大的特点。

业载≈商载 Traffic Load≈Payload

（2）业载（Traffic Load），是指飞机上乘客、行李、邮件、货物和非盈利性物品的重量总和，不考虑是否能够创造经济效益。

非盈利性物品是指由飞机携带，但在飞行中不会使用或飞机重要设备的部件以及不创造经济利益的物品。通常，运输类飞机会携带备用轮胎和刹车配件，以备飞往不配备该类设施的机场时使用。甚至飞机在进行货运时，为控制重心位置，还需要压舱物进行压舱。

在载重平衡工作中，人们一般更习惯使用业载这一概念，因为业载包含得更为广泛，可以防止重量计算时出现遗漏。在本书中，如无特殊说明，商载可以理解为就是业载。

固定负载 = 行李 + 货物 + 邮件 Dead Load = Baggage + Cargo + Mail

（3）固定负载（Dead Load），也称静负载或死重，是指航空器运载的货物、邮件、行李和集装设备等的重量总和，通常指除旅客重量外的业载重量，包括行李、货物、邮件、集装设备和临时性压舱物等。

该重量主要用于检查前三点式起落架布局飞机的货舱装载情况。对于某些前三点式起落架布局的机型，在固定负载状态下飞机重心可能会超出飞机重心后极限，使得飞机抬头后坐，此时应添加尾撑杆在停机坪上支撑飞机，防止飞机在装载过程中出现后坐，造成事故。

2.1.5 其他重量术语

（1）标准项目（Standard Items），是指未被视为特定航空器必不可少的组成部分，但在同一型号航空器之间没有差异的机载设备和液体。这些项目包括但不限于以下项目：

① 不可用燃油和其他不可用液体；② 发动机滑油；③ 盥洗室的液体和化学物品；④ 灭火器、烟火信号装置和应急氧气设备；⑤ 厨房、餐厅、酒吧内的结构；⑥ 辅助电子设备。

（2）运行项目（Operational Items），是指执行特定运行所必需的，但未包含在基本空重之中的人员、设备和给养。在不同机型上这些项目可能是不同的，包括但不限于以下项目：

① 机组人员、非机组乘员及其行李；② 手册和导航设备；③ 用于旅客服务的物品，包括枕头、毛毯和杂志；④ 供客舱、厨房、酒吧使用的可移动设备；⑤ 包括酒类在内的食物和饮料；⑥ 可用液体，但不包括可利用负载中的液体；⑦ 用于所有飞行的必需应急设备；⑧ 救生筏、救生衣和应急发报机；⑨ 航空器上的集装设备；⑩ 饮用水；⑪ 可放出的不可用燃油；⑫ 通常放在航空器上又不作为货物计算的备用件；⑬ 运营人视为标准配置的所有其他设备。

（3）可变负载（Variable Load），包含特定设备、机组和行李。其中，特定设备是指用于提供特定功能服务的设备和设施，如提供旅客服务的座椅、卫生间、厨房，提供货运服务的传送轨道、传送滑轮、系留设备。

（4）可支配负载（Disposable Load），是指业载加上可用燃油和其他一些未包括在运行项目中的可用液体，也可称为可利用负载（Useful load）。

2.1.6 重量关系小结

从事飞行运行相关工作的人员需要掌握几个主要重量状态之间的相互关系（见图 1.2.1 和表 1.2.1）。飞行机组在工作中常常会接触到起飞重量、着陆重量、无燃油重量这几个基本的重量概念。它们均是在干使用重量之上进一步计入业载和燃油的重量，并根据飞机的不同运行状态形成各自的差异。值得注意的是，无论是燃油还是业载，它们重量的增加都会直接导致全机重量的增加。

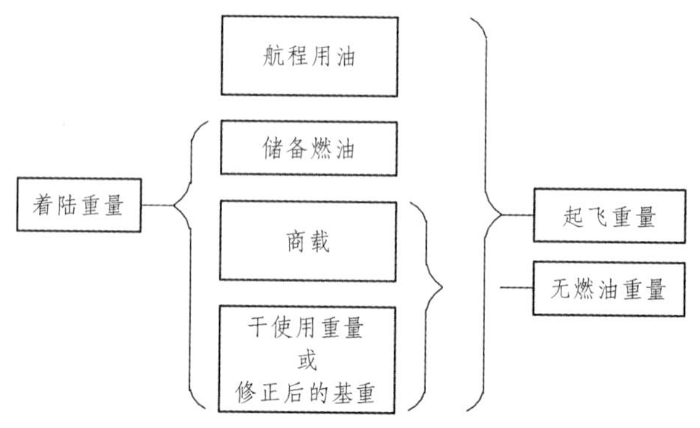

图 1.2.1　常见重量关系图

表 1.2.1　常见重量关系表

Term	DOW	P	B/C/M	Taxi Fuel	Trip Fuel	Reserved Fuel
Operating Weight	√	—	—	√	√	√
Zero Fuel Weight	√	√	√	—	—	—
Landing Weight	√	√	√	—	—	√
Takeoff Weight	√	√	√	—	√	√
Ramp Weight	√	√	√	√	√	√
Takeoff Fuel	—	—	—	—	√	√
Usable Fuel	—	—	—	√	√	√
Pay Load	—	√	√	—	—	—
Dead Load	—	—	√	—	—	—

燃油是用以支撑飞机飞行的根本，是产生飞机前进动力的源泉。航班要正常飞行，必须加装能够保证其任务需要的足够燃油。飞行的时间长短、距离远近、航路天气是否复杂，乃至飞行的高度是否合理，这些因素都会影响到所需加装燃油的多少。

燃油与业载的关系非常微妙，一方面飞机加装的业载越多，就相应需要更多的燃油才能够确保其飞行；另一方面，如果加装过多的燃油，又会使得飞机全重过大，必要时只能削减业载的重量。

最大许可起飞重量和最大商载

2.2　飞机最大重量

2.2.1　结构限制的最大重量

设计人员在设计飞机时，通常会根据该机型的自身能力、用途和需求确定出机体结构能够承受的重量上限，并称其为结构限制的最大重量。从飞机的重量与平衡手册中查阅得到的最大重量数据，正是由该飞机制造厂商经适航审定后给出的结构限制的最大重量。这些重量数据需要获得局方适航审定批准，故也可称为审定最大重量，它们分别为：

（1）结构限制的最大滑行重量，是飞机在开始地面滑行时自身结构强度所能允许的最大重量。由于飞机在停放和滑行时仍在地面，不必考虑机场环境条件变化对飞行能力的影响，可将该重量简称为最大滑行重量。从启动发动机直至滑行到起飞位置（松刹车点），飞机持续消耗燃油，所以结构限制的最大滑行重量大于结构限制的最大起飞重量。

（2）结构限制的最大起飞重量，是飞机在起飞滑跑时自身结构强度所能承受的最大重量。该重量通常是在飞机以 360 ft/min 的下降率接地时不出现损坏的情况下测得的。当飞机的实际起飞重量超过该最大起飞重量时，飞机结构可能遭到破坏。

（3）结构限制的最大着陆重量，是飞机在正常着陆时自身结构强度所能承受的最大重量。该重量通常是在飞机以 600 ft/min 的下降率接地时不出现损坏的情况下测得的。当飞机的实际着陆重量超过该最大着陆重量时，飞机结构可能遭到破坏。

（4）结构限制的最大无燃油重量，是飞机在只加装了业载但尚未加装燃油的情况下能够承受的最大重量。它用于确保机翼和机身结合部在只装业载未装燃油的情况下，不会因遭受过大的结构应力而出现变形和破坏。

飞机如同一根挑着重物的扁担，重物越重，扁担越弯。机翼和机身结合部的应力越大，则材料形变越剧烈，此时加装燃油可以起到缓解应力和形变的作用。因此，当燃油尚未加装到油箱中时，飞机能够承受的重量应该有上限，一旦无燃油重量超过最大无燃油重量，飞机可能遭到损坏进而形成安全隐患，如图 1.2.2 和图 1.2.3 所示。

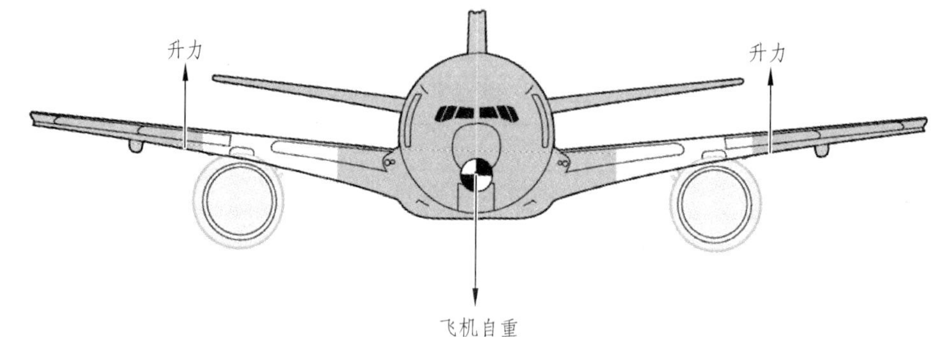

图 1.2.2　飞机横向受力示意图

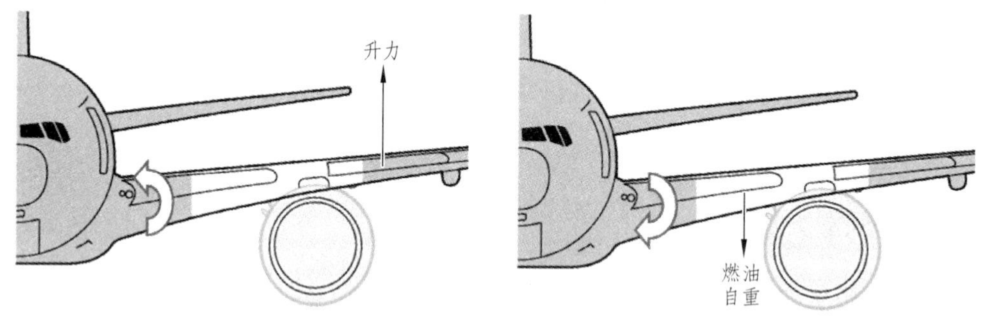

图 1.2.3　升力和燃油都会对机翼形成力矩

2.2.2　性能限制的最大重量

除了结构限制以外，飞机的重量还会受到实际运行条件的制约。人们通常把这类与实际运行条件有关的限制称为飞机性能限制。以起飞为例，常见的需要考虑的飞机性能限制因素包括机场标高、环境温度、风向风速、跑道长度、跑道坡度、地形障碍物、道面污染等。

同一架飞机在不同的大气环境条件和机场条件影响下，飞机性能限制因素会发生变化，使得飞机的能力也随之变化。一旦飞机性能限制因素过于苛刻，人们就不得不对飞机的最大重量进一步削减。例如，当航路下方存在高大地形障碍物时，为使得飞机一发失效之后的航路飘降性能符合安全要求，也会对飞机的最大起飞重量进行限制。

性能限制因素主要涉及最大起飞重量和最大着陆重量。

（1）性能限制的最大起飞重量，是受到起飞机场条件约束可以安全运行的最大重量。

（2）性能限制的最大着陆重量，是受到着陆机场条件和备降机场条件约束可以安全运行的最大重量。

由于全球各地机场众多，地理位置差异，导致各个机场的运行条件也互不相同，所以性

能限制的最大重量数据无法由制造厂商通过手册直接提供，往往需要由飞机使用者根据机型和机场的实际情况进行分析才能得到。对于运行条件复杂的机场，性能限制因素可能比结构限制因素更加苛刻。例如，当飞机在短跑道或污染跑道上起降时，又或者在高温或高原机场起降时，受性能因素限制的最大重量就可能会比受结构限制的最大重量更小，成为影响飞机最大重量的主要因素。

2.2.3　运行限制的最大重量

运行限制的最大重量是指在飞机运行的各个阶段，为确保安全运行应该遵循的一系列重量限制条件，既包括结构上的限制，也包括性能上的限制。具体如下：

（1）运行限制的最大无燃油重量（Maximum Zero Fuel Weight，MZFW），是飞机不计入可用燃油时结构允许的最大重量。

（2）运行限制的最大起飞重量（Maximum Take-Off Weight，MTOW），是飞机在松刹车开始起飞滑跑时结构和性能限制的最大重量。

（3）运行限制的最大着陆重量（Maximum Landing Weight，MLW），是飞机在正常着陆时结构和性能限制的最大重量。

（4）最大滑行重量（Maximum Taxi Weight）或最大停机坪重量（Maximum Ramp Weight），是开始滑行时飞机结构或停机坪允许的最大重量，包含业载和全部燃油重量。

可见，由于起飞和着陆是飞机运行必不可少的两个阶段，在确定运行限制的最大起飞重量和最大着陆重量时，均需同时考虑结构限制和性能限制。

飞机在良好的机场环境条件下起飞或着陆时，例如，具有低海拔、长跑道、无高大障碍物的平原机场，主要受到结构限制。而当飞机在恶劣的机场环境条件下起降时，例如，高温、高原、短跑道、高大障碍物、积水积冰的特殊机场，主要受到性能限制（见图 1.2.4）。无论如何，一旦获得飞机的性能限制信息，就应当将其与飞机的结构限制进行比较，然后挑选其中的较小者作为飞机运行限制的最大重量用于装载计算判断。

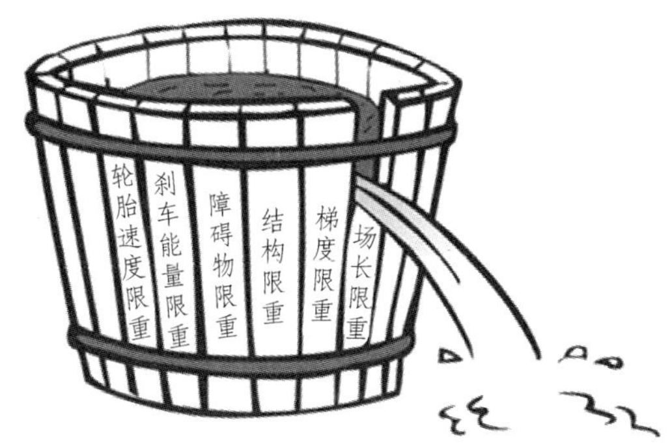

图 1.2.4　分析运行限制最大起飞重量的木桶原理

运行限制的最大起飞重量可以表示为：

$$运行限制的最大起飞重量 = \min\{结构限制，性能限制\}$$

运行限制的最大着陆重量可以表示为：

运行限制的最大着陆重量 = min{结构限制，性能限制}

2.2.4 实际重量与最大重量

通过前面的介绍，我们已能够区分结构限制最大重量、性能限制最大重量和运行限制最大重量这三者的相互关系。在实际运行过程中，当计算出运行限制的最大重量数据以后，就要将其与飞机当前实际重量进行比较和判断，以确保运行安全。具体如下：

起飞重量（TOW）≤最大起飞重量（MTOW）
着陆重量（LW）≤最大着陆重量（MLW）
无燃油重量（ZFW）≤最大无燃油重量（MZFW）

载重平衡工作的一个重要目的就是防止飞机的实际重量逾越相应的最大重量限制。

通用航空飞机因自身重量轻、结构简单，能够携带的人员和行李不多，加装的燃油也较少，使得机体结构应力小，所以在进行载重平衡计算和舱单填写时，常常主要保证最大起飞重量限制条件是否得到满足。

大型运输飞机尤其是航线机，本就体积庞大，能够容纳许多乘客和货物，并且为了做长途飞行，也会携带大量的燃油，所以此时仅仅确保飞机实际重量不超过最大起飞重量还不足以保证飞行安全，需要进一步核实来自最大着陆重量和最大无燃油重量的限制。故在实际工作中，应仔细检查并确保以上三个不等式条件同时成立。

2.2.5 放行许可的最大重量

大型航线运输飞机在实际运行中，由于其结构和运行保障都比通用航空飞机更为复杂，运行限制的最大重量（MTOW、MLW、MZFW）也相差较大，需要在载重平衡计算和舱单填写时进行更为细致的分析和比对，才能够满足运行规章对航班放行的许可要求。因此，即便飞机的实际重量符合运行限制的要求（TOW≤MTOW、LW≤MLW、ZFW≤MZFW），仍然需要进一步核实其最大起飞重量是否合理。具体如下：

首先，通过结构限制和性能限制得到一个运行限制最大起飞重量，称为MTOW1。

MTOW1 = 运行限制最大起飞重量

其次，通过结构限制和性能限制得到运行限制最大着陆重量，然后根据该最大着陆重量和航程用油得到一个最大起飞重量，称为MTOW2。

MTOW2 = 运行限制最大着陆重量 + 航程用油

最后，通过结构限制得到最大无燃油重量，然后根据该最大无燃油重量和起飞燃油得到一个最大起飞重量，称为MTOW3。

$$\text{MTOW3} = \text{运行限制最大无燃油重量} + \text{起飞燃油}$$

在实际进行业载和燃油计算时，所使用的满足放行许可的最大起飞重量，应该是这三者中的最小者。

$$\text{MTOW} = \min\{\text{MTOW1},\ \text{MTOW2},\ \text{MTOW3}\}$$

2.3　飞机业载能力

2.3.1　最大业载

最大业载是指飞机在满足可运行的最大重量限制条件前提下，可以最大限度携带的乘客、行李、货物、邮件的重量。获取飞机运行限制最大重量的最终目的是要在满足安全运行的基础上，明确飞机究竟能够加装多少人和货，即最大业载。

机型不相同、飞行任务不相同，航班的最大业载也就不相同。能够计算得到确切的最大业载重量既可以确保飞行安全，也可以帮助人们充分利用飞机的装载能力来提高经济效益。最大业载的计算方法具体如下：

$$\begin{aligned}
&\text{最大业载} = \min\{\text{最大业载 a},\ \text{最大业载 b},\ \text{最大业载 c}\}\\
&\text{最大业载 a} = \text{最大起飞重量} - \text{干使用重量} - \text{起飞燃油}\\
&\text{最大业载 b} = \text{最大着陆重量} - \text{干使用重量} - \text{储备用油}\\
&\text{最大业载 c} = \text{最大无燃油重量} - \text{干使用重量}
\end{aligned}$$

在计算最大业载的过程中，需要注意多个运行限重都与干使用重量、油量和业载相关，还需要注意多个运行限重都可以推导出对应的最大业载重量。为了防止手工计算时错误的出现，制造厂商为飞机用户提供了载重表来引导用户进行最大业载的计算。图 1.2.5 和图 1.2.6 分别给出了空客和波音两大飞机制造厂商所提供的典型机型的载重表局部图。

MAXIMUM WT FOR →	ZERO FUEL	TAKE-OFF	LANDING
TAKE-OFF FUEL →		TRIP FUEL →	
ALLOWED WEIGHT FOR TAKE-OFF (LOWEST of a,b,or c)	a	b	c
OPERATING WEIGHT			
ALLOWED PAYLOAD			

图 1.2.5　A319-112 载重表局部图

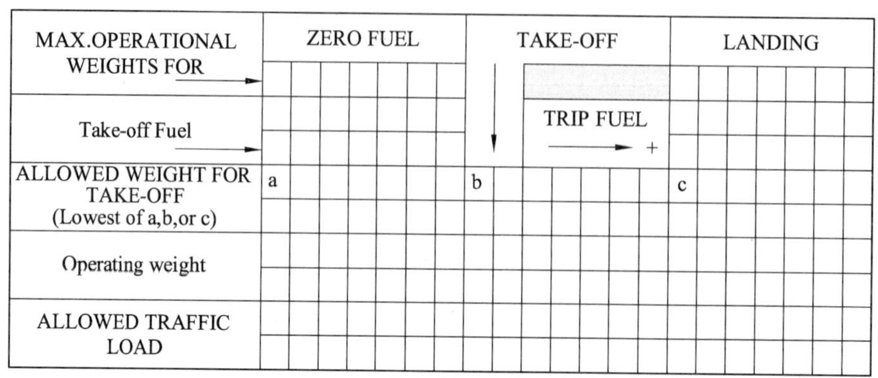

MAX.OPERATIONAL WEIGHTS FOR	ZERO FUEL	TAKE-OFF	LANDING
Take-off Fuel		TRIP FUEL +	
ALLOWED WEIGHT FOR TAKE-OFF (Lowest of a,b,or c)	a	b	c
Operating weight			
ALLOWED TRAFFIC LOAD			

图 1.2.6　B737-800 载重表局部图

最大业载是对飞机进行装载操作的直观指导，无论如何都应当使飞机的实际业载不得超过对应的最大业载重量，一旦发现有超载的情况出现，必须加以调整之后才能够予以放行。

满　载	实际业载 = 最大业载
欠载或缺载	实际业载 < 最大业载
超　载	实际业载 > 最大业载

2.3.2　业载与航程

尽管飞机的起飞重量由干使用重量、起飞燃油、业载组成，但是由于干使用重量的变化并不频繁，故在完成不同飞行任务时，起飞重量的大小主要受到起飞燃油和业载的影响。

最大起飞重量≥起飞重量 = 起飞燃油 + 业载 + 干使用重量

注意，不能单纯认为只要加满燃油且同时装满业载就可以达到最大起飞重量。这样的理解是错误的！航班在实际运行时，往往难以在油箱加满燃油的同时仍获得最大的业载能力，这主要是因为飞机的起飞重量、起飞燃油和业载的多少与航程的远近有着密切的关系。

根据航程对燃油和业载的影响，可以将航程按飞行距离的远近划分为 3 个航程范围，如图 1.2.7 所示。

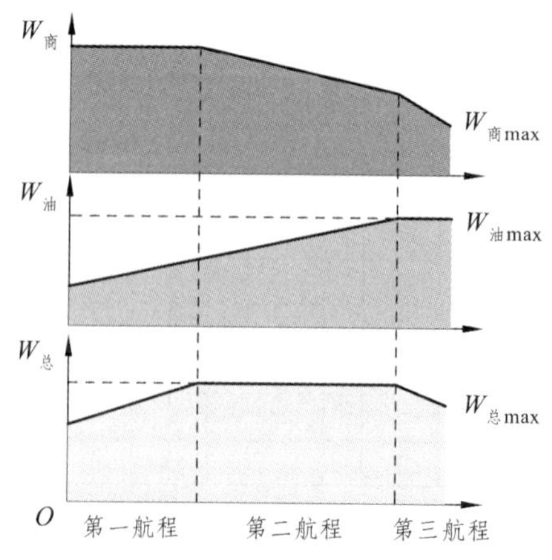

图 1.2.7　最大商载能力与航程

在第一航程范围内飞行时，飞机可保持最大业载能力起飞，此时最大业载多受最大无燃油重量制约。由于该范围内的航程较短，所携带的燃油不多，即便飞机保持满载，起飞重量也不会超过限制。随着航程的延长，为了能够完成飞行任务，飞机携带的燃油越来越多，起飞重量也逐渐逼近最大起飞重量。航空公司在进行战略规划或开航选型时，更倾向于挑选开航航段被第一航程范围所覆盖的机型，正是因为飞机可保持最大业载能力，不会牺牲收益。

最大起飞重量 > 起飞重量↑ = 起飞燃油↑ + 业载○ + 干使用重量

在第二航程范围内飞行时，飞机的起飞重量已经达到最大起飞重量的限制。在不进一步增大起飞重量的前提之下，为了继续延长飞行距离，只有通过减少业载来获得更多装载燃油的份额，这样导致收益降低。此时，随着燃油的不断加装，飞机的油箱已趋于加满。

最大起飞重量 = 起飞重量○ = 起飞燃油↑ + 业载↓ + 干使用重量

在第三航程范围内飞行时，飞机因油箱装满已无法再加装更多燃油，要想继续延长飞机的航程，只有通过进一步减少业载来使得飞机的起飞重量减小，从而导致收益显著降低。

最大起飞重量 > 起飞重量↓↓ = 起飞燃油○ + 业载↓↓ + 干使用重量

无论是为了使飞机携带尽可能多的业载以提高盈利，还是为了减小飞机重量以达到节油、增加巡航高度、便于减推力起飞和降噪程序设计的目的，都需要对飞机燃油加装量进行限制。但这种限制是以不影响飞机的正常航班任务为前提，如果携带的燃油不能保证飞机完成计划航程，那么即使能够携带再多的业载或获得更多的性能改善也没有意义。

2.3.3　实际业载

实际业载（Total Traffic Load）是飞机实际装载的乘客、行李、邮件、货物的重量之和。

实际业载 = 乘客 + 行李 + 邮件 + 货物

飞机的实际业载可以分为两部分，一部分是乘客，另一部分是行李、邮件、货物。其中，行李、邮件、货物因可以过磅称量，相对容易核实重量；相比之下，乘客重量数据就存在不确定性所致的偏差。

理论上获得乘客实际重量的方式极为简便，那就是实际称重。但在实际运行中，这种方式因效率低、操作复杂、乘客体验差等原因难以在航空公司运行中普及，目前国内航空公司多使用标准平均重量的方式对乘客重量进行估算。

标准平均旅客重量是通过统计调查获得一个地区或一个时间段内的乘客平均重量，航空公司根据运行大纲予以明确是否实施旅客手提行李程序，从而纳入或不纳入乘客手提行李的重量。在不考虑机型和航线特殊性的前提下，国内航空公司应参照咨询通告《航空器重量与平衡控制规定》（AC-121-FS-135）中的标准平均旅客重量数据进行计算。一部分航空公司出于对效益的考虑或者对机型重量重心敏感度的需要，也可以在获得局方许可的前提之下结合执飞航路特点以及地理、环境、气候等影响因素，自行统计标准平均旅客重量，必要时还可以对乘客进行实际称重。

标准平均旅客重量的使用场合有所限制，对于包机或者乘客具有统一职业特点（如军队、球队等）时，就应当采取更加有效的方法来获得准确的乘客重量数据。

2.4 备用前重心

在飞机重心位于安全范围之内的前提条件下，不同的重心前后位置会影响到飞机升阻力的大小。例如，平飞时前重心的飞机需要机翼和平尾提供更大的气动升力，从而导致气动阻力增大。正因如此，人们希望在实际使用中通过向后移动飞机重心来获得经济效益。但是，从适航审定的角度来看，考虑到飞机在起飞和着陆等典型飞行阶段的安全，在飞机手册中提供的性能数据总是会偏向保守，往往根据重心在最不利位置（靠近前极限）的条件进行审定批准。

备用前重心方法（Alternate Forward CG）是通过使用更为靠后的飞机重心前极限，来提高审定最大重量，使飞机在某些情景下能够获得更大的起降载量，达到安全和效益二者兼顾的目的。

2.4.1 重心位置对飞机装载量的影响

现在通过一个简化模型进行说明。

【例 2-1】 试根据图 1.2.8 分析飞机的受力平衡和力矩平衡。

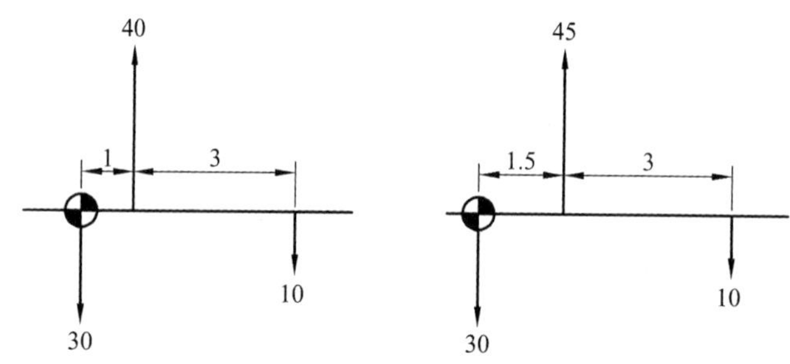

图 1.2.8 飞机受力的杠杆模型

分析：

（1）左图中，重心位于机翼升力着力点之前 1 处，重力为 30 且方向向下，平尾负升力为 10 且方向向下，机翼升力为 40 且方向向上，故合力为 $40-30-10=0$。机翼升力围绕重心产生低头力矩为 $40\times1=-40$，平尾负升力围绕重心产生抬头力矩为 $10\times4=+40$，故合力矩为 0。

（2）右图中，将重心前移至距离机翼升力着力点之前 1.5 处，此时若不改变力的大小，那么原有的力矩平衡就会遭到破坏，使飞机无法稳定飞行。原机翼升力对重心产生低头力矩为 $40\times1.5=-60$，原平尾负升力对重心产生抬头力矩为 $10\times4.5=+45$，故合力矩为 $-60+45=-15\neq0$，飞机具有低头趋势。

（3）右图中，为了保持力矩平衡就必须增大平尾负升力至 15，同时增大机翼升力至 45。如此一来，合力为 $45-30-15=0$，合力矩为 $-45\times1.5+15\times4.5=0$。

从示例可以看出，随着飞机重心向前移动，为保持稳定飞行，需要增加平尾负升力，也需要随之增加机翼升力。在飞行速度没有显著变化的情况下，增加平尾负升力和机翼升力均需要增加翼面的迎角，故机翼和平尾处均伴随有阻力增加。

图 1.2.9 给出了某飞机在两个不同重心位置条件下通过实验测量获得的极曲线对比。可以看出，相同升力系数条件下，重心为 9%MAC 时的阻力系数比重心为 30%MAC 时的更大。

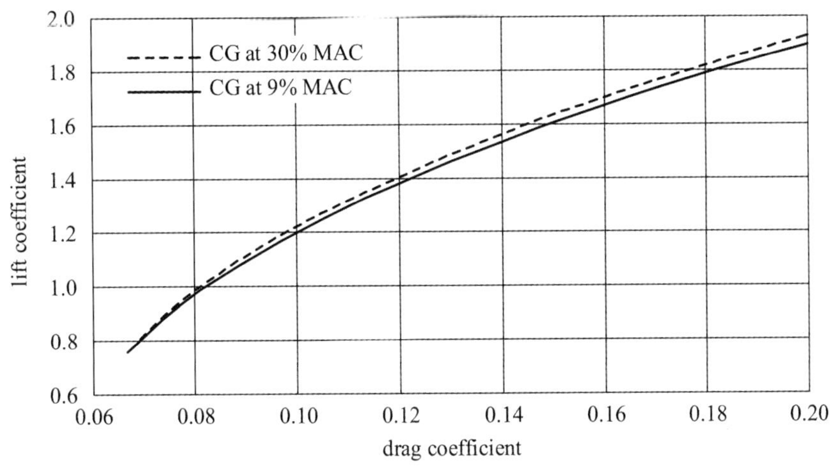

图 1.2.9　某机型极曲线

图 1.2.10 给出了某飞机在两个不同重心位置条件下的升力系数曲线对比。可以看出，相同升力系数条件下，重心为 9%MAC 时的迎角比重心为 30%MAC 时的更大。

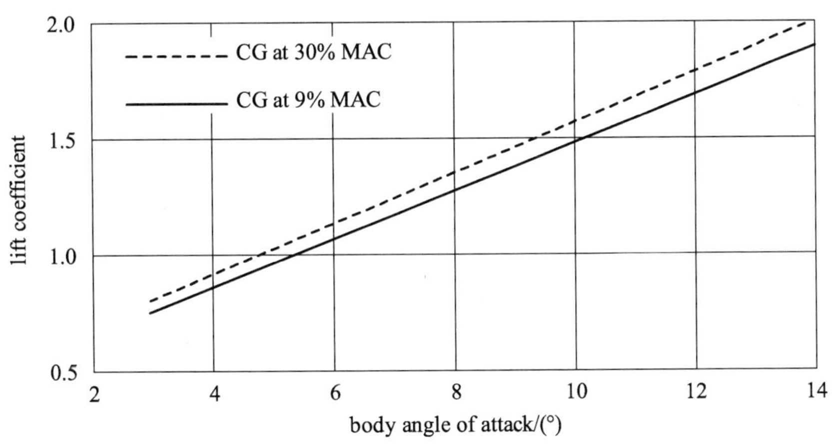

图 1.2.10　全机升力系数随迎角的变化

从以上分析结果可以看出，相同重量条件下，重心越靠后，升力系数越大，所需的起飞速度会越小。

表 1.2.2 给出了某机型在海平面机场起飞时，不同重心位置条件下的起飞速度。从表中可以看出，重心最靠前和最靠后时，起飞抬轮速度（v_R）和起飞安全速度（v_2）的差值约为 3 kt。重心越靠后，起飞速度越小，起飞所需距离缩短大约 250 ft。对于给定长度的跑道来讲，飞机受场地长度限制的起飞重量就可以增大。

表 1.2.2　不同重心位置的起飞速度

Weight/lb	CG	v_R /kt	v_2 /kt	Distance/ft
130 000	9%MAX	122.1	127.4	4 997
130 000	30%MAC	119.0	124.0	4 746

表 1.2.3 给出了某机型在海平面机场起飞时，受 5 000 ft 的跑道长度所限制的起飞重量。从表中可以看出，重心靠后时，受场地长度限制的起飞重量的增量超过 3 400 lb。

表 1.2.3　场地限制的起飞重量

CG	Field length limit weight/lb
9%MAC	130 045
30%MAC	133 488

值得注意的是，由于起飞速度除了影响起飞距离，还会影响爬升能力，所以后重心带来的益处取决于具体的机场运行条件。例如，当起飞重量主要受爬升梯度限制时，能否使用备用前重心方法就需要仔细评估。

2.4.2　备用前重心的使用

并不是说起飞时使用靠后的重心位置就叫作备用前重心方法，该方法与飞机重心前极限位置有关。

飞机在放行时的性能评估工作需要使用手册数据，而手册数据又是适航审定的结果。由于适航审定往往根据重心在最不利位置（靠近前极限）的条件进行批准，所以手册中公布的性能数据是按照重心位于前极限处测得的。对于拟选用备用前重心方法（后重心）运行的运营人，需要从飞机制造商处获得经局方审定批准的更加靠后的重心前极限位置和响应的手册性能数据。被选定的备用前重心及其对应的手册数据将会公布在运营人的《飞机飞行手册》（AFM）和《重量与平衡手册》（W&BM）中。只有当选定的备用前重心出现在运营人的这两种手册中时，运营人才能合法使用此方法。

图 1.2.11 给出了某运营人的 B767《飞机飞行手册》（AFM）中的重心包线，包线图显示了正常前重心（7%MAC）和两个选定的备用前重心（14%MAC、20%MAC）。

从重心包线图可以看出，该飞机正常运行时使用的重心前极限为 7%MAC，对应的最大起飞重量为 320 000 lb。若欲进一步增加最大起飞重量，需要向后收缩重心前极限至 11.6%MAC，此时允许的最大起飞重量可增加到 409 000 lb。

此时，运营人可选取 14%MAC 作为第一备用前重心，选取 20%MAC 作为第二备用前重心。如果实际装载后的起飞重量为 320 000 lb，起飞重心为 12%MAC，可使用正常前重心（7%MAC）的手册数据进行放行评估。

如果实际装载后的起飞重心为 17%MAC，可使用第一备用前重心（14%MAC）的手册数据进行放行评估。如果实际装载后的起飞重心位于 20%MAC 之后，可使用第二备用前重心（20%MAC）的手册数据进行放行评估。

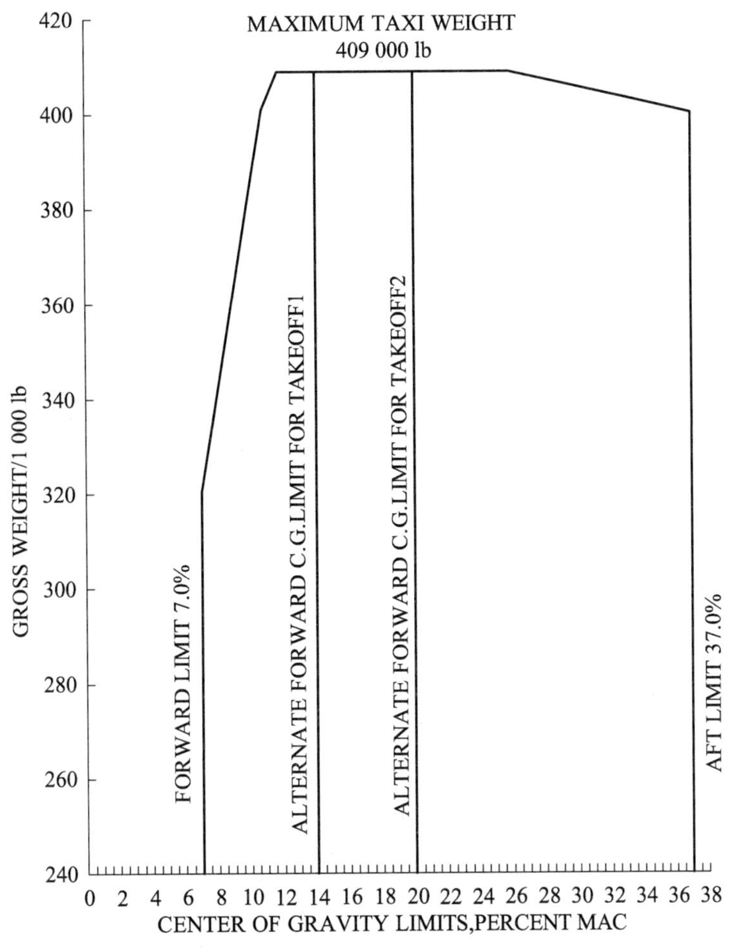

图 1.2.11　AFM 中公布的飞行重心限制

只有当运营人确保飞机当前的起飞重心位于一个更严格的前极限之后时，才能从备用前重心方法中获利。这就意味着运营人必须评估自身的运行环境是否适用于使用备用前重心方法。

地板承重

2.5　地板承重限制

即使飞机重心位于重心安全范围以内，或者重量不超过允许的最大重量，也不一定能够确保飞机内部结构不会遭到破坏，这是飞机结构的特殊性决定的。无论是客舱还是货舱，其所承载物体的重量通过地板传递给飞机结构框架，在地板下有桁条和横梁结构进行支撑（见图 1.2.12 和图 1.2.13），横梁再与主梁相连。由于机体形状所限，不同舱段位置的桁条和横梁的分布各不相同。在客舱舱段，乘客的重量通过座椅传递给桁条，桁条又将其传递给横梁；在货舱舱段，货物与地板相接触，货物的重量也会通过地板传递给桁条和横梁。所以，采用桁条和横梁结构的地板承载能力也应当引起注意。

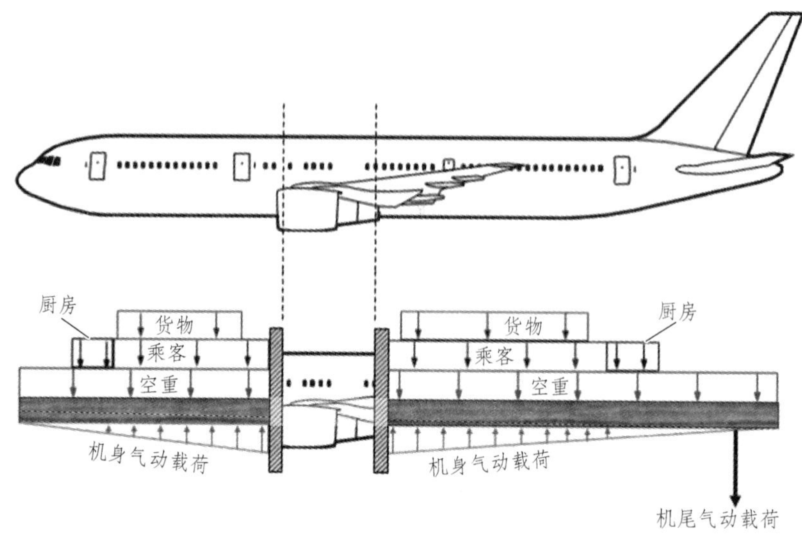

图 1.2.12　飞机机身的悬臂梁结构示意图

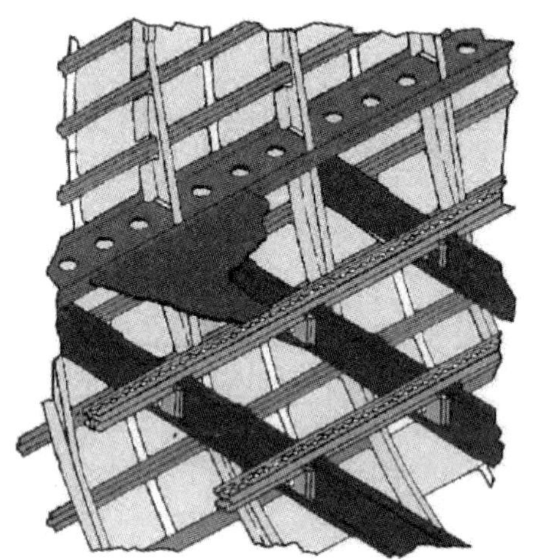

图 1.2.13　飞机地板下的桁条与横梁

飞机越庞大，需要予以考虑的限制因素就越多。常见的限制条件有以下几类：

① 舱段承载重量限制；② 纵向载荷限制；③ 面积载荷限制；④ 联合承载重量限制；⑤ 集装设备承载重量限制。

不论是小型飞机还是大型飞机，为了确保飞机结构上的安全，实施装载的人员都必须考虑所装载的业载重量是否会超过以上各类飞机结构的承重极限。对于飞行人员，应着重了解纵向载荷限制、面积载荷限制、联合承载重量限制。

2.5.1　纵向载荷与面积载荷限制

纵向载荷（Running Load）的提出是基于飞机结构的特殊性，是指沿机身纵向单位长度地板能够承载的最大重量，单位为磅/英尺或千克/米。纵向载荷与接触面积无关，即使具有相同重量的物体的长宽不同，其产生的纵向载荷也会不同，所以纵向载荷与物体摆放的朝向有着密切关系。

面积载荷（Static Load）是指单位面积地板能够承受的最大重量，单位为磅/平方英尺或千克/平方米。面积载荷与接触面积有关，相同重量的物体，接触面积越大，所产生的面积载荷越小。面积载荷与物体摆放的朝向无关，但是与接触面面积的大小有着密切关系。

无论如何，在进行装载时都需要确保所装载的载量同时满足地板对纵向载荷和面积载荷的限制。

【例 2-2】 如图 1.2.14 所示，物体 A 和 B 具有相同的形状和重量，现分别按照横向和纵向两个方向进行摆放，试确定 A 和 B 各自所产生的纵向载荷与面积载荷。

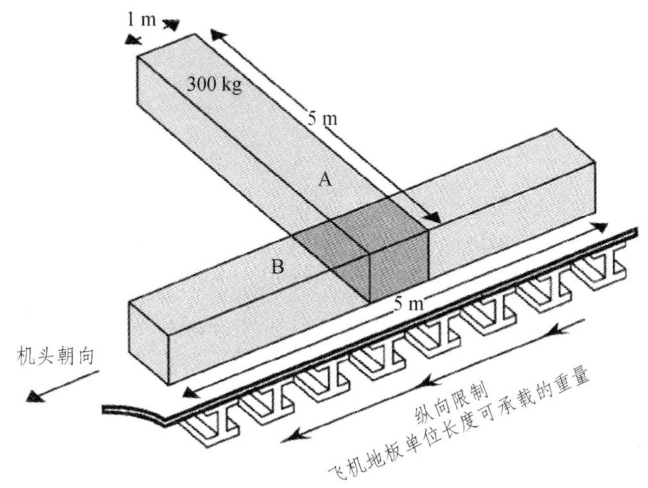

图 1.2.14　物体放置方式对地板的影响

分析：

（1）首先确定面积载荷。因为 A 和 B 尺寸相同，所以它们与地板接触面积相同，再加上它们重量相同，因此 A 和 B 施加给地板的面积载荷相等，均为 $300\ \text{kg} \div 5\ \text{m}^2 = 60\ \text{kg/m}^2$。

（2）其次确定纵向载荷。物体 A 在纵向所占的长度仅为 1 m，其重量由地板下的两根横梁共同分担，平均每根横梁需要承担 150 kg 的重量，故物体 A 施加给地板的纵向载荷为 $300\ \text{kg} \div 1\ \text{m} = 300\ \text{kg/m}$；物体 B 在纵向所占的长度长达 5 m，其重量由地板下的 8 根横梁共同分担，平均每根横梁仅需承担 37.5 kg 的重量，故物体 B 施加给地板的纵向载荷为 $300\ \text{kg} \div 5\ \text{m} = 60\ \text{kg/m}$。可见物体 B 产生的纵向载荷远小于物体 A。

可以看出，面积载荷与接触面积有关，当物体重量不变时，只要接触面积不变，则面积载荷不变。纵向载荷与摆放的方向密切相关，当物体重量和接触面积不变时，一旦摆放方向改变，则纵向载荷就发生改变。接下来通过一个例题，进一步理解纵向载荷与面积载荷的差异。

【例 2-3】 已知某飞机地板最大纵向载荷为 200 kg/m，最大面积载荷为 $100\ \text{kg/m}^2$，现有一箱状物，重 600 kg，长 3 m，宽 2 m，高 1 m，现分别用如图 1.2.15 所示的 5 种不同的方式将其放置在地板上。试确定 5 种放置方式产生的纵向载荷和面积载荷是否会超出限制？

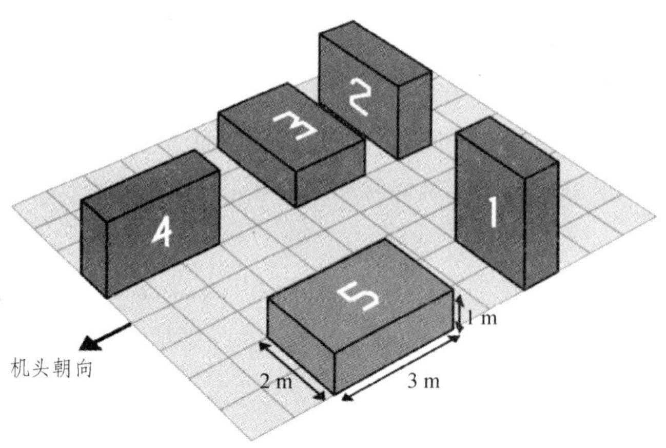

图 1.2.15　五种不同的货物放置方式

分析：

情况一：纵向载荷 600 kg/m，面积载荷 300 kg/m^2，皆超标。

情况二：纵向载荷 600 kg/m，面积载荷 200 kg/m^2，皆超标。

情况三：纵向载荷 300 kg/m，面积载荷 100 kg/m^2，纵向载荷超标。

情况四：纵向载荷 200 kg/m，面积载荷 200 kg/m^2，面积载荷超标。

情况五：纵向载荷 200 kg/m，面积载荷 100 kg/m^2，符合要求。

在民用运输飞机的实际装载过程中，需要依据制造厂商配套提供的图表，确保装载过程遵循了纵向载荷和面积载荷的限制要求。

【例 2-4】　图 1.2.16 给出了某 B777-200 型飞机的货舱装载限制信息，试识读各舱段的纵向载荷信息、面积载荷限制信息以及最大承载重量。

MAXIMUM ALLOWABLE WEIGHT						
COMPARTMENT	TOTAL WEIGHT		FLOOR LOADING			
	lb	kg	lb/in	kg/in	lb/ft^2	kg/ft^2
Main Cabin			81.0	36.7	85.0	38.5
Forward Cargo Hold	67 500	30 617				
B.A.409.0 to B.A.899.7	57 510	26 086	117.2	53.1	200.0	90.7
B.A.899.7 to B.A.998.0	17 104	7 758	174.0	78.9	200.0	90.7
Aft Cargo Hold[c]	49 000	22 226				
B.A.1 437 to B.A.1 538.3	17 636	7 995	174.0	78.9	200.0	90.7
B.A.1 538.3 to B.A.1 886.0	40 750	18 483	117.2	53.1	200.0	90.7
Bulk Hold	9 000	4 082				
B.A.1 886 to B.A.1 942	3 752	1 701	67.0	30.3	150.0	68.0
B.A.1 942 to B.A.2 062	6 120	2 776	Varies	Varies	150.0	68.0

图 1.2.16　货舱装载限制

分析：

（1）客舱舱段的最大纵向载荷为 36.7 kg/in，最大面积载荷为 38.5 kg/ft^2。

（2）前货舱：1 号子舱段（BA409.0 至 BA899.7）可承载的最大纵向载荷为 53.1 kg/in；2 号子舱段（BA899.7 至 BA998.0）可承载的最大纵向载荷为 78.9 kg/in；1 号和 2 号子舱段最大面积载荷为 90.7 kg/ft^2。

（3）后货舱：3 号子舱段（BA1437.0 至 BA1538.3）可承载的最大纵向载荷为 78.9 kg/in；4 号子舱段（BA1538.3 至 BA1886.0）可承载的最大纵向载荷为 53.1 kg/in；3 号和 4 号子舱段最大面积载荷为 90.7 kg/ft^2。

（4）散货舱：5 号子舱段（BA1886.0 至 BA1942.0）可承载的最大纵向载荷为 30.3 kg/in；6 号子舱段（BA1942.0 至 BA2062.0）可承载的最大纵向载荷持续递减，并非常数；5 号和 6 号子舱段最大面积载荷为 68.0 kg/ft^2。

（5）1 号子舱段可承载的最大重量为 26 086 kg；2 号子舱段可承载的最大重量为 7 758 kg；3 号子舱段可承载的最大重量为 7 995 kg；4 号子舱段可承载的最大重量为 18 483 kg；5 号子舱段可承载的最大重量为 1 701 kg；6 号子舱段可承载的最大重量为 2 776 kg。

正是由于飞机采用桁条和横梁支撑地板的结构，横梁的疏密使得各个舱段允许的最大纵向载荷各不相同，最终造成各个舱位舱段可以承载的最大重量也各不相同。从图 1.2.17 中可以看出，正是由于客舱和货舱沿纵轴方向重叠的区域需同时承担旅客和货物带来的双重影响，故需要设计更强的纵向载荷能力。

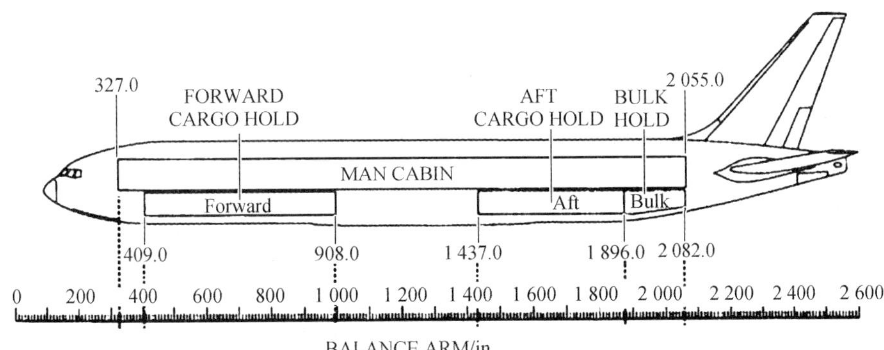

图 1.2.17　货舱装载限制

2.5.2　舱段承载重量限制与联合承载重量限制

除了纵向载荷与面积载荷的限制以外，还需要遵循各货舱的舱段承载重量限制。即便已满足舱段承载重量限制的要求，一旦实际装载重量超过了货舱舱段的联合承载重量限制，也不符合装载要求。故在进行实际装载时，需要注意这些限制特点，从而防止人为错误的出现。

【例 2-5】　如图 1.2.18 所示为某 B777-200 型飞机的装载通知单局部。（1）试识读 1 号、2 号货舱的最大承载能力以及联合承载能力。（2）若 1 号货舱已装有货物 14 000 kg，则 2 号货舱最多还可装多少货物？（3）若 1 号货舱已装有货物 10 000 kg，则 2 号货舱最多还可装多少货物？

分析：

（1）1 号货舱最多能够单独装载 15 308 kg 的载重量；2 号货舱最多能够单独装载 17 780 kg 的载重量。如果同时对 1 号、2 号货舱进行装载，装载总量不得超过 30 617 kg，小于 1 号、2 号货舱各自承载重量限制之和 33 088 kg。

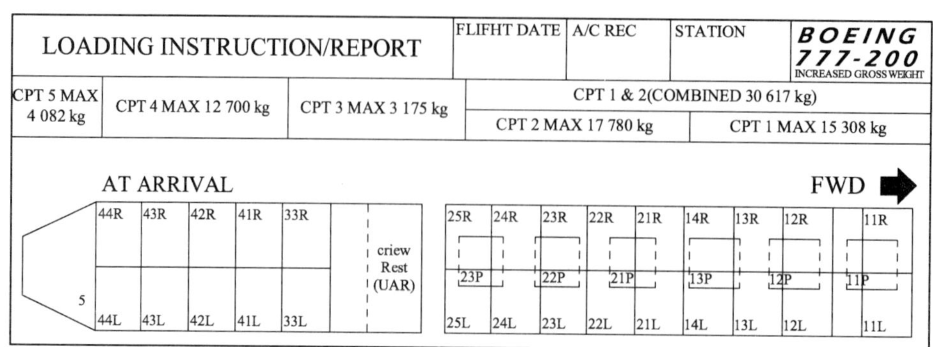

图 1.2.18　装载通知单

（2）当 1 号货舱已装有货物 14 000 kg，注意到 1 号、2 号货舱的联合承载能力为 30 617 kg，则 2 号货舱还可装载的货物为 30 617 − 14 000 = 16 617（kg）。

（3）若 1 号货舱已装有货物 10 000 kg，首先可根据 1 号、2 号货舱的联合承载能力得到 30 617 − 10 000 = 20 617（kg），随后观察 2 号货舱，发现其单独装载总量不得超过 17 780 kg，故 2 号货舱还可装载的货物为 17 780 kg。

此外，部分宽体机型还可能对装载时沿横轴方向的对称性有所要求。

【例 2-6】　如图 1.2.19 所示为某货运飞机主舱的对称装载限制，试确定当 E 舱左侧装载有货物 5 000 kg 时，该舱段右侧货物装载量不得超过多少？若左侧装载有货物 6 000 kg 时，情况又如何？

MAID DECK UNSYMMETRICAL LOAD LIMITS									
POS.C, D, P & R		POS. E, K, L, M & S				POS. G, H & J			
Left or right side	Allowable opposite side	Left or right side	Allowable opposite side	Left or right side	Allowable opposite side	Left or right side	Allowable opposite side	Left or right side	Allowable opposite side
4 851	4 851	4 851	4 851	6 600	2 375	8 284	8 284	12 000	4 569
4 900	4 669	4 900	4 781	6 700	2 233	8 400	8 169	12 200	4 369
5 000	4 299	5 000	4 640	6 800	2 092	8 600	7 969	12 400	4 169
5 100	3 929	5 100	4 498	6 900	1 950	8 800	7 769	12 600	3 969
5 200	3 559	5 200	4 357	7 000	1 809	9 000	7 569	12 800	3 769
5 300	3 188	5 300	4 215	7 100	1 667	9 200	7 369	13 000	3 569
5 400	2 818	5 400	4 073	7 200	1 526	9 400	7 169	13 200	3 369
5 500	2 448	5 500	3 932	7 300	1 384	9 600	6 969	13 400	3 169
5 600	2 078	5 600	3 790	7 400	1 243	9 800	6 769	13 600	2 969
5 700	1 708	5 700	3 649	7 500	1 101	10 000	6 569	13 800	2 769
5 800	1 337	5 800	3 507	7 600	959	10 200	6 369	13 856	2 713
5 900	967	5 900	3 366	7 700	818	10 400	6 169	14 000	2 569
6 000	597	6 000	3 224	7 800	676	10 600	5 969	14 200	2 369
6 100	227	6 100	3 083	7 900	535	10 800	5 769	14 400	2 169
6 161	0	6 200	2 941	8 000	393	11 000	5 569	14 600	1 969
		6 300	2 800	8 100	252	11 200	5 369	14 800	1 769
		6 400	2 658	8 200	110	11 400	5 169	15 000	1 569
		6 500	2 516	8 278	0	11 600	4 969	15 116	1 453
						11 800	4 769		

图 1.2.19　货舱装载对称性限制

分析：

（1）经查找，可以发现当 E 舱左侧装有货物 5 000 kg 时，右侧货物不得超过 4 640 kg，总装载量不得超过 9 640 kg。

（2）当 E 舱左侧装有货物 6 000 kg 时，右侧货物不得超过 3 224 kg，总装载量不得超过 9 224 kg。

2.5.3　集装设备承载重量限制

集装设备通常也有承载限制，不同型号的集装设备，同一型号但是放置在不同位置的集装设备，都具有不同的承载限制。这也是影响货舱装载重量的因素之一。制造厂商通常会提供相关集装设备的承载限制说明（见图 1.2.20），以帮助使用者合理装载。

Size Codes K, P, Q and N

Certified weights for unit load device size codes K, P, Q and N are provided in the following table:

DESIGNATION		CERTIFIED WEIGHT					
		FORWARD HOLD				AFT HOLD	
SIZE CODE	COMMON	WITHOUT TIEDOWNS		WITH TIEDOWNS		ALL POSITIONS	
		lb	kg	lb	kg	lb	kg
K	LD-1	3 500	1 587	5 155	2 338	3 500	1 587
	LD-3	3 500	1 587	5 155	2 338	3 500	1 587
P	LD-2	2 700	1 224	3 940	1 787	2 700	1 224
Q	LD-4	5 400	2 449	8 050	3 651	5 400	2 449
	LD-8	5 400	2 449	8 050	3 651	5 400	2 449
N	Half Pallet	5 535	2 511	8 200	3 719	5 535	2 511

图 1.2.20　集装设备的承载重量限制

2.5.4　垫　板

当飞机上需要装载重量重、接触面积小的物体时，如车辆、贵重金属等，为了保证地板不遭受破坏，就需要使用垫板来减小物体产生的面积载荷和纵向载荷。垫板，也称为货盘或货板，其特点是重量轻，面积大，通常由质地坚硬的木质或金属材料制作而成。在使用时，只需将其垫放在重物和地板之间即可，这样一来，在几乎不增加物体重量的前提下增大了物体和地板的接触面积，从而达到减小面积载荷或纵向载荷的目的。

如果被装载物体有底座，必须检查底座的面积大小，若面积过小就应当添加垫板。对于自带滚轮用于拖动的货箱，还可将其放倒，以避免滚轮与地板过小的接触面积产生过大的面积载荷和纵向载荷（见图 1.2.21）。

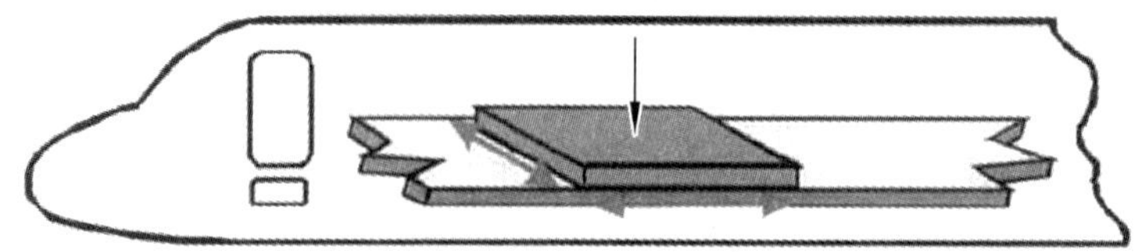

图 1.2.21　垫板使用示意

【例 2-7】　一件货物总重 700 kg，宽 12 in、高 10 in、长 30 in。飞机货舱的纵向载荷限制为 10 kg/in，面积载荷限制为 50 kg/ft^2，现欲将该货物放入货舱且不得超过货舱承重限制，需要使用什么样的垫板？

分析：

（1）欲将货物放入货舱而又不超过货舱面积承重限制，则所需垫板的最小面积应为 700 kg ÷ 50 kg/ft^2 = 14 ft^2；

（2）为了找出所需垫板的长度，需要根据货舱的最大纵向载荷限制来得到沿纵向的最小距离，即 700 kg ÷ 10 kg/in = 70 in；

（3）由此可以看出，为了让飞机货舱运输这件货物而不出现结构损坏，就需要使用面积至少为 14 ft^2 且长度至少为 70 in 的垫板；

（4）垫板的宽度为 14 ft^2 × 144 in^2 ÷ 70 in = 28.8 in。

在上述例题的计算中，忽略了垫板自身的重量，但是在实际装载计算中，垫板的自重不能被忽略，有的垫板自重就有 40 kg。故在实际操作中，所采用的垫板尺寸通常会比例题中的更大。任何为了确保飞机地板装载安全而引入的设备均须计入其自重。

复习思考题

1. 试简述使用重量（OW）、无燃油重量（ZFW）、起飞重量（TOW）、着陆重量（LW）和停机坪重量（RW）这五个重量的组成。

2. 试简述商载的组成以及起飞燃油的组成。

3. 从某机型手册查得：结构限制最大起飞重量为 78 000 kg，结构限制最大着陆重量为 71 500 kg，结构限制最大无燃油重量为 63 000 kg，后又从运控部门了解到该机型受放行机场性能限制最大起飞重量为 85 000 kg，受目的地机场性能限制的最大着陆重量为 67 000 kg。试确定该机型受运行限制的最大起飞重量、最大着陆重量和最大无燃油重量。

4. 已知某机型运行限制最大起飞重量为 72 000 kg，运行限制最大着陆重量为 56 000 kg，运行限制最大无燃油重量为 48 000 kg，航程燃油为 18 000 kg，备降燃油为 1 900 kg，应急燃油为 1 000 kg，等待燃油为 700 kg。试确定满足放行许可的最大起飞重量。

5. 已知飞机运行限制最大起飞重量为 67 450 kg，运行限制最大着陆重量为 55 470 kg，运行限制最大无燃油重量为 52 750 kg。又知飞机干使用重量为 34 900 kg，航程用油为 6 200 kg，储备燃油为 2 400 kg。试确定满足放行许可的最大业载。

6. 已知某飞机地板最大纵向载荷为 200 kg/m，最大面积载荷为 180 kg/m^2，现有一箱状物，重 600 kg，长 4 m，宽 2 m，高 1.5 m。试确定如何放置该箱状物，才能使其产生的纵向载荷和面积载荷不超出限制？

7. 一贵重物品，总重 850 kg，长 3 ft，宽 1.5 ft，高 1ft，货舱纵向载荷为 10 kg/in，面积载荷为 50 kg/ft^2，现将该物品放入货舱而又不超过货舱承重限制，应如何放置？需要使用什么样的垫板？

8. 试叙述在第一、第二、第三航程范围内，随航程距离延长，起飞重量、商载、燃油变化的主要特点。

第 3 章　重心计算与查找

在进行载重平衡工作时，查找重心和计算重心的主要目的之一就是判断重心是否位于重心安全范围以内。常用来描述重心和重心安全范围的方式有两种，一种是使用 BA 形式的基准参照法，另一种是使用 %MAC 形式的空气动力弦参照法。

表达重心位置的两种方法

3.1　基准参照法

3.1.1　基　准

重力在物体上的着力点被称为重心（Center of Gravity, CG）。在地球引力的作用下，物体的重力作用于重心，并指向地心（见图 1.3.1）。

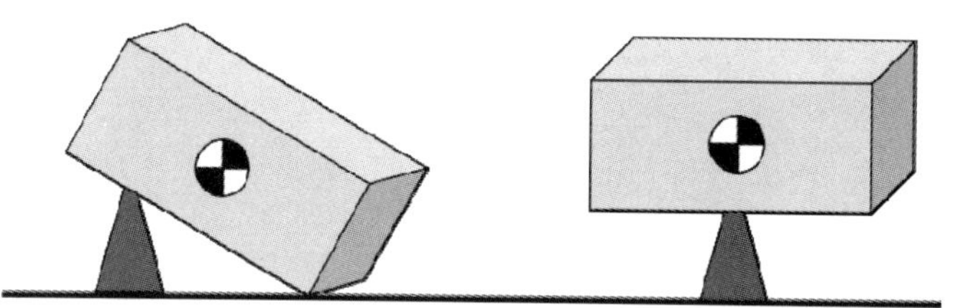

图 1.3.1　物体的重心

飞机并非一个简单的物体，它是由许多部件、设备、物品、人员、货物和燃油所组成的一个系统。对于这种由若干部分组成的系统，无法直接观察其重心所在，使用支撑法和悬挂法查找重心也很困难和笨拙（见图 1.3.2），甚至可能对机体结构造成损坏，所以需要寻求更加合理的方法来查找飞机的重心。

图 1.3.2　飞机的重心

为了描述重心所在，需要使用基准（Datum）或参考基准（Reference Datum），它是用于描述系统各组成部分的重心所在的一个参考，通常是一个沿水平方向设定的假想垂面。一旦设定好这一假想垂面的位置，可以用它来描述沿该方向系统各部分到基准的相对距离（见图 1.3.3）。

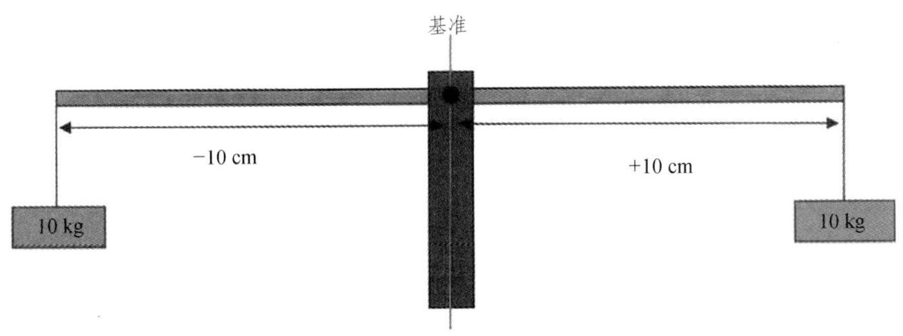

图 1.3.3　基准的概念

飞机的基准被假设为某一垂直于机身纵轴的参考面。基准的位置可以由飞机制造厂商或使用者根据需要进行设定。无论将基准设定在何处，它始终是测量重心位置的参考起点。飞机上每一个部件、物品、设施或人员到基准的水平距离都可以以基准为起点进行测量（见图 1.3.4）。

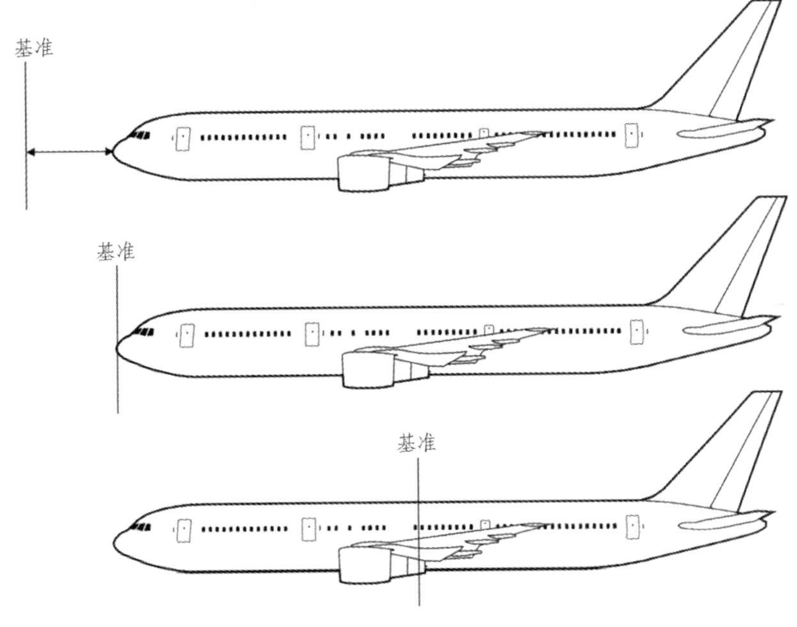

图 1.3.4　飞机基准示意图

虽然基准是描述重心位置的参考面，但是它的位置可以根据实际需要进行调整。一个有利的基准位置将使重心计算更加便捷。在载重平衡计算过程中，典型的基准位置有机头、发动机防火墙和机翼前缘等。有时制造厂商基于载重平衡计算的便利性考虑，还可能将基准设置在这些典型位置前后特定距离处，如机头前方 30 in（1 in = 2.54 cm）处或防火墙前方 74 in 处等。

3.1.2　力　臂

人们常常将作用力到转动中心的法向距离称为力臂（Arm）。在进行飞机重心计算时，力臂特指所研究对象（如机上人员、物品或机上部件）的重心到参考基准的法向距离。简而言之，就是各成员重心到基准的水平距离，也称为平衡力臂（Balance Arm，BA），如图 1.3.5 和图 1.3.6 所示。

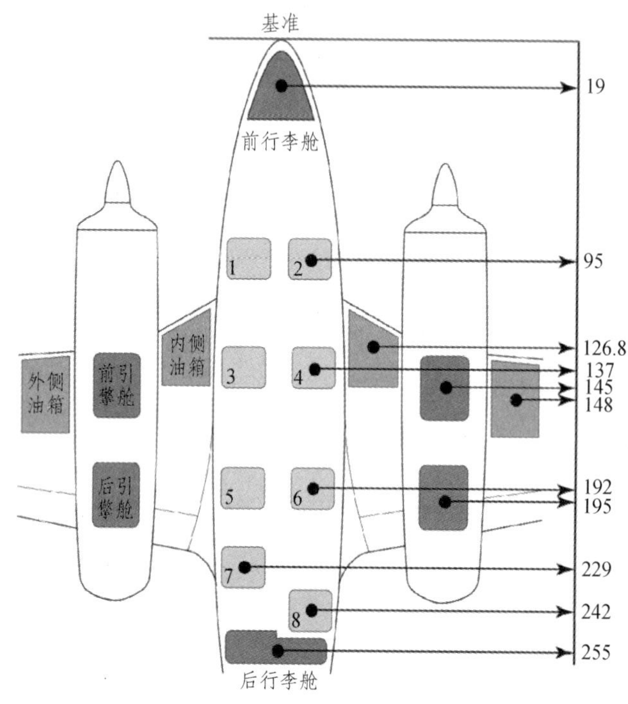

图 1.3.5　平衡力臂与基准（俯视）

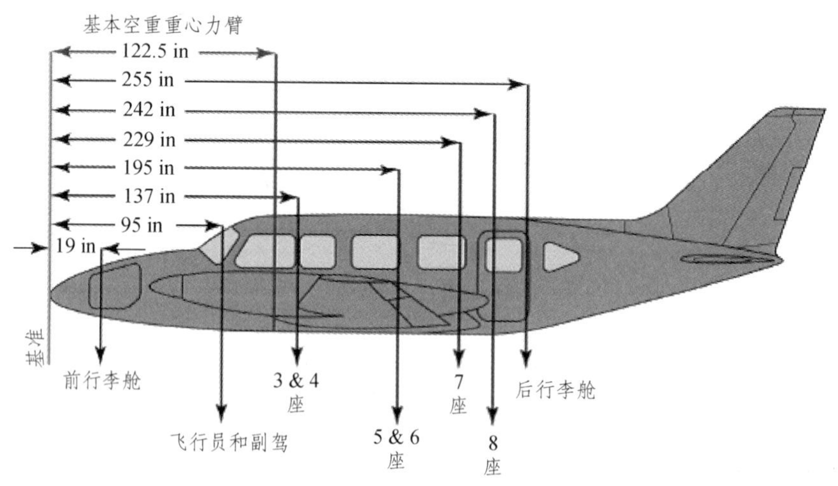

图 1.3.6　平衡力臂与基准（侧视）

为了便于区分物体或部件重心相对于基准的前后位置，通常规定基准之前的力臂为负，基准之后的力臂为正。当设定的基准位于飞机机头之前时，飞机上所有部件或物体的重心到基准的力臂均为正，这样可防止计算中出现错误。

3.1.3　力　矩

力矩（Moment）是力和力臂共同作用的效果，它使得被作用物体具有转动的趋势。力矩可以表示为力和力臂的乘积：力矩 = 力 × 力臂。

因为力矩具有方向性，所以力矩可正可负。在载重平衡计算中，力矩为正代表抬头（上仰）力矩；力矩为负代表低头（下俯）力矩（见图 1.3.7 和图 1.3.8）。

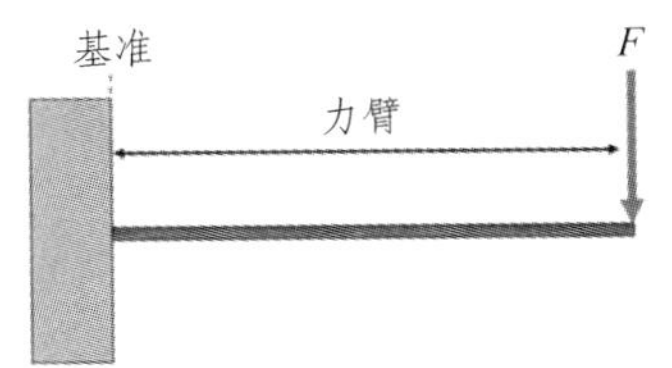

图 1.3.7　力和力臂产生力矩

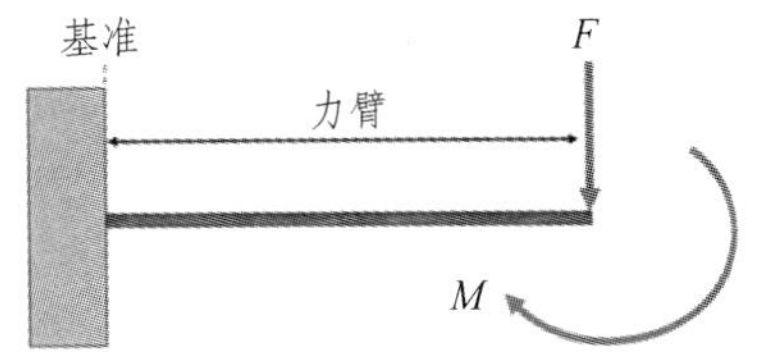

图 1.3.8　力矩的方向

通过表 1.3.1 可以进一步理解力矩转动方向与正负号的对应关系。

表 1.3.1　重量、力臂和力矩符号的相互关系

重　量	力　臂	力　矩
增加 +	靠近机尾（后移） +	抬头（上仰） +
增加 +	靠近机头（前移） –	低头（下俯） –
减少 –	靠近机尾（后移） +	低头（下俯） –
减少 –	靠近机头（前移） –	抬头（上仰） +

在载重平衡相关的力矩计算中，力臂常以米或英寸为单位，力常以千克或磅为单位，故常见的力矩单位是千克·米或者磅·英寸。

小型通用飞机常使用科学计数法计算力矩，如将力矩 12 376 987 kg·m 缩小 100 000 倍后成为 123.8，即成为力矩指数（INDEX）。力矩指数是按照特定方式简化后的力矩，对力矩指数进行加减就是对力矩进行加减，使用力矩指数可以获得计算便利。

3.2　空气动力弦参照法

空气动力弦参照法是通过相对位置来描述飞机重心所在的一种方法。这是因为飞机的焦点位置与飞机的稳定特性和操纵特性密切相关，工程上习惯采用 %MAC 形式来标识焦点位置，故将重心与焦点的标识方法统一为相同的形式，更利于飞机设计和使用的需要。

现代大型飞机的机翼通常采用后掠和渐变的设计布局，使得沿翼展方向在任意位置所截得机翼剖面的弦长各不相等，机翼前缘不同位置到机头的距离都不尽相同，不便于使用。为此，

人们对机翼翼弦进行算术平均之后得到了平均空气动力弦（Mean Aerodynamic Chord，MAC）。

平均空气动力弦（MAC）是来自某一假想矩形机翼的翼弦，这个假想矩形翼的面积、翼展宽度和俯仰力矩等特性都与原机翼相同。它的前缘被记为 LeMAC（Leading edge of MAC），它的后缘被记为 TeMAC（Trailing edge of MAC），如图 1.3.9 所示。

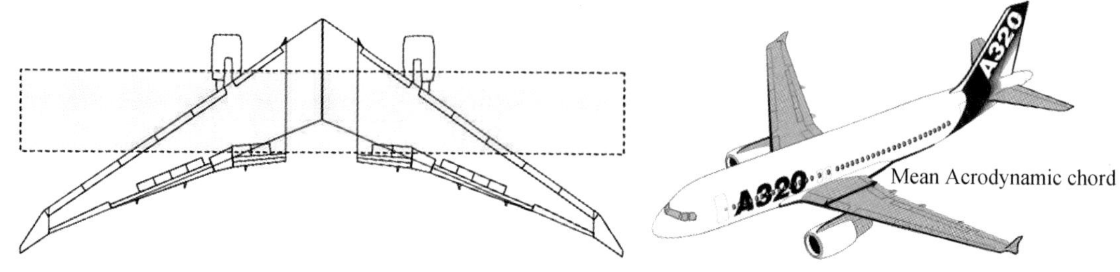

图 1.3.9　MAC 的物理含义

机型手册通常会提供 LeMAC 力臂以及 MAC 长度等信息，这就给出了 MAC 与基准的相对位置关系，因此可用重心和 MAC 的相对位置来表示重心所在，如图 1.3.10 所示。飞机重心在 MAC 上的投影到 LeMAC 的距离与 MAC 长度的百分比，可表示为 %MAC，具体公式如下：

$$\%\text{MAC}=\frac{X_{\text{CG}}}{\text{Chord}}\times 100\%$$

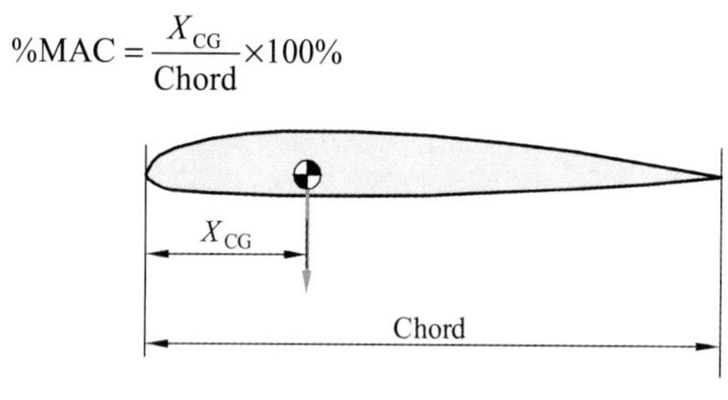

图 1.3.10　重心位置与%MAC

空气动力弦参照法（%MAC）可以与基准参照法（BA）相互转换（见图 1.3.11），二者的关系与绝对温度和摄氏温度的关系相仿。

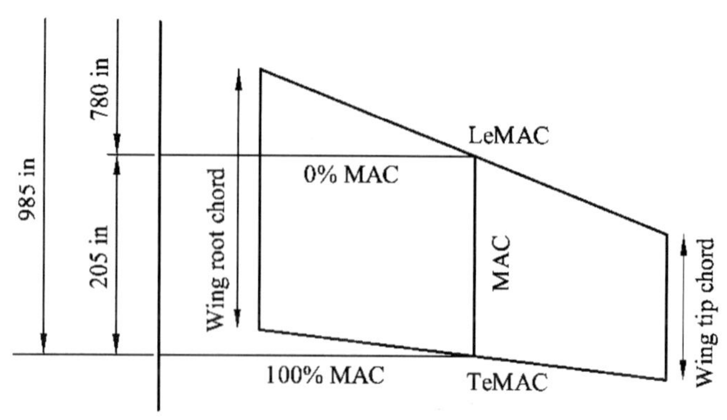

图 1.3.11　飞机%MAC 与 BA 的关系

在制造厂商提供的手册中，一般会同时给出 MAC 弦长以及 MAC 前缘到基准距离这两项信息，供换算时使用，此时只需再获得重心到基准的力臂，即可计算出对应的 %MAC。反之，若是已知%MAC，也可以计算出力臂。两种参照法换算的具体公式如下：

情况一：已知 BA 求 %MAC。

$$\%MAC_{CG}=\frac{BA_{CG}-LeMAC}{TeMAC-LeMAC}\times 100\%$$

情况二：已知 %MAC 求 BA。

$$BA_{CG}=LeMAC+\%MAC_{CG}\times(TeMAC-LeMAC)$$

式中　$TeMAC-LeMAC$ —— MAC；

$\%MAC_{CG}$ ——重心的 %MAC 形式；

BA_{CG} ——重心的力臂形式；

LeMAC ——平均空气动力弦前缘；

TeMAC ——平均空气动力弦后缘。

【例 3-1】 已知某飞机重心到基准的距离为 32.792 m，其平均空气动力弦前缘到基准的距离为 31.338 m，且已知平均空气动力弦长为 7.27 m，试将重心位置由 BA 转换为%MAC（见图 1.3.12）。

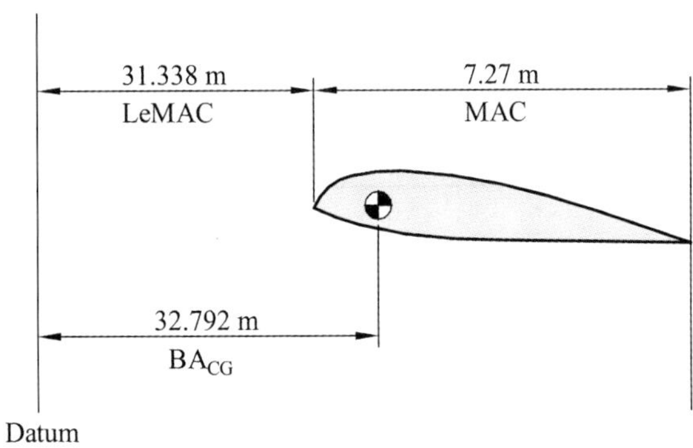

图 1.3.12　重心位置关系侧视图

分析：

（1）根据题目条件可知本例属于已知 BA 求 %MAC，故将条件代入下式：

$$\begin{aligned}\%MAC_{CG}&=\frac{BA_{CG}-LeMAC}{TeMAC-LeMAC}\times 100\%\\&=\frac{32.792-31.338}{7.27}\times 100\%\\&=\frac{1.454}{7.27}\times 100\%\\&=20\%\end{aligned}$$

（2）故重心位于 20%MAC。

同样，对于已知 %MAC 求 BA 的问题，也可以在理解位置关系后进行换算。

【例 3-2】 已知某飞机 MAC 长为 7 ft（1 ft = 0.304 8 in），LeMAC 位于基准后 29 ft 处，重心位于 26.5%MAC 处（见图 1.3.13）。试计算重心到基准的距离。

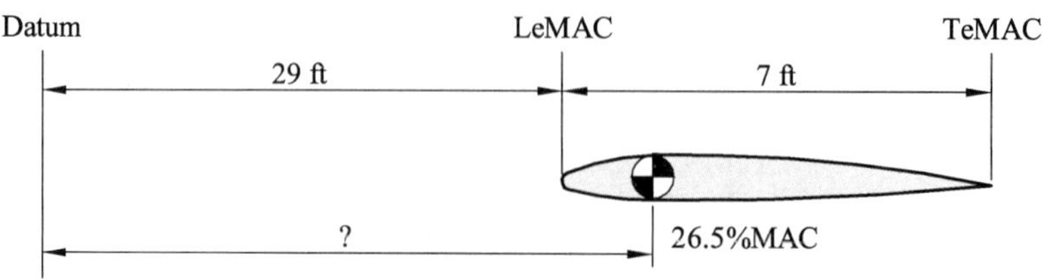

图 1.3.13 LeMAC 与 MAC 关系图

分析：

（1）计算此类问题的关键在于得到重心到 MAC 前缘的距离，故 MAC 长度是必不可少的条件之一。将已知信息代入下式：

$$\begin{aligned}BA_{CG} &= LeMAC + \%MAC_{CG} \times (TeMAC - LeMAC)\\ &= 29 + 26.5\% \times 7\\ &= 29 + 1.9 = 30.9\ (ft)\end{aligned}$$

（2）可知重心位于基准后 30.9 ft 处。

3.3 合力矩定理

合力矩定理，是指系统重心到基准的力臂等于系统内各物体相对于基准产生的力矩之和再除以各物体的重量之和。使用合力矩定理来计算重心位置时，一般使用以下公式：

重心力臂 = 合力矩/总重量

（1）重心力臂是系统重心所在位置到基准的距离。

（2）合力矩是系统内各物体重量对指定基准的力矩代数和。

（3）总重量是系统内各物体重量之和。

在载重平衡工作中，合力矩定理是用来确定飞机重心位置的高效工具，合力矩定理主要包括以下 4 个步骤。

（1）测得每个重量项到基准的力臂长短。

（2）将各重量项的重量与力臂相乘得到力矩。

（3）将各项力矩汇总相加得到合力矩，将各项重量汇总相加得到总重量。

（4）用合力矩除以总重量，得到飞机重心到基准的平衡力臂。

注意，在测量力臂的过程中，根据制造厂商的推荐或实际需要，基准位置可以被设定在沿飞机纵轴方向的任意位置，只有选定了基准才能够实施计算。

【例 3-3】 将飞机简化为如图 1.3.14 所示的一个平板系统，在该平板的不同位置分别放置有不同重量的物体 A、B 和 C。平板代表机身，物体 A 代表乘客，物体 B 代表行李，物体 C 代表货物。已知物体 A 重 100 kg，位于基准右侧 50 cm 处；物体 B 重 100 kg，位于基准右侧 90 cm 处；物体 C 重 200 kg，位于基准右侧 150 cm 处。若忽略飞机自重，试查找飞机重心。

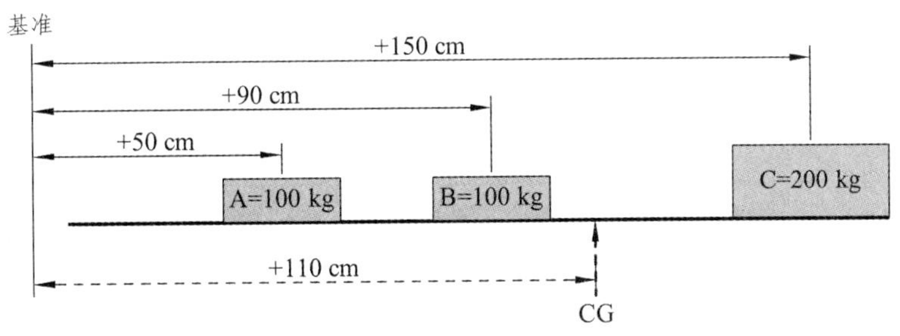

图 1.3.14　确定系统重心到基准的距离

分析：

（1）根据已知条件建立表格，如表 1.3.2 所示。

表 1.3.2　确定系统重心到位于平板之外的基准的距离

项　目	重量/kg	力臂/cm	力矩/kg · cm	重心/cm
乘客 A	100	+ 50	+ 5 000	
行李 B	100	+ 90	+ 9 000	
货物 C	200	+ 150	+ 30 000	
系　统	400		+ 44 000	+ 110

（2）系统总重为 400 kg，合力矩为 44 000 kg · cm。用合力矩除以总重量就得到系统重心位置。

$$\text{重心} = \frac{\text{合力矩}}{\text{总重量}} = \frac{44\ 000\ \text{kg} \cdot \text{cm}}{400\ \text{kg}} = 110\ \text{cm}$$

（3）重心位于基准右侧 110 cm 处。现在将基准向右移动 110 cm，则此时系统对新基准的合力矩应该为零，即重心刚好位于新选定的基准处。

接下来以真实飞机为例，使用合力矩定理计算该飞机重心位置。

【例 3-4】　某飞机的导向轮和主轮到基准的距离信息如图 1.3.15 所示，在导向轮和主轮位置处进行称量后发现，导向轮处重为 2 322 kg，左侧主轮处重为 3 540 kg，右侧主轮处重为 3 540 kg。试查找飞机重心。

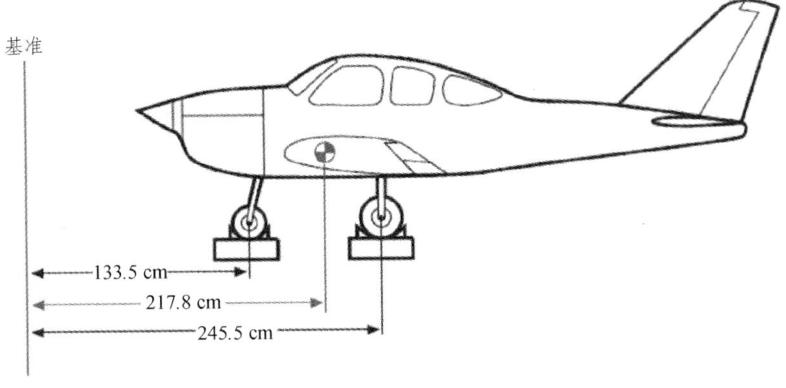

图 1.3.15　确定重心到机头前方基准处的距离

分析：

（1）根据已知条件建立表格，如表 1.3.3 所示。

表 1.3.3　确定重心到机头前方基准处的距离

项　目	重量/kg	力臂/cm	力矩/kg · cm	重心/cm
左侧主轮	3 540	245.5	869 070	
右侧主轮	3 540	245.5	869 070	
导向轮	2 322	133.5	309 987	
求　和	9 402		2 048 127	217.8

（2）可以看出该飞机总重量为 9 402 kg，合力矩为 2 048 127 kg · cm。故

$$\text{重心}=\frac{\text{合力矩}}{\text{总重量}}=\frac{2\ 048\ 127\ \text{kg}\cdot\text{cm}}{9\ 402\ \text{kg}}=217.8\ \text{cm}$$

（3）飞机重心位于基准之后 217.8 cm 位置处。

重心查找与
重心控制

3.4　重心查找与控制

3.4.1　重量移动后的重心查找

当系统内部发生重量移动时，系统合力矩受到影响，系统重心也发生改变。当总重量不变时，合力矩增大使得系统重心向后移动，合力矩减小使得系统重心向前移动。

【例 3-5】　对于如图 1.3.16 所示的系统，有 20 kg 重物位于支点左侧 80 cm 处，有 40 kg 重物位于支点右侧 40 cm 处。现将 10 kg 重物从支点右侧 40 cm 处移动至支点左侧 80 cm 处，试求重量移动后的系统重心位置。

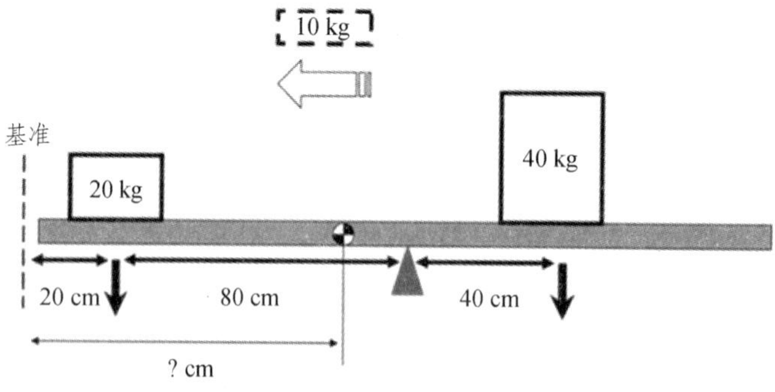

图 1.3.16　杠杆系统内的重量移动

分析：

（1）根据条件建立表格，如表 1.3.4 所示。

（2）右侧被移出重量的符号为负，计为“－10 kg”，其力臂为正，计为“＋140 cm”，产生逆时针方向转动的负力矩。左侧被移入重量的符号为正，计为“＋10 kg”，其力臂为正，

计为“+20 cm”，产生顺时针方向转动的正力矩。可见，重量移动给系统带来的力矩变化影响应是这二者之和。

表 1.3.4　利用表格计算新系统的重心

项　目	重量/kg	力臂/cm	力矩/kg·cm
原系统	+60	+100	+6 000
移　出	−10	+140	−1 400
移　入	+10	+20	+200
新系统	+60	?	+4 800

（3）重心 = 合力矩 ÷ 总重量

$$= +4\ 800\ \text{kg}\cdot\text{cm} \div 60\ \text{kg}$$

$$= +80\ \text{cm}$$

故重物移动后的系统重心位于基准右侧 80 cm 处。换言之，原重心向左移动了 20 cm。

实际工作中，为了提高计算速度和效率，可以使用公式法进行快速计算。对于重量移动问题，可以使用如下公式：

$$\frac{\text{被移动的重量}}{\text{总重量}} = \frac{\text{重心改变量}}{\text{被移动重量的力臂改变量}}$$

【例 3-6】　根据例 3-5 中的已知条件，试用公式法确定重量移动后的系统重心位置。

分析：

（1）根据题目条件，可知总重量为 60 kg，被移动重量为 10 kg，被移动重量的力臂改变量为 − 120 cm。

（2）将各项已知量代入公式：

$$\text{重心改变量} = \frac{\text{被移动的重量} \times \text{被移动重量的力臂改变量}}{\text{总重量}}$$

$$= \frac{10\ \text{kg} \times (-120)\ \text{cm}}{60\ \text{kg}}$$

$$= -20\ \text{cm}$$

（3）可知重量移动后，系统重心从原重心处向左移动了 20 cm。由于原重心位于基准右侧 100 cm 处，故新重心位于基准右侧 80 cm 处。

3.4.2　重量增减后的重心查找

当系统内出现重量的增加或减少时，不仅系统的总重量会发生变化，系统合力矩也将发生变化，从而使得系统重心随之改变。总之，系统重心总是靠拢重量增大的一侧，远离重量减小的一侧。

【例 3-7】 对于如图 1.3.17 所示的系统，当在支点右侧 40 cm 处新增加 10 kg 重物后，试求重量增加后的系统重心位置。

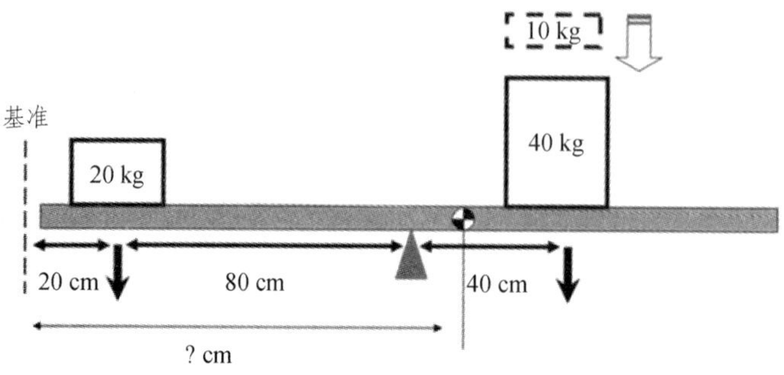

图 1.3.17 杠杆系统内的重量增加

分析：

（1）根据条件建立表格，如表 1.3.5 所示。

表 1.3.5 利用表格计算新系统的重心

项 目	重量/kg	力臂/cm	力矩/kg · cm
原系统	+ 60	+ 100	+ 6 000
增加重量	+ 10	+ 140	+ 1 400
新系统	+ 70	?	+ 7 400

（2）由于系统总重量发生了改变，无法仅根据合力矩的大小来判断系统重心的移动方向。

（3）重心 = 合力矩 ÷ 总重量 = + 7 400 kg · cm ÷ 70 kg = + 105.7 cm。故重心移动到基准右侧 105.7 cm 处。换言之，原重心向右移动了 5.7 cm。

同样，可以使用公式法进行快速计算。对于重量增减问题，可以使用如下公式：

$$\frac{\text{增减的重量}}{\text{新的总重量}}=\frac{\text{重心改变量}}{\text{增减重量与原重心的距离}}$$

【例 3-8】 根据例 3-7 中的已知条件，试用公式法确定重量增加后的系统重心位置。

分析：

（1）根据题目条件，可知新的总重量为 70 kg，增加重量为 10 kg，增加重量与原重心的距离为 40 cm。

（2）将各项已知量代入公式：

$$\begin{aligned}\text{重心改变量} &= \frac{\text{增减的重量}\times\text{增减重量与原重心的距离}}{\text{新的总重量}}\\ &= \frac{(+10)\ \text{kg}\times(+40)\ \text{cm}}{+70\ \text{kg}}\\ &= +5.7\ \text{cm}\end{aligned}$$

（3）可知重量增加后，系统重心从原重心处向右移动了 5.7 cm。由于原重心位于基准右侧 100 cm，故新重心位于基准右侧 105.7 cm。

3.4.3　调整重量控制重心

在日常运行中，可能面临需要通过调整重量来控制飞机重心的问题，例如，装载结束后发现飞机重心超出许可范围，需要移动人员或物体让飞机的重心回到合理范围以内。此时为了将重心调整到所需位置，需要计算出拟移动或增减的重量大小。

【例 3-9】　如图 1.3.18 所示，已知系统由物体 A、B 和 C 组成，物体 A 位于基准处，重 100 kg；物体 B 位于基准右侧 80 cm 处，重 200 kg；物体 C 位于基准右侧 100 cm 处，重 200 kg，系统重心位于基准右侧 72 cm 处。若希望通过移动物体 B 将系统重心调整到基准右侧 50 cm（中点）处，应该如何调整？

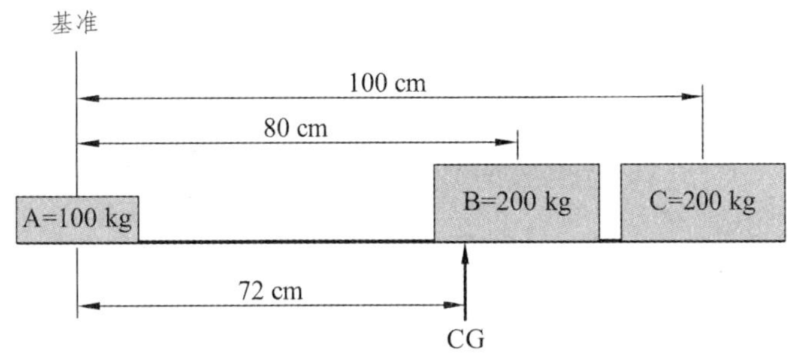

图 1.3.18　某平板系统

分析：

（1）根据条件可以建立表格，此时有两种方式，一种是利用已有的结果进行计算，另一种是重新计算，两种方式如表 1.3.6 和表 1.3.7 所示。

方式一：

表 1.3.6　利用已有的结果进行计算

项　目	重量/kg	力臂/cm	力矩/kg · cm
原系统	+500	+72	+36 000
移出物体 B	−200	+80	−16 000
移入物体 B	+200	?	?
新系统	+500	+50	+25 000

方式二：

表 1.3.7　重新计算

项　目	重量/kg	力臂/cm	力矩/kg · cm
物体 A	+100	0	0
物体 B	+200	?	?
物体 C	+200	+100	+20 000
新系统	+500	+50	+25 000

（2）两种方式均需要计算出物体 B 调整后产生的力矩。

$$25\,000 - 36\,000 + 16\,000 = +5\,000 \quad 或 \quad 25\,000 - 20\,000 = +5\,000$$

（3）用物体 B 调整后产生的力矩除以重量求出调整后所在的位置。

$$重心 = 合力矩 \div 总重量 = +5\,000\ \text{kg} \cdot \text{cm} \div 200\ \text{kg} = +25\ \text{cm}$$

（4）可知，欲将系统重心移动至平板中点，需将物体 B 移动到基准右侧 25 cm 处（见图 1.3.19）。

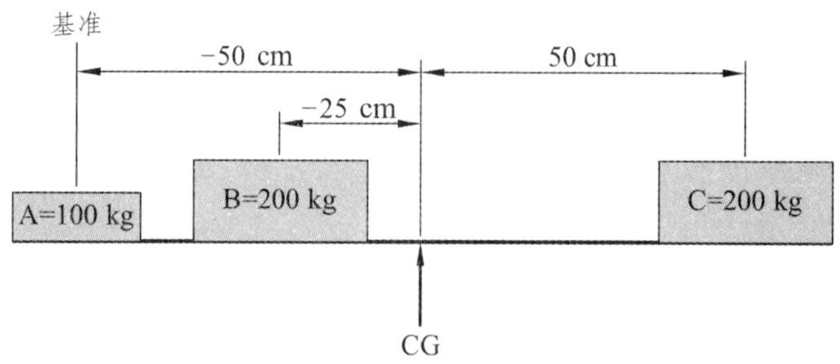

图 1.3.19　移动物体 B 让系统重心移动到平板中点处

【例 3-10】　已知系统由物体 A、B 和 C 组成，物体 A 位于基准处，重 100 kg；物体 B 位于基准右侧 80 cm 处，重 200 kg；物体 C 位于基准右侧 100 cm 处，重 200 kg，系统重心位于基准右侧 72 cm 处。欲将重心从 72 cm 处移动到 50 cm 处，需从 80 cm 处移动多少重量到 25 cm 处？

分析：

（1）由条件可知，被移动物体的力臂改变量为 −55 cm，总重量为 500 kg，重心改变量为 −22 cm，代入下式：

$$\begin{aligned}被移动的重量 &= \frac{总重量 \times 重心改变量}{被移动重量的力臂改变量} \\ &= \frac{500\ \text{kg} \times (-22)\ \text{cm}}{(-55)\ \text{cm}} \\ &= 200\ \text{kg}\end{aligned}$$

（2）可知需要移动 200 kg 的重量才能够满足题目要求。

熟练掌握公式法可以非常快速和便捷地获知系统重心的调整情况，实际工作中如果能够加以掌握，将是有效的计算工具。但是如果对公式法记忆不够牢靠，建议仍然使用表格法，毕竟让计算结果可靠是载重平衡计算的首要目标。

装载包线的识读和使用 1

3.5　重心包线

每一次执行飞行任务，飞机的重量和重心都会随着装载情况的变化而变化。为了利于准确控制飞机实际重量和重心，防止错漏，规章要求使用者采用更加有效的工具，即重心包线。无论是小型通用飞机还是大型运输机，都需要使用重心包线来对重量平衡计算结果进行检查。

3.5.1 重心包线的规章要求

在咨询通告“航空器重量与平衡控制规定”（AC-121-FS-135）中，对重心包线的建立方法、注意事项和缩减进行了明确的要求。

AC-121-FS-135.4.4.1 条 建立重心包线时的注意事项

遵循本咨询通告的运营人应当为其运行的每架航空器建立适用的重心包线。包线应该包括所有有关的重量与平衡限制，以确保航空器的运行总是在适当的重量与平衡限制中。建立包线时，将考虑旅客、燃油和货物的装载，飞行中旅客、航空器部件和其他装载物体的移动，燃油和其他消耗品的消耗或移动等因素。……

AC-121-FS-135.4.4.2 条 使用来自航空器制造（或改装）商的信息

建立重心包线应首先从重量与平衡限制开始。这些限制在航空器制造商提供的重量与平衡手册、型号合格证数据单或类似的批准性文件中。其中，至少应包括下列适用项目：

a. 最大无油重量；b. 最大起飞重量；c. 最大滑行重量；d. 起飞和着陆重心限制；e. 飞行中重心限制；f. 最大地板承受力，包括纵向载荷限制和面积载荷限制；g. 最大舱位载重量；h. 机身剪力限制；i. 由制造商提供的其他限制。……

AC-121-FS-135.4.4.3 条 缩减航空器制造（或改装）商的重心包线时需要考虑的事项

a. 考虑到在正常运行中可能遇到的装载变化和飞行中载荷的移动，运营人应缩减制造商的装载限制。举例来说，考虑到旅客在飞行中会在客舱内走动，运营人应该缩减制造商的重心包线。……

b. 在某些情况下，一架航空器可能有一条以上的包线用于起飞前的计划和装载。每一条包线应根据有关变量预计的情况做相应的缩减。举例来说，一架航空器可能有单独的起飞、飞行和着陆包线。……

c. 每个包线经过缩减确定后，这些包线重叠在一起所产生的最严格限制点将形成航空器的运行包线。在运行中必须遵守这些包线。……运营人也可以选择不把这些包线合并在一起，而是采取对每个包线都单独予以遵守的方法。……

3.5.2 重心包线组成

重心包线是一个封闭的安全区域，用于约束飞机装载时的重量和重心，如图 1.3.20 中被粗实线边界勾勒出的区域。它的上下边界约束重量，它的左右边界约束重心。它的纵坐标标识重量，它的横坐标标识力矩。

在重心包线上下边界之间，同一水平线上的重量相等。在重心包线左右边界之间，同一重心定位线上的重心相同，但力矩不同。在重心包线图中，一旦由重量和重心确定出的交点超出了边界，就表明当前的装载条件不安全。

注意，在图 1.3.20 中，重心定位线是自下向上呈发散状的等值线。字样“CG Location in inches from Datum”和数字“94、96、98、100……”是这些等值线的标签，而非横坐标轴的标签。横坐标轴的标签应为力矩 Moment，大多数小型制造厂商都不会在图中进行注明。绝大多数机型的包线都以力矩为横坐标，极少部分机型的包线使用力臂为横坐标，使用中需要仔细辨认。

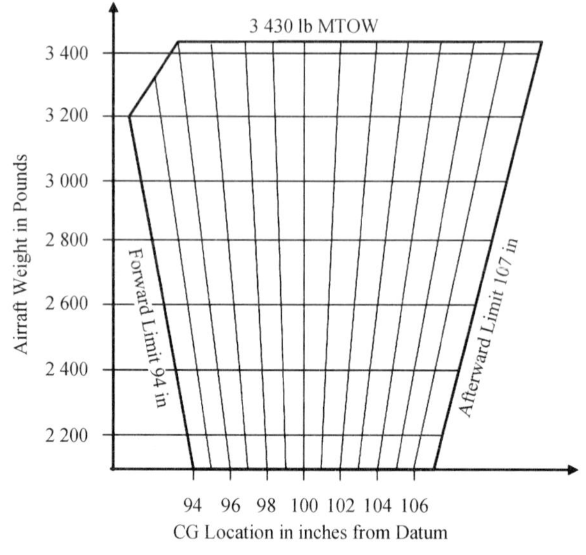

图 1.3.20　重心包线范例

重心包线的轮廓与机型有关，制造厂商会对重心包线进行适当削减，使得重心包线轮廓发生变化，如图 1.3.20 中包线左上角区域受到削减就是基于在大重量和前重心条件下对飞机导向轮承重能力的考虑。重心包线削减会使得不同重量状态下的飞机重心安全范围出现变化，图中当飞机实际装载重量超过 3 200 磅时，重心前极限将从 94 英寸处开始向后收缩，当飞机实际装载重量达到 3 430 磅时，重心前极限收缩至 96 英寸处。

接下来通过例题来进一步加强对重心包线的理解。

【例 3-11】　图 1.3.21 标记了从点 A 至点 H 共 8 个重量重心交点，试根据图 1.3.21 回答问题：（1）重心位置最靠前的是哪一点？（2）最靠近重心前极限的是哪一点？（3）重心位置相同的点有哪些？（4）力矩相同的点有哪些？（5）力矩最大和最小的各是哪一点？（6）重量相同的点有哪些？（7）重量最重和最轻的各是哪一点？（8）达到重量上限的点有哪些？

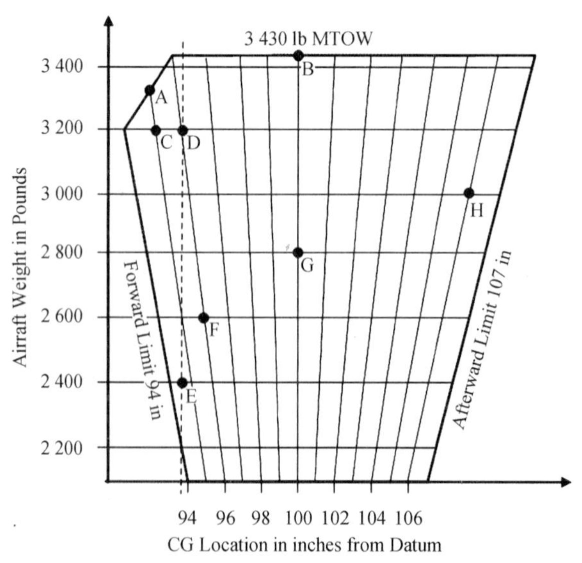

图 1.3.21　重心包线的物理含义

分析：

（1）点 E 的重心最靠前，它位于重心定位线（等值线）95 in 之前。

（2）点 A 最靠近重心前极限，它位于前极限边界上。

（3）点 A 和点 C 位置相同，均位于重心定位线（等值线）95 in 处；点 D 和点 F 位置相同，均位于重心定位线（等值线）96 in 处；点 B 和点 G 位置相同，均位于重心定位线（等值线）100 in 处。

（4）点 D 和点 E 具有相同的横坐标值，故力矩相同；点 B 和点 G 具有相同的横坐标值，故力矩相同。

（5）点 H 横坐标值最大，故力矩最大；点 A 横坐标值最小，故力矩最小。

（6）点 C 和点 D 位于同一条水平线，故重量相同。

（7）点 B 重量最重，点 E 重量最轻。

（8）点 B 恰好位于上边界处，故达到重量上限。

3.5.3 重心包线识读

机型不同，所使用的重心包线形式也可能不同。例如，为了免除已知合力矩后计算重心的手工步骤，便于飞行员在无计算工具的情况下直接通过作图查找重心，有的包线图会添加力矩等值线。

【例 3-12】 已知装载结束后飞机力矩为 270 000 lb · in，重量为 3 400 lb，试根据该机型重心包线查找重心（见图 1.3.22）。

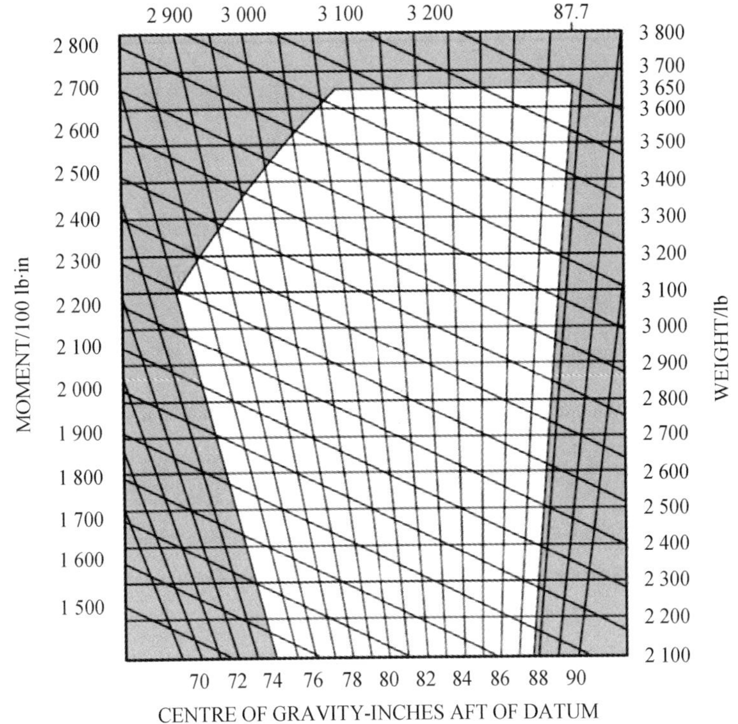

图 1.3.22 某通用飞机重心包线

分析：

（1）该包线的重量轴位于右侧，重量刻度范围为 2 100 ~ 3 800 lb。该包线的横轴物理量仍然为力矩，范围为 70 ~ 90 in 的力臂刻度与重心定位线相对应。

（2）位于左侧且范围为 1 500 ~ 2 800 lb · in 的是力矩刻度，与图 1.3.23 中一簇斜率为负的平行等值线相对应。同一等值线上的力矩值不变。

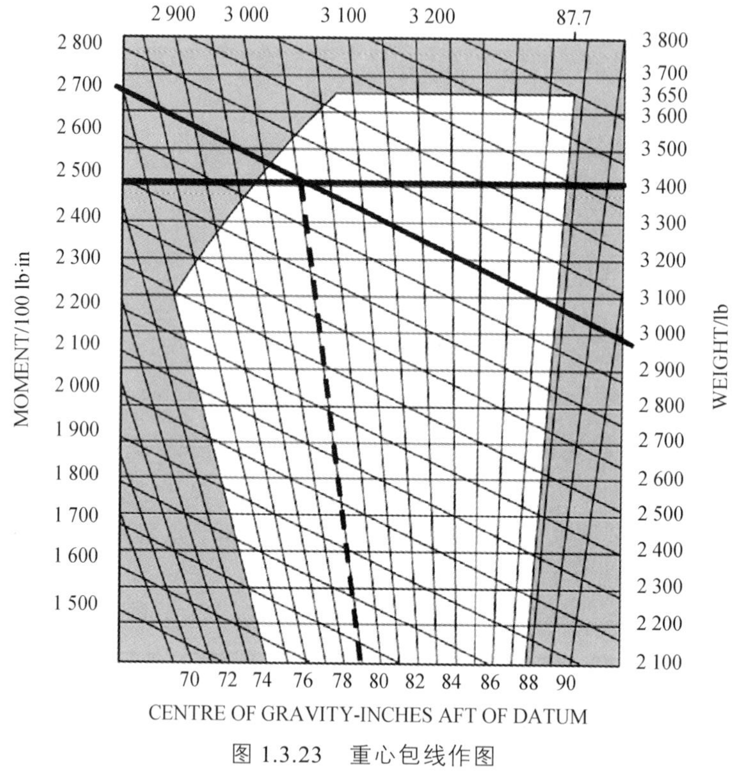

图 1.3.23　重心包线作图

（3）根据已知条件，先查找 2 700 lb · in 对应的力矩等值线，再查找 3 400 lb 对应的重量等值线，观察二者交点，发现落在 BA 为 79 in 的重心定位线附近，可知重心位于 79 in 处附近。

此外，适航审定取证类别不同的飞机能够完成的机动动作存在差异，需要根据具体使用场合来确定其可以完成何种机动，如常规机动动作、特殊机动动作。为使同一机型在训练或使用中满足不同场合的需要，有的制造商会在同一重心包线图中提供多条包线，实际使用时再根据机型当前用途进行选择。

【例 3-13】　已知赛斯纳 172 飞机当前重量为 2 367 lb，力矩为 105 200 lb · in。试结合图 1.3.24 回答问题：（1）判断飞机可否按正常类使用？（2）若当次飞行要完成实用类飞机才能够完成的尾旋科目，应做何调整？

分析：

（1）重量单位为磅，故从左侧纵坐标 2 367 lb 刻度处作水平线。力矩为 105 200 lb · in，其值缩减到千分之一后为 105.2，故从下方横坐标力矩刻度处作垂直线。经观察，发现二者交点落在正常类包线范围内，说明飞机可按照正常类进行使用。

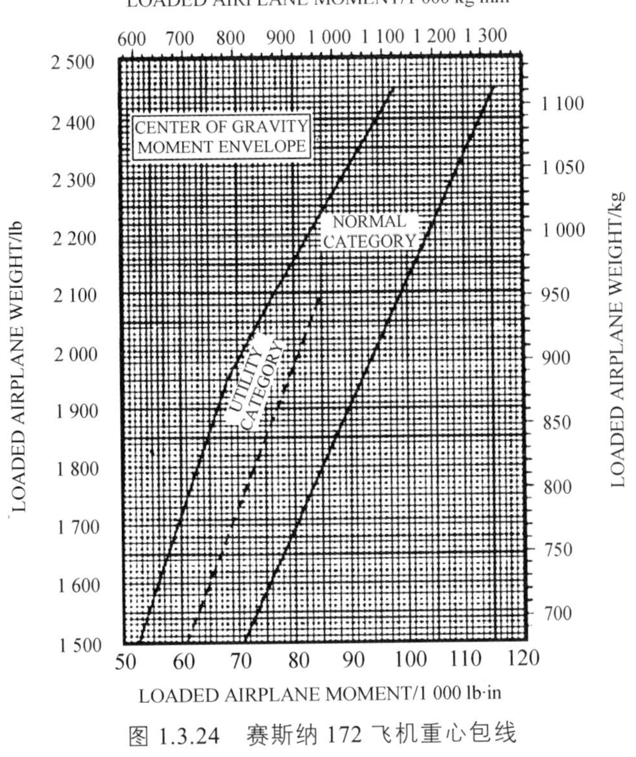

图 1.3.24　赛斯纳 172 飞机重心包线

（2）飞机需要按实用类使用才能够完成尾旋科目。经观察，需要至少将重量减少至 2 100 lb 以下，将力矩减少至 85 000 lb · in 以下。由合力矩定理可知飞机原重心位于 + 44.5（105 200 ÷ 2 367）in 处，而新重心至少应向前调整至 + 40.5（85 000 ÷ 2 100）in 处（见图 1.3.25）。

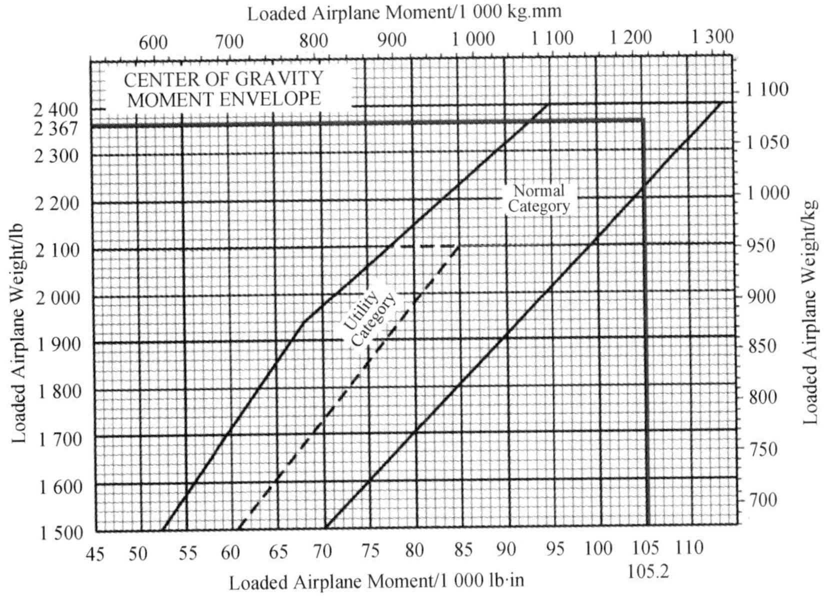

图 1.3.25　重心包线作图

复习思考题

1. 已知某PA28飞机基本空机重量为1 500 lb，执行某次飞行任务时的装载情况为一名飞行员重160 lb，前排一名乘客重180 lb，后排一名乘客重170 lb，乘客共携带行李100 lb，飞机加装了44.5 gal燃油，滑行油耗按7 lb计。试根据以上条件填写该飞机的手工舱单（见表1.3.8）。

表1.3.8 飞机手工舱单

Weight & Balance	Weight/lb	Arm/in	Moment/lb · in
Basic Empty Weight		85.9	
Pilot and Front Passenger		80.5	
Passenger (Rear Seats)*		118.1	
Fuel (48 US Gallon Maximum)		95.0	
Baggage* (200 lb Maximum)		142.8	
Ramp Weight (2 447 lb Normal, 2 027 lb Utility)			
Fuel (Engine Start, Taxi and Run-up)		95.0	
Total Loaded Airplane (2 447 lb Normal, 2 027 lb Utility)			
Totals must be within approved weight and CG limits. It is the responsibility of the airplane owner and the pilot to insure that the airplane is loaded properly. The Basic Empty Weight CG is noted on the Weight and Balance Data Form. if the airplane has been altered, refer to the Weight and Balance Record for this information. * Utility Category Operation -- No Baggage or aft passengers allowed.			

2. 试根据上题中PA28飞机手工舱单，说明该飞机装载时需遵循的典型限制以及星号的含义。

3. 已知装载结束后的飞机总重量为7 800 lb，重心位于81.5 in处。又知重心后极限位于80.5 in处，行李位于后行李舱，后行李舱力臂为150 in，前行李舱力臂为30 in。试确定至少需将多少重量移至前行李舱，才能够确保起飞安全。

4. 已知装载结束后的飞机总重量为6 680 lb，重心位于80 in。现临时准备在力臂为150 in的行李舱中增加行李140 lb。试确定新的重心位置。

5. 已知装载结束后的飞机总重量为6 100 lb，重心位于78 in处。现临时准备在力臂为150 in的行李舱中减去行李100 lb。试确定新的重心位置。

6. 试以两个点为一组，分别根据（1）重量相同，（2）力矩相同，（3）位置相同，（4）力矩与位置均相同，在图1.3.21重心包线图范例中标记出满足要求的点。

第 4 章　通用航空飞机重量平衡计算

通用飞机重心计算实例 1

4.1　通用飞机重量平衡计算介绍

通用航空（简称通航）是指使用民用航空器从事公共航空运输以外的民用航空活动，包括从事工业、农业、林业、渔业和建筑业的作业飞行以及医疗卫生、抢险救灾、气象探测、海洋监测、科学实验、教育训练、文化体育等方面的飞行活动。

通用飞机通常按照《中国民用航空规章》第 23 部（CCAR23 部）进行适航审定。通用飞机以小型单发活塞飞机和双发活塞飞机居多，可不评估飞机一发失效后的适航能力。但随着技术发展和社会发展的需要，越来越多使用涡扇式发动机的飞机在行政事务和商务活动中发挥着广泛的作用，如“奖状”“湾流”“挑战者”等，此类飞机不仅需要按照 CCAR23 部进行审定，还需要对其起飞和着陆阶段一发失效后的爬升性能予以评估，并参照运输类飞机适航规章 CCAR25 部进行额外审定。这些不同使得与机型配套的重量平衡图表存在形式上的差异。

无论如何，从事通航活动的飞行员和地勤人员不仅要能够识读相关机型的重量平衡信息，核定装载后的重量和重心在手册许可范围内，还要能够在乘客、行李和燃油的重量变动后，查找重心并在重心超限时控制重心。合理的重量和重心无论是对起飞和着陆，还是对其他飞行阶段的安全都至关重要。

通用飞机重量与平衡计算的过程大致可分为以下步骤：

（1）通过机型配套手册获取机型相关的基本重量、基本重心、重量限制、重心限制、舱位分布和油箱容量等信息。

（2）了解本次飞行任务的实际装载情况。

（3）利用简易舱单记录各重量项的重量和重心数据，包括基本空机重量、飞行员、乘客、行李、燃油和压舱物等。

（4）通过手工计算或查图表得到各重量项的力矩数据。

（5）汇总计算得到飞机的总重量和合力矩，并进而得到飞机当前的重心。

（6）使用重心包线图，检查飞机的重量和重心是否超限，可否安全飞行。

（7）若飞机的重量和重心任一超限，需要对飞机的装载进行调整，直至二者同时满足要求。如果重量超限，需要酌情减少行李、燃油或者人员。如果重心超限，可优先考虑移动重量进行调整，若移动无效，则仍然需要对飞机进行减载或安放压舱物。

通用飞机的重量平衡计算一般基于简易舱单图表，常见方法主要分为计算法、查图法和查表法等。不同制造厂商在机型配套手册中提供的重量平衡信息和图表的形式可能存在差异，但变化不大，而且均通过局方的批准。使用者需要熟悉和掌握这些信息和图表才利于实际操作。

4.2 使用计算法的重量平衡计算

在进行正式的重量平衡计算之前，应首先完成基本重量平衡信息的识读。

【例 4-1】 试识读以下某小型单发活塞飞机的基本重量平衡信息，如图 1.4.1 和图 1.4.2 所示。

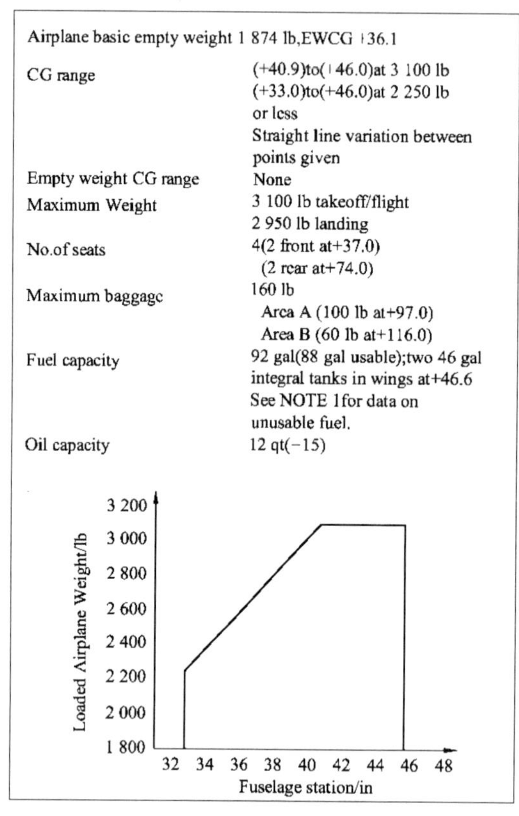

图 1.4.1 基本重量平衡信息

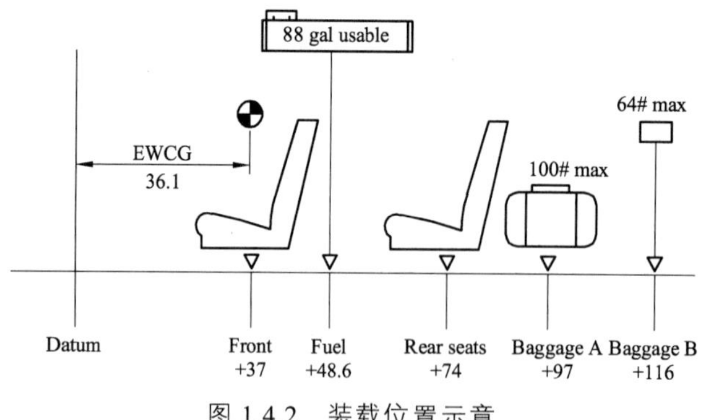

图 1.4.2 装载位置示意

分析：

（1）通过制造厂商提供的信息可以了解有关飞机的基本重量、基本重心、重量限制、重心限制和舱位分布情况。

（2）基本空机重量为 1 874 lb，基本空机重心位于 + 36.1 in 处。

（3）起飞重量为 3 100 lb 时，重心安全范围介于 + 40.9 in 和 + 46 in 之间；起飞重量为 2 250 lb 及以下时，重心安全范围介于 + 33 in 和 + 46 in 之间。

（4）起飞和巡航阶段最大重量为 3 100 lb，着陆阶段最大重量为 2 950 lb。

（5）飞机最多可安放 4 个座椅，两前两后，前排重心位于 + 37 in 处，后排重心位于 + 74 in 处。

（6）飞机最大可容纳行李 160 lb，其中行李舱 A 可容纳 100 lb，重心位于 + 97 in 处；行李舱 B 可容纳 60 lb，重心位于 + 116 in 处。

（7）飞机最多可装载燃油 92 gal，其中可用燃油为 88 gal，燃油重心位于 + 46.6 in 处。

当飞机重量平衡信息的识读准确无误之后，可以开始着手进行计算。计算法先使用固定格式的简易舱单表格，根据各装载项的重量、力臂、力矩等数据计算出飞机的重量和重心，再使用重心包线对计算出的结果进行核查和判断。

【例 4-2】 已知该飞机某次飞行前的装载条件为：飞行员重 120 lb，前排乘客重 180 lb，后排乘客重 175 lb，加装燃油 88 gal 重 528 lb，行李舱 A 放置行李 100 lb，行李舱 B 放置行李 50 lb。试计算飞机重量和重心，并判断飞机重量和重心是否位于允许的范围内。

分析：

（1）使用该飞机配套的简易舱单。简易舱单罗列出了需要考虑的重量项，相对固定的信息会直接给出，待填信息需要依照当次飞行任务实际情况填入空白栏目中，如表 1.4.1 所示。

表 1.4.1　空白简易舱单

项　目	重量/lb（≤3 100 lb）	力臂/in	力矩/lb · in	重心/in
基本空机重量	1 874	36.1	67 651.4	
前排座椅		37		
后排座椅		74		
燃　油		46.6		
行李舱 A		97		
行李舱 B		116		
合　计				

（2）根据已知条件，填写简易舱单，如表 1.4.2 所示。

表 1.4.2　填写完毕的简易舱单

项　目	重量/lb（≤3 100 lb）	力臂/in	力矩/lb · in	重心位置/in
基本空机重量	1 874	36.1	67 651.4	
前排座椅	300	37	11 100	
后排座椅	175	74	12 950	
燃　油	528	46.6	24 604.8	
行李舱 A	100	97	9 700	
行李舱 B	50	116	5 800	
合　计	3 027		131 800.2	+ 43.54

可知当前飞机的总重量为 3 027 lb，合力矩为 131 800.2 lb · in，重心位于基准后 43.54 in 处。

（3）使用该飞机配套的重心包线图（常出现于飞行员操作手册 POH 或飞行手册 AFM），判断飞机装载完毕后的重量和重心是否符合装载要求（见图 1.4.3）。

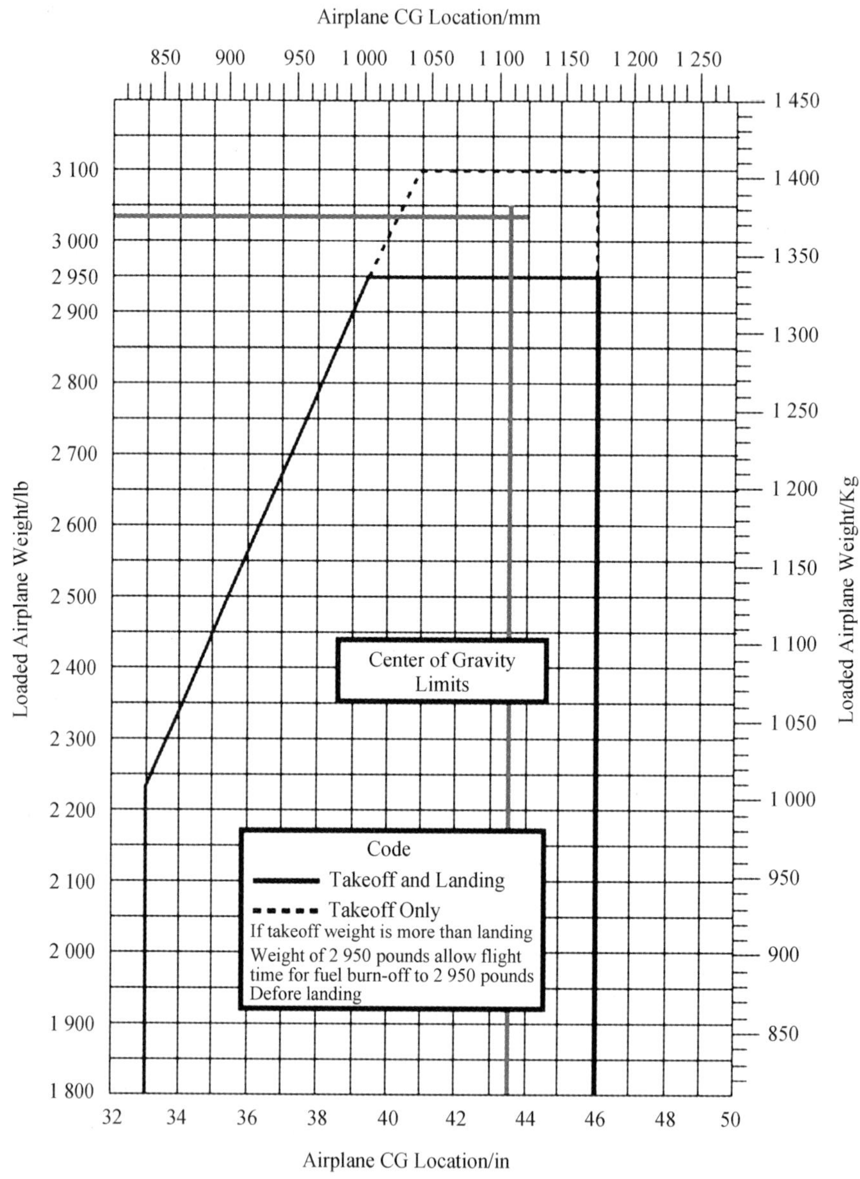

图 1.4.3 某飞机操作手册中的重心限制图

根据已求出的重心位置 43.54 in 在横坐标对应位置作一垂线，根据已求出的总重量 3 027 lb 在纵坐标对应位置作一水平线。经观察，二者交点位于实线范围之外，同时又位于虚线范围之内。说明飞机可以按照目前的装载条件安全起飞，但若是以该装载条件着陆，则会超重约 75 lb。如果交点位于实线范围以内，那么飞机既可安全起飞也可安全着陆。

4.3　使用查图法的重量平衡计算

通用飞机重心计算实例 2

为了让载平计算更加便利，有的制造厂商会在其机型配套的飞行员操作手册和飞行手册中提供重量力矩换算图，来简化计算过程和缩短计算用时，这种方法可称为查图法。

重量力矩图可以直接根据重量查出力矩，减少乘法计算可能带来的人为错误。为了利于识读和减少力矩项过多的位数，大多数的重量力矩图和重心包线图的横坐标都使用力矩指数。

【例 4-3】 已知某次飞行前的装载条件为：飞行员重 120 lb，前排乘客重 180 lb，后排乘客重 175 lb，加装燃油 88 gal 重 528 lb，行李舱 A 放置行李 100 lb，行李舱 B 放置行李 50 lb。试结合重量力矩图，计算飞机重量和重心，并判断飞机重量和重心是否位于允许的范围内。

分析：

（1）手册使用重量力矩图的机型的简易舱单也更加简单，略去了力臂项。需要根据各重量项的实际重量，在重量力矩图中查找出对应的力矩（见表 1.4.3）。

表 1.4.3　空白简易舱单

项　目	重量/lb	力矩指数/1 000 lb·in
基本空机重量	1 874	67.7
前排座椅		
后排座椅		
燃油		
行李舱 A		
行李舱 B		
合　计		

（2）使用重量力矩图。首先辨识出横坐标使用了力矩指数的形式，对力矩值缩小了 1 000 倍，上下横坐标单位分别是千克·毫米和磅·英寸。其次辨识出左右纵坐标重量单位分别是磅和千克（见图 1.4.4）。

（3）查找前排人员产生的力矩：从纵坐标 300 lb 刻度处向右作水平线，与“飞行员和前排乘客”斜线相交，从交点处向下作垂线，对应的横坐标刻度值为 11.1，将其记录在简易舱单中对应的空白处。

（4）查找后排人员产生的力矩：从纵坐标 175 lb 刻度处向右作水平线，与“后排乘客或货物”斜线相交，从交点处向下作垂线，对应的横坐标刻度值为 12.9，将其记录在简易舱单中对应的空白处。

接下来依次求出燃油、A 区行李、B 区行李的力矩指数，并将其记录在简易舱单中。

（5）88 gal 的航空汽油重约 528 lb，查图可知力矩指数为 24.6，这也是可加装的最大燃油量。A 区 100 lb 行李查图可得力矩指数为 9.7，B 区 50 lb 行李查图可得力矩指数为 5.8。

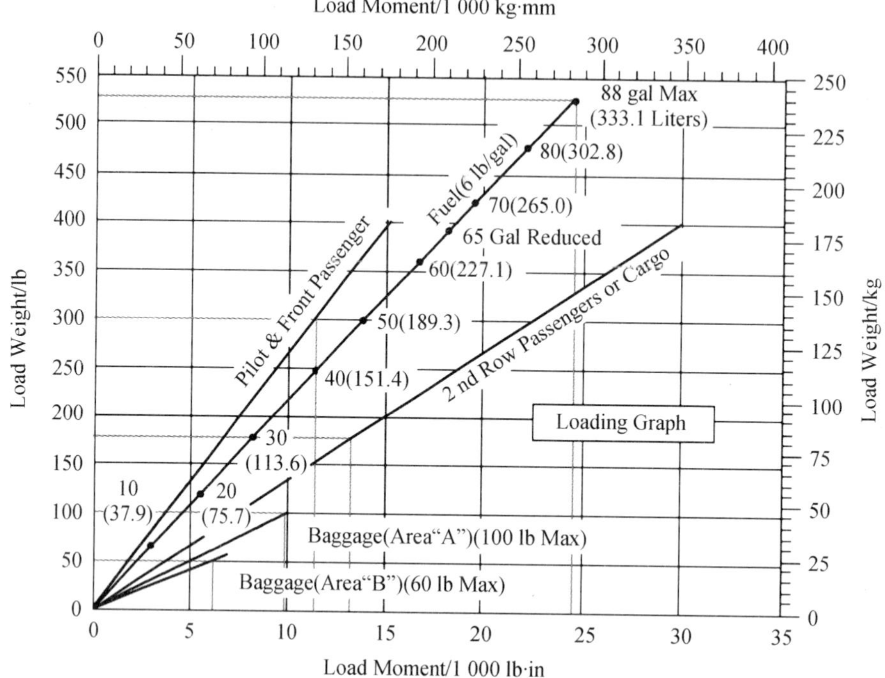

图 1.4.4　各重量项力矩图

（6）汇总后可知飞机总重为 3 027 lb，力矩指数为 131.8（见表 1.4.4）。

表 1.4.4　装载计划表

项　目	重量/lb	力矩指数/1 000 lb·in
基本空机重量	1 874	67.7
前排座椅	300	11.1
后排座椅	175	12.9
燃　油	528	24.6
行李舱 A	100	9.7
行李舱 B	50	5.8
合　计	3 027	131.8

（7）接下来使用重心包线图，注意该机型的包线图横坐标是力矩指数而不再是力臂。在横轴 131.8 处向上作一垂线，在纵轴 3 027 处向右作一水平线，获得二者交点。观察到该交点位于虚线区域内、实线区域外，说明该飞机装载结束后可以安全起飞，但如果以该重量着陆将会超限（见图 1.4.5）。

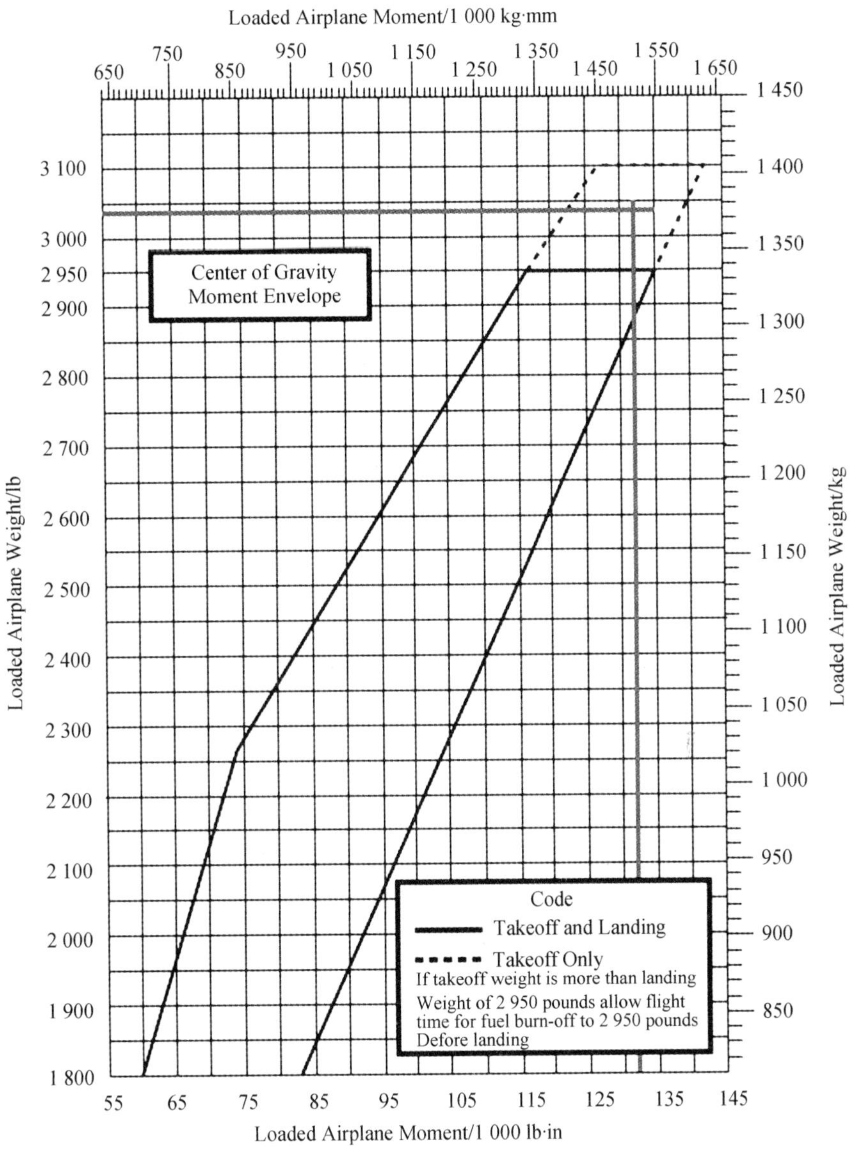

图 1.4.5　重心包线

4.4　使用查表法的重量平衡计算

查表法同样是为了减少手工计算可能引入的人为错误而预先制作的一组表格，每张表格对应一个重量项，可根据重量查出力矩。与查图法相比，查表法的结果更为准确。查表法以双发飞机或多座位数飞机居多。

接下来以 CJ1-525 通勤飞机为例，介绍其舱单特点及通过查表完成重量平衡计算的过程。

【例 4-4】　试识读 CJ1-525 的重量平衡信息（见图 1.4.6）和简易舱单（见表 1.4.5 和图 1.4.7）。

Maximun Design Ramp Weight ······································· 10 700 Pounds
Maximum Design Takeoff Weight······································ 10 600 Pounds

Maximum Design Landing Weight ······························ 9 800 Pounds
Maximum Design Zero Fuel Weight ······························ 8 400 Pounds

Takeoff weight is limited by the most restrictive if the following requirements:

Maximum Ceritified Takeoff Weight ······························ 10 600 Pounds
Maximum Takeoff Weight Permitted by
Climb Requirements ······························ Refer to Takeoff Performance Charts in Section Ⅳ of the Approved FAA Flight Manual
Takeoff Field Length ······························ Refer to Takeoff Performance Cherts in Section Ⅳ of the Approved FAA Flight Manual

Landing weight is limited by the most restrictive of the following requirements:

Maximum Certified Landing Weight ······························ 9 800 Pounds
Maximum Landing Weight Permitted by limb Requirements or
Brake Energy Limit ······························ Refer to Landing Performance Charts in Section Ⅳ of the Approved FAA Flight Manual
Landing Distance ······························ Refer to Landing Performance Charts in Section Ⅳ of the Approved FAA Flight Manual

图 1.4.6 飞机基本重量与平衡信息

表 1.4.5 空白简易舱单

PAYLOAD COMPUTATONS				ITEM	WEIGHT	MONENT/100	CG	CG LIMIT
'A'	'B'	'C'	'D'	'E'	'F'	'G'	'H'	'I'
ITEM	ARM /in	WEIGHT /lb	MOMENT /100	1. BASIC EMPTY WEIGHT Airplane CG =				
OCCUAPANTS				2. PAYLOAD				
SEAT 1	131.00			3. ZERO FUEL WEIGHT (1 + 2) (Not to exceed maximum zero fual weight of 8 400 pounds				241.58/ 248.78
SEAT 2	131.00							
SEAT 3								
SEAT 4								
SEAT 5				4. FUEL LOADING (Not to exceed 3 220 pounds)				
SEAT 6								
SEAT 7								
BELTED TOILET				5. RAMP WEIGHT (3 + 4) (Not to exceed 10 700 pounds)				
BAGGAGE								
BALLAST	53.62			6. LESS FUEL FOR TEXING				
NOSE	74.00			7. TAKEOFF WEIGHT (3 + 4) (Not to exceed maximum) of 10 600 pounds)				244.14/ 248.78
AFT CABIN	270.70							
TAILCONE	356.50							
CABINET				8. LESS DESTINATION FUEL				
CONTENTS				9. LANDING WEIGHT (7 − 8) (Not to exceed maximum of 9 800 pounds)				243.37/ 248.78
PAYLOAO				Airplane CG = (column 'G'/column 'F') × 100 or use CG Envelope Limits Graph				
				Weight and CG for TAKEOFF and LANDING must remain in the approved Filght envelope. It is the responsibility of the operator to ensure than All filght conditions and airplane loadings remain in the approved Filght envelope.				

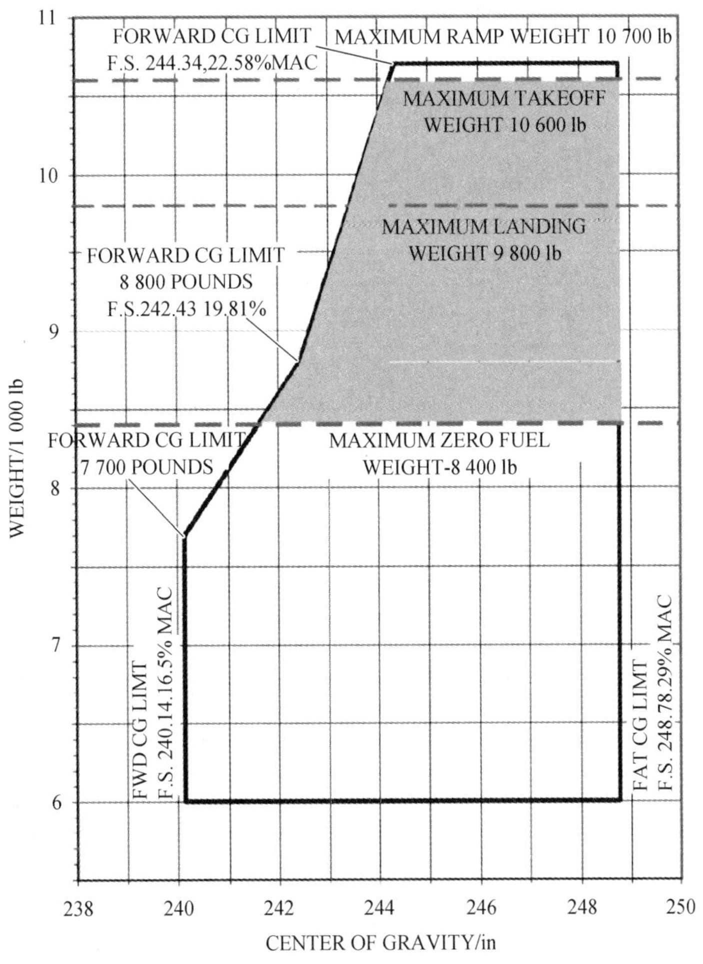

图 1.4.7　行李货物力矩表

分析：

（1）该飞机的最大停机坪重量为 10 700 lb，最大起飞重量为 10 600 lb，最大着陆重量为 9 800 lb，最大无燃油重量为 8 400 lb。

（2）该飞机简易舱单大致分为左、右两个区域，左侧区域记录各项商载的重量、力臂、力矩，右侧区域对飞机各个重量状态进行汇总计算。

（3）该飞机多个位置可放置行李或压舱物，包括压舱物放置区（BALLAST）、机头行李舱（NOSE）、客舱后部行李舱（AFT CABIN）、机尾行李舱（TAIL CONE）。

（4）该飞机在重量不超过 7 700 lb 时，重心安全范围为 240.14 ~ 248.78 in；当重量达到最大无燃油状态时，重心前极限收缩至 241.58 in；当重量达到最大着陆重量状态时，重心前极限进一步收缩至 243.37 in；当重量达到最大起飞重量状态时，重心前极限最终收缩至 244.14 in。

（5）该飞机重心包线图的横轴为机体站位，可直接对照横轴下方的换算尺将其换算为%MAC。

【例 4-5】 试识读在执行某次飞行任务前 CJ1-525 已完成填写的简易舱单内容（见表 1.4.6 ~ 1.4.9 和图 1.4.8）。

表 1.4.6 填写后的重量与平衡计算表

PAYLOAD COMPUTATONS				ITEM	WEIGHT	MONENT/100	CG	CG LIMIT
'A'	'B'	'C'	'D'	'E'	'F'	'G'	'H'	'I'
ITEM	ARM /in	WEIGHT /lb	MOMENT /100	1. BASIC EMPTY WEIGHT Airplane CG =	6 422	16 203.0		
OCCUAPANTS				2. PAYLOAD	1 978	4 160.4		
SEAT 1	131.00	170	222.7	3. ZERO FUEL WEIGHT (1 + 2) (Not to exceed maximum zero fual weight of 8 400 pounds	8 400	20 363.4	242.42	240.97/ 248.78
SEAT 2	131.00	170	222.7					
SEAT 3	193.60	170	329.1					
SEAT 4	193.60	170	329.1					
SEAT 5	242.56	170	412.3	4. FUEL LOADING (Not to exceed 3 220 pounds)	2 300	5 847.3		
SEAT 6	242.56	170	412.3					
SEAT 7	162.28	170	275.8					
BELTED TOILET	267.45	170	454.6	5. RAMP WEIGHT (3 + 4) (Not to exceed 10 700 pounds)	10 700	26 211.1		
BAGGAGE								
BALLAST	53.62	0	0.0	6. LESS FUEL FOR TEXING	100	251.6		
NOSE	74.00	216	161.3	7. TAKEOFF WEIGHT (3 + 4) (Not to exceed maximum) of 10 600 pounds)	10 600	25 959.5	244.90	244.14/ 248.78
AFT CABIN	270.70	100	270.7					
TAILCONE	356.50	300	1 069.5					
CABINET CONTENTS				8. LESS DESTINATION FUEL	800	2 015.4		
				9. LANDING WEIGHT (7 − 8) (Not to exceed maximum of 9 800 pounds)	9 800	23 944.1	244.33	243.37/ 248.78
PAYLOAO		1 978	4 160.4	Airplane CG = (column 'G'/column 'F') × 100 or use CG Envelope Limits Graph				
				Weight and CG for TAKEOFF and LANDING must remain in the approved Filght envelope. It is the responsibility of the operator to ensure than All filght conditions and airplane loadings remain in the approved Filght envelope.				

表 1.4.7 机组乘客力矩表

GREW AMD PASSEMGER					
WEIGHT /lb	MOMENT/100				
	SEAT 1 AND SEAT 2 ARM = F. S. 131.00	SEAT 3 AND SEAT 4 ARM = F. S. 193.62	SEAT 5 AND SEAT 6 ARM = F. S. 242.56	SIDE FACE SEAT ARM = F. S. 162.28	LH BEL TED TOILET = F. S. 267.45
50	65.50	96.61	121.28	81.14	133.73
60	78.60	116.17	145.54	97.37	160.47
70	91.70	135.53	169.79	113.60	187.22
80	104.90	154.90	194.05	129.82	213.96

续表

GREW AMD PASSEMGER					
WEIGHT /lb	MOMENT/100				
	SEAT 1 AND SEAT 2 ARM = F. S. 131.00	SEAT 3 AND SEAT 4 ARM = F. S. 193.62	SEAT 5 AND SEAT 6 ARM = F. S. 242.56	SIDE FACE SEAT ARM = F. S. 162.28	LH BEL TED TOILET = F. S. 267.45
90	117.90	174.26	218.30	146.05	240.71
100	131.00	193.62	242.56	162.28	267.45
110	144.10	212.98	266.82	178.51	294.20
120	157.20	232.98	291.07	194.74	320.94
130	170.30	251.71	315.33	210.96	347.69
140	183.40	271.07	339.58	227.19	374.43
150	196.50	290.43	363.84	243.42	401.18
160	209.60	309.79	388.10	259.65	427.92
170	222.70	329.15	412.35	275.88	454.67
180	235.80	348.52	436.61	292.10	481.41
190	248.90	367.88	460.88	308.33	508.16
200	262.00	387.24	485.12	324.56	534.90
210	275.10	406.60	509.38	340.79	561.65
220	288.20	425.96	533.63	357.02	588.39
230	301.30	445.33	567.89	373.24	615.14
240	314.40	464.89	582.14	389.47	641.88
250	327.50	484.05	606.40	405.70	668.63
260	340.60	503.41	630.66	421.93	695.37
270	353.70	522.77	654.91	438.18	722.12
280	366.80	542.14	679.17	454.38	748.86
290	379.90	561.50	703.42	470.61	775.61
300	393.00	580.86	727.68	486.84	802.35
310	406.10	600.22	751.94	503.07	829.10
320	419.20	619.58	776.19	519.30	855.84
330	432.30	638.95	800.45	535.52	882.59
340	445.40	658.31	824.70	551.75	909.33

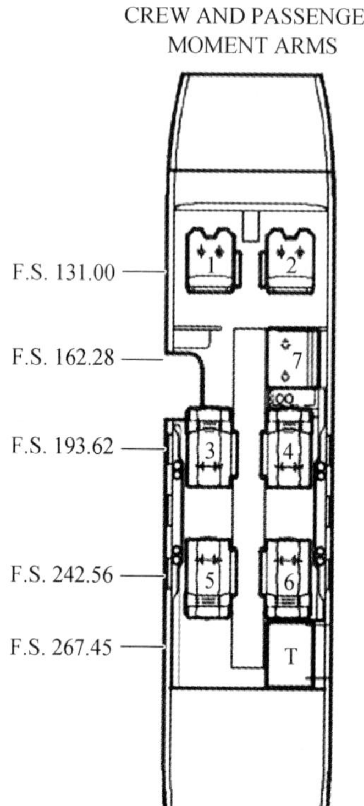

图 1.4.8　机组乘客力矩

表 1.4.8　行李力矩表

BAGGAGE AND STORAGE COMPARTMENT(S) CONTENTS			
WEIGHT/lb	MOMENT/100		
	NOSE COMPARTMENT ARM = F. S. 74.00	CABIN COMPARTMENT ARM = F. S. 270.70	TAILCONE CONPARTMENT ARM = F. S. 356.50
10	7.40	27.07	35.65
20	14.80	54.14	71.30
30	22.20	81.21	106.95
40	29.60	108.28	142.60
50	37.00	135.35	178.25
60	44.40	162.42	213.90
70	51.80	189.49	249.55
80	59.20	216.56	285.20
90	66.60	243.63	320.85

续表

BAGGAGE AND STORAGE COMPARTMENT(S) CONTENTS			
WEIGHT/lb	MOMENT/100		
	NOSE COMPARTMENT ARM = F. S. 74.00	CABIN COMPARTMENT ARM = F. S. 270.70	TAILCONE CONPARTMENT ARM = F. S. 356.50
100	74.00	270.70	356.50
110	71.40		392.15
120	88.80		427.80
130	96.20		463.45
140	103.60		499.10
150	111.00		534.75
160	118.40		570.40
170	125.80		606.05
180	133.20		641.70
190	140.60		677.35
200	148.00		713.00
210	155.40		748.30
220	162.80		784.30
230	170.20		819.95
240	177.60		855.60
250	185.00		891.25
260	192.40		926.90
270	199.80		962.55
280	207.20		998.20
290	214.60		1 033.85
300	222.00		1 069.50
310	229.40		1 105.15
320	236.80		1 140.80
325	240.50		1 158.63
330	244.20		
340	251.60		
350	259.00		
360	266.40		
370	273.80		
380	281.20		
390	288.60		
400	296.00		

表 1.4.9 燃油力矩表

WING TANK FUEL	
WEIGHT/lb	MOMENT/100 lb · in
100	257.92
200	515.90
300	772.92
400	1 029.28
500	1 286.65
600	1 544.64
700	1 802.71
800	2 059.68
900	2 315.43
1 000	2 570.30
1 100	2 824.14
1 200	3 076.80
1 300	3 328.65
1 400	3 580.64
1 500	3 832.80
1 600	4 085.12
1 610	4 110.17
1 700	4 337.38
1 723	4 395.20
1 800	4 589.28
1 900	4 840.82
2 000	5 092.20
2 100	5 343.87
2 200	5 595.48
2 300	5 847.75
2 400	6 100.56
2 500	6 354.00
2 600	6 607.90
2 700	6 861.78
2 800	7 115.64
2 900	7 369.48
3 000	7 623.00
3 100	7 876.48
3 200	8 129.92
3 300	8 382.99
3 400	8 636.00
3 446	8 752.50

CAUTION

CERTIFIED MAXIMUM USABLE FUEL QUANTITY IS 3 220 POUNDS WITH EACH WING FILLED TO THE BOTTON OF THE FILLER STANDPIPE. DO NOT FILL ABOVE THE STANDPIPE. AS ADEQUATE FUEL EXPANSION VOLUME MAY NOT BE AVAILABLE. FUELING ABOVE THE STANDPIPE MAY RESULT IN AS MUCH AS 3 446 POUNDS OF FUEL. CHECK WEIGHT AND BALANCE.

分析：

（1）该飞机基本空机重量为 6 422 lb，基本空机力矩指数为 16 203。

（2）该飞机 1 号和 2 号座位有机组成员两名，各重 170 lb，3 号至 7 号座位均有乘客 1 名，各重 170 lb，卫生间一名乘客重 170 lb。

（3）该飞机未放置压舱物，在机头行李舱中放置了行李 218 lb，指数为 161.3；在客舱后部行李舱中放置了行李 100 lb，指数为 270.7；另有 300 lb 行李放置于机尾行李舱内，指数为 1 069.5。

（4）该飞机共有商载 1 978 lb，产生的力矩指数为 4 160.4。

（5）该飞机携带的总油量为 2 300 lb，其中滑行用油 100 lb，航程用油 1 700 lb。

（6）该飞机无燃油重量为 8 400 lb，无燃油指数为 20 363.4，无燃油重心位于 242.42 in 处，没有超出重心安全范围。

（7）该飞机起飞重量为 10 600 lb，起飞指数为 25 959.5，起飞重心为 244.90 in，没有超出重心安全范围，但比较接近重心前极限。

（8）该飞机着陆重量为 9 800 lb，着陆指数为 23 944.1，着陆重心位于 244.33 in 处，仍然位于重心安全范围以内。

复习思考题

1. 试识读图 1.4.9 和图 1.4.10 所示的某双发活塞飞机的基本重量平衡信息。

Datum—Forward face of fuselage bulkhead ahead of rudder pedals Seats
2 at 37.0
2 at 75.0
1 at 113.0—Weight limit 200 lb
Fuel
213.4 gal (2 wing tanks, 105.0 gal each 103.0 gal usable at + 61.0)
Undrainable fuel—1.6 lb at + 62
Oil
24 quarts (12 quarts in each engine) — - 3.3
Baggage
Forward 100# limit — - 15
Aft 200# limit — + 113
CG Range
(+ 38) to (+ 43.1) at 5 200 lb
(+ 43.6) to 48 000 lbs
(+ 32) to (+ 43.6) at 4 300 lb or less
Straight line variation between points given
Engines (2) 240 horsepower horizontally opposed engines
Fuel burn—24 gph for 65% cruise at 175 kt
29 gph for 75% cruise at 180 kt

图 1.4.9　某双发活塞飞机重量平衡信息

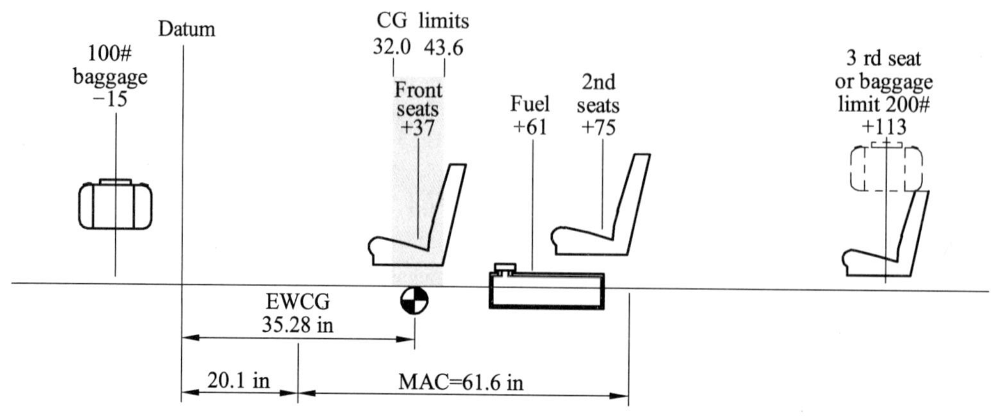

图 1.4.10　某双发活塞飞机舱段布局示意图

2. 已知上题给出的飞机在某次飞行任务前装载情况如下：

燃油（140 gal）……840 lb

前排人员……320 lb

后排人员……310 lb

前行李舱……100 lb

后行李舱……90 lb

试填写舱单确定飞机的重量和重心（见表 1.4.10）。

表 1.4.10　某双发活塞飞机空白舱单

项　目	重量≤5 200 lb	力臂/in	力矩/lb · in	重心位置/in
基本空重	3 404	35.28	120 093	
燃　油		61		
前排座椅		37		
后排座椅		75		
前行李舱		−15		
后行李舱		113		
合　计				

3. 若已知 MAC 长为 61.6 in，LEMAC 位于 +20.1 in 处。试将上题计算得出的 BA 形式的重心位置换算为 %MAC 形式。

4. 根据例 4-5 中 CJ1-525 客运形态的计算实例，假设在飞机舱单填写完毕后，位于 3 号座椅的乘客临时取消行程，安排下了飞机，试查找调整后的飞机起飞重心位置。

5. 根据例 4-5 中 CJ1-525 客运形态的计算实例，假设在飞机舱单填写完毕后，位于机尾行李舱中的 300 lb 行李被取出，试查找调整后的飞机起飞重心位置。

第 5 章　大型运输机载重表和平衡图

载重表

航线运输飞机的载重平衡图表（Load and Trim Chart）可以分为载重表（Load Sheet）和平衡图（Trim Chart），它们既是飞机配载工作的重要控制文档，也是重要的随机业务文件和存档文件。

早期的载重平衡图表均由手工填制，尽管随着计算机技术的飞速发展，电子舱单为越来越多的航空公司所使用，但是手工填制载重平衡图表仍然是配载工作人员的基本功。对于飞行员和运行控制人员，能够识读载重平衡图表也是工作中的一项基本要求。

载重表和平衡图均须按照规定的格式和要求填制，二者既可以组合使用，也可以独立使用。本章将逐一介绍载重表、平衡图的识读和填制方法，并介绍电子舱单的识读方法。

5.1　载重表识读

载重表（见图 1.5.1）主要用于确保在配载过程之中飞机重量不超过其最大重量限制，并

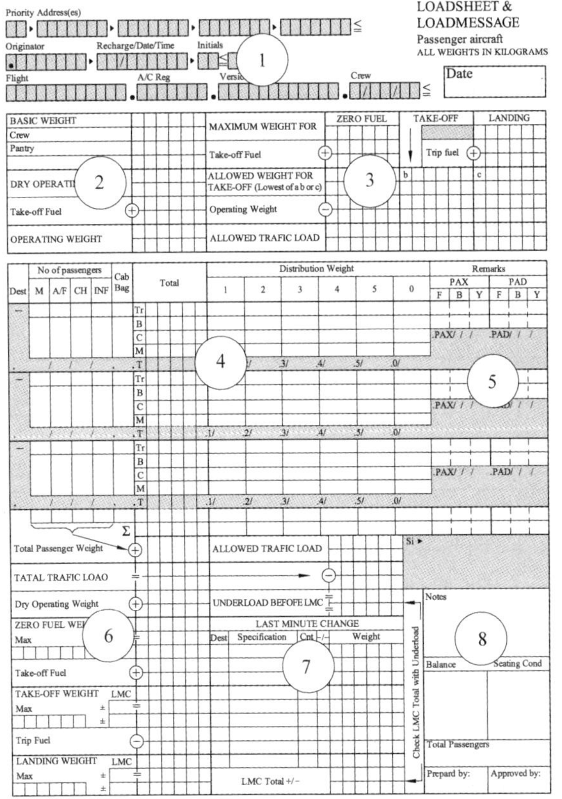

图 1.5.1　载重表示意图

对飞机装载情况进行记录和跟踪。载重表逐一给出了从干使用重量到起飞重量再到着陆重量这一过程中相关各项的重量信息。按实际情况填写该表的过程，就是进行飞机重量计算的过程。

每个航班都应该填制载重表，它可以反映航班装载数据的实际情况。载重表应按照规定格式进行填写。同一公司的不同机型，不同公司的同一机型，所使用的载重表可能会有细节上的差异，但主要的格式和内容基本相同。故本书将以航空公司所使用的典型机型的载重表为例进行说明。

5.1.1 区域①——表头

表头的形式可参见图 1.5.2。

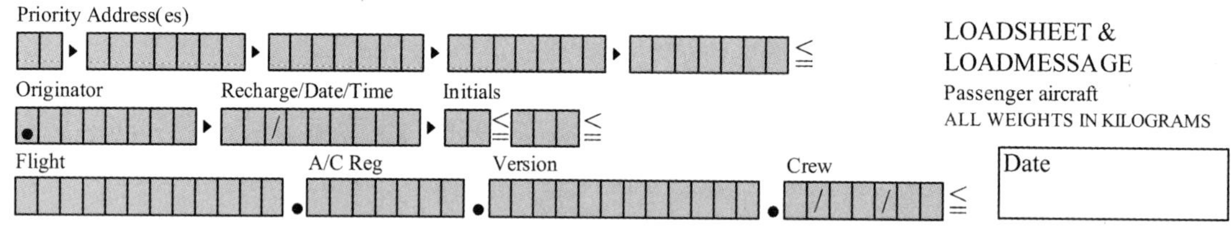

图 1.5.2　载重表局部图-区域①

表头包含表 1.5.1 所示的信息。

表 1.5.1　区域①各项目内容说明

序号	项　目	说　明
1	Prefix/Priority	电报等级代号，如急报 QU、平报 QD
2	Addresses	收电地址（收电部门七字代码），如 CTUTZCA，格式为 AAABBCC。 AAA 表示收电单位所在城市或机场的三字代码； BB 表示收电部门的两字代码； CC 表示收电部门所属航空公司的两字代码
3	Originator	发电地址（发电部门七字代码），如 CANTZCZ
4	Recharge	执行本次航班任务的航空公司两字代码，如 CZ
5	Date/Time	日时分（24 小时制），如 120830，格式为 DDHHMM
6	Initials	发电人代号
7	LDM	电报识别代号，LDM 代表载重电报
8	Flight	航班号，如 CZ3403
9	A/C Registration	飞机注册号，如 B2923
10	Version	客舱舱位布局，如 F4B8Y140。 F4 表示头等舱 4 座； B8 表示商务舱 8 座； Y140 表示经济舱 140 座
11	Crew	机组人数。 格式为驾驶舱机组/客舱机组/附加机组，如 3/5/1
12	Date	制表时间，如 08JAN99，格式为 DDMMYY

注意，以上是电报填写的固定格式，具体的电报填写细节请参考有关业务电报的介绍。

5.1.2　区域②——干使用和使用重量计算

区域②主要用于获得飞机修正后的基重或干使用重量（见图 1.5.3 和表 1.5.2）。基重通常是填制载重表的基础，它是“未修正的干使用重量”。实际工作中，每架航班都可能在基重的基础上出现计划外的机组调整或配餐调整等。计入这部分重量变化后的飞机重量，被称为修正后的基重或修正后的干使用重量。

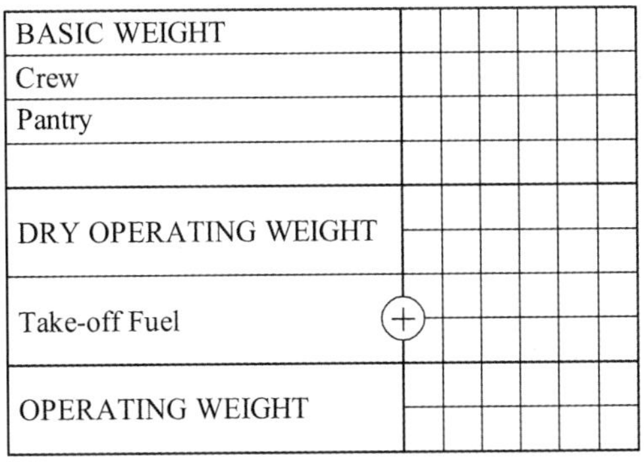

BASIC WEIGHT						
Crew						
Pantry						
DRY OPERATING WEIGHT						
Take-off Fuel ⊕						
OPERATING WEIGHT						

图 1.5.3　载重表局部图-区域②

表 1.5.2　区域②各项目内容说明

序号	项　目	说　明
1	BASIC WEIGHT	基本重量（基重），未修正的干使用重量
2	Crew	临时增减的机组成员重量
3	Pantry	临时增减的厨房餐食重量
4	DRY OPERATING WEIGHT	修正后的干使用重量，为 1、2、3 之和
5	Take-off Fuel	起飞燃油，总加油量扣除启动滑行耗油
6	OPERATING WEIGHT	使用重量，为 4、5 之和

忽略这部分重量变化对基重的影响可能会留下隐患，这是由于机组和配餐所在的位置所决定的。机组通常位于飞机机头的驾驶舱，配餐通常位于靠近机头或机尾的厨房，这两处位置距重心的力臂长，即使出现微小的重量调整，也会导致巨大的力矩变化，进而影响飞机的平衡状态。

表格中可能出现“+”“-”“=”等数学运算符号（见图 1.5.4），填制时需要根据相应的运算符号进行计算；还可能出现箭头符号，代表将相应的数据移动到所指向的位置。

注意，机型不同，该区域的格式也有所不同，在干使用重量计算使用重量时，为了得到起飞燃油，可能会引入停机坪燃油（Ramp Fuel）和滑行耗油（Taxi Fuel）的概念。因为停机坪燃油是指飞机在停机坪尚未推出前所注入燃油的总量，一旦扣除滑行所消耗的燃油后就得到起飞燃油，故 Take-off Fuel = Ramp Fuel – Taxi Fuel。

ORY OPERATING WEIGHT
ADDITIONS +
DELETIONS −
ADJUSTED
DRY OPERATING WEIGHT =
RAMP FUEL +
RAMP WEIGHT =
TAXI FUEL −
OPERATING WEIGHT =
−

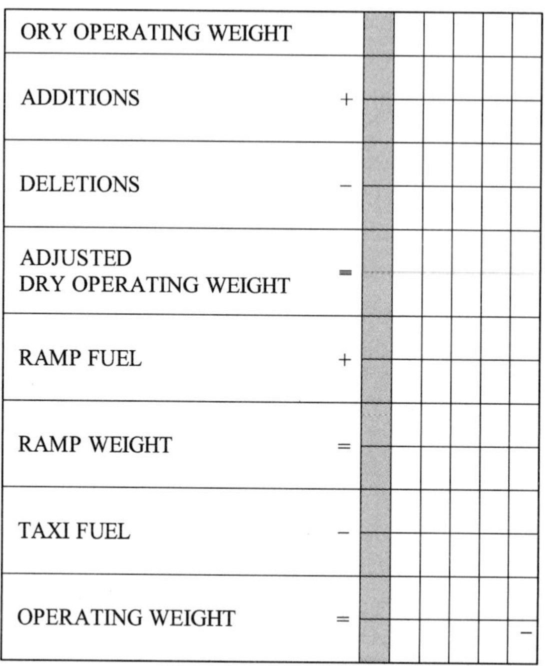

图 1.5.4　载重表局部图-区域②（另一种形式）

5.1.3　区域③——最大允许业载的计算

该区域主要通过允许的最大起飞重量和使用重量之差来计算航班的最大业载能力。因为使用重量在区域②中已经得到，故可以直接填写。而允许的最大起飞重量需要根据 3 个最大重量限制条件进行推导，在推导出的 a、b、c 3 个最大起飞重量中挑选最小的一个作为允许的最大起飞重量来进行最大业载能力的计算。故该区域实现了公式 MTOW ＝ min{MTOW a，MTOW b，MTOW c}的计算（见图 1.5.5 和表 1.5.3）。

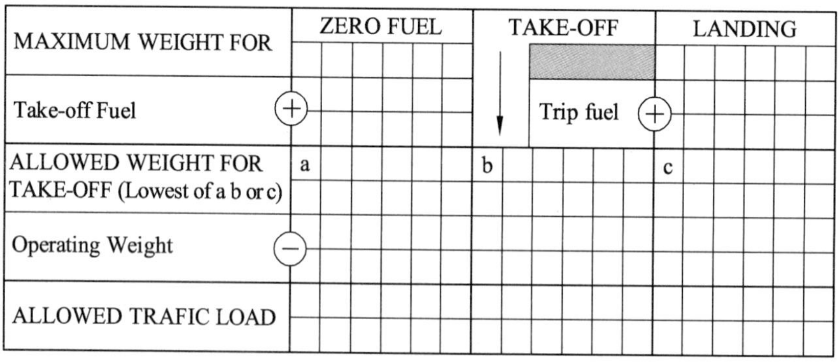

MAXIMUM WEIGHT FOR
ZERO FUEL
TAKE-OFF
LANDING
Take-off Fuel +
Trip fuel +
ALLOWED WEIGHT FOR
TAKE-OFF (Lowest of a b or c)
a
b
c
Operating Weight −
ALLOWED TRAFIC LOAD

图 1.5.5　载重表局部图-区域③

表 1.5.3　区域③各项目内容说明

序号	项　目	说　明
1	MAXIMUM WEIGHT FOR ZERO FUEL	该机型技术性能规定的最大无燃油重量
2	MAXIMUM WEIGHT FOR TAKE-OFF	该机型技术性能规定的最大起飞重量

续表

序号	项　目	说　明
3	MAXIMUM WEIGHT FOR LANDING	该机型技术性能规定的最大着陆重量
4	Take-off Fuel	起飞燃油，飞机在起飞时为完成本次航班任务必须携带的燃油
5	Trip Fuel	航程耗油，飞机从本站飞往下一站的航行消耗燃油量
6	ALLOWED WEIGHT FOR TAKE-OFF a	最大起飞重量 a，为 1、4 之和
7	ALLOWED WEIGHT FOR TAKE-OFF b	最大起飞重量 b，等于 2
8	ALLOWED WEIGHT FOR TAKE-OFF c	最大起飞重量 c，为 3、5 之和
9	Operating Weight	使用重量
10	ALLOWED TRAFFIC LOAD	最大允许业载，为 6、7、8 的最小值与 9 之差

注意，最大允许业载可能受到最大起飞重量 b 的限制，也可能受到最大起飞重量 a 或 c 的限制（a 反映了最大无燃油重量的影响，c 反映了最大着陆重量的影响）。实际计算时，应挑选 a、b、c 中的最小值所在列来计算最大许可业载。

5.1.4　区域④——各站的载重情况

区域④反映本次航班乘客、行李、邮件、货物的具体装载情况。

乘客数量可以按性别和长幼一一填写，也可以不进行区分，统一按照标准成年人进行填写。

区域④可统计各个舱段同一类业载的总量，也可统计各个舱段全部业载的总量。统计方式简单明了，横纵交叉检验，降低了填写时出错的概率（见图 1.5.6 和表 1.5.4）。

Dest	No.of passengers				Cab Bag	Total	Distribution Weight					
	M	A/F	CH	INF			1	2	3	4	5	0
—						Tr						
						B						
						C						
						M						
.	/	/	/	.		.T	.1/	.2/	.3/	.4/	.5/	.0/
—						Tr						
						B						
						C						
						M						
.	/	/	/	.		.T	.1/	.2/	.3/	.4/	.5/	.0/
—						Tr						
						B						
						C						
						M						
.	/	/	/	.		.T	.1/	.2/	.3/	.4/	.5/	.0/

图 1.5.6　载重表局部图-区域④

表 1.5.4　区域④各项目内容说明

序号	项　目	说　明
1	Dest.	目的地机场三字代码，过站经停的航班根据经停顺序填写，无过站经停的航班填写其最终目的地
2	No. of Passengers （M、A/F、CH、INF）	过站经停乘客数量，可按 3 种格式划分： 格式一按 M 男性、F 女性、CH 儿童、INF 婴儿； 格式二按 A 成年人、CH 儿童、INF 婴儿； 格式三按总人数，不区分性别和长幼
3	No. of Passengers （M、A/F、CH、INF）	始发乘客数量，划分方法同上
4	Cab Bag	因特殊原因不能放置于货舱，只能放置于客舱的行李重量
5	Tr （Total）	过站经停的行李、邮件、货物的总重
6	B （Total）	始发行李总重
7	C （Total）	始发货物总重
8	M （Total）	始发邮件总重
9	T （Total）	行李、邮件、货物总重，为 5、6、7、8 之和
10	Tr （1、2、3、4、5、0）	各舱段过站经停的行李、邮件、货物的重量，1～5 为货舱，0 为客舱
11	B （1、2、3、4、5、0）	各舱段始发行李重量，1～5 为货舱，0 为客舱
12	C （1、2、3、4、5、0）	各舱段始发货物重量，1～5 为货舱，0 为客舱
13	M （1、2、3、4、5、0）	各舱段始发邮件重量，1～5 为货舱，0 为客舱
14	T （.1/、.2/、.3/、.4/、.5/、.0/）	各舱段行李、邮件、货物总重，为 10、11、12、13 的同一舱段重量小计，1～5 为货舱，0 为客舱

5.1.5　区域⑤——旅客分布与占座情况（见图 1.5.7 和表 1.5.5）

表 1.5.5　区域⑤各项目内容说明

序号	项　目	说　明
1	Remarks	备注标题
2	PAX （F、B、Y）	不同舱位等级的过站经停和始发旅客人数，第一行填过站经停旅客人数，第二行填始发旅客人数。 F 为头等舱，B 为商务舱，Y 为经济舱
3	.PAX/	旅客占座情况
4	PAD（F、B、Y）	可拉下的不同舱位等级的过站经停和始发旅客人数
5	.PAD/	可拉下旅客占座情况

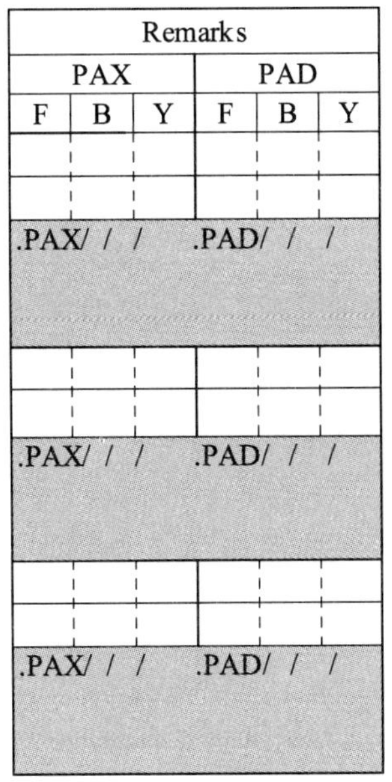

图 1.5.7　载重表局部图-区域⑤

注意，成人旅客按照一人一座予以考虑，儿童旅客单独购票时按照一人一座予以考虑，儿童旅客若未购票时不单独占座，婴儿旅客不单独占座。

5.1.6　区域⑥——各实际运行重量计算

该区域主要用于计算本次航班的实际无油重量、实际起飞重量、实际落地重量，并帮助填表人员检查这 3 个重量是否超出了各自所对应的该机型技术性能规定的最大重量。确保 3 个不等式成立，即 ZFW≤MZFW，TOW≤MTOW，LW≤MLW（见图 1.5.8 和表 1.5.6）。

表 1.5.6　区域⑥各项目内容说明

序号	项　目	说　明
1	Σ	行李、邮件、货物总重量合计
2	Total Passenger Weight	乘客总重量
3	TOTAL TRAFFIC LOAD	业载总重量，为 1、2 之和
4	Dry Operating Weight	干使用重量
5	ZERO FUEL WEIGHT	无燃油重量，为 3、4 之和
6	Max.（ZERO FUEL WEIGHT）	该机型技术性能规定的最大无燃油重量
7	Take-off Fuel	起飞燃油
8	TAKE-OFF WEIGHT	起飞重量，为 5、7 之和
9	Max.（TAKE-OFF WEIGHT）	该机型技术性能规定的最大起飞重量
10	Trip Fuel	航程用油
11	LANDING WEIGHT	着陆重量，为 8、10 之差
12	Max.（LANDING WEIGHT）	该机型技术性能规定的最大着陆重量
13	LMC	5、8、11 临时出现的重量变化

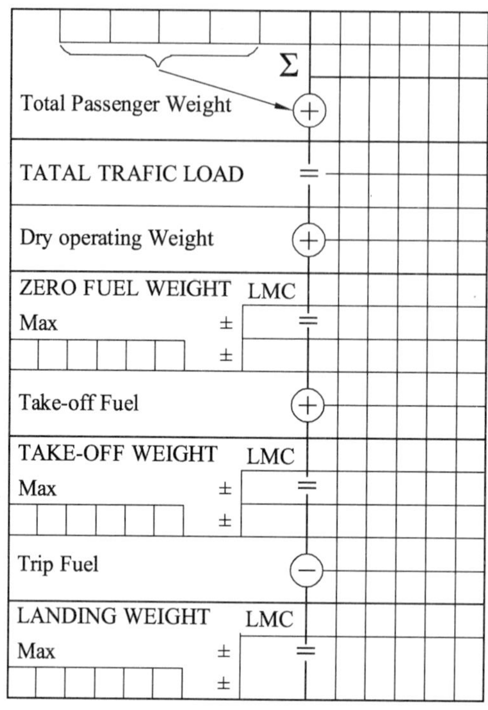

图 1.5.8　载重表局部图-区域⑥

注意，在填制该区域时，应检查实际重量与最大重量的关系，如果满足限制条件，才继续后续填写；如果不满足限制条件，则应该对配载进行调整，并重新进行载重表的填写。

此外，旅客的重量通常需要根据旅客人数和旅客平均重量进行换算。除了《中国民航规章》公布的旅客平均重量外，公司可以自行统计乘客平均重量或对乘客进行实际称重，当然这需要获得局方许可。

5.1.7　区域⑦——最后一分钟变动

最后一分钟变动（LMC，Last Minute Change）是指乘客、行李、邮件、货物出现临时性、突发性的增减或调整，这些更改需要予以记录，以防止飞机出现超载或不平衡的现象。

引入最后一分钟变动，主要是考虑到工作中常常会出现诸如乘客迟到或临时取消旅行计划等意外情况，这些情况可能在载重表填写完毕后才出现。为了能够准确跟踪飞机重量信息，同时又不会因频繁重新填写载重表给工作带来额外负担，人们需要获知最后一分钟变动的载重信息来对突发的变化进行记录和判断（见图 1.5.9 和表 1.5.7）。

允许发生最后一分钟变动的载量存在限制，一旦限制被突破，当前的载重表即告作废，需重新填写。只有当最后一分钟变动在限制范围以内时，才能够忽略其给起飞配平带来的影响，当前的载重表仍然有效。飞行员和配载人员应对最后一分钟变动给予重视，遵循公司规定，对已出现的变动进行核实和确认，确保其合理性，防止造成飞机重心大幅度移动，影响起飞配平准确性。例如，某航空公司针对最后一分钟变动的规定为：当 MTOW < 30 t 时，LMC < 100 kg；当 30 t≤MTOW < 100 t 时，LMC < 500 kg 或 < 5 人；当 100 t≤MTOW < 200 t 时，LMC < 1 000 kg 或 < 5 人；当 MTOW > 200 t 时，LMC < 1 500 kg 或 < 5 人。

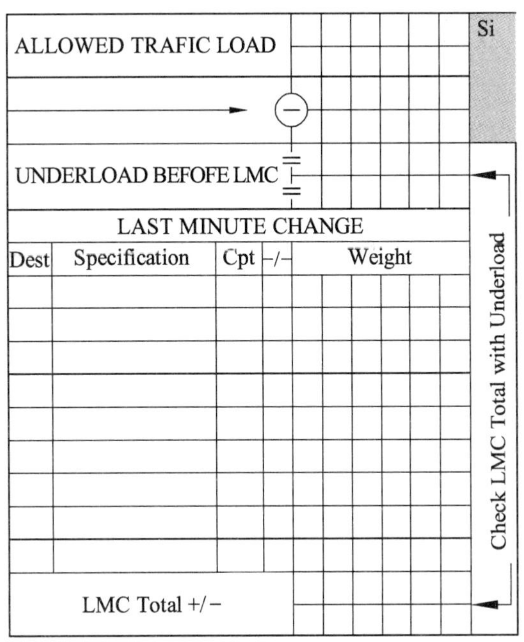

图 1.5.9 载重表局部图-区域⑦

表 1.5.7 区域⑦各项目内容说明

序号	项 目	说 明
1	ALLOWED TRAFIC LOAD	允许的最大业载
2	→	实际业载
3	UNDERLOAD BEFORE LMC	最后一分钟变动前的缺载
4	Dest	该列填入变动项的目的地
5	Specification	该列填入变动项的描述说明
6	Cl/Cpt	该列填入变动的客舱等级或货舱舱位
7	+/–	该列填入符号以表示重量的增减
8	Weight	该列填入重量数值
9	LMC total +/–	LMC 重量的总和
10	Check LMC Total with Underload	提示检查 LMC 改变量是否超出缺载重量

5.1.8 区域⑧——表尾

表尾包含补充信息、注意事项、飞机平衡状态、旅客占座、签字等多个内容。

其中，补充信息和注意事项没有固定填写格式，主要用于填写需要特别说明或特别注意的事项和内容。例如，特殊旅客的座位及其行李数量和放置位置，特殊货物的装载重量、数量和装机位置，飞机重心是否特别靠前或靠后，是否添加尾撑杆以防止飞机在装载时后坐等（见图 1.5.10 和表 1.5.8）。

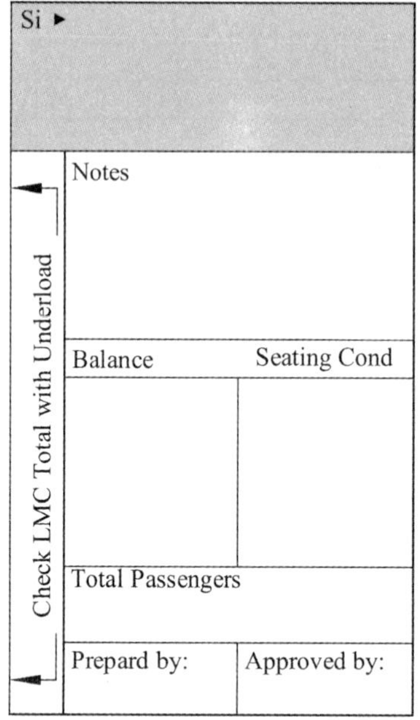

图 1.5.10　载重表局部图-区域⑧

表 1.5.8　区域⑧各项目内容说明

序号	项　目	说　明
1	Si	填写需补充说明的信息
2	Notes	填写需注意的事项
3	Balance	填写飞机平衡信息，如无燃油重心、起飞重心、着陆重心、可配平水平安定面的起飞配平值
4	Seating Cond	填写占座情况
5	Total Passengers	填写实际登机的旅客总人数，计入 LMC 的变化
6	Prepared by	填表人签名
7	Approved by	审核人签名

5.2　旅客和行李重量的确定

《航空器重量与平衡控制规定》（AC-121-FS-135）咨询通告描述了用以确定旅客和行李重量的 4 种方法，分别是按标准平均重量、根据调查数据确定的平均重量、按座位数分级的平均重量和实际重量。其中按实际重量的方法，统计数据最接近真实，但在运行时可能有操作难度。使用旅客和行李的平均重量是运输类航空器运营人经常采用的一种方法。

旅客和行李的实际重量与平均重量之间会存在一定差异。样本规模越小（如客舱尺寸），样本的平均值与更大规模的样本平均值的偏差会越大。在咨询通告描述的 3 种平均重量的方法中，根据调查数据确定平均重量更符合运营人具体的运行情况，标准平均重量更简便和高效，而按座位数分级的平均重量则比标准平均重量具有更高的安全裕度。

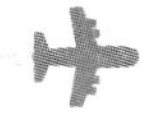

咨询通告将航空器分成了大客舱、中客舱和小客舱航空器 3 类，具体参见表 1.5.9。

表 1.5.9　大中小客舱航空器分类

航空器初始型号合格审定的旅客座位数	类别名称
71 座以上（含 71 座）	大客舱航空器
30～70 座（含 30 座和 70 座）	中客舱航空器
5～29 座（含 5 座和 29 座）	小客舱航空器

对于旅客和行李，大客舱航空器运营人可使用标准平均重量，小客舱航空器运营人可以使用经申请获准的方法来进行航空器的重量与平衡计算。当中型客舱航空器满足大客舱航空器的一定载运能力标准或装载计划标准时，可将中型客舱航空器视为大客舱航空器处理。如果该航空器不能满足这些标准，运营人只能选择使用适用于小客舱航空器的方法。

5.2.1　手提行李大纲中的标准平均旅客重量

为了便于进行重量与平衡计算，标准平均旅客重量包含了旅客携带进客舱的个人物品与手提行李的重量。

咨询通告明确给出了中华人民共和国境内运行的标准平均旅客重量，该重量假设成年旅客中男性和女性各占 50%，不区分夏季和冬季差异（见表 1.5.10）。

表 1.5.10　手提行李大纲中的标准平均旅客重量（境内运行）

标准平均旅客重量	每位旅客重量
成年旅客平均重量	75 kg
儿童平均重量（满 2 周岁但不满 12 周岁）	38 kg
婴儿平均重量（不满 2 周岁）	10 kg

5.2.2　无手提行李大纲中的标准平均旅客重量

无手提行李大纲仅限于中、小客舱航空器（包括按照大客舱航空器处理的中客舱航空器）。采用无手提行李大纲的运营人可以只允许旅客携带个人物品乘坐航空器。由于这些旅客没有手提行李，运营人可以使用标准平均旅客重量，该重量比采用经批准手提行李大纲的运营人所使用的标准平均旅客重量稍轻。具体数据如表 1.5.11 所示。

表 1.5.11　无手提行李大纲中的标准平均旅客重量（境内运行）

标准平均旅客重量	每位旅客重量
成年旅客平均重量	70 kg
儿童平均重量（满 2 周岁但不满 12 周岁）	35 kg
婴儿平均重量（不满 2 周岁）	10 kg

5.2.3 特殊旅客群体的标准平均重量

对于非标准重量群体（如运动员团队等），应该使用实际旅客重量，除非已经制定相应的程序，通过调查建立了针对这类群体的平均重量。当此类群体仅占全部旅客载量一部分时，可以使用实际重量，也可以使用非标准群体建立的平均重量来计算这些特殊群体的重量。在这种情况下，装载舱单上应做出标注，指明特殊群体的人数和类型（如体育团体、军事团体等）。特殊旅客群体花名册上标明的重量可用于确定实际旅客重量。

【例 5-1】 某航班于 2020 年 1 月从广州飞往上海，关舱门前实际登机旅客 113 人，其中成人旅客 110 人，儿童旅客 2 人，婴儿 1 人。试确定该航班业载中的旅客重量。

分析：

（1）根据已知条件可知儿童旅客和婴儿的重量不得按照标准成年人计，故计算如下：

$$110 \times 75 + 2 \times 38 + 1 \times 10 = 8\,336\ (\text{kg})$$

（2）该航班旅客重量为 8 336 kg。

5.3 载重表填写实例

要完成载重表的填写，需要仔细阅读载重表中的内容，理解各项从属关系，并注意“+”“-”“=”“→”等辅助符号。接下来，根据某公司航班实例对载重表的填写进行详细说明。

【例 5-2】 已知某航班具体情况如表 1.5.12 所示，试完成载重表的填写。

表 1.5.12 某航班具体情况

项 目	内 容
航班基本信息	南方航空公司，航班号 CZ3101，飞机注册号 B-6203，舱位布局商务舱 8 座、经济舱 120 座，计划于 2009 年 5 月 12 日 15 点 00 分起飞，从 CAN 飞往 PEK，驾驶舱机组 2 人，客舱机组 6 人，附加机组 0 人
干使用重量及修正信息	未修正干使用重量（基重）41 896 kg；机组临时增加 1 人重 80 kg；配餐无调整
重量限制信息	最大起飞重量 70 000 kg；最大着陆重量 62 500 kg；最大无燃油重量 58 500 kg
燃油信息	起飞燃油 10 000 kg，航程用油 6 250 kg
乘客信息	乘客共计 63 人：成人 60 人，按人均 75 kg 计；儿童 2 人，按人均 38 kg 计；婴儿 1 人，按 8 kg 计
行李、邮电、货物信息	行李共计 500 kg，全部位于 4 号货舱； 货物共计 500 kg，全部位于 4 号货舱； 邮件共计 500 kg，全部位于 1 号货舱
最后一分钟变动	关舱门前发生最后一分钟变动：Y 舱增加 1 名成年旅客重 75 kg，4H 箱板处拉下一件货物重 20 kg

填写步骤与分析：

（1）填写“区域①——表头”，具体如下：

① 填入拍发电报优先级急报 QU；

② 填入收电人地址七字代码为 PEKTZCZ；

③ 填入发电人地址七字代码为 CANTZCZ；

④ 填入执行航班任务的公司代码为 CZ；

⑤ 填入发电日时分为 121500；

⑥ 填入航班号为 CZ3101；

⑦ 填入飞机注册号为 B-6203；

⑧ 填入飞机座位布局为 CB8Y120；

⑨ 填入机组配置为 2/6/0（见图 1.5.11）。

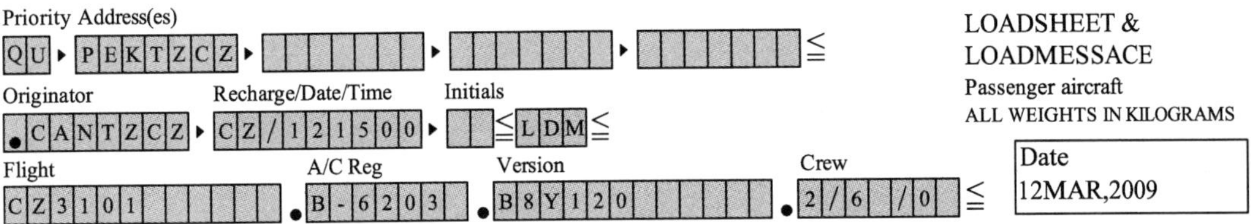
Priority Address(es)
QU ▸ PEKTZCZ ▸ ▸ ▸ ≦
Originator　Recharge/Date/Time　Initials
CANTZCZ ▸ CZ/121500 ▸ ≦ LDM ≦
Flight　A/C Reg　Version　Crew
CZ3101　B-6203　B8Y120　2/6/0 ≦
LOADSHEET &
LOADMESSACE
Passenger aircraft
ALL WEIGHTS IN KILOGRAMS
Date
12MAR,2009

图 1.5.11　载重表表头填写示例

（2）填写“区域②——干使用和使用重量计算”，具体如下：

① 在 BASIC WEIGHT 填入未修正干使用重量 41 896；

② 在 Crew 填入临时增加的机组人员重量 80；

③ 在 DRY OPERATING MASS 计算出的修正干使用重量 41 976；

④ 在 Take-off Fuel 填入起飞燃油重量 10 000；

⑤ 在 OPERATING WEIGHT 计算出使用重量 51 976（见图 1.5.12）。

BASIC WEIGHT		4	1	8	9	6
Crew					8	0
Pantry						0
DRY OPERATING WEIGHT		4	1	9	7	6
Take-off Fuel	⊕	1	0	0	0	0
OPERATING WEIGHT		5	1	9	7	6

图 1.5.12　载重表使用重量计算示意图

（3）填写“区域③——最大允许业载计算”，具体如下：

① 在 ZERO FUEL 填入该机型技术性能规定的最大无燃油重量 58 500；

② 根据区域②的结果，在 Take-off Fuel 填入起飞燃油重量 10 000；

③ 在 a 计算出最大起飞重量为 68 500；

④ 在 b 填入该机型技术性能规定的最大起飞重量 70 000；

⑤ 在 LANDING 填入该机型技术性能规定的最大着陆重量 62 500；

⑥ 在 Trip fuel 填入航程耗油 6 250；

⑦ 在 c 计算出最大起飞重量为 68 750；

⑧ 在 a、b、c 中判断出 a 为最小值，则后续计算在 a 列进行；

⑨ 根据区域②的结果，在 Operating Weight 的 a 列填入使用重量 51 976；

⑩ 在 ALLOWED TRAFIC LOAD 计算出最大允许业载为 16 524（见图 1.5.13）。

BASIC WEIGHT	41896	MAXIMUM WEIGHT FOR	ZERO FUEL	TAKE-OFF	LANDING
Crew	80		58500		62500
Pantry	0	Take-off Fuel ⊕	10000	↓ Trip fuel ⊕	6250
DRY OPERATING WEIGHT	41976	ALLOWED WEIGHT FOR TAKE-OFF (Lowest of a b or c)	a 68500	b 70000	c 68750
Take-off Fuel ⊕	10000	Operating Weight ⊖	51976		
OPERATING WEIGHT	51976	ALLOWED TRAFIC LOAD	16524		

图 1.5.13　载重表最大允许业载计算示意图

（4）填写“区域④——各站的载重情况”，具体如下：

① 由于是直飞航班，中途无经停，在 Dest 填入目的地机场三字代码 PEK；

② 由于不区分男性和女性，在 A/F 填入 60，在 CH 填入 2，在 INF 填入 1；

③ 在 Distribution Weight 的 4 号货舱填入行李 500；

④ 在 Distribution Weight 的 4 号货舱填入货物 500；

⑤ 在 Distribution Weight 的 1 号货舱填入邮件 500；

⑥ 在 B（Total）汇总 1 号、4 号、5 号、0 号舱段的行李重量为 500；

⑦ 在 C（Total）汇总 1 号、4 号、5 号、0 号舱段的货物重量为 500；

⑧ 在 M（Total）汇总 1 号、4 号、5 号、0 号舱段的货物重量为 500；

⑨ 在.1/汇总 1 号货舱的过站、行李、货物、邮件重量为 500；

⑩ 在.4/汇总 4 号货舱的过站、行李、货物、邮件重量为 1 000；

⑪ 在 T（Total）先汇总 Tr（Total）、B（Total）、C（Total）、M（Total）的重量为 1 500，后汇总.1/、.4/、.5/、.0/的重量为 1 500，二者相等，交叉检查完成，最终填入 1 500（见图 1.5.14）。

（5）填写“区域⑤——旅客分布与占座情况”，具体如下：

① 在 PAX B 填入商务舱占座旅客 2 人，在 PAX Y 填入经济舱占座旅客 60 人；

② 在.PAX/ 填入 2/60（见图 1.5.15）。

（6）填写“区域⑥——各实际运行重量计算”，具体如下：

① 在∑项填入行、邮、货总重量 1 500；

② 在 Total Passenger Weight 填入旅客总重，$60 \times 75 + 2 \times 38 + 1 \times 8 = 4\,584$，本例中的航空承运人将成年旅客标准平均重量按 75 kg 计，将儿童标准平均重量按 38 kg 计，将婴儿标准平均重量按 8 kg 计；

③ 在 TOTAL TRAFFIC LOAD 计算出实际业载总重 6 084；

④ 根据区域②的内容，在 Dry operating Weight 填入修正干使用重量 41 976；

⑤ 在 ZERO FUEL WEIGHT 计算出无燃油重量 48 060；

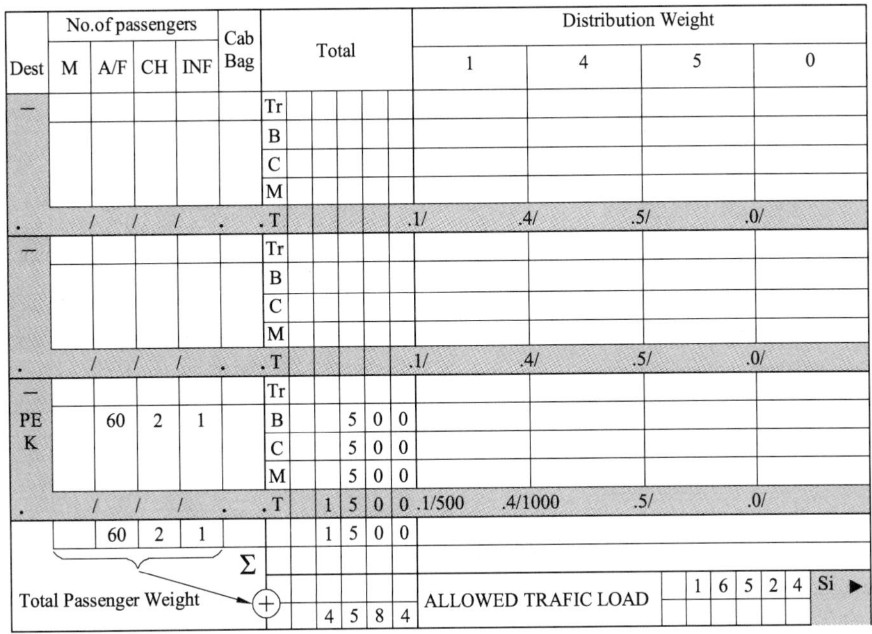

Dest	No.of passengers M	A/F	CH	INF	Cab Bag	Total		Distribution Weight 1	4	5	0
—						Tr					
						B					
						C					
						M					
.		/	/	/	.	. T		.1/	.4/	.5/	.0/
—						Tr					
						B					
						C					
						M					
.		/	/	/	.	. T		.1/	.4/	.5/	.0/
—						Tr					
PEK		60	2	1		B	500				
						C	500				
						M	500				
.		/	/	/	.	. T	1500	.1/500	.4/1000	.5/	.0/
		60	2	1			1500				
						Σ					
Total Passenger Weight						⊕	4584	ALLOWED TRAFIC LOAD		16524	Si ▶

图 1.5.14　载重表装载重量填写示意图

⑥ 在 Max.填入该机型技术性能规定的最大无燃油重量 58 500，检查实际无燃油重量 48 060 ≤58 500，符合装载要求；

⑦ 根据区域②的结果，在 Take-off Fuel 填入 10 000；

⑧ 在 TAKE-OFF 计算出起飞重量 58 060；

⑨ 在 Max.填入该机型技术性能规定的最大起飞重量 70 000，检查实际起飞重量 58 060≤70 000，符合装载要求；

⑩ 在 Trip Fuel 填入 6 250；

⑪ 在 LANDING 计算出着陆重量 51 810；

⑫ 在 Max.填入该机型技术性能规定的最大着陆重量 62 500，检查实际着陆重量 51 810≤62 500，符合装载要求（见图 1.5.16）。

（7）填写"区域⑦——最后一分钟变动"，具体如下：

① 根据区域③的结果，在 ALLOWED TRAFIC LOAD 填入最大允许业载 16 524；

② 根据区域⑥的内容，在"→"填入实际业载重量 6 084；

③ 在 UNDERLOAD BEFORE LMC 计算出缺载重量 10 440；

④ 在 LMC 第一行填入经济舱增加一名旅客，重量 75；

⑤ 在 LMC 第二行填入 4H 箱板拉下一件货物，重量 20；

⑥ 在 LMC Total"+/−"处计算出总的变动重量合计为 + 55，并与 UNDERLOAD BEFORE LMC 进行比较，核对变动重量是否超出了缺载额度（见图 1.5.17）。

值得注意的是，即便 LMC 比缺载额度少，也并不意味着一切正常。各航空公司对于可接受的 LMC 有相应规定，实际工作中应当参照。例如，某公司要求其 B737-300 机型的 LMC 旅客不超过 3 人，行李、邮电、货物不超过 250 kg，一旦超出该额度就需要重新填制载重表和平衡图。

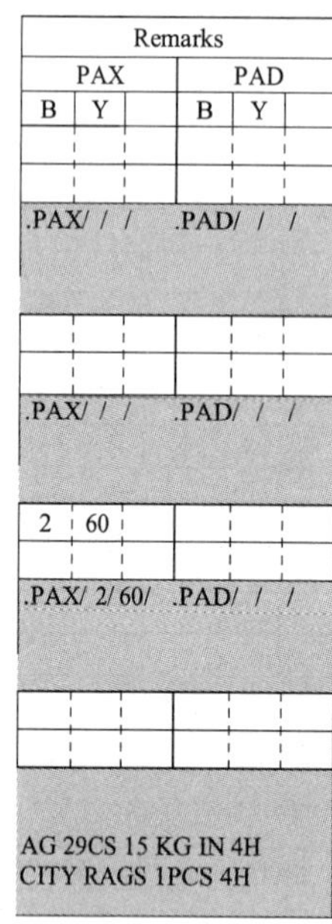

Remarks

PAX			PAD		
B	Y		B	Y	
.PAX/ / /			.PAD/ / /		
.PAX/ / /			.PAD/ / /		
2	60				
.PAX/ 2/ 60/			.PAD/ / /		

AG 29CS 15 KG IN 4H
CITY RAGS 1PCS 4H

图 1.5.15　载重表旅客分布占座示意图

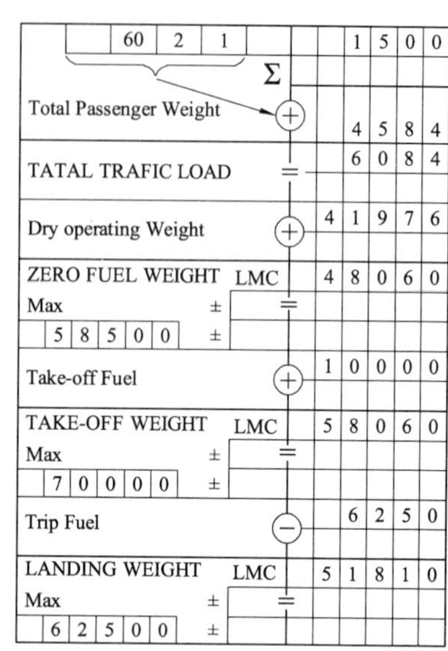

	60	2	1			1	5	0	0
Σ									
Total Passenger Weight (+)						4	5	8	4
TATAL TRAFIC LOAD =						6	0	8	4
Dry operating Weight (+)					4	1	9	7	6
ZERO FUEL WEIGHT LMC					4	8	0	6	0
Max ± =									
5 8 5 0 0 ±									
Take-off Fuel (+)					1	0	0	0	0
TAKE-OFF WEIGHT LMC					5	8	0	6	0
Max ± =									
7 0 0 0 0 ±									
Trip Fuel (−)						6	2	5	0
LANDING WEIGHT LMC					5	1	8	1	0
Max ± =									
6 2 5 0 0 ±									

图 1.5.16　载重表实际重量计算示意图

（8）填写“区域⑧——表尾”，具体如下：

① Si 中填写内容：某 VIP 旅客的行李有 2 件，重 15 kg，放置在 4H 箱板处；某特别优先的行李 1 件，放置在 4H 箱板处；航班共装有 15 件行李、13 件货物、16 件邮件。

② Notes 中填写内容：俯仰配平设置为抬头配平 0.75。

③ Balance 中填写内容：起飞重心 27.6%MAC，无燃油重心 29.7%MAC。

④ Seating Cond 中填写内容：0a 舱占座 2，0b 舱占座 30， 0c 舱占座 30。

⑤ Total Passengers 中填写内容：旅客总人数 63。

⑥ Prepared by 中填写内容：填表人 MICHAEL.J（见图 1.5.18）。

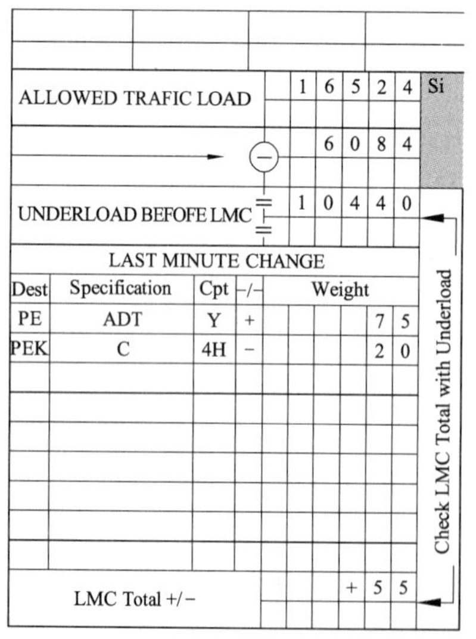

ALLOWED TRAFIC LOAD					1	6	5	2	4
(−)						6	0	8	4
UNDERLOAD BEFOFE LMC =					1	0	4	4	0

LAST MINUTE CHANGE

Dest	Specification	Cpt	+/-	Weight
PE	ADT	Y	+	75
PEK	C	4H	−	20
LMC Total +/−			+	55

Si

Check LMC Total with Underload

图 1.5.17　载重表最后一分钟变动填写示意图

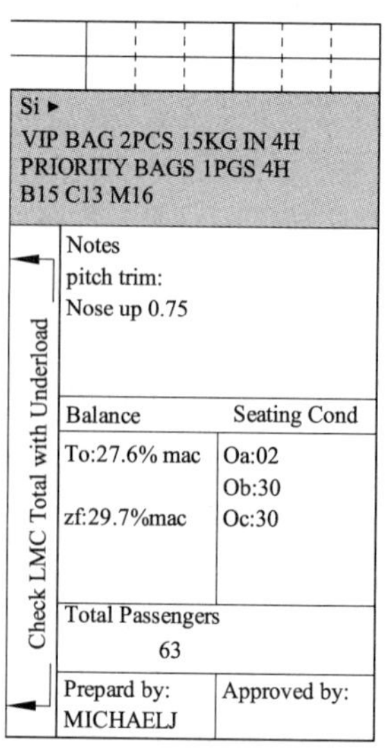

Si ▸
VIP BAG 2PCS 15KG IN 4H
PRIORITY BAGS 1PGS 4H
B15 C13 M16

Notes
pitch trim:
Nose up 0.75

Balance	Seating Cond
To:27.6% mac zf:29.7%mac	Oa:02 Ob:30 Oc:30

Total Passengers
63

Prepard by: MICHAELJ	Approved by:

Check LMC Total with Underload

图 1.5.18　载重表附加信息填写示意图

5.4　平衡图识读

平衡图 1

平衡图（Trim Chart）主要用于帮助使用者获取飞机的重心位置和配平信息，同时确保飞机在无燃油、起飞、着陆 3 种条件下重心不超出安全范围。由于每架飞机每次航班飞行所执行的任务不同，乘客、行李、邮件、货物的装载条件不同，加装的燃油量也不相同，所以都必须重新查找计算飞机的重心位置和配平信息。

查找平衡图的过程就是计算合力矩的过程。接下来，本书以某航空公司的 A320 机型平衡图（见图 1.6.1）为例进行说明。

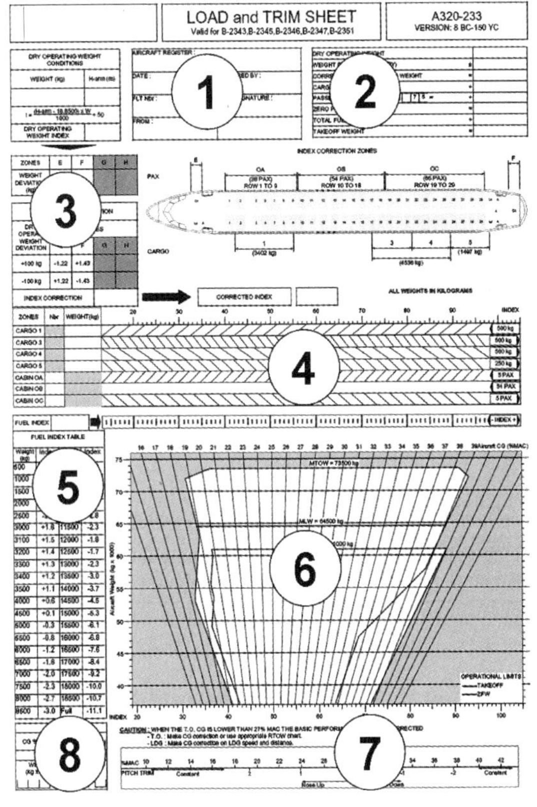

图 1.5.19　A320-233 平衡图示意图

5.4.1　区域①——表头（见图 1.5.20 和表 1.5.13）

AIRCRAFT REGISTER：	
DATE:	PREPARED BY：
FLT Nbr：	CAPT. SIGNATURE：
FROM：	TO：

图 1.5.20　平衡图区域①示意图

表 1.5.13　区域①各项目内容说明

序号	项　目	说　明
1	AIRCRAFT REGISTER	飞机注册号
2	DATE	日　期
3	PREPARED BY	查图人签名
4	FLT Nbr	航班号
5	CAPT. SIGNATURE	机长签名
6	FROM	出发地
7	TO	目的地

表头用于记录航班基本信息，填制完成的平衡图需要查图人和机长对内容进行确认后签名交接。

5.4.2　区域②——主要重量计算（见图 1.5.21 和表 1.5.14）

DRY OPERAYING WEIGHT		
WEIGHT DEVIATION(PANTRY)	±	
CORRECTED DRY OPERATING WEIGHT	=	
CARGO	+	
PASSENGERS　□□□ × □75 =	+	
ZERO FUEL WEIGHT	=	
TOTAL FUEL ONBOARD	+	
TAKEOFF WEIGHT	=	

图 1.5.21　平衡图区域二示意图

表 1.5.14　区域②各项目内容说明

序号	项　目	说　明
1	DRY OPERATING WEIGHT	未修正干使用重量（未修正基重）
2	WEIGHT DEVIATION（PANTRY）	厨房重量调整
3	CORRECTED DRY OPERATING WEIGHT	修正后干使用重量（修正后基重），为 1、2 之和
4	CARGO	行李、邮件、货物总重，此处 CARGO 是指货舱中装载的全部业载
5	PASSENGERS	旅客总重，根据旅客人数和平均重量得到
6	ZERO FUEL WEIGHT	无燃油重量，为 3、4、5 之和
7	TOTAL FUEL ONBOARD	机载燃油，即起飞燃油
8	TAKEOFF WEIGHT	起飞重量

当平衡图与载重表结合使用时，不能因为载重表中已有相关重量的信息而略过该处的填写。填写该处有两个目的：其一是进一步检查各重量关系防止差错，其二是便于后续在重心包线图中查找重心时使用。

5.4.3　区域③——干使用指数修正

根据飞机的干使用重量和干使用重心，代入图 1.5.22 中提供的指数公式，可以计算得到未修正的干使用指数（DOI）。不同机型的干使用指数公式不同，不得混用。只有在未修正的干使用指数基础上修正配餐等调整带来的影响，得到修正后的干使用指数，才能够进行后续的查图工作。

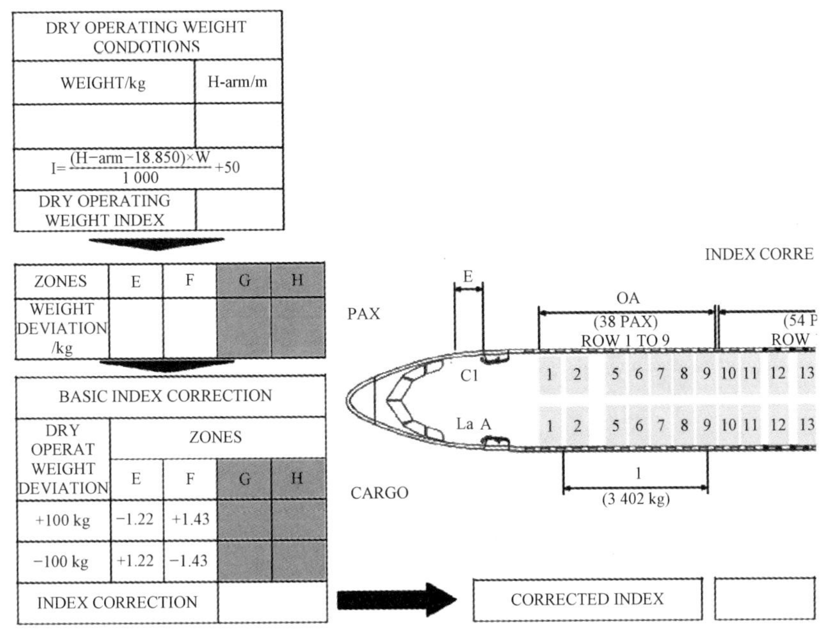

图 1.5.22　平衡图区域三示意图

E 舱和 F 舱分布于机头处和机尾处，距离飞机重心的力臂长，与客货舱相比即使微小的重量变化也会对干使用指数带来较大的影响，故需要专门进行修正。E 舱位于机头，在该舱增加重量将使得重心前移，干使用指数减小，减少重量将使得重心后移，干使用指数增大。F 舱则与之相反（见表 1.5.15）。

表 1.5.15　区域③各项目内容说明

序号	项　目	说　明
1	DRY OPERATING WEIGHT CONDITIONS WEIGHT	未修正的干使用重量（未修正的基重）
2	DRY OPERATING WEIGHT CONDITIONS H-arm	未修正的干使用重心力臂，即重心到基准距离
3	DRY OPERATING WEIGHT INDEX	未修正的干使用指数（未修正基重指数）
4	ZONES WEIGHT DEVIATION（E、F）	厨房配餐重量调整，是指在标准重量基础上增加或减少的重量。 E 舱位于机头，F 舱位于机尾
5	INDEX CORRECTION	厨房配餐重量调整引起的指数变化量
6	CORRECTED INDES	修正后的干使用指数（修正后的基重指数）

在进行 E 舱和 F 舱因配餐等调整造成的指数修正时，1.22 是 100 kg 重量调整所造成的指数变化量，如果 E 舱总共进行了 300 kg 重量调整，则指数修正量为 − 1.22 × 3 = − 3.66。

5.4.4　区域④——业载指数修正

一旦在干使用重量基础上增加商载，飞机的重量就成为无燃油重量，对应的指数是无燃油指数。故可以认为无燃油指数是在干使用指数基础上修正了客舱和货舱的载量影响后得到的。在修正客舱和货舱载量的影响时，需要使用折线法通过画线得到各舱段的指数修正量。各舱段所在栏的箭头代表画线方向，箭头中的数字代表画线移动的基本单位。

如 CARGO1，所对应的箭头指向机头且数字为 500 kg（见图 1.5.23），是因为该舱段位于机身前部，增加重量会导致重心前移，合力矩指数会减小，所以应沿折线栏向左进行画线修正，每 500 kg 业载应沿折线栏向左画线修正一格。

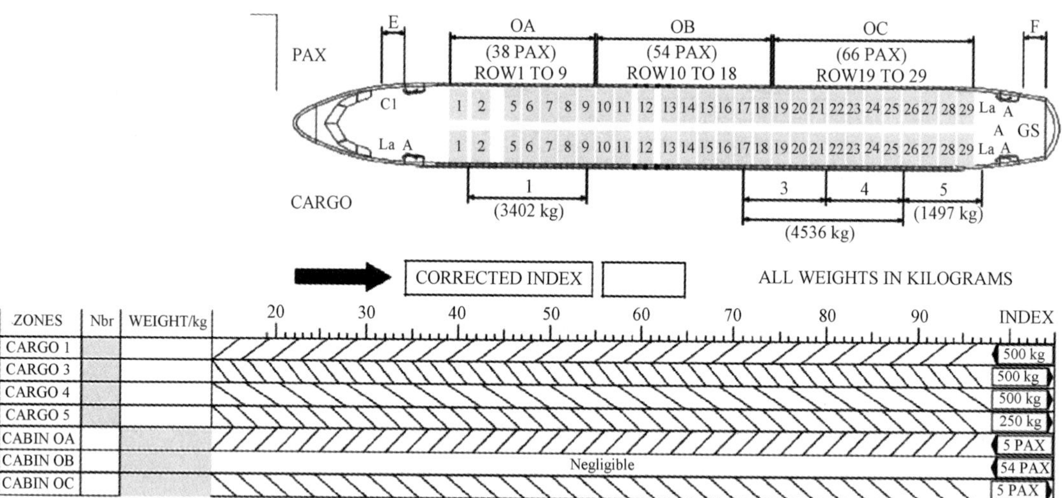

图 1.5.23　平衡图区域④示意图

各舱段的画线修正反映了该舱段载量增加后对飞机合力矩指数的影响。各舱段的修正默认自上而下进行，需要累计。必要时也可以调整修正的先后顺序，因为各舱段对飞机合力矩指数的影响是独立的。

填写货舱业载重量和客舱旅客人数时，需要检查是否超过飞机布局图中提示的限制信息，例如，0A 舱最大能容纳 38 人，CARGO1 最多能装载 3 402 kg。

区域④各项目内容说明如表 1.5.16 所示。

表 1.5.16　区域④各项目内容说明

序号	项　目	说　明
1	ZONES	舱段
2	Nbr	人数
3	WEIGHT	重量
4	INDEX（20 ~ 90）	指数刻度尺，在平衡图中多次出现，具有相同的刻度比例，便于查图人定位

续表

序号	项　目	说　明
5	CARGO（1、3、4、5）	货舱舱段，填写时不能超出飞机舱段示意图中相应舱段允许装载的最大重量
6	CABIN（0A、0B、0C）	客舱舱段，填写时不能超出飞机舱段示意图中相应舱段允许装载的最大人数
7	Negligible	该舱段不进行指数修正

5.4.5　区域⑤——燃油指数修正（见图 1.5.24 和表 1.5.17）

FUEL INDEX

-INDEX+

FUEL INDEX TABLE

weight /kg	Index	weight /kg	Index
500	−0.5	9 000	−3.2
1 000	−1.1	9 500	−3.3
1 500	−1.7	10 000	−3.2
2 000	−2.2	10 500	−3.0
2 500	−2.7	11 000	−2.8
3 000	+1.6	11 500	−2.3
3 100	+1.5	12 000	−1.8
3 200	+1.4	12 500	−1.7
3 300	+1.3	13 000	−2.3
3 400	+1.2	13 500	−3.0
3 500	+1.1	14 000	−3.7
4 000	+0.6	14 500	−4.5
4 500	+0.1	15 000	−5.3
5 000	−0.3	15 500	−6.1
5 500	−0.8	16 000	−6.8
6 000	−1.2	16 500	−7.6
6 500	−1.6	17 000	−8.4
7 000	−2.0	17 500	−9.2
7 500	−2.3	18 000	−10.0
8 000	−2.7	18 500	−10.7
8 500	−3.0	Full	−11.1

图 1.5.24　平衡图区域⑤示意图

表 1.5.17　区域⑤各项目内容说明

序号	项　目	说　明
1	FUEL INDEX	燃油指数，是指所加装燃油对全机合力矩指数带来的影响，从下方的燃油指数表中查得
2	INDEX	指数刻度尺
3	FUEL INDEX TABLE	燃油指数修正表
4	Weight	机载燃油重量
5	Index	燃油指数修正量

若是在无燃油重量的基础上添加起飞燃油，飞机的重量就成为起飞重量，对应的指数为起飞指数。故可以认为起飞指数是在无燃油指数的基础上修正了起飞燃油带来的影响后得到的。燃油指数修正量是通过燃油指数修正表查得的，为了获得起飞燃油对无燃油指数带来的影响，需要使

用起飞燃油的重量进行查找。

除了燃油指数修正表，部分机型还会使用燃油指数修正曲线供使用者进行燃油修正指数的画线查找。执飞中远程航线的机型由于携带油量较多，其燃油指数修正表还可能会考虑燃油密度受环境温度影响的变化，减少由此造成的燃油重量差异。

5.4.6　区域⑥——重心包线（见图1.5.25）

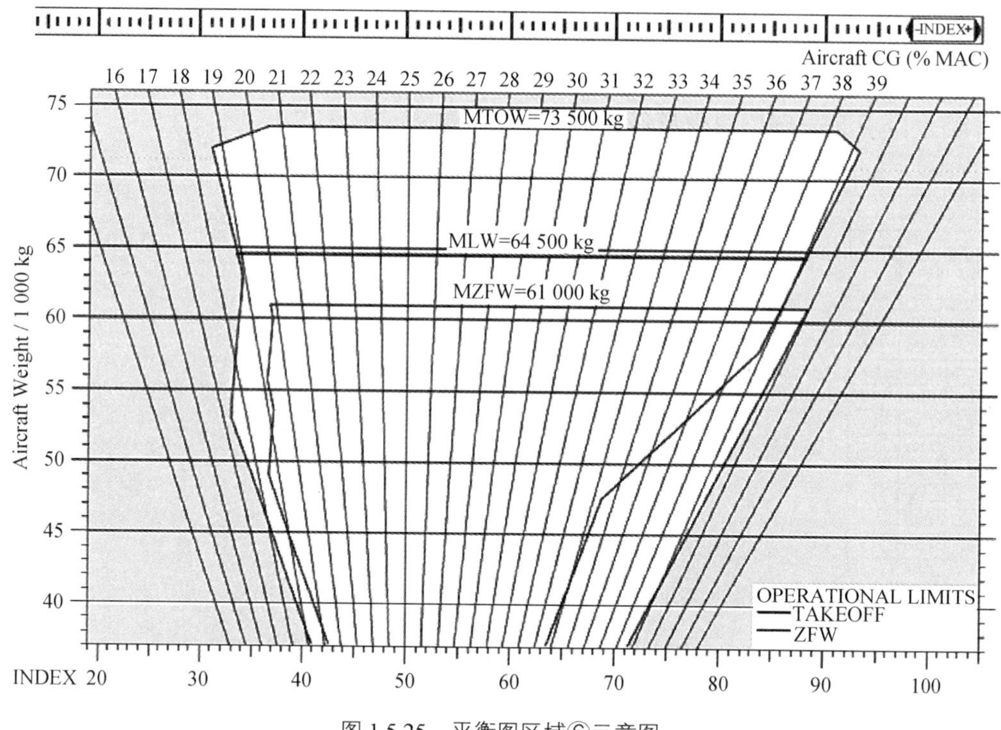

图1.5.25　平衡图区域⑥示意图

在陆续修正了商载和燃油对飞机合力矩指数的影响后，已得到了确切的无燃油指数和起飞指数，此时就可以通过重心包线来定位飞机的无燃油重心和起飞重心。

在前面的章节已对重心包线的使用方法进行了介绍，它是由重量（纵轴）、指数（横轴）、%MAC（自下向上发散的参考线）以及最大重量和重心边界所构成的封闭区域。已知重量和指数可以查出对应的%MAC；反之，已知重量和%MAC，也可以查出对应的指数。

5.4.7　区域⑦——配平刻度（见图1.5.26和表1.5.18）

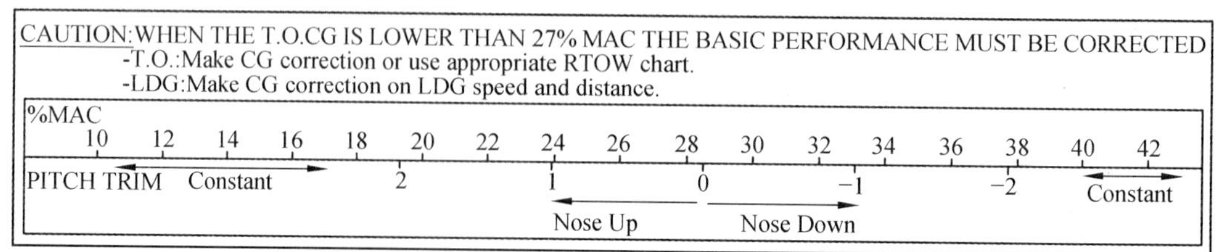

图1.5.26　平衡图区域⑦示意图

表 1.5.18　区域⑦各项目内容说明

序号	项　目	说　明
1	CAUTION	“注意”，指在查表前需要特别注意的信息。 当起飞重心位于 27%MAC 之前时，需要对放行飞机的基础性能参数进行修正。进行起飞分析时，需要使用正确的起飞分析表；进行着陆分析时，需修正着陆速度和着陆距离
2	%MAC	起飞重心的%MAC 值
3	PITCH TIRM	起飞俯仰配平值
4	Constant	配平值不再变化的常数区域
5	Nose Up	抬头配平（重心靠前）
6	Nose Down	低头配平（重心靠后）

当在重心包线中确定出起飞重心的%MAC 后，可在重心包线图下方的配平刻度尺上根据该%MAC 查出对应的起飞配平值。机组在使用中容易出现的差错是遗漏低头配平值的符号“–”，错将低头配平信息当成抬头配平信息进行使用，催生隐患。此外，CAUTION 符号提示机组应当特别注意，当飞机的起飞重心位于 27%MAC 之前时，需要对放行飞机的基础性能参数进行修正。若进行起飞分析时，需要使用正确的起飞分析表；若进行着陆分析时，需修正着陆速度和着陆距离。

5.4.8　区域⑧——表尾（见图 1.5.27 和表 1.5.19）

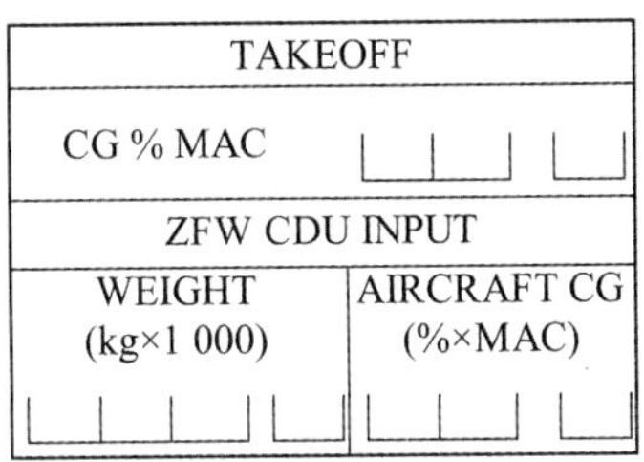

图 1.5.27　平衡图区域⑧示意图

表 1.5.19　区域⑧各项目内容说明

序号	项　目	说　明
1	TAKEOFF CG %MAC	起飞重心的%MAC 值
2	ZFW CDU INPUT	需要在驾驶舱控制显示组件上输入 ZFW 信息
3	ZFW WEIGHT	无燃油重量
4	ZFW AIRCRAFT CG	无燃油重量的%MAC 值

表尾是对查图结果的汇总和记录，便于备案。表尾处主要填写飞机的无燃油重量、无燃油重心和起飞重心，这部分信息需要由机组录入该飞机驾驶舱内的控制显示组件（CDU）之中，供自动驾驶仪使用。

5.5 大型运输机重心包线

航线运输类飞机的重心包线与通用飞机大同小异，主要差异如下：

第一，运输类飞机多使用力矩指数（INDEX）和 %MAC，通用飞机多使用力矩（MOMENT）和 BA。这主要是由于运输类飞机的装载量多、体积大，大重量和长力臂导致力矩数量级过大，不利于手工或查图计算。大型运输类飞机常使用指数方程来得到力矩指数，指数方程形式如下：

$$\text{Index} = \frac{\text{Weight} \times (\text{Balance Arm} - C_1)}{C_2} + C_3$$

式中，C_1、C_2、C_3 分别为不同常数，C_1 用于拓展包线宽度，C_2 用于减小力矩量级，C_3 则让包线位于横坐标正值区，它们通常由制造厂商推荐。例如，

某 A310-200 型飞机干使用指数方程为 DOI = (H_ARM − 26.67) × W ÷ 2 000 + 40；

某 B737-300 型飞机干使用指数方程为 DOI = (H_ARM − 648.5) × W ÷ 2 9483 + 45。

第二，运输类飞机需要同时用到多条包线进行判断，从而兼顾不同的重量状态和飞行阶段，如起飞包线、着陆包线以及无燃油包线，这些包线具有不同的重量边界和重心边界。这主要是由于运输类飞机舱段结构复杂、业载种类多样、适航审定限制条件多等因素造成的。

第三，运输类飞机的重心包线往往包含有查找起飞配平值的相关内容。这主要是因为运输类飞机在每次作业时，面临的装载条件都会发生大幅变化，无论是装载量的多少还是装载量的分布都无法提前进行预测。为了防止重量和重心变化对起飞操纵带来负面的安全影响，必须获知正确的起飞配平值。

接下来通过两种典型运输类飞机为例，说明其重心包线的使用方法。

【例 5-3】 参见图 1.5.28，若已知某 A320 飞机起飞重量为 70 000 kg，起飞指数为 80，试查找该飞机起飞重心和起飞配平值。

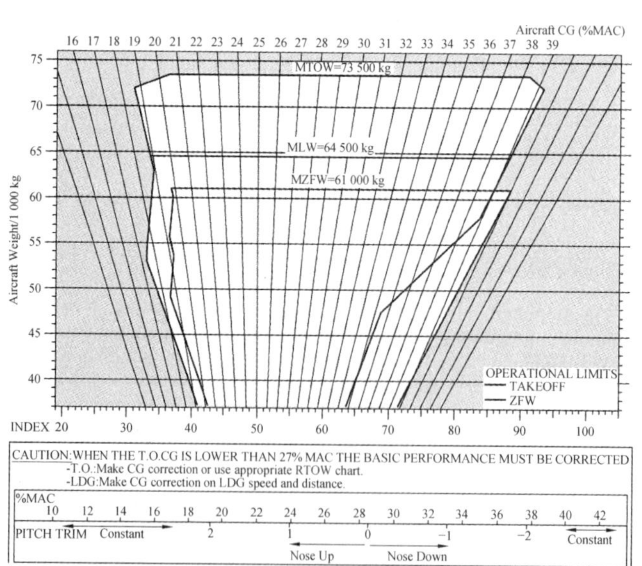

图 1.5.28 某 A320 飞机重心包线

分析：

（1）根据起飞重量 70 000 kg，从纵坐标对应刻度处作水平线，根据起飞指数 80 从横坐标对应刻度处作垂直线。观察二者交点落在重心定位线 35%MAC 附近，可认为起飞重心为 35.2%MAC。

（2）根据起飞重心 35.2%MAC 查包线图下方的换算尺，可知起飞配平值约为 – 1.4（见图 1.5.29）。

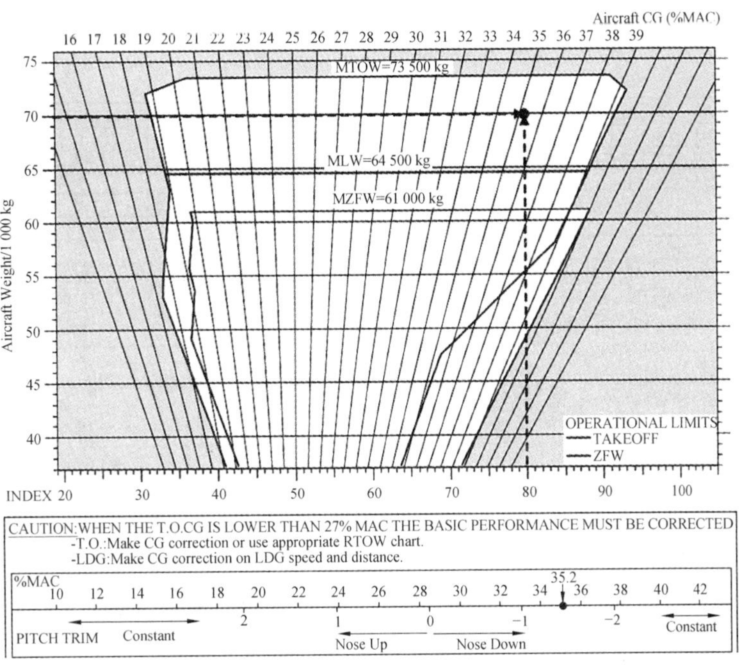

图 1.5.29　重心包线作图

【例 5-4】　参见图 1.5.30，若已知某 B737 飞机起飞重量为 70 000 kg，起飞指数为 76，采用 5° 起飞襟翼，起飞推力为 26 000 lb，试查找该飞机起飞重心和起飞配平值。

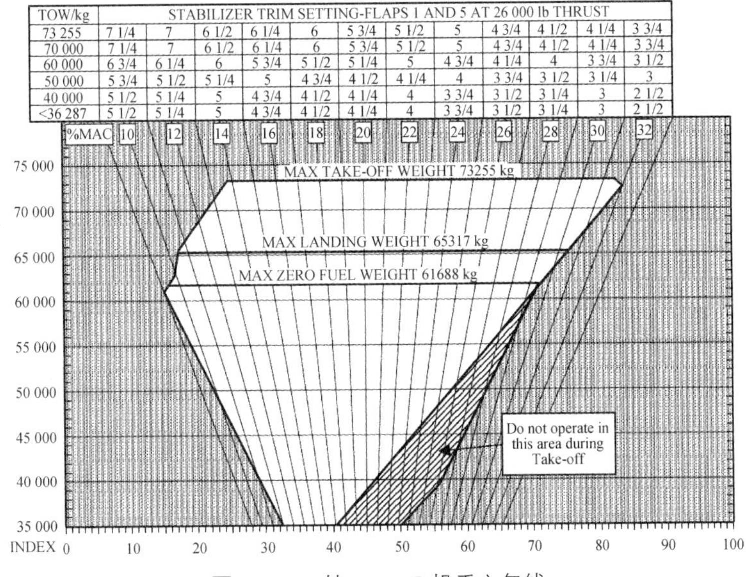

TOW/kg	STABILIZER TRIM SETTING-FLAPS 1 AND 5 AT 26 000 lb THRUST											
73 255	7 1/4	7	6 1/2	6 1/4	6	5 3/4	5 1/2	5	4 3/4	4 1/2	4 1/4	3 3/4
70 000	7 1/4	7	6 1/2	6 1/4	6	5 3/4	5 1/2	5	4 3/4	4 1/2	4 1/4	3 3/4
60 000	6 3/4	6 1/4	6	5 3/4	5 1/2	5 1/4	5	4 3/4	4 1/4	4	3 3/4	3 1/2
50 000	5 3/4	5 1/2	5 1/4	5	4 3/4	4 1/2	4 1/4	4	3 3/4	3 1/2	3 1/4	3
40 000	5 1/2	5 1/4	5	4 3/4	4 1/2	4 1/4	4	3 3/4	3 1/2	3 1/4	3	2 1/2
<36 287	5 1/2	5 1/4	5	4 3/4	4 1/2	4 1/4	4	3 3/4	3 1/2	3 1/4	3	2 1/2

图 1.5.30　某 B737 飞机重心包线

分析：

（1）根据起飞重量 70 000 kg 从纵坐标对应刻度处作水平线，根据起飞指数 76 从横坐标对应刻度处作垂直线。观察二者交点落在重心定位线 30%MAC 上，可知起飞重心为 30%MAC。

（2）沿重心定位线 30%MAC 向上观察，结合起飞重量 70 000 kg 查包线图上方换算表，可查得起飞配平值约为 4.25（见图 1.5.31）。

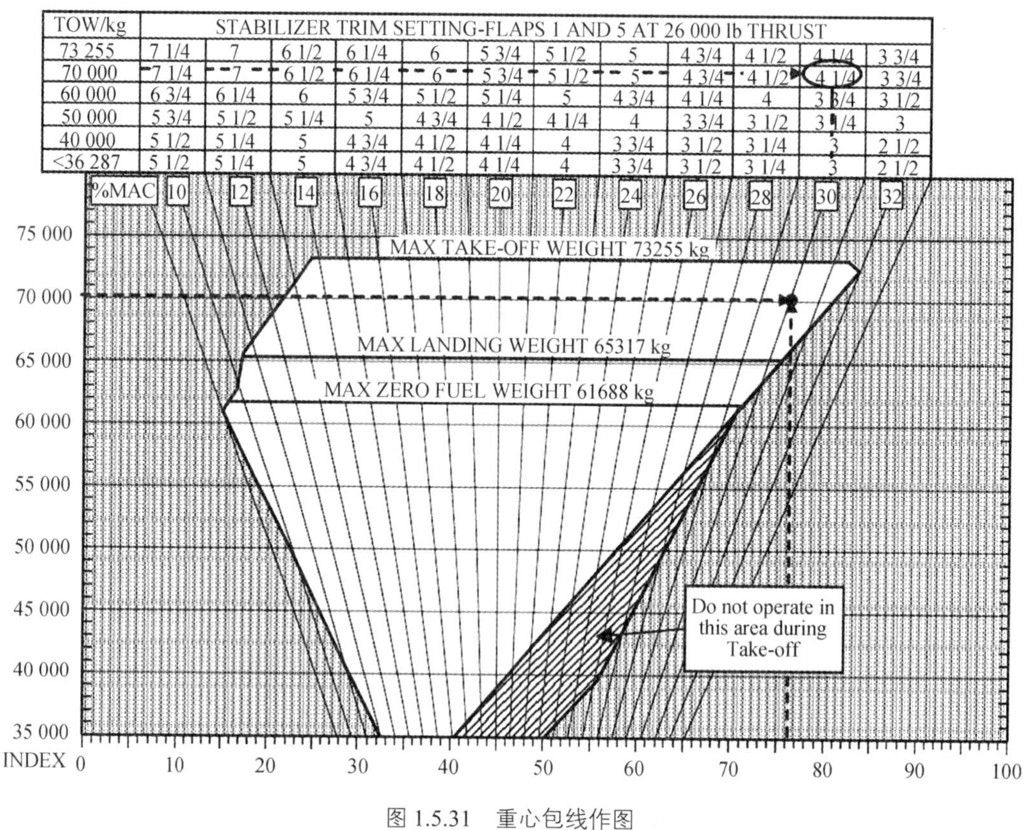

TOW/kg	STABILIZER TRIM SETTING-FLAPS 1 AND 5 AT 26 000 lb THRUST											
73 255	7 1/4	7	6 1/2	6 1/4	6	5 3/4	5 1/2	5	4 3/4	4 1/2	4 1/4	3 3/4
70 000	7 1/4	7	6 1/2	6 1/4	6	5 3/4	5 1/2	5	4 3/4	4 1/2	4 1/4	3 3/4
60 000	6 3/4	6 1/4	6	5 3/4	5 1/2	5 1/4	5	4 3/4	4 1/4	4	3 3/4	3 1/2
50 000	5 3/4	5 1/2	5 1/4	5	4 3/4	4 1/2	4 1/4	4	3 3/4	3 1/2	3 1/4	3
40 000	5 1/2	5 1/4	5	4 3/4	4 1/2	4 1/4	4	3 3/4	3 1/2	3 1/4	3	2 1/2
<36 287	5 1/2	5 1/4	5	4 3/4	4 1/2	4 1/4	4	3 3/4	3 1/2	3 1/4	3	2 1/2

图 1.5.31　重心包线作图

5.6　平衡图填写实例

接下来分别以 A320-200 和 B737-800 两种典型双发中短程客机为例介绍平衡图的填写。

5.6.1　A320-200 实例

A320-200 由空中客车公司设计制造。根据中国民航局于 2016 年 3 月所做的统计，国内航空公司所使用的 A320-200 系列机型数量达到了 646 架之多。

【例 5-5】　已知某 A320-200 飞机基本信息和装载情况如表 1.5.20 所示，试填写其平衡图。

表 1.5.20　某 A320-200 飞机基本信息和装载信息

项　目	内　容
未修正干使用重量	43 100 kg
未修正干使用重心	基准后 18.883 4 m
重量调整	E 舱临时增加配餐 200 kg
起飞燃油	13 500 kg
旅客	132 人，其中 0A 舱 32 人，0B 舱 50 人，0C 舱 50 人
行李、邮件、货物	7 300 kg，其中 1 舱 3 000 kg，3 舱 2 000 kg，4 舱 1 800 kg，5 舱 500 kg

填写步骤与分析：

（1）填写“区域①——表头”，略。

（2）填写“区域②——主要重量计算”，该部分填写主要的重量数据，具体如下：

① 获得修正后干使用重量 43 300 kg；

② 获得乘客重量 9 900 kg；

③ 获得无燃油重量 60 500 kg，起飞重量 74 000 kg（见图 1.5.32）。

DRY OPERATING WEIGHT		43 100
WEIGHT DEVIATION(PANTRY)	±	+200
CORRECTED DRY OPERATING WEIGHT	=	43 300
CARGO	+	7 300
PASSENGERS 1 3 2 × 7 5 =	+	9 900
ZERO FUEL WEIGHT	=	60 500
TOTAL FUEL ONBOARD	+	13 500
TAKEOFF WEIGHT	=	74 000

图 1.5.32　某 A320-200 飞机平衡图主要重量参数填写

（3）填写“区域③——干使用指数修正”，该部分主要完成干使用指数修正，具体如下：

① 根据干使用重量和干使用重心，依据图表提供的指数公式计算出未修正干使用指数 51.44；

② 查找 E 舱 200 kg 配餐调整带来的影响 – 2.44，得到修正后干使用指数 49（见图 1.5.33）。

（4）填写“区域④——业载指数修正”。该区域的填写分为两步：首先，填写各舱段实际载量，同时对照该区域上方的机型布局图检查各舱段的实际载量是否超出舱段限制；其次，根据折线进行作图。作图步骤如下：

① 在指数刻度尺上标定出干使用指数所在位置 49，然后向下作垂线与 CARGO1 栏折线相交；

② 对于 1 号货舱，因 3 000 ÷ 500 = 6，故参照箭头方向向左移动 6 格，然后向下作垂线与 CARGO3 栏折线相交；

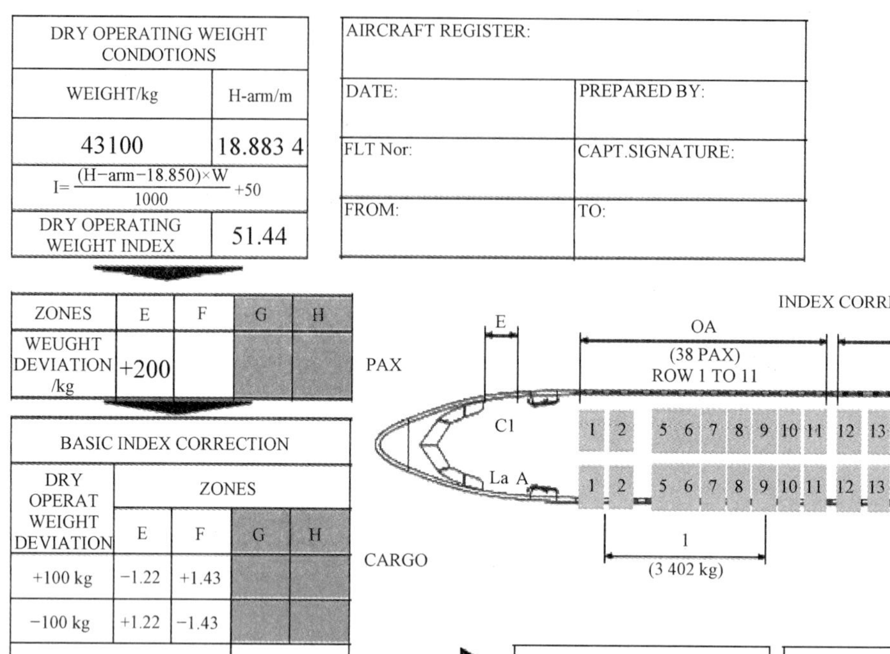

图 1.5.33　某 A320-200 飞机平衡图基重指数修正示意图

③ 对于 3 号货舱，因 2 000 ÷ 500 = 4，故参照箭头方向向右移动 4 格，然后向下作垂线与 CARGO4 栏折线相交；

④ 对于 4 号货舱，因 1 800 ÷ 500 = 3.6，故参照箭头方向向右移动 3.6 格，然后向下作垂线与 CARGO5 栏折线相交；

⑤ 对于 5 号货舱，因 500 ÷ 250 = 2，故参照箭头方向向右移动 2 格，然后向下作垂线与 0A 栏折线相交；

⑥ 对于 0A 舱，因 32 ÷ 5 = 6.4，故参照箭头方向向左移动 6.4 格，然后向下作垂线与 0B 栏折线相交；

⑦ 对于 0B 舱，因 50 ÷ 20 = 2.5，故参照箭头方向向右移动 2.5 格，然后向下作垂线与 0C 栏折线相交；

⑧ 对于 0C 舱，因 50 ÷ 5 = 10，故参照箭头方向向右移动 10 格，然后向下作垂线进入指数刻度尺，识读出指数 79.5；

⑨ 因为指数是对应重量和重心条件下的力矩，干使用重量添加业载后应为无燃油重量，故指数 79.5 实为无燃油指数值（见图 1.5.34）。

（5）填写“区域⑤——燃油指数修正”。燃油指数修正值是修正量形式，是在无燃油指数值的基础上进行修正，故首先使用燃油指数表查找修正量，然后回到指数刻度尺上修正无燃油指数值，具体如下：

① 在燃油指数表中查出 13 500 kg 燃油对应的指数修正量为 – 3（见图 1.5.35）；

② 回到指数刻度尺，从无燃油指数 79.5 处向左移动 3 格，识读出结果为 76.5（见图 1.5.34）；

③ 无燃油重量添加起飞燃油后得到起飞重量，故 76.5 实为起飞指数。

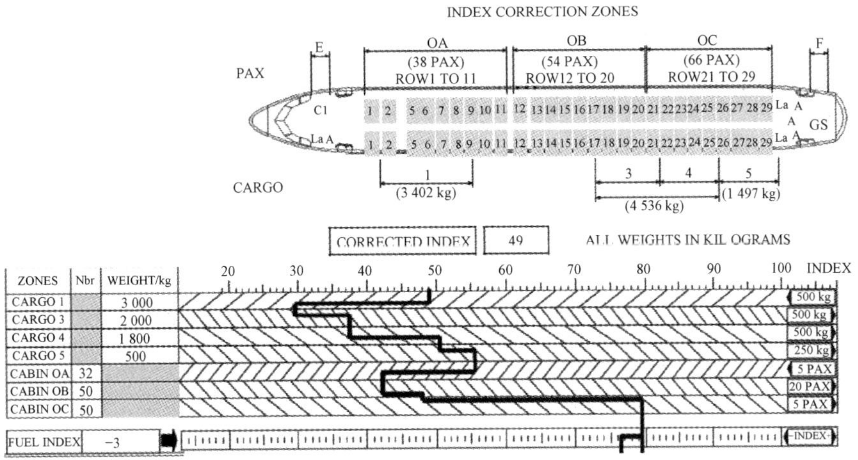

图 1.5.34　某 A320-200 飞机指数刻度尺使用示意图

WEIGHT/kg	DENSITY/（kg/L）	
	0.780	0.785
3 000	+ 2	+ 2
3 500	+ 1	+ 1
4 000	+ 1	+ 1
4 500	+ 0	+ 0
5 000	+ 0	+ 0
5 500	- 1	- 1
6 000	- 1	- 1
6 500	- 2	- 2
……	……	……
……	……	……
12 000	- 2	- 2
12 500	- 2	- 2
13 000	- 2	- 2
13 500	- 3	- 3
14 000	- 4	- 4
14 500	- 6	- 4
15 000	- 6	- 5
15 500	- 6	- 6
16 000	- 7	- 7
16 500	- 8	- 8
17 000	- 8	- 8
17 500	- 9	- 9
18 000	- 10	- 10
18 500	- 11	- 11
FULL	- 11	- 11

图 1.5.35　某 A320-200 飞机燃油指数查找示意图

（6）填写“区域⑥——重心包线”。已知重量和指数查找 %MAC 的方法在前面章节讲述重心包线时已有说明，具体如下：

① 从指数刻度尺无燃油指数 79.5 处向下作垂线进入重心包线；

② 从重心包线纵轴无燃油重量 60 500 处向右作水平线与垂线相交；

③ 观察交点，发现位于无燃油包线范围以内，说明该装载状态是合理的；

④ 读出交点对应的 %MAC 值，可知无燃油重心为 36.5%MAC；

⑤ 从指数刻度尺起飞指数 76.5 处向下作垂线进入重心包线；

⑥ 从重心包线纵轴起飞重量 74 000 处向右作水平线与垂线相交；

⑦ 观察交点，发现位于起飞包线范围以内，说明该装载状态是合理的；

⑧ 读出交点对应的 %MAC 值，可知起飞重心为 33.5%MAC（见图 1.5.36）。

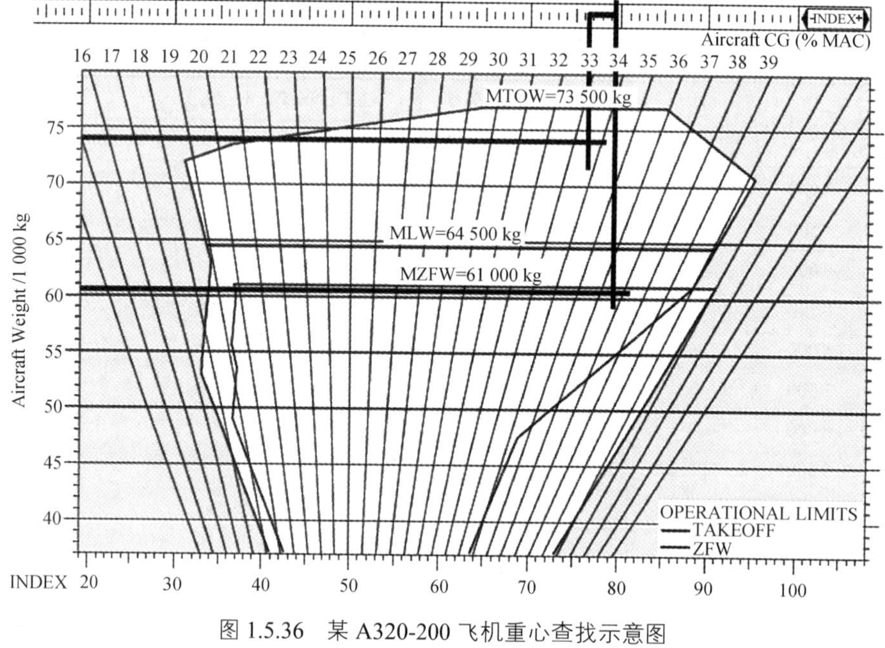

图 1.5.36 某 A320-200 飞机重心查找示意图

（7）填写“区域⑦——配平刻度”，因已查得起飞重心%MAC 值，具体如下：

① 在起飞配平刻度尺上标定出起飞重心 33.5%MAC；

② 识读出起飞配平值约为 – 1，属于低头配平；

③ 将起飞重心 33.5%MAC，无燃油重量 60.5 t，无燃油重心 36.5%MAC 依顺序填入左下方表尾结果栏（见图 1.5.37）。

（8）以上是完整的查图步骤，为便于理解，在下方给出全图（见图 1.5.38）。

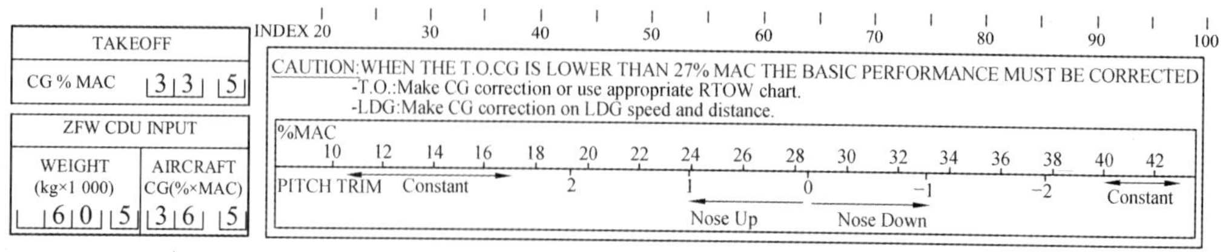

图 1.5.37 某 A320-200 飞机配平值查找示意图

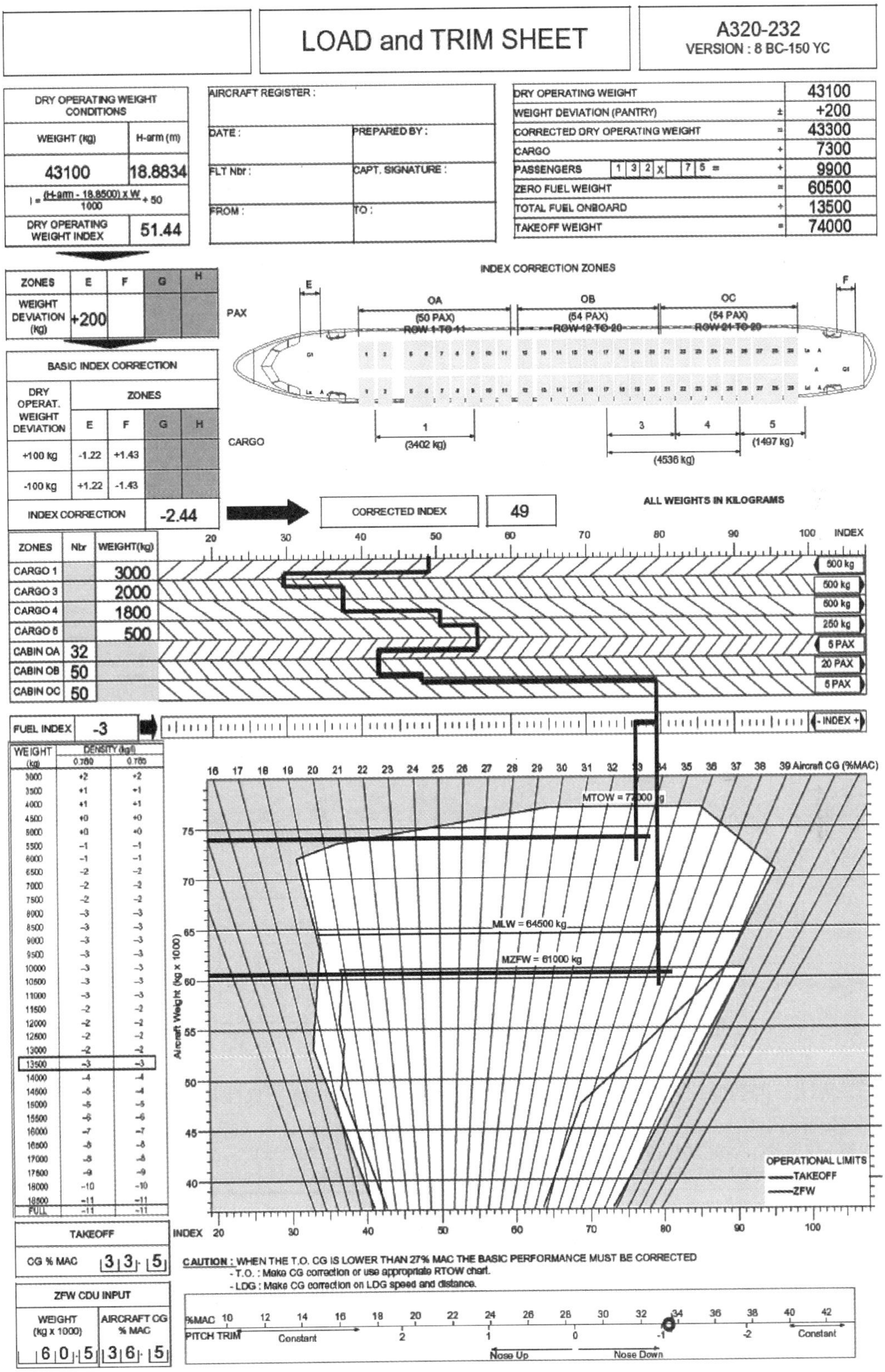

LOAD and TRIM SHEET

A320-232
VERSION : 8 BC-150 YC

DRY OPERATING WEIGHT CONDITIONS	
WEIGHT (kg)	H-arm (m)
43100	18.8834
$I = \frac{(\text{H-arm} - 18.8500) \times W}{1000} + 50$	
DRY OPERATING WEIGHT INDEX	51.44

AIRCRAFT REGISTER :	
DATE :	PREPARED BY :
FLT Nbr :	CAPT. SIGNATURE :
FROM :	TO :

DRY OPERATING WEIGHT		43100
WEIGHT DEVIATION (PANTRY)	±	+200
CORRECTED DRY OPERATING WEIGHT	=	43300
CARGO	+	7300
PASSENGERS 1 3 2 x 7 5 =	+	9900
ZERO FUEL WEIGHT	=	60500
TOTAL FUEL ONBOARD	+	13500
TAKEOFF WEIGHT	=	74000

ZONES	E	F	G	H
WEIGHT DEVIATION (kg)	+200			

BASIC INDEX CORRECTION				
DRY OPERAT. WEIGHT DEVIATION	ZONES			
	E	F	G	H
+100 kg	-1.22	+1.43		
-100 kg	+1.22	-1.43		
INDEX CORRECTION	-2.44			

CORRECTED INDEX　49

INDEX CORRECTION ZONES

PAX　E　OA (50 PAX) ROW 1 TO 11　OB (54 PAX) ROW 12 TO 20　OC (54 PAX) ROW 21 TO 28　F

CARGO　1 (3402 kg)　3　4 (4536 kg)　5 (1497 kg)

ALL WEIGHTS IN KILOGRAMS

ZONES	Nbr	WEIGHT(kg)	
CARGO 1		3000	500 kg
CARGO 3		2000	500 kg
CARGO 4		1800	500 kg
CARGO 5		500	250 kg
CABIN OA	32		5 PAX
CABIN OB	50		20 PAX
CABIN OC	50		5 PAX

INDEX 20 30 40 50 60 70 80 90 100

FUEL INDEX　-3　INDEX +

WEIGHT (kg)	DENSITY (kg/l) 0.780	0.785
3000	+2	+2
3500	+1	+1
4000	+1	+1
4500	+0	+0
5000	+0	+0
5500	-1	-1
6000	-1	-1
6500	-2	-2
7000	-2	-2
7500	-2	-2
8000	-3	-3
8500	-3	-3
9000	-3	-3
9500	-3	-3
10000	-3	-3
10500	-3	-3
11000	-3	-3
11500	-2	-2
12000	-2	-2
12500	-2	-2
13000	-2	-2
13500	-3	-3
14000	-4	-4
14500	-5	-4
15000	-5	-5
15500	-6	-6
16000	-7	-7
16500	-8	-8
17000	-8	-8
17500	-9	-9
18000	-10	-10
18500	-11	-11
FULL	-11	-11

16 17 18 19 20 21 22 23 24 25 26 27 28 29 30 31 32 33 34 35 36 37 38 39 Aircraft CG (%MAC)

MTOW = 73000 kg

MLW = 64500 kg

MZFW = 61000 kg

Aircraft Weight (kg x 1000)　75 70 65 60 55 50 45 40

OPERATIONAL LIMITS
TAKEOFF
ZFW

INDEX 20 30 40 50 60 70 80 90 100

TAKEOFF	
CG % MAC	33.5

ZFW CDU INPUT	
WEIGHT (kg x 1000)	AIRCRAFT CG % MAC
60.5	36.5

CAUTION : WHEN THE T.O. CG IS LOWER THAN 27% MAC THE BASIC PERFORMANCE MUST BE CORRECTED
- T.O. : Make CG correction or use appropriate RTOW chart.
- LDG : Make CG correction on LDG speed and distance.

%MAC	10	12	14	16	18	20	22	24	26	28	30	32	34	36	38	40	42
PITCH TRIM	Constant					2		1		0		-1		-2		Constant	

Nose Up　Nose Down

图 1.5.38　某 A320-200 飞机填写后的平衡图示意图

5.6.2　B737-800 实例

平衡图 2

平衡图 3

B737-800 属于 B737 NG 系列，首架飞机于 1998 年交付，是在第一代 B737 基础上结合了竞争对手的优点设计而成的。它基于 B737-700 机型对机身进行了加长，全经济舱布局可载运乘客 189 人。据统计，至 2016 年 3 月底，国内航空公司共拥有 B737-800 系列机型达 873 架，是国内航空运行中数量最多的一种机型。

【例 5-6】　已知某 B737-800 飞机基本信息和装载情况（见表 1.5.21），试填写其平衡图。

表 1.5.21　某 B737-800 飞机基本信息和装载情况

项　目	内　容
未修正干使用重量	42 600 kg
未修正干使用重心	657.906 in
指数调整	0
起飞燃油	10 000 kg
旅　客	156 人，其中 0A 舱 6 人，0B 舱 70 人，0C 舱 80 人
行李、邮件、货物	4 700 kg，其中 1 舱 500 kg，2 舱 1 500 kg，3 舱 2 000 kg，4 舱 700 kg
起飞推力	推力设置 24K
起飞构型	起飞襟翼 5°

填写步骤与分析：

（1）计算干使用指数。这里需要注意，波音机型的干使用指数方程通常可在载重表表尾处获得。

① 根据干使用重量 42 600 kg 和干使用重心 657.906 in，代入该机型的载重表表尾处的干使用指数公式，得到未修正干使用指数 44.52（见图 1.5.39）；

$$\text{INDEX UNITS} = \frac{\text{WEIGHT(kg)} \times [\text{ARM(in)} - 658.3]}{35\,000}$$

For Dry Operating Index, ADD +45 Units

图 1.5.39　某 B737-800 飞机载重表干使用指数公式示意图

② 将计算得到的未修正干使用指数 44.52 填入平衡图表头处，具体如图 1.5.40 所示。

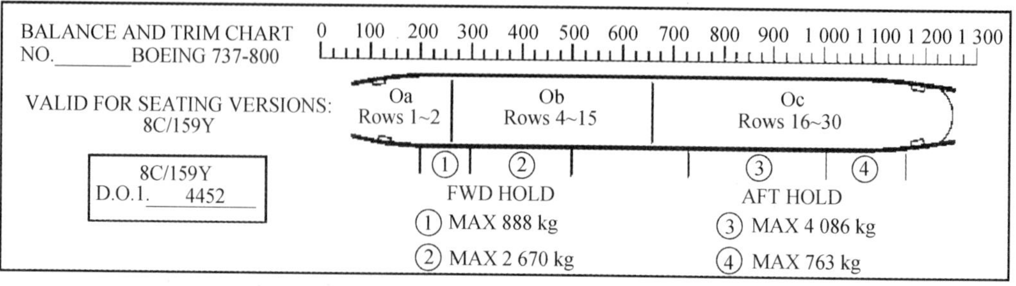

图 1.5.40　某 B737-800 飞机平衡图表头示意图

（2）获得主要重量数据。这里需要注意，波音机型主要重量数据需要从载重表得到，如没有载重表可供参考，也可根据各重量关系自行计算得到，具体如下：

① 根据乘客人数 156 人，按成年旅客人均 75 kg 计，可知乘客重量 11 700 kg；

② 根据行李、邮件、货物重量为 4 700 kg，可知商载重量为 16 400 kg；

③ 根据干使用重量为 42 600 kg 和商载重量为 16 400 kg，可知无燃油重量为 59 000 kg；

④ 根据起飞燃油 10 000 kg，可知起飞重量为 69 000 kg。

（3）进行干使用指数修正。

因本例没有修正项，考虑配餐等调整影响得到修正后干使用指数仍为 44.52。

（4）进行业载指数修正。注意到各舱段修正并无特定的先后顺序要求，在自上而下修正时，相邻舱段持续向同一方向移动可能会导致线条超出折线边界，此时可根据实际情况调整修正顺序，但不得出现遗漏，具体如下：

① 填写各客舱和货舱舱段的实际载量，同时对照平衡图表头的机型布局图检查各舱段的实际载量是否超出舱段限制（见图 1.5.41）；

DRY OPERATING INDEX	44.52	± ADJUSTMENTS	0	= ADJ.DRY OPERATING INDEX	44.52

ADJ.DRY OPERATING INDEX		
CABIN 0a MAX 8 PASS	6	2 PASS
CABIN 0b MAX 72 PASS	70	10 PASS
CABIN 0c MAX 87 PASS	80	10 PASS
FWD HOLD 1	500	250 KG
FWD HOLD 2	1 500	250 KG
AFT HOLD 3	2 000	250 KG
AFT HOLD 4	700	250 KG
FUEL LOADING INDEX		

图 1.5.41　某 B737-800 飞机平衡图各舱段重量指数修正示意图

② 在指数刻度尺上标定出修正后干使用指数 44.52，然后向下作垂线进入 0a 舱所在栏并与折线相交；

③ 对于 0a 舱，因 $6 \div 2 = 3$，故参照箭头方向向左移动 3 格，然后向下作垂线与 0c 舱栏折线相交，为防止在 0b 舱栏因持续左移可能导致超出折线边界，故先填写 0c 舱栏；

④ 对于 0c 舱，因 $80 \div 10 = 8$，故参照箭头方向向右移动 8 格，然后向上作垂线与 0b 舱栏折线相交，因为先修正 0c 舱已使得线条距左侧边界足够远；

⑤ 对于 0b 舱，因 $70 \div 10 = 7$，故参照箭头方向向左移动 7 格，然后向下作垂线与货舱 1 栏折线相交；

⑥ 对于 1 号货舱，因 $500 \div 250 = 2$，故参照箭头方向向左移动 2 格，然后向下作垂线与货舱 2 栏折线相交；

⑦ 对于 2 号货舱，因 $1\,500 \div 250 = 6$，故参照箭头方向向左移动 6 格，然后向下作垂线与货舱 3 栏折线相交；

⑧ 对于 3 号货舱，因 $2000 \div 250 = 8$，故参照箭头方向向右移动 8 格，然后向下作垂线与货舱 4 栏折线相交；

⑨ 对于 4 号货舱，因 $700 \div 250 = 2.8$，故参照箭头方向向右移动 2.8 格，然后向下作垂线进入指数刻度尺，识读得到无燃油指数为 50。

（5）进行燃油指数修正（见图 1.5.42）。注意到该机型平衡图没有使用燃油指数修正表，而是使用了燃油指数修正图，具体如下：

① 沿着燃油指数修正图中油量影响线的偏移方向，从无燃油指数 50 处开始持续移动；

② 当燃油重量达到 10 000 kg 时停止移动，观察指数刻度尺上的投影，识读得到起飞指数为 56。

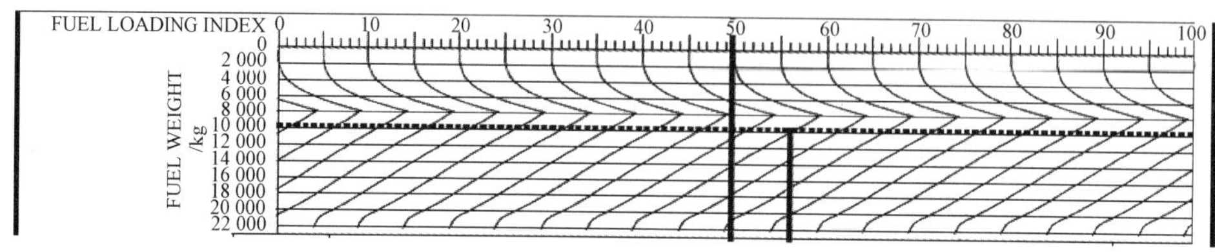

图 1.5.42　某 B737-800 飞机平衡图燃油指数修正示意图

（6）利用重心包线查找无燃油重心和起飞重心（见图 1.5.43）。

① 从指数刻度尺无燃油指数 50 处向下作垂线进入重心包线；

② 从重心包线纵轴无燃油重量值 59 000 处向右作水平线与前者相交；

③ 观察交点，发现位于无燃油包线范围以内，说明该装载状态是合理的；

④ 读出交点对应的 %MAC 值，可知无燃油重心为 22%MAC；

⑤ 从指数刻度尺起飞指数 56 处向下作垂线进入重心包线；

⑥ 从重心包线纵轴起飞重量值 69 000 处向右作水平线与前者相交；

⑦ 观察交点，发现位于起飞包线范围以内，说明该装载状态是合理的；

⑧ 读出交点对应的%MAC 值，可知起飞重心为 23.5%MAC。

（7）查找起飞配平值。

① 根据起飞重心 23.5% 和起飞重量值 69 000，在起飞配平表中查得起飞配平值约为 5（见图 1.5.43）。

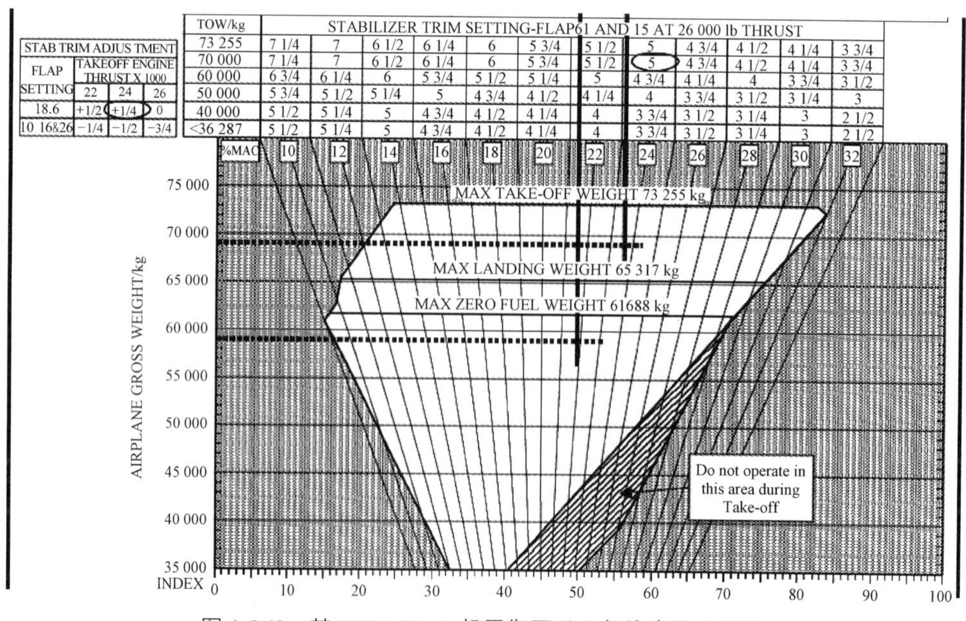

STAB TRIM ADJUS TMENT			
FLAP SETTING	TAKEOFF ENGINE THRUST X 1000		
	22	24	26
18.6	+1/2	+1/4	0
10 16&26	−1/4	−1/2	−3/4

TOW/kg	STABILIZER TRIM SETTING-FLAP61 AND 15 AT 26 000 lb THRUST											
73 255	7 1/4	7	6 1/2	6 1/4	6	5 3/4	5 1/2	5	4 3/4	4 1/2	4 1/4	3 3/4
70 000	7 1/4	7	6 1/2	6 1/4	6	5 3/4	5 1/2	5	4 3/4	4 1/2	4 1/4	3 3/4
60 000	6 3/4	6 1/4	6	5 3/4	5 1/2	5 1/4	5	4 3/4	4 1/4	4	3 3/4	3 1/2
50 000	5 3/4	5 1/2	5 1/4	5	4 3/4	4 1/2	4 1/4	4	3 3/4	3 1/2	3 1/4	3
40 000	5 1/2	5 1/4	5	4 3/4	4 1/2	4 1/4	4	3 3/4	3 1/2	3 1/4	3	2 1/2
<36 287	5 1/2	5 1/4	5	4 3/4	4 1/2	4 1/4	4	3 3/4	3 1/2	3 1/4	3	2 1/2

图 1.5.43　某 B737-800 飞机平衡图重心包线查找示意图

② 在构型推力修正表中查得 5° 襟翼和 24K 推力对应的配平修正值为 + 1/4。因起飞配平表默认起飞襟翼为 1° 或 5° 且推力为 26K，与实际推力不符，故加以修正（见图 1.5.43）。

③ 最终得到起飞配平值为 $5\frac{1}{4}$，将其填入表尾（见图 1.5.44）。

PREPARED BY:	TAKE-OFF FLAP SETTING 5°	TRIM UNITS FOR TAKE-OFF 5 1/4	APPROVED BY:(CAPTAIN)

图 1.5.44　某 B737-800 飞机平衡图表尾示意图

（8）以上是完整的查图步骤，为便于理解，在下方给出全图（见图 1.5.45）。

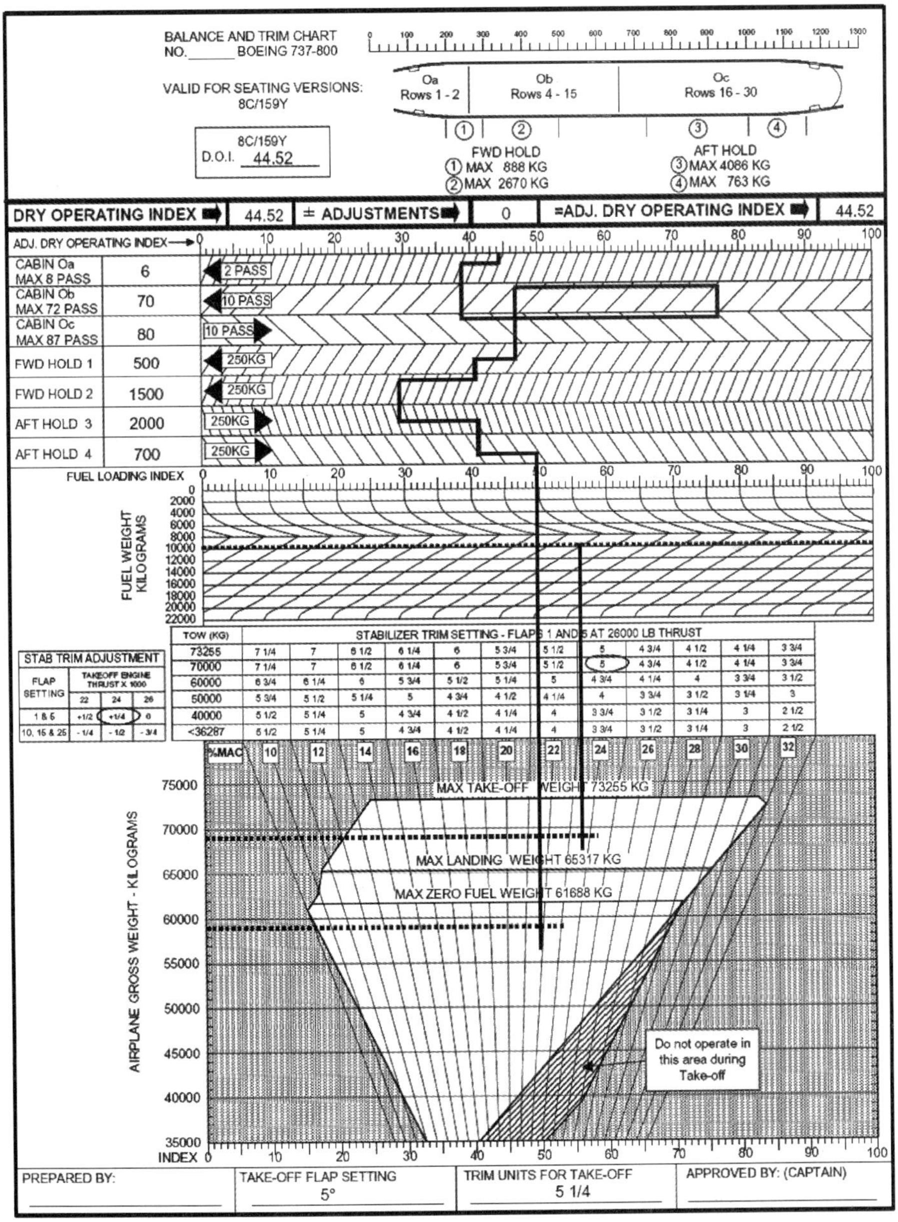

BALANCE AND TRIM CHART
NO.______ BOEING 737-800

VALID FOR SEATING VERSIONS:
8C/159Y

8C/159Y
D.O.I. 44.52

Oa Rows 1 - 2 | Ob Rows 4 - 15 | Oc Rows 16 - 30

FWD HOLD
① MAX 888 KG
② MAX 2670 KG

AFT HOLD
③ MAX 4086 KG
④ MAX 763 KG

DRY OPERATING INDEX	44.52	± ADJUSTMENTS	0	=ADJ. DRY OPERATING INDEX	44.52

ADJ. DRY OPERATING INDEX		
CABIN Oa MAX 8 PASS	6	2 PASS
CABIN Ob MAX 72 PASS	70	10 PASS
CABIN Oc MAX 87 PASS	80	10 PASS
FWD HOLD 1	500	250KG
FWD HOLD 2	1500	250KG
AFT HOLD 3	2000	250KG
AFT HOLD 4	700	250KG

FUEL LOADING INDEX

FUEL WEIGHT KILOGRAMS

STAB TRIM ADJUSTMENT			
FLAP SETTING	TAKEOFF ENGINE THRUST X 1000		
	22	24	26
1 & 5	+1/2	+1/4	0
10, 15 & 25	- 1/4	- 1/2	- 3/4

TOW (KG)	STABILIZER TRIM SETTING - FLAPS 1 AND 5 AT 26000 LB THRUST											
73255	7 1/4	7	6 1/2	6 1/4	6	5 3/4	5 1/2	5	4 3/4	4 1/2	4 1/4	3 3/4
70000	7 1/4	7	6 1/2	6 1/4	6	5 3/4	5 1/2	5	4 3/4	4 1/2	4 1/4	3 3/4
60000	6 3/4	6 1/4	6	5 3/4	5 1/2	5 1/4	5	4 3/4	4 1/4	4	3 3/4	3 1/2
50000	5 3/4	5 1/2	5 1/4	5	4 3/4	4 1/2	4 1/4	4	3 3/4	3 1/2	3 1/4	3
40000	5 1/2	5 1/4	5	4 3/4	4 1/2	4 1/4	4	3 3/4	3 1/2	3 1/4	3	2 1/2
<36287	5 1/2	5 1/4	5	4 3/4	4 1/2	4 1/4	4	3 3/4	3 1/2	3 1/4	3	2 1/2

%MAC 10 12 14 16 18 20 22 24 26 28 30 32

MAX TAKE-OFF WEIGHT 73255 KG

MAX LANDING WEIGHT 65317 KG

MAX ZERO FUEL WEIGHT 61688 KG

AIRPLANE GROSS WEIGHT - KILOGRAMS

Do not operate in this area during Take-off

INDEX

PREPARED BY:	TAKE-OFF FLAP SETTING 5°	TRIM UNITS FOR TAKE-OFF 5 1/4	APPROVED BY: (CAPTAIN)

图 1.5.45　某 B737-800 飞机填写后平衡图示意图

5.7 电子舱单

电子舱单

随着民用航空业务和计算机技术的飞速发展，越来越多的航空公司开始采用计算机离港系统作为运务工作的支持平台。飞机载重平衡属于离港系统（Departure Control System，DCS）支持的业务功能之一。

离港系统主要提供旅客办理登机、登机控制、载重平衡三大部分功能，其中载重平衡功能由计算机配载与重量平衡（Load Planning and Weight Balance，LDP）子系统实施。离港系统将传统填制纸质手工舱单的模式进行了电子化，减轻了载重平衡人员的工作强度，提高了重量、重心控制工作的效率，也使得这一过程更加规范，便于管理。

以电子格式输出的载重平衡表就是电子舱单，电子舱单的格式遵循国际航空运输协会 IATA 所制定的 AHM517 和 AHM518 标准。接下来，本书将以某航班实际电子舱单为例，具体介绍电子舱单的主要格式，便于阅读者进行识读。

行 1	QD PEKXXCA
	电报代号 QD　收电地址 PEK　XX　CA
行 2	.CTURRSZ 251123
	发电人地址 CTU　RR　SZ　发电日时组 251123
行 3	CAAC-CZ　LOADSHEET　CHECKED　APPROVED　EDNO
行 4	ALL WEIGHTS IN KG　01
	航空公司　舱单　检查人　同意人　发布编号
	所有重量均使用千克为单位　打印份数
行 5	FROM/TO　FLIGHT　A/C REG　VERSION　CREW　DATE　TIME
行 6	KMG CTU CZ3472/25MAY　B2941　Y148　4/4/0　25MAY01　1923
	航段　航班号　飞机注册号　座位布局　机组　执行日期　执行时间
行 7	WEIGHT　DISTRIBUTION
	重量　装舱分布
行 8	LOAD IN COMPARTMENTS　531　1/0 2/0 3/37 4/494 0/0
	货舱装载　总和　每个分舱装载信息
行 9	PASSENGER/CABIN BAG　10463　139/1/0　TTL 140　CAB 0
	旅客/客舱行李　总和　成人/儿童/婴儿　总人数　行李数
行 10	MAX TRAFFIC PAYLOAD　13923　PAX　0/140
	最大业载　旅客　分舱
行 11	TOTAL TRAFFIC LOAD　10994　BLKD　0/3
	实际业载　各级舱位被锁座位数量
行 12	DRY OPERATING WEIGHT　33090
	干使用重量

续表

行 13	ZERO FUEL WEIGHT ACTUAL　44084　MAX　48307　ADJ
	实际无燃油重量　最大无燃油重量　调整
行 14	TAKE OFF FUEL　7319
	起飞燃油
行 15	TAKE OFF WEIGHT ACTUAL　51403　MAX　61235　ADJ
	实际起飞重量　最大起飞重量　调整
行 16	TRIP FUEL　2623
	航程用油
行 17	LANDING WEIGHT ACTUAL　48780　MAX　51709　L　ADJ
	实际着陆重量　最大着陆重量　限制　调整
行 18	BALANCE AND SEATING CONDITIONS　LAST MINUTE CHANGES
	平衡和占座情况　最后一分钟修正
行 19	DOI　38.29　DLI　43.79　DEST　SPEC　CL/CPT　+　−　WEIGHT
	修正后的基重指数　固定负载重心指数　到达站　变更项目　等级/加减　变更重量
行 20	LIZFW 44.61　MACZFW 19.36
	无燃油重量指数　无燃油重心%MAC
行 21	LITOW 41.39　MACTOW 17.63
	起飞重量指数　起飞重心%MAC
行 22	LILAW 41.12　MACLAW 17.54
	着陆重量指数　着陆重心%MAC
行 23	DLMAC 19.54
	固定负载%MAC
行 24	STAB TO 4.7　MID
	配平格　居中
行 25	SEATING
行 26	0A/45 0B/52 0C/43
	旅客座位分布
行 27	UNDERLOAD BEFORE LMC　2929　LMC TOTAL　+　−
	最后一分钟修正前剩余业载　最后一分钟修正总重量
行 28	LOADMESSAGE AND CAPTAINS INFORMATION BEFORE LMC
	最后一分钟修正前的装载信息和机长信息
行 29	BW　33090　KGS　BI　38.29
	基重　基重指数
行 30	TZFW/CTU　33727　KGS
	下一站的无燃油重量

以上对电子舱单的大致格式和内容进行了介绍，接下来通过实例予以说明。

【例 5-7】 已知某航班电子舱单内容（见图 1.5.46），试识读与重量平衡相关的信息。

```
QD CGOLSYA
.CGORRIE CZ/310918
LOADSHEET                              CHECKED         APPROVED        EDNO
ALL WEIGHTS IN KG                                                      02
FROM/TOFLIGHT               A/C REG  VERSION      CREW     DATE         TIME
CGO CKG     CZ6275/31OCT12   B6275    F8W24Y120    4/6/0     31OCT12 1718
                             WEIGHT       DISTRIBUTION
LOAD IN COMPARTMENTS          2035     1/1133  3/601  4/168  5/133  0/0
PASSENGER/CABIN BAG           10208    136/0/1        TTL 137        CAB 0
MAX TRAFFIC PAYLOAD           15905    PAX 2/23/111
TOTAL TRAFFIC LOAD            12243    BLKD 0/1/0
DRY OPERATING WEIGHT          43635
ZERO FUEL WEIGHT    ACTUAL    55878    MAX   61000      ADJ
----------------------------------------
TAKE OFF FUEL                 8698
TAKE OFF WEIGHT ACTUAL        64576    MAX   77000      ADJ
----------------------------------------
TRIP FUEL                     3738
LANDING WEIGHT  ACTUAL        60838    MAX   64500  L   ADJ
----------------------------------------
BALANCE AND SEATING CONDITIONS         LAST MINUTE CHANGES
DOI      54.30      DLI      52.07     DEST    SPEC    CL/CPT  +  -  WEIGHT
LIZFW    71.46      MACZFW     34.14
LITOW    68.40      MACTOW     31.78
LILAW    71.11      MACLAW     33.26
                    DLMAC      26.07
                        STAB TO          .7 MID
SEATING
0A/25  0B/60  0C/51
UNDERLOAD BEFORE LMC        3662                  LMC TOTAL  +  -
LOADMESSAGE AND CAPTAINS INFORMATION BEFORE LMC
BW          43475   KGS        BI    54.30
TZFW/CKG         43635   KGS
```

图 1.5.46 电子舱单范例

分析：

（1）该舱单生成于 2012 年 10 月 31 日，属于第 2 次打印。

（2）航班 CZ6275 计划于 2012 年 10 月 31 日从 CGO 飞往 CKG，飞机注册号为 B6275，头等舱 8 座，高端经济舱 24 座，经济舱 120 座，驾驶舱机组 4 人，客舱机组 6 人。

（3）共装载货物 2 035 kg，1 号舱 1 133 kg，3 号舱 601 kg，4 号舱 168 kg，5 号舱 133 kg。未在客舱内装载货物。

（4）共装载旅客 10 208 kg，成年旅客 136 人，婴儿 1 人，共计 137 人。客舱行李件数为 0。

（5）最大商载能力为 15 905 kg。头等舱占座旅客 2 人，高端经济舱占座旅客 23 人，经济舱占座旅客 111 人。

（6）实际商载 12 243 kg。商务舱锁定了 1 个座位。

（7）干使用重量 43 635 kg，无燃油重量 55 878 kg，计划起飞燃油 8 698 kg，起飞重量 64 576 kg，计划航程用油 3 738 kg，着陆重量 60 838 kg。

（8）最大无燃油重量 61 000 kg，最大起飞重量 77 000 kg，最大着陆重量 64 500 kg。其中最大着陆重量是限制最大商载能力的主要因素。

（9）干使用指数 54.30，死重指数 52.07，无燃油指数 71.46，起飞指数 68.40，着陆指数 71.11。无燃油重心 34.14%MAC，起飞重心 31.78%MAC，着陆重心 33.26%MAC，死重重心 26.07%MAC。起飞配平设定为 0.7。

（10）0A 舱 25 人占座，0B 舱 60 人占座，0C 舱 51 人占座。出现 LMC 前的缺载为 3 662 kg。

（11）基重 43 475 kg，基重指数 54.30。在 CKG 站的无燃油重量 43 635 kg。

复习思考题

1. 请结合附录 1.1、1.2 的载重表，定位基本重量、干使用重量、修正后干使用重量、使用重量的位置并扼要叙述它们的关系。

2. 请结合附录 1.1、1.2 的载重表，定位最大允许业载量、实际业载量、缺载量和最后一分钟变动的位置并扼要叙述它们的关系。

3. 请结合附录 1.1、1.2 的载重表，定位起飞燃油、航程燃油、储备燃油的位置并扼要叙述它们的关系。

4. 请结合附录 1.1、1.2 的载重表，定位不同性别旅客人数、旅客总重量、占座旅客人数、过站货物重量的位置并扼要叙述它们的关系。

5. 请结合附录 1.1、1.2 的载重表，定位航班号、飞机注册号、客舱分级、机组成员配置的位置。

6. 试回答：（1）图 1.5.47（a）如何获得最大允许业载？该内容如何使用？（2）若发生最后一分钟变动，图 1.5.47（b）中三处 LMC 项应该累加三次还是只加一次？

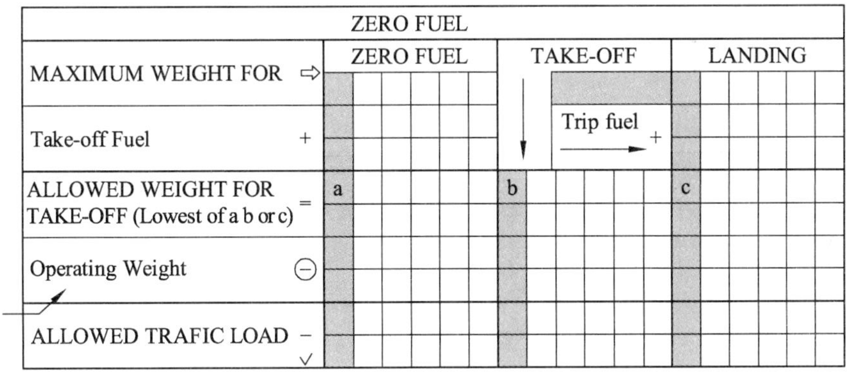

ZERO FUEL			
MAXIMUM WEIGHT FOR ⇨	ZERO FUEL	TAKE-OFF	LANDING
Take-off Fuel +		Trip fuel +	
ALLOWED WEIGHT FOR TAKE-OFF (Lowest of a b or c) =	a	b	c
Operating Weight ⊖			
ALLOWED TRAFIC LOAD − ✓			

（a）

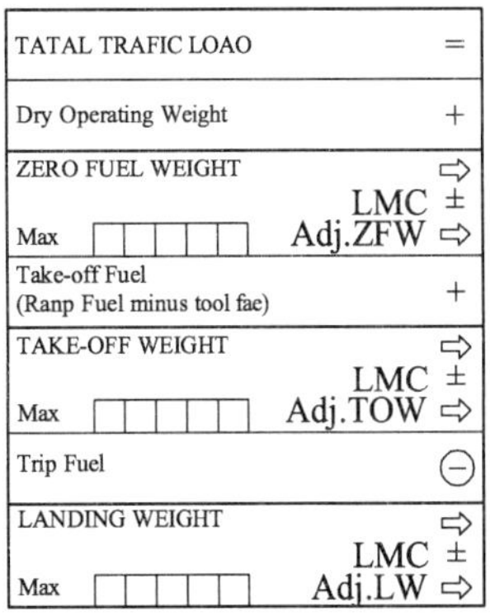

TATAL TRAFIC LOAO	=
Dry Operating Weight	+
ZERO FUEL WEIGHT	⇨
	LMC ±
Max	Adj.ZFW ⇨
Take-off Fuel (Ranp Fuel minus tool fae)	+
TAKE-OFF WEIGHT	⇨
	LMC ±
Max	Adj.TOW ⇨
Trip Fuel	⊖
LANDING WEIGHT	⇨
	LMC ±
Max	Adj.LW ⇨

（b）

图 1.5.47　复习思考题图

7. 请结合附录 1.1 和 1.2 中的载重表和平衡图，定位其干使用指数方程出现的位置。
8. 试结合附录 1.1、1.2、1.3、1.4 中的平衡图，比较起飞配平值查找方法的不同之处。
9. 试叙述附录 1.1 的平衡图是如何进行燃油指数修正的。
10. 试叙述附录 1.1、1.2 的平衡图中的襟翼位置和推力等级对配平带来影响的原因及其规律。
11. 试叙述附录 1.1、1.2 的平衡图中的多个重心包线图有何主要差异。
12. 识读图 1.5.48 所示的电子舱单，并予以说明。

```
QD CGOLSYA
.CGORRIE CZ/141044
LOADSHEET                          CHECKED            APPROVED        EDNO
ALL WEIGHTS IN KG                                                     01
FROM/TO      FLIGHT          A/C REG     VERSION      CREW     DATE      TIME
CGO KMG      CZ6395/14MAY12  B2583       C8Y130       2/6/0    14MAY12 1845
                           WEIGHT           DISTRIBUTION
LOAD IN COMPARTMENTS         1324      1/321  2/1003  3/0  4/0  0/0
PASSENGER/CABIN BAG          8598      112/5/1          TTL    118   CAB 0
MAX TRAFFIC PAYLOAD         14301      PAX 0/117
TOTAL TRAFFIC LOAD           9922      BLKD 0/1
DRY OPERATING WEIGHT        32547
ZERO FUEL WEIGHT ACTUAL     42469      MAX   48307       ADJ
-----------------------------
TAKE OFF FUEL               11175
TAKE OFF WEIGHT  ACTUAL     53644      MAX   61235       ADJ
-----------------------------
TRIP FUEL                    6314
LANDING WEIGHT   ACTUAL     47330      MAX   51709    L  ADJ
-----------------------------
BALANCE AND SEATING CONDITIONS          LAST MINUTE CHANGES
DOI       37.67     DLI         28.08   DEST   SPEC   CL/CPT + - WEIGHT
LIZFW     42.38     MACZFW      18.28
LITOW     39.81     MACTOW      16.95
LILAW     38.84     MACLAW      16.48
                    DLMAC        9.18
FLAP 1 AND 5                    STAB TO 4.9   MID
FLAP 15                         STAB TO 3.9   MID
SEATING
0A/0   0B/55   0C/62
UNDERLOAD BEFORE LMC         4379          LMC TOTAL + -
LOADMESSAGE AND CAPTAINS INFORMATION BEFORE LMC
BW  32547      KGS       BI    37.67
TZFW/CTU            32547     KGS
```

图 1.5.48　电子舱单

附录 1

附录 1.1

DRY OPERATING WEIGHT		
ADDITIONS	+	
DELETIONS	−	
ADJUSTED DRY OPERATING WEIGHT	=	
RAMP FUEL	+	
RAMP WEIGHT	=	
TAXI FUEL	−	
OPERATING WEIGHT	=	

PRIORITY ADDRESS(ES)

LOADMESSAGE

ORIGINATOR RECHARGE/ DATE/ TIME INITIALS LDM

ALL WEIGHTS IN KILOGRAMS

FLIGHT A/C REG VERSION CREW Date

MAXIMUM WEIGHTS FOR	ZERO FUEL	TAKE-OFF	LANDING
TAKE-OFF FUEL +		Trip Fuel +	
ALLOWED WEIGHT FOR TAKE-OFF (lowest of a, b, or c) =	a	b	c
OPERATING WEIGHT −			
ALLOWED TRAFFIC LOAD =			

DEST	Passengers No	Passengers Weight	Cab. Bags	Weight Totals	Distribution - Weight 1	2	3	4	0	Remarks PAX	PAD
—	M			Tr							
	A/F			B							
	Ch			C							
	Inf			M						.PAX / /	.PAD / /
	/ /			T	.1/	.2/	.3/	.4/	.0/		VIII
—	M			Tr							
	A/F			B							
	Ch			C						.PAX / /	.PAD / /
	Inf			M							
	/ /			T	.1/	.2/	.3/	.4/	.0/		VIII
—	M			Tr							
	A/F			B							
	Ch			C						.PAX / /	.PAD / /
	Inf			M							
	/ /			T	.1/	.2/	.3/	.4/	.0/		VIII

TOTAL		T
PASSENGER		
TOTAL TRAFFIC LOAD	=	
ADJ. D.O.W.	+	
ZERO FUEL WEIGHT	=	
TAKE-OFF FUEL	+	
TAKE-OFF WEIGHT	=	
TRIP FUEL	−	
LANDING WEIGHT	=	

ALLOWED TRAFFIC LOAD	=	
TRAFFIC LOAD	−	
UNDERLOAD	=	

BALANCE CONDITIONS

ZERO FUEL ______ %MAC

TAKE-OFF ______ %MAC

LAST MINUTE CHANGES

DEST	ITEM	CABIN	+/-	Weight	INDEX UNITS

ZFW______KG

TW______KG

TOW______KG

MAX CERT ZERO FUEL WEIGHT ______ KG
MAX CERT TAXI WEIGHT ______ KG
MAX CERT TAKE-OFF WEIGHT ______ KG
MAX CERT LANDING WEIGHT ______ KG

INDEX UNITS = WEIGHT (KG) X (ARM (IN) - 658.3) / 30,000

For Dry Operating Index ADD +45 Units

LAST MINUTE CHANGES +/−

TOTAL LAST MINUTE CHANGES =

BALANCE AND TRIM CHART
NO______ BOEING 737-700

VALID FOR SEATING VERSION: 8C/118Y

8C/118Y
D.O.I. ______

Cabin Oa Rows 1 -2 | Cabin Ob Rows 4 -12 | Cabin Oc Rows 13 -23

FWD HOLDS ① ②
① MAX 888 KG
② MAX 1118 KG

AFT HOLDS ③ ④
③ MAX 2409 KG
④ MAX 763 KG

DRY OPERATING INDEX ➡ | ± ADJUSTMENTS ➡ | =ADJ. DRY OPERATING INDEX ➡

ADJ. DRY OPERATING INDEX → 0 10 20 30 40 50 60 70 80 90 100

CABIN Oa MAX 8 PASS	◀ 2 PASS
CABIN Ob MAX 52 PASS	◀ 10 PASS
CABIN Oc MAX 66 PASS	10 PASS ▶
FWD HOLD 1 MAX 888 KG	◀ 200KG
FWD HOLD 2 MAX 1118 KG	◀ 200KG
AFT HOLD 3 MAX 2409 KG	200KG ▶
AFT HOLD 4 MAX 763 KG	200KG ▶

FUEL LOADING INDEX 10 20 30 40 50 60 70 80 90 100

FUEL WEIGHT KILOGRAMS: 0, 2500, 5000, 7500, 10000, 12500, 15000, 17500, 20000, 22500

TAKE-OFF WEIGHT - KG		STAB TRIM for Take-off - 22000 LB Engine Thrust											
FLAPS 1 & 5	70080	8 1/2	8 1/2	8 1/4	7 3/4	7 1/4	7	6 1/2	6	5 3/4	5 1/4	5	4 1/2
	60000	8 1/2	8	7 1/2	7	6 3/4	6 1/4	6	5 1/2	5 1/4	4 3/4	4 1/2	4
	50000	7 1/2	7 1/4	6 3/4	6 1/4	6	5 3/4	5 1/4	5	4 1/2	4 1/4	3 3/4	3 1/2
	45000	7	6 1/2	6 1/4	6	5 1/2	5 1/4	5	4 1/2	4 1/4	4	3 1/2	3 1/4
	36287	7	6 1/2	6 1/4	6	5 1/2	5 1/4	5	4 1/2	4 1/4	4	3 1/2	3 1/4

STAB TRIM ADJUSTMENT			
FLAP SETTING	ENGINE THRUST (LB)/1000 18	20	22
1 & 5	+1/2	0	0
10, 15 & 25	-1/4	-1/2	- 1/2

%MAC 12 14 16 18 20 22 24 26 28 30 32

MAX TAKE-OFF WEIGHT 70080 KG

MAX LANDING WEIGHT 58059 KG

MAX ZERO FUEL WEIGHT 54657 KG

AIRPLANE GROSS WEIGHT - KILOGRAMS: 65000, 60000, 55000, 50000, 45000, 40000, 35000

INDEX 0 10 20 30 40 50 60 70 80 90 100

PREPARED BY: | TAKE-OFF FLAP SETTING | TRIM UNITS FOR TAKE-OFF | APPROVED BY: (CAPTAIN)

附录 1.2

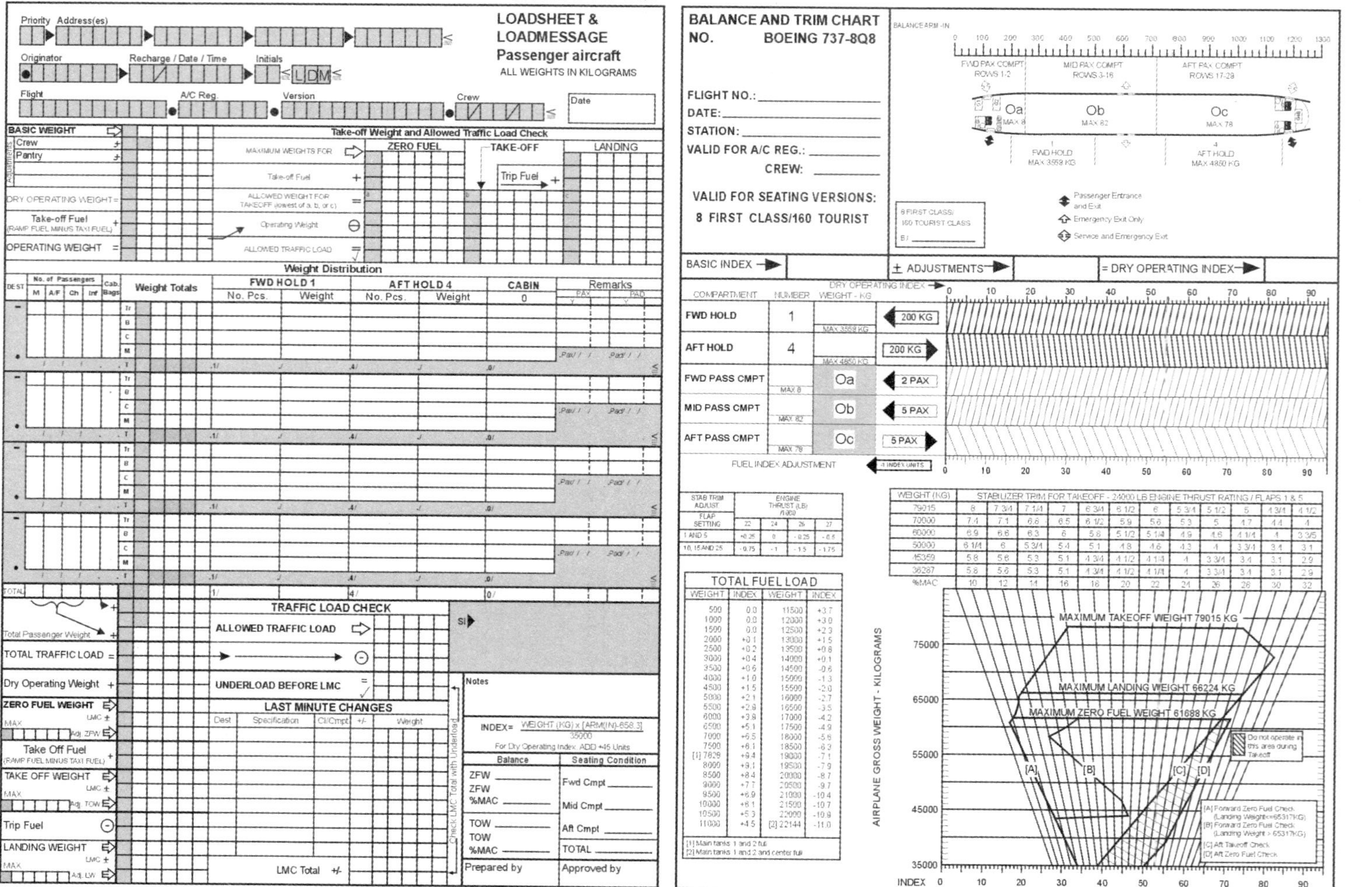

BOEING 737-8Q8

LOADSHEET & LOADMESSAGE

Passenger aircraft

ALL WEIGHTS IN KILOGRAMS

Priority Address(es)

Originator | Recharge / Date / Time | Initials | LDM

Flight | A/C Reg. | Version | Crew | Date

BASIC WEIGHT
Crew +
Pantry +
Adjustments
DRY OPERATING WEIGHT =
Take-off Fuel (RAMP FUEL MINUS TAXI FUEL) +
OPERATING WEIGHT =

Take-off Weight and Allowed Traffic Load Check

	ZERO FUEL	TAKE-OFF	LANDING
MAXIMUM WEIGHTS FOR			
Take-off Fuel +		Trip Fuel +	
ALLOWED WEIGHT FOR TAKEOFF (lowest of a, b, or c) =			
Operating Weight ⊖			
ALLOWED TRAFFIC LOAD			

Weight Distribution

DEST	No. of Passengers M	A/F	Ch	Inf	Cab. Bags	Weight Totals	FWD HOLD 1 No. Pcs.	FWD HOLD 1 Weight	AFT HOLD 4 No. Pcs.	AFT HOLD 4 Weight	CABIN 0	Remarks PAX	PAD
						Tr / B / C / M / T	.1/		.4/		.0/	Pax/	Pad/
						Tr / B / C / M / T	.1/		.4/		.0/	Pax/	Pad/
						Tr / B / C / M / T	.1/		.4/		.0/	Pax/	Pad/
						Tr / B / C / M / T	.1/		.4/		.0/	Pax/	Pad/
TOTAL							1/		4/		0/		

Total Passenger Weight +
TOTAL TRAFFIC LOAD =
Dry Operating Weight +
ZERO FUEL WEIGHT (MAX; LMC ±; Adj. ZFW)
Take Off Fuel (RAMP FUEL MINUS TAXI FUEL) +
TAKE OFF WEIGHT (MAX; LMC ±; Adj. TOW)
Trip Fuel ⊖
LANDING WEIGHT (MAX; LMC ±; Adj. LW)

TRAFFIC LOAD CHECK
ALLOWED TRAFFIC LOAD
UNDERLOAD BEFORE LMC =
SI

LAST MINUTE CHANGES

Dest	Specification	Cl/Cmpt	+/-	Weight
			LMC Total +/-	

Check LMC Total with Underload

Notes

INDEX= WEIGHT (KG) x [ARM(IN)-658.3] / 35000
For Dry Operating Index: ADD +45 Units

Balance	Seating Condition
ZFW	Fwd Cmpt
ZFW %MAC	Mid Cmpt
TOW	Aft Cmpt
TOW %MAC	TOTAL
Prepared by	Approved by

BALANCE AND TRIM CHART

NO. BOEING 737-8Q8

FLIGHT NO.:
DATE:
STATION:
VALID FOR A/C REG.:
CREW:

VALID FOR SEATING VERSIONS:
8 FIRST CLASS/160 TOURIST

BALANCE ARM - IN: 0 100 200 300 400 500 600 700 800 900 1000 1100 1200 1300

FWD PAX COMPT ROWS 1-2 (Oa, MAX 8); MID PAX COMPT ROWS 3-16 (Ob, MAX 82); AFT PAX COMPT ROWS 17-29 (Oc, MAX 78)

1 FWD HOLD MAX 3559 KG; 4 AFT HOLD MAX 4850 KG

8 FIRST CLASS
160 TOURIST CLASS
B/

Passenger Entrance and Exit
Emergency Exit Only
Service and Emergency Exit

BASIC INDEX | ± ADJUSTMENTS | = DRY OPERATING INDEX

COMPARTMENT	NUMBER	WEIGHT - KG	DRY OPERATING INDEX
FWD HOLD	1	MAX 3559 KG	200 KG
AFT HOLD	4	MAX 4850 KG	200 KG
FWD PASS CMPT	MAX 8	Oa	2 PAX
MID PASS CMPT	MAX 82	Ob	5 PAX
AFT PASS CMPT	MAX 78	Oc	5 PAX

FUEL INDEX ADJUSTMENT — 1 INDEX UNITS

STAB TRIM ADJUST FLAP SETTING	ENGINE THRUST (LB) /1000 22	24	26	27
1 AND 5	+0.25	0	-0.25	-0.5
10, 15 AND 25	-0.75	-1	-1.5	-1.75

TOTAL FUEL LOAD

WEIGHT	INDEX	WEIGHT	INDEX
500	0.0	11500	+3.7
1000	0.0	12000	+3.0
1500	0.0	12500	+2.3
2000	+0.1	13000	+1.5
2500	+0.2	13500	+0.8
3000	+0.4	14000	+0.1
3500	+0.6	14500	-0.6
4000	+1.0	15000	-1.3
4500	+1.5	15500	-2.0
5000	+2.1	16000	-2.7
5500	+2.8	16500	-3.5
6000	+3.8	17000	-4.2
6500	+5.1	17500	-4.9
7000	+6.5	18000	-5.6
7500	+8.1	18500	-6.3
[1] 7828	+9.4	19000	-7.1
8000	+9.1	19500	-7.9
8500	+8.4	20000	-8.7
9000	+7.7	20500	-9.7
9500	+6.9	21000	-10.4
10000	+6.1	21500	-10.7
10500	+5.3	22000	-10.9
11000	+4.5	[2] 22144	-11.0

[1] Main tanks 1 and 2 full
[2] Main tanks 1 and 2 and center full

WEIGHT (KG)	STABILIZER TRIM FOR TAKEOFF - 24000 LB ENGINE THRUST RATING / FLAPS 1 & 5											
79015	8	7 3/4	7 1/4	7	6 3/4	6 1/2	6	5 3/4	5 1/2	5	4 3/4	4 1/2
70000	7.4	7.1	6.6	6.5	6 1/2	5.9	5.6	5.3	5	4.7	4.4	4
60000	6.9	6.6	6.3	6	5.8	5 1/2	5 1/4	4.9	4.6	4 1/4	4	3 3/5
50000	6 1/4	6	5 3/4	5.4	5.1	4.8	4.6	4.3	4	3 3/4	3.4	3.1
45359	5.8	5.6	5.3	5.1	4 3/4	4 1/2	4 1/4	4	3 3/4	3.4	3.1	2.9
36287	5.8	5.6	5.3	5.1	4 3/4	4 1/2	4 1/4	4	3 3/4	3.4	3.1	2.9
%MAC	10	12	14	16	18	20	22	24	26	28	30	32

附录 1.3

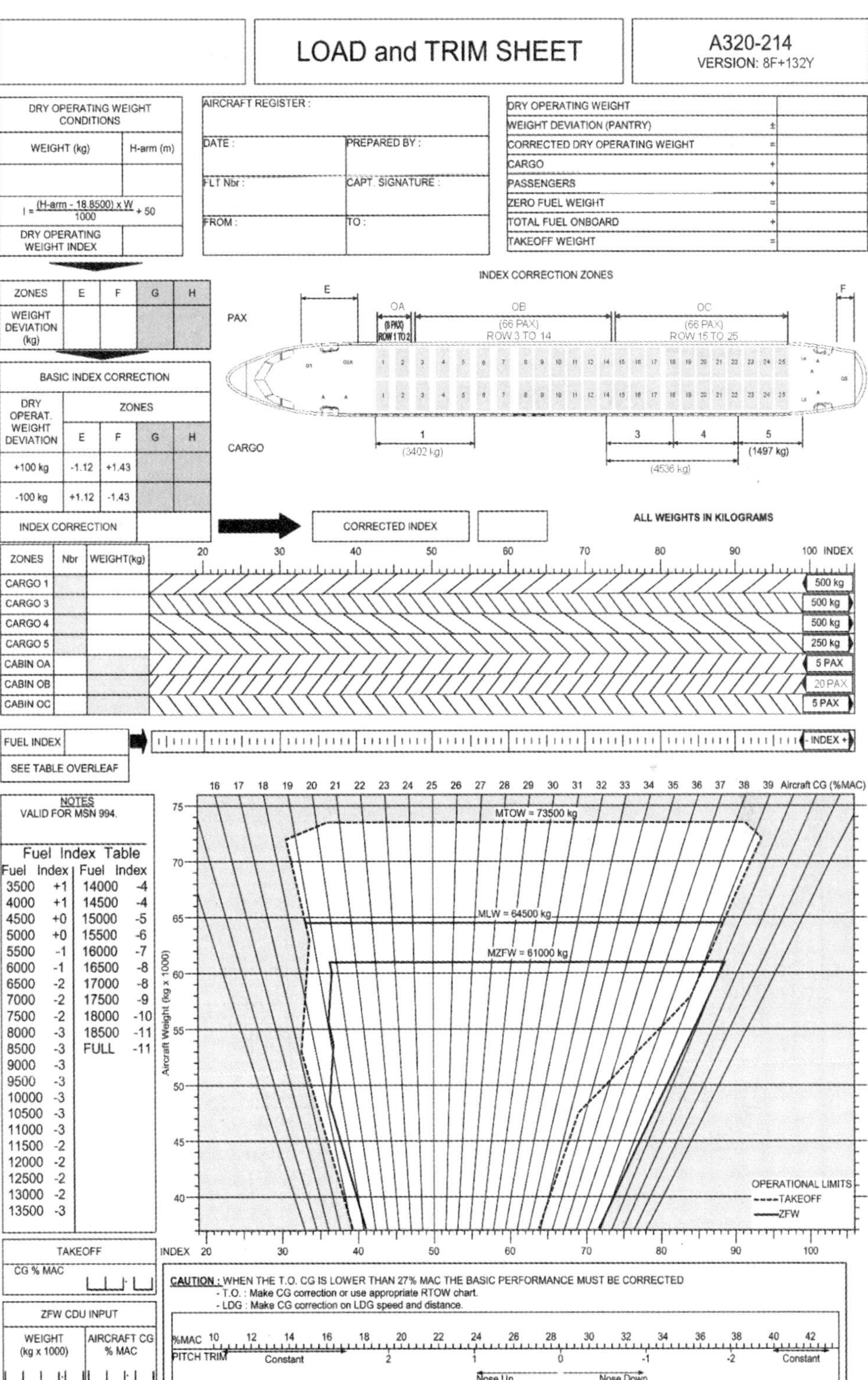

LOAD and TRIM SHEET

A320-214
VERSION: 8F+132Y

DRY OPERATING WEIGHT CONDITIONS	
WEIGHT (kg)	H-arm (m)
$I = \frac{(H\text{-arm} - 18.8500) \times W}{1000} + 50$	
DRY OPERATING WEIGHT INDEX	

AIRCRAFT REGISTER :	
DATE :	PREPARED BY :
FLT Nbr :	CAPT. SIGNATURE :
FROM :	TO :

DRY OPERATING WEIGHT		
WEIGHT DEVIATION (PANTRY)	±	
CORRECTED DRY OPERATING WEIGHT	=	
CARGO	+	
PASSENGERS	+	
ZERO FUEL WEIGHT	=	
TOTAL FUEL ONBOARD	+	
TAKEOFF WEIGHT	=	

ZONES	E	F	G	H
WEIGHT DEVIATION (kg)				

BASIC INDEX CORRECTION				
DRY OPERAT. WEIGHT DEVIATION	ZONES			
	E	F	G	H
+100 kg	-1.12	+1.43		
-100 kg	+1.12	-1.43		
INDEX CORRECTION				

CORRECTED INDEX

ALL WEIGHTS IN KILOGRAMS

ZONES	Nbr	WEIGHT(kg)	
CARGO 1			500 kg
CARGO 3			500 kg
CARGO 4			500 kg
CARGO 5			250 kg
CABIN OA			5 PAX
CABIN OB			20 PAX
CABIN OC			5 PAX

FUEL INDEX

SEE TABLE OVERLEAF

- INDEX +

NOTES
VALID FOR MSN 994.

Fuel Index Table

Fuel	Index	Fuel	Index
3500	+1	14000	-4
4000	+1	14500	-4
4500	+0	15000	-5
5000	+0	15500	-6
5500	-1	16000	-7
6000	-1	16500	-8
6500	-2	17000	-8
7000	-2	17500	-9
7500	-2	18000	-10
8000	-3	18500	-11
8500	-3	FULL	-11
9000	-3		
9500	-3		
10000	-3		
10500	-3		
11000	-3		
11500	-2		
12000	-2		
12500	-2		
13000	-2		
13500	-3		

TAKEOFF
CG % MAC

ZFW CDU INPUT

WEIGHT (kg x 1000)	AIRCRAFT CG % MAC

CAUTION : WHEN THE T.O. CG IS LOWER THAN 27% MAC THE BASIC PERFORMANCE MUST BE CORRECTED
- T.O. : Make CG correction or use appropriate RTOW chart.
- LDG : Make CG correction on LDG speed and distance.

附录 1.4

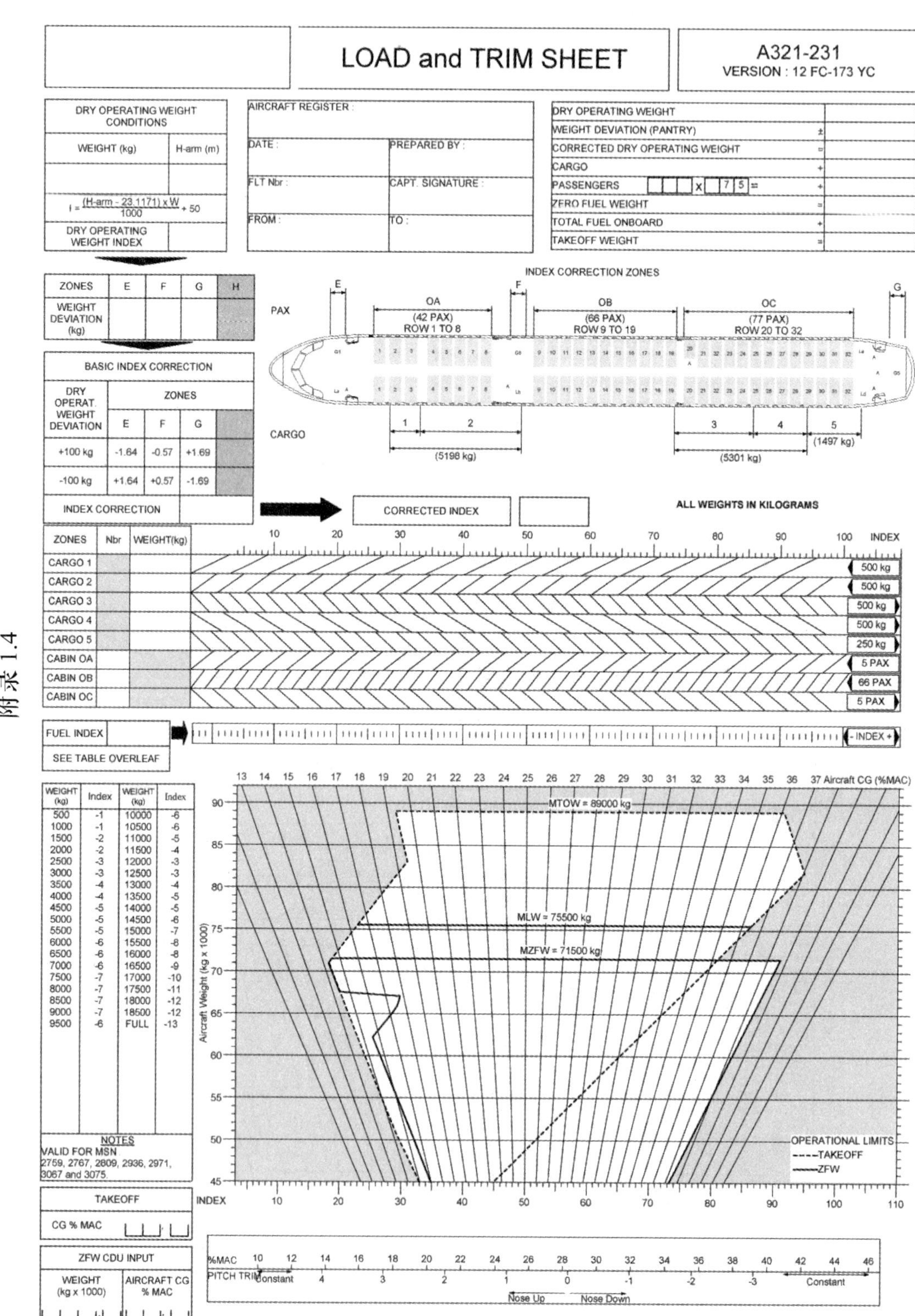

LOAD and TRIM SHEET

A321-231
VERSION : 12 FC-173 YC

DRY OPERATING WEIGHT CONDITIONS	
WEIGHT (kg)	H-arm (m)
$i = \frac{(\text{H-arm} - 23.1171) \times W}{1000} + 50$	
DRY OPERATING WEIGHT INDEX	

AIRCRAFT REGISTER :	
DATE :	PREPARED BY :
FLT Nbr :	CAPT. SIGNATURE :
FROM :	TO :

DRY OPERATING WEIGHT		
WEIGHT DEVIATION (PANTRY)	±	
CORRECTED DRY OPERATING WEIGHT	=	
CARGO	+	
PASSENGERS □□□ x □7□5 =	+	
ZERO FUEL WEIGHT	=	
TOTAL FUEL ONBOARD	+	
TAKEOFF WEIGHT	=	

ZONES	E	F	G	H
WEIGHT DEVIATION (kg)				

BASIC INDEX CORRECTION				
DRY OPERAT. WEIGHT DEVIATION	ZONES			
	E	F	G	
+100 kg	-1.64	-0.57	+1.69	
-100 kg	+1.64	+0.57	-1.69	
INDEX CORRECTION				

CORRECTED INDEX □

ZONES	Nbr	WEIGHT(kg)	INDEX
CARGO 1			500 kg
CARGO 2			500 kg
CARGO 3			500 kg
CARGO 4			500 kg
CARGO 5			250 kg
CABIN OA			5 PAX
CABIN OB			66 PAX
CABIN OC			5 PAX

FUEL INDEX	
SEE TABLE OVERLEAF	

WEIGHT (kg)	Index	WEIGHT (kg)	Index
500	-1	10000	-6
1000	-1	10500	-6
1500	-2	11000	-5
2000	-2	11500	-4
2500	-3	12000	-3
3000	-3	12500	-3
3500	-4	13000	-4
4000	-4	13500	-5
4500	-5	14000	-5
5000	-5	14500	-6
5500	-5	15000	-7
6000	-6	15500	-8
6500	-6	16000	-8
7000	-6	16500	-9
7500	-7	17000	-10
8000	-7	17500	-11
8500	-7	18000	-12
9000	-7	18500	-12
9500	-6	FULL	-13

NOTES
VALID FOR MSN
2759, 2767, 2809, 2936, 2971, 3067 and 3075.

TAKEOFF
CG % MAC

ZFW CDU INPUT	
WEIGHT (kg x 1000)	AIRCRAFT CG % MAC

%MAC	10	12	14	16	18	20	22	24	26	28	30	32	34	36	38	40	42	44	46
PITCH TRIM	Constant		4		3		2		1		0	-1		-2		-3	Constant		

Nose Up Nose Down

附录 1.5

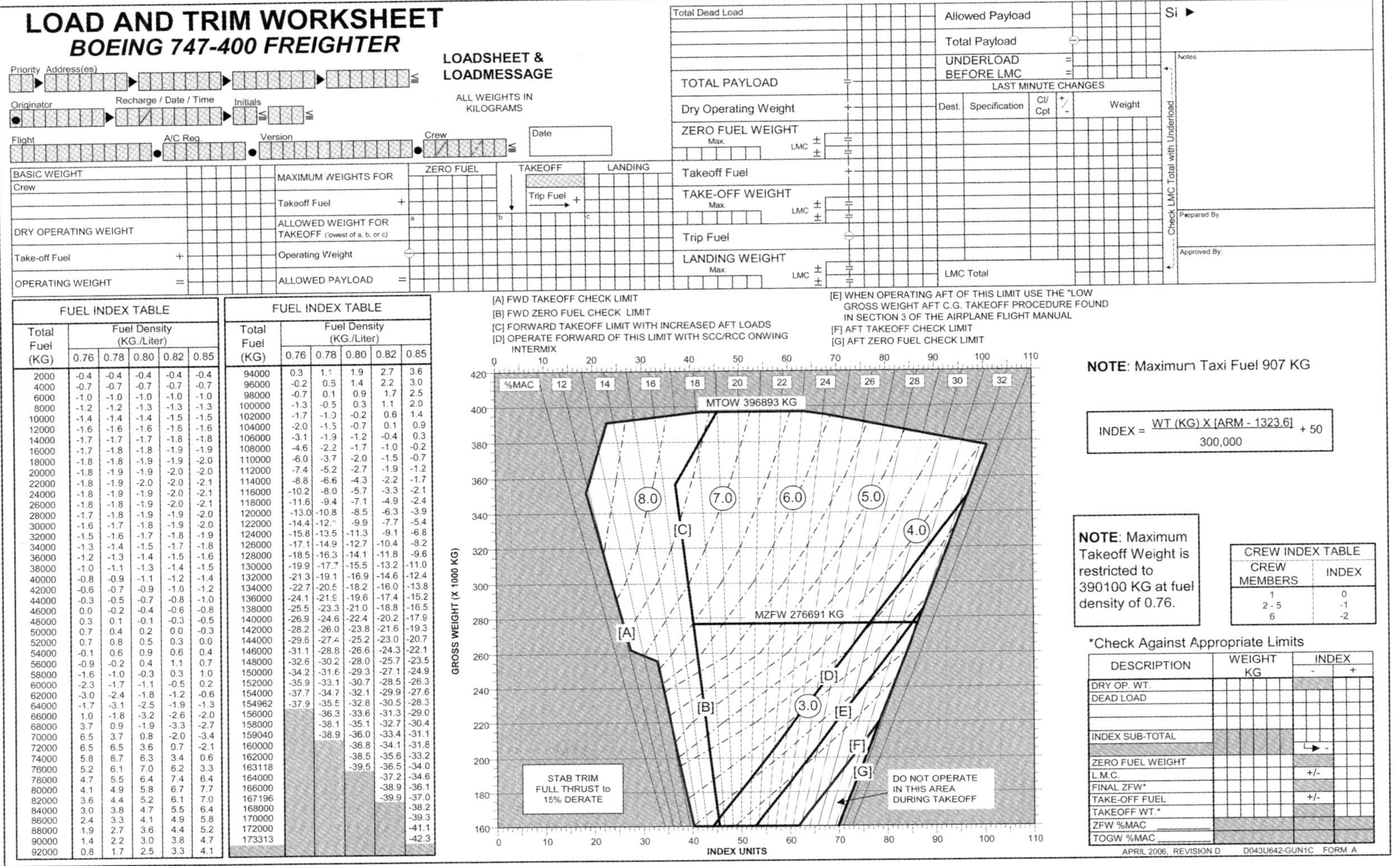

LOAD AND TRIM WORKSHEET
BOEING 747-400 FREIGHTER

LOADSHEET & LOADMESSAGE

ALL WEIGHTS IN KILOGRAMS

Priority Address(es)

Originator | Recharge / Date / Time | Initials

Flight | A/C Reg. | Version | Crew | Date

BASIC WEIGHT	
Crew	
DRY OPERATING WEIGHT	
Take-off Fuel	+
OPERATING WEIGHT	=

MAXIMUM WEIGHTS FOR	ZERO FUEL	TAKEOFF	LANDING
Takeoff Fuel +		Trip Fuel +	
ALLOWED WEIGHT FOR TAKEOFF (lowest of a, b, or c)	a	b	c
Operating Weight −			
ALLOWED PAYLOAD =			

Total Dead Load

TOTAL PAYLOAD =

Dry Operating Weight +

ZERO FUEL WEIGHT Max. LMC ± ±

Takeoff Fuel +

TAKE-OFF WEIGHT Max. LMC ± ±

Trip Fuel −

LANDING WEIGHT Max. LMC ± ±

Allowed Payload

Total Payload −

UNDERLOAD BEFORE LMC =

LAST MINUTE CHANGES				
Dest.	Specification	Cl/Cpt	+/-	Weight

LMC Total

Check LMC Total with Underload

Si ▶

Notes

Prepared By:

Approved By:

FUEL INDEX TABLE					
Total Fuel (KG)	Fuel Density (KG./Liter)				
	0.76	0.78	0.80	0.82	0.85
2000	-0.4	-0.4	-0.4	-0.4	-0.4
4000	-0.7	-0.7	-0.7	-0.7	-0.7
6000	-1.0	-1.0	-1.0	-1.0	-1.0
8000	-1.2	-1.2	-1.3	-1.3	-1.3
10000	-1.4	-1.4	-1.4	-1.5	-1.5
12000	-1.6	-1.6	-1.6	-1.6	-1.6
14000	-1.7	-1.7	-1.7	-1.8	-1.8
16000	-1.7	-1.8	-1.8	-1.9	-1.9
18000	-1.8	-1.8	-1.9	-1.9	-2.0
20000	-1.8	-1.9	-1.9	-2.0	-2.0
22000	-1.8	-1.9	-2.0	-2.0	-2.1
24000	-1.8	-1.9	-1.9	-2.0	-2.1
26000	-1.8	-1.8	-1.9	-2.0	-2.1
28000	-1.7	-1.8	-1.9	-1.9	-2.0
30000	-1.6	-1.7	-1.8	-1.9	-2.0
32000	-1.5	-1.6	-1.7	-1.8	-1.9
34000	-1.3	-1.4	-1.5	-1.7	-1.8
36000	-1.2	-1.3	-1.4	-1.5	-1.6
38000	-1.0	-1.1	-1.3	-1.4	-1.5
40000	-0.8	-0.9	-1.1	-1.2	-1.4
42000	-0.6	-0.7	-0.9	-1.0	-1.2
44000	-0.3	-0.5	-0.7	-0.8	-1.0
46000	0.0	-0.2	-0.4	-0.6	-0.8
48000	0.3	0.1	-0.1	-0.3	-0.5
50000	0.7	0.4	0.2	0.0	-0.3
52000	0.7	0.8	0.5	0.3	0.0
54000	-0.1	0.6	0.9	0.6	0.4
56000	-0.9	-0.2	0.4	1.1	0.7
58000	-1.6	-1.0	-0.3	0.3	1.0
60000	-2.3	-1.7	-1.1	-0.5	0.2
62000	-3.0	-2.4	-1.8	-1.2	-0.6
64000	-1.7	-3.1	-2.5	-1.9	-1.3
66000	1.0	-1.8	-3.2	-2.6	-2.0
68000	3.7	0.9	-1.9	-3.3	-2.7
70000	6.5	3.7	0.8	-2.0	-3.4
72000	6.5	6.5	3.6	0.7	-2.1
74000	5.8	6.7	6.3	3.4	0.6
76000	5.2	6.1	7.0	6.2	3.3
78000	4.7	5.5	6.4	7.4	6.4
80000	4.1	4.9	5.8	6.7	7.7
82000	3.6	4.4	5.2	6.1	7.0
84000	3.0	3.8	4.7	5.5	6.4
86000	2.4	3.3	4.1	4.9	5.8
88000	1.9	2.7	3.6	4.4	5.2
90000	1.4	2.2	3.0	3.8	4.7
92000	0.8	1.7	2.5	3.3	4.1

FUEL INDEX TABLE					
Total Fuel (KG)	Fuel Density (KG./Liter)				
	0.76	0.78	0.80	0.82	0.85
94000	0.3	1.1	1.9	2.7	3.6
96000	-0.2	0.6	1.4	2.2	3.0
98000	-0.7	0.1	0.9	1.7	2.5
100000	-1.3	-0.5	0.3	1.1	2.0
102000	-1.7	-1.0	-0.2	0.6	1.4
104000	-2.0	-1.5	-0.7	0.1	0.9
106000	-3.1	-1.9	-1.2	-0.4	0.3
108000	-4.6	-2.2	-1.7	-1.0	-0.2
110000	-6.0	-3.7	-2.0	-1.5	-0.7
112000	-7.4	-5.2	-2.7	-1.9	-1.2
114000	-8.8	-6.6	-4.3	-2.2	-1.7
116000	-10.2	-8.0	-5.7	-3.3	-2.1
118000	-11.6	-9.4	-7.1	-4.9	-2.4
120000	-13.0	-10.8	-8.5	-6.3	-3.9
122000	-14.4	-12.1	-9.9	-7.7	-5.4
124000	-15.8	-13.5	-11.3	-9.1	-6.8
126000	-17.1	-14.9	-12.7	-10.4	-8.2
128000	-18.5	-16.3	-14.1	-11.8	-9.6
130000	-19.9	-17.7	-15.5	-13.2	-11.0
132000	-21.3	-19.1	-16.9	-14.6	-12.4
134000	-22.7	-20.5	-18.2	-16.0	-13.8
136000	-24.1	-21.9	-19.6	-17.4	-15.2
138000	-25.5	-23.3	-21.0	-18.8	-16.5
140000	-26.9	-24.6	-22.4	-20.2	-17.9
142000	-28.2	-26.0	-23.8	-21.6	-19.3
144000	-29.6	-27.4	-25.2	-23.0	-20.7
146000	-31.1	-28.8	-26.6	-24.3	-22.1
148000	-32.6	-30.2	-28.0	-25.7	-23.5
150000	-34.2	-31.6	-29.3	-27.1	-24.9
152000	-35.9	-33.1	-30.7	-28.5	-26.3
154000	-37.7	-34.7	-32.1	-29.9	-27.6
154962	-37.9	-35.5	-32.8	-30.5	-28.3
156000		-36.3	-33.6	-31.3	-29.0
158000		-38.1	-35.1	-32.7	-30.4
159040		-38.9	-36.0	-33.4	-31.1
160000			-36.8	-34.1	-31.8
162000			-38.5	-35.6	-33.2
163118			-39.5	-36.5	-34.0
164000				-37.2	-34.6
166000				-38.9	-36.1
167196				-39.9	-37.0
168000					-38.2
170000					-39.3
172000					-41.1
173313					-42.3

[A] FWD TAKEOFF CHECK LIMIT
[B] FWD ZERO FUEL CHECK LIMIT
[C] FORWARD TAKEOFF LIMIT WITH INCREASED AFT LOADS
[D] OPERATE FORWARD OF THIS LIMIT WITH SCC/RCC ONWING INTERMIX
[E] WHEN OPERATING AFT OF THIS LIMIT USE THE "LOW GROSS WEIGHT AFT C.G. TAKEOFF PROCEDURE FOUND IN SECTION 3 OF THE AIRPLANE FLIGHT MANUAL
[F] AFT TAKEOFF CHECK LIMIT
[G] AFT ZERO FUEL CHECK LIMIT

NOTE: Maximum Taxi Fuel 907 KG

$$INDEX = \frac{WT\ (KG) \times [ARM - 1323.6]}{300{,}000} + 50$$

NOTE: Maximum Takeoff Weight is restricted to 390100 KG at fuel density of 0.76.

CREW INDEX TABLE	
CREW MEMBERS	INDEX
1	0
2 - 5	-1
6	-2

*Check Against Appropriate Limits

DESCRIPTION	WEIGHT KG	INDEX -	INDEX +
DRY OP. WT.			
DEAD LOAD			
INDEX SUB-TOTAL			
ZERO FUEL WEIGHT			
L.M.C.		+/-	
FINAL ZFW*			
TAKE-OFF FUEL		+/-	
TAKEOFF WT.*			
ZFW %MAC			
TOGW %MAC			

APRIL 2006, REVISION D D043U642-GUN1C FORM A

	T	S	R	P	M	L	K	J	H	G	F	E	D	C	B1	A2	A1
Left	T	SL	RL	PL	ML	LL	KL	JL	HL	GL	FL	EL	DL	CL			
All maximum pallet position weights are for both 88" and 96" pallets, unless otherwise specified	2041	8278	6161	6161	8278	8278	8278	13960 [a]15233	13960 [a]15233	13960 [a]15233	8278	8278	6161	6161	3356 [a]3674	3356 [a]3674	3356 [a]3674
Right		SR	RR	PR	MR	LR	KR	JR	HR	GR	FR	ER	DR	CR			
MAX L + R		9714	9714	9714	9714	9714	9714	16574	16574	16574	9714	9714	9714	9714			
[a] Position weights with 96" pallet		54 (MAX 1034)	53 (MAX 1469), 52 (MAX 1905), 51 (MAX 3157)	45L, 44L, 43L / 45R, 44R, 43R / 42P	42L, 41L / 42R, 42R / 41P	33L, 32L / 33R, 32R / 32P	31L / 31R / 31P	ALL WEIGHTS IN KILOGRAMS			25L / 25R / 23P	24L, 23L / 24R, 23R / 22P	22L, 21L / 22R, 21R / 21P	13L, 12L / 13R, 12R / 12P	11L / 11R / 11P		
	MAX=2041	MAX=10639	MAX= 11428	MAX=11428	MAX=11428	MAX=11428	MAX=14406	MAX=16569	MAX=16569	MAX=16569	MAX=12611	MAX=11428	MAX=11428	MAX=11428	MAX=6248	MAX=3674	MAX=3674
	2041 ▶	7024 ▶	12006 ▶	24235 ▶	33951 ▶	43667 ▶	55360 ▶	68489		64786	◀ 52634	◀ 42436	◀ 32822	◀ 23209	◀ 13595	◀ 7692	◀ 3674
	*2041 ▶	*10688 ▶	*19455 ▶	*33412 ▶	*43127 ▶	*52843 ▶	*64536 ▶	*77665									

Weights shown for the main deck pallet positions are further restricted by unsymmetrical limitations below.

* INCREASED AFT CUMULATIVE LOADS REQUIRES USE OF FORWARD LIMIT C

Maximum Weights for ULD's in Lower Hold

Type	Wts (kg)
PLT 88" x 125"	4626
PLT 96" x 125"	5034
DIM 60.04" X 125" (PLB/AWS/ALF)	3175
LD1/LD3	1587

T

DEADLOAD	I.U.
1 - 154	0
155 - 464	1
465 - 773	2
774 - 1083	3
1084 - 1392	4
1393 - 1702	5
1703 - 2011	6
2012 - 2041	7

S

DEADLOAD	I.U.
1 - 180	0
181 - 541	1
542 - 902	2
903 - 1262	3
1263 - 1623	4
1624 - 1984	5
1985 - 2345	6
2346 - 2706	7
2707 - 3067	8
3068 - 3427	9
3428 - 3788	10
3789 - 4149	11
4150 - 4510	12
4511 - 4871	13
4872 - 5232	14
5233 - 5592	15
5593 - 5953	16
5954 - 6314	17
6315 - 6675	18
6676 - 7036	19
7037 - 7397	20
7398 - 7757	21
7758 - 8118	22
8119 - 8479	23
8480 - 8840	24
8841 - 9201	25
9202 - 9562	26
9563 - 9923	27
9924 - 10283	28
10284 - 10639	29

R

DEADLOAD	I.U.
1 - 212	0
213 - 637	1
638 - 1063	2
1064 - 1488	3
1489 - 1913	4
1914 - 2339	5
2340 - 2764	6
2765 - 3189	7
3190 - 3614	8
3615 - 4040	9
4041 - 4465	10
4466 - 4890	11
4891 - 5316	12
5317 - 5741	13
5742 - 6166	14
6167 - 6592	15
6593 - 7017	16
7018 - 7442	17
7443 - 7867	18
7868 - 8293	19
8294 - 8718	20
8719 - 9143	21
9144 - 9569	22
9570 - 9994	23
9995 - 10419	24
10420 - 10844	25
10845 - 11270	26
11271 - 11428	27

P

DEADLOAD	I.U.
1 - 286	0
287 - 858	1
859 - 1430	2
1431 - 2002	3
2003 - 2574	4
2575 - 3146	5
3147 - 3718	6
3719 - 4290	7
4291 - 4862	8
4863 - 5434	9
5435 - 6006	10
6007 - 6578	11
6579 - 7151	12
7152 - 7723	13
7724 - 8295	14
8296 - 8867	15
8868 - 9439	16
9440 - 10011	17
10012 - 10583	18
10584 - 11155	19
11156 - 11428	20

M

DEADLOAD	I.U.
1 - 376	0
377 - 1129	1
1130 - 1882	2
1883 - 2635	3
2636 - 3388	4
3389 - 4141	5
4142 - 4894	6
4895 - 5647	7
5648 - 6400	8
6401 - 7153	9
7154 - 7906	10
7907 - 8659	11
8660 - 9412	12
9413 - 10165	13
10166 - 10918	14
10919 - 11428	15

L

DEADLOAD	I.U.
1 - 550	0
551 - 1651	1
1652 - 2753	2
2754 - 3854	3
3855 - 4955	4
4956 - 6057	5
6058 - 7158	6
7159 - 8259	7
8260 - 9361	8
9362 - 10462	9
10463 - 11428	10

K

DEADLOAD	I.U.
1 - 1024	0
1025 - 3073	1
3074 - 5122	2
5123 - 7172	3
7173 - 9221	4
9222 - 11270	5
11271 - 13319	6
13320 - 14406	7

J

DEADLOAD	I.U.
1 - 7352	0
7353 - 16569	1

H

DEADLOAD	I.U.
1 - 1420	0
1421 - 4261	-1
4262 - 7102	-2
7103 - 9943	-3
9944 - 12784	-4
12785 - 15625	-5
15626 - 16569	-6

G

DEADLOAD	I.U.
1 - 647	0
648 - 1943	-1
1944 - 3238	-2
3239 - 4533	-3
4534 - 5829	-4
5830 - 7124	-5
7125 - 8419	-6
8420 - 9715	-7
9716 - 11010	-8
11011 - 12305	-9
12306 - 13601	-10
13602 - 14896	-11
14897 - 16191	-12
16192 - 16569	-13

F

DEADLOAD	I.U.
1 - 419	0
420 - 1258	-1
1259 - 2097	-2
2098 - 2936	-3
2937 - 3775	-4
3776 - 4614	-5
4615 - 5453	-6
5454 - 6291	-7
6292 - 7130	-8
7131 - 7969	-9
7970 - 8808	-10
8809 - 9647	-11
9648 - 10486	-12
10487 - 11325	-13
11326 - 12164	-14
12165 - 12611	-15

E

DEADLOAD	I.U.
1 - 310	0
311 - 930	-1
931 - 1550	-2
1551 - 2171	-3
2172 - 2791	-4
2792 - 3411	-5
3412 - 4032	-6
4033 - 4652	-7
4653 - 5272	-8
5273 - 5893	-9
5894 - 6513	-10
6514 - 7133	-11
7134 - 7754	-12
7755 - 8374	-13
8375 - 8995	-14
8996 - 9615	-15
9616 - 10235	-16
10236 - 10856	-17
10857 - 11428	-18

D

DEADLOAD	I.U.
1 - 246	0
247 - 738	-1
739 - 1230	-2
1231 - 1722	-3
1723 - 2214	-4
2215 - 2706	-5
2707 - 3198	-6
3199 - 3690	-7
3691 - 4183	-8
4184 - 4675	-9
4676 - 5167	-10
5168 - 5659	-11
5660 - 6151	-12
6152 - 6643	-13
6644 - 7135	-14
7136 - 7627	-15
7628 - 8120	-16
8121 - 8612	-17
8613 - 9104	-18
9105 - 9596	-19
9597 - 10088	-20
10089 - 10580	-21
10581 - 11072	-22
11073 - 11428	-23

C

DEADLOAD	I.U.
1 - 203	0
204 - 611	-1
612 - 1019	-2
1020 - 1427	-3
1428 - 1835	-4
1836 - 2243	-5
2244 - 2650	-6
2651 - 3058	-7
3059 - 3466	-8
3467 - 3874	-9
3875 - 4282	-10
4283 - 4690	-11
4691 - 5097	-12
5098 - 5505	-13
5506 - 5913	-14
5914 - 6321	-15
6322 - 6729	-16
6730 - 7137	-17
7138 - 7544	-18
7545 - 7952	-19
7953 - 8360	-20
8361 - 8768	-21
8769 - 9176	-22
9177 - 9584	-23
9585 - 9991	-24
9992 - 10399	-25
10400 - 10807	-26
10808 - 11215	-27
11216 - 11428	-28

B1

DEADLOAD	
1 - 176	0
177 - 528	-1
529 - 880	-2
881 - 1232	-3
1233 - 1585	-4
1586 - 1937	-5
1938 - 2289	-6
2290 - 2642	-7
2643 - 2994	-8
2995 - 3346	-9
3347 - 3698	-10
3699 - 4051	-11
4052 - 4403	-12
4404 - 4755	-13
4756 - 5108	-14
5109 - 5460	-15
5461 - 5812	-16
5813 - 6164	-17
6165 - 6248	-18

A2

DEADLOAD	I.U.
1 - 159	0
160 - 478	-1
479 - 797	-2
798 - 1116	-3
1117 - 1435	-4
1436 - 1754	-5
1755 - 2073	-6
2074 - 2392	-7
2393 - 2711	-8
2712 - 3029	-9
3030 - 3348	-10
3349 - 3667	-11
3668 - 3674	-12

A1

DEADLOAD	I.U.
1 - 143	0
144 - 430	-1
431 - 717	-2
718 - 1004	-3
1005 - 1291	-4
1292 - 1578	-5
1579 - 1864	-6
1865 - 2151	-7
2152 - 2438	-8
2439 - 2725	-9
2726 - 3012	-10
3013 - 3299	-11
3300 - 3586	-12
3587 - 3674	-13

NOTE: No interpolation between figures in tables below is allowed. For figures not included in tables, next higher weight shall be applied

NOTE: Shaded areas indicate that additional tiedowns may be required

LATERAL IMBALANCE

Taxi Weight	Allowed Lateral Weight
396893	14815
395000	16667
390000	25926
385000	33333
380000	44074
375000	50000
370000	57407

CENTER FUEL TANK

Fuel (KG)	0.76	0.78	0.80	0.82	0.85
	Fuel Density (KG./Liter)				
1000	-0.9	-0.9	-0.9	-0.9	-0.9
2000	-1.7	-1.7	-1.7	-1.7	-1.7
3000	-2.4	-2.4	-2.4	-2.4	-2.4
4000	-3.1	-3.1	-3.1	-3.1	-3.1
5000	-3.8	-3.8	-3.8	-3.8	-3.8
6000	-4.5	-4.5	-4.5	-4.5	-4.6
7000	-5.2	-5.2	-5.2	-5.2	-5.2
8000	-5.9	-5.9	-5.9	-5.9	-5.9
9000	-6.6	-6.6	-6.6	-6.6	-6.6
10000	-7.3	-7.3	-7.3	-7.3	-7.3
11000	-8.0	-8.0	-8.0	-8.0	-8.0
12000	-8.7	-8.7	-8.7	-8.7	-8.7
13000	-9.4	-9.4	-9.4	-9.4	-9.4
14000	-10.1	-10.1	-10.1	-10.1	-10.1
15000	-10.8	-10.8	-10.8	-10.8	-10.8
16000	-11.5	-11.5	-11.5	-11.5	-11.5
17000	-12.1	-12.2	-12.2	-12.2	-12.2
18000	-12.8	-12.9	-12.9	-12.9	-12.9
19000	-13.5	-13.6	-13.6	-13.6	-13.6
20000	-14.2	-14.2	-14.3	-14.3	-14.3
21000	-14.9	-14.9	-15.0	-15.0	-15.0
22000	-15.6	-15.6	-15.6	-15.7	-15.7
23000	-16.3	-16.3	-16.3	-16.3	-16.4
24000	-17.0	-17.0	-17.0	-17.0	-17.1
25000	-17.7	-17.7	-17.7	-17.7	-17.8
26000	-18.4	-18.4	-18.4	-18.4	-18.4
27000	-19.1	-19.1	-19.1	-19.1	-19.1
28000	-19.8	-19.8	-19.8	-19.8	-19.8
29000	-20.5	-20.5	-20.5	-20.5	-20.5
30000	-21.2	-21.2	-21.2	-21.2	-21.2

CENTER FUEL TANK

Fuel (KG)	0.76	0.78	0.80	0.82	0.85
	Fuel Density (KG./Liter)				
31000	-21.9	-21.9	-21.9	-21.9	-21.9
32000	-22.6	-22.6	-22.6	-22.6	-22.6
33000	-23.3	-23.3	-23.3	-23.3	-23.3
34000	-23.9	-24.0	-24.0	-24.0	-24.0
35000	-24.6	-24.7	-24.7	-24.7	-24.7
36000	-25.3	-25.3	-25.4	-25.4	-25.4
37000	-26.0	-26.0	-26.0	-26.1	-26.1
38000	-26.7	-26.7	-26.7	-26.8	-26.8
39000	-27.4	-27.4	-27.4	-27.4	-27.5
40000	-28.1	-28.1	-28.1	-28.1	-28.1
41000	-28.9	-28.8	-28.8	-28.8	-28.8
42000	-29.6	-29.6	-29.5	-29.5	-29.5
43000	-30.4	-30.3	-30.3	-30.2	-30.2
44000	-31.1	-31.0	-31.0	-30.9	-30.9
45000	-31.9	-31.8	-31.7	-31.7	-31.7
46000	-32.8	-32.6	-32.5	-32.4	-32.4
47000	-33.6	-33.4	-33.3	-33.2	-33.1
48000	-34.5	-34.3	-34.1	-34.0	-33.9
49000	-35.5	-35.2	-34.9	-34.8	-34.6
49574	-35.9	-35.7	-35.4	-35.2	-35.1
50000		-36.1	-35.8	-35.6	-35.4
50679		-36.7	-36.4	-36.1	-36.0
51000			-36.7	-36.4	-36.2
51978			-37.6	-37.3	-37.1
52000				-37.3	-37.1
53000				-38.2	-37.9
53278				-38.5	-38.2
54000					-38.8
55000					-39.8
55227					-40.0

SIZE CODES A, M & N: 11P, 12P, 21P, 22P, 23P, 31P, 32P, 41P, 42P

SIZE CODES K, L & P: 11, 12, 13, 21, 22, 23, 24, 25, 31, 32, 33, 41, 42, 43, 44, 45

FORWARD CARGO HOLD — DOOR

AFT CARGO HOLD — DOOR

A1, A2, B1, CL CR, DL DR, EL ER, FL FR, GL GR, HL HR, JL JR, KL KR, LL LR, ML MR, PL PR, RL RR, SL SR, T

COMPT.	DEADLOAD	INDEX -	INDEX +
A1			
A2			
B1			
C			
D			
E			
F			
G			
H			
J			
K			
L			
M			
P			
R			
S			
T			
'INDEX' SUB-TOTAL			
TOTAL		+/-	

MAIN DECK UNSYMMETRICAL LOAD LIMITS

POS. C, D,P & R Left or right side	POS. C, D,P & R Allowable opposite side	POS. E,F,K,L,M & S Left or right side	POS. E,F,K,L,M & S Allowable opposite side	POS. E,F,K,L,M & S Left or right side	POS. E,F,K,L,M & S Allowable opposite side	POS. G,H & J Left or right side	POS. G,H & J Allowable opposite side	POS. G,H & J Left or right side	POS. G,H & J Allowable opposite side
4851	4851	4851	4851	6600	2375	8284	8284	12000	4569
4900	4669	4900	4781	6700	2233	8400	8169	12200	4369
5000	4299	5000	4640	6800	2092	8600	7969	12400	4169
5100	3929	5100	4498	6900	1950	8800	7769	12600	3969
5200	3559	5200	4357	7000	1809	9000	7569	12800	3769
5300	3188	5300	4215	7100	1667	9200	7369	13000	3569
5400	2818	5400	4073	7200	1526	9400	7169	13200	3369
5500	2448	5500	3932	7300	1384	9600	6969	13400	3169
5600	2078	5600	3790	7400	1243	9800	6769	13600	2969
5700	1708	5700	3649	7500	1101	10000	6569	13800	2769
5800	1337	5800	3507	7600	959	10200	6369	13856	2713
5900	967	5900	3366	7700	818	10400	6169	14000	2569
6000	597	6000	3224	7800	676	10600	5969	14200	2369
6100	227	6100	3083	7900	535	10800	5769	14400	2169
6161	0	6200	2941	8000	393	11000	5569	14600	1969
		6300	2800	8100	252	11200	5369	14800	1769
		6400	2658	8200	110	11400	5169	15000	1569
		6500	2516	8278	0	11600	4969	15116	1453
						11800	4769		

附录 1.6

WEIGHT AND BALANCE MANIFEST DF-806
A321-213

ALL WEIGHT IN KILOS

FLIGHT	A/C REG	DATE

$$I = \frac{(\text{H-arm} - 23.1171) \times W}{1000} + 50$$

A 40 PAX ROW 1-15 | B 66 PAX ROW 16-26 | C 79 PAX ROW 27-40

CPT1 | CPT2 | CPT3 | CPT4 | CPT5

BALANCE CALCULATION

ITEM	WEIGHT
DRY OPERATING WEIGHT	
TOTAL TRAFFIC LOAD +	
ZERO FUEL WEIGHT LMC	
MAX. ±	
±	
TAKE-OFF FUEL +	
TAKE-OFF WEIGHT LMC	
MAX. ±	
±	
TRIP FUEL −	
LANDING WEIGHT LMC	
MAX. ±	
±	

	−	+	−	+
DOI				
CPT 1				
CPT 2				
CPT 3				
CPT 4				
CPT 5				
TOTAL				
DLI				
CAB A				
CAB B				
CAB C				
TOTAL				
LIZFW				
LITOF	+/-		+/-	
LITOW				

FINAL PAX	
AD & CH	
INF	

C.G at ZFW	C.G at TOW	STAB SET	REMARKS
%	%	UNIT	

PREPARED BY :	APPROVED BY:

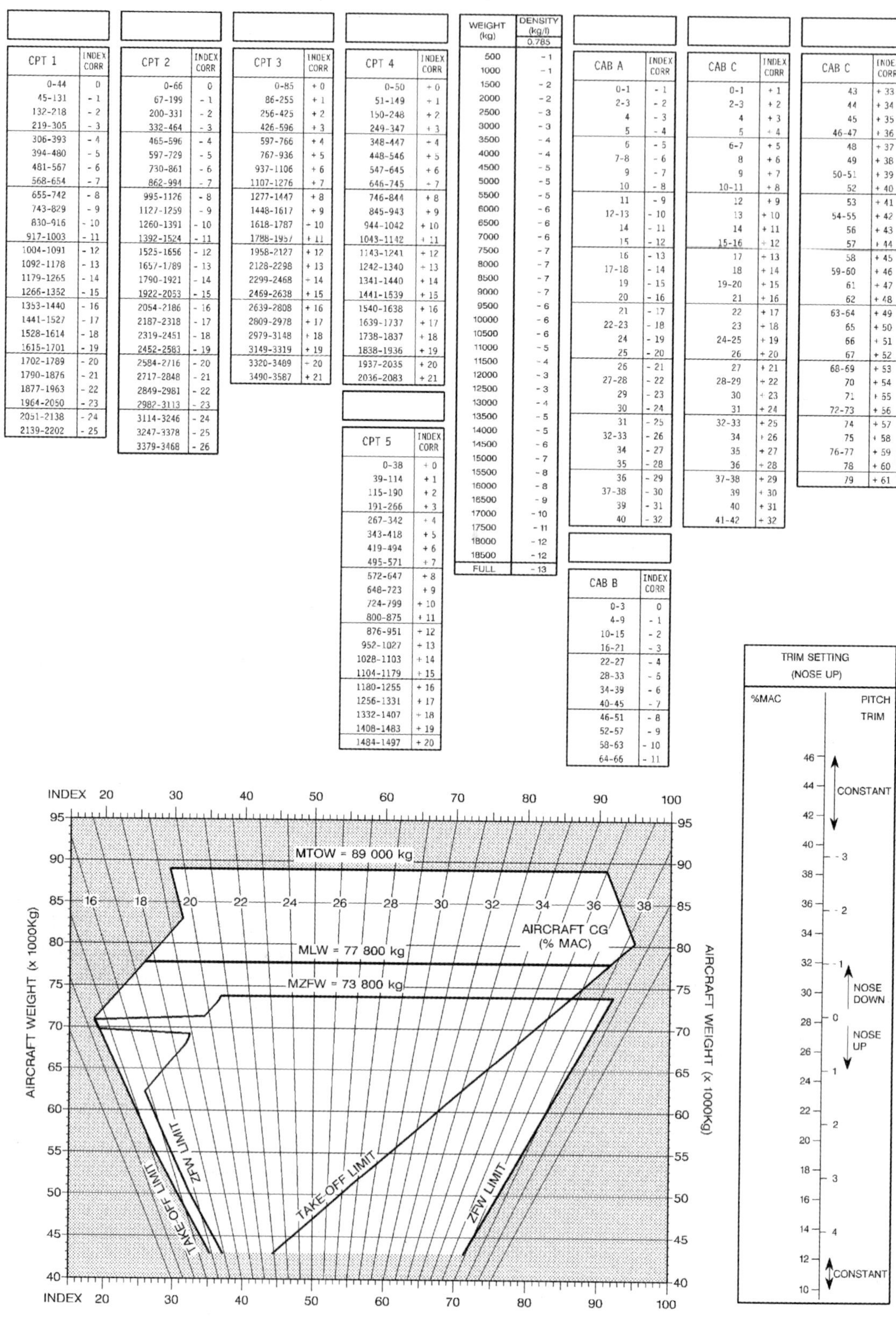

CPT 1	INDEX CORR
0-44	0
45-131	-1
132-218	-2
219-305	-3
306-393	-4
394-480	-5
481-567	-6
568-654	-7
655-742	-8
743-829	-9
830-916	-10
917-1003	-11
1004-1091	-12
1092-1178	-13
1179-1265	-14
1266-1352	-15
1353-1440	-16
1441-1527	-17
1528-1614	-18
1615-1701	-19
1702-1789	-20
1790-1876	-21
1877-1963	-22
1964-2050	-23
2051-2138	-24
2139-2202	-25

CPT 2	INDEX CORR
0-66	0
67-199	-1
200-331	-2
332-464	-3
465-596	-4
597-729	-5
730-861	-6
862-994	-7
995-1126	-8
1127-1259	-9
1260-1391	-10
1392-1524	-11
1525-1656	-12
1657-1789	-13
1790-1921	-14
1922-2053	-15
2054-2186	-16
2187-2318	-17
2319-2451	-18
2452-2583	-19
2584-2716	-20
2717-2848	-21
2849-2981	-22
2982-3113	-23
3114-3246	-24
3247-3378	-25
3379-3468	-26

CPT 3	INDEX CORR
0-85	+0
86-255	+1
256-425	+2
426-596	+3
597-766	+4
767-936	+5
937-1106	+6
1107-1276	+7
1277-1447	+8
1448-1617	+9
1618-1787	+10
1788-1957	+11
1958-2127	+12
2128-2298	+13
2299-2468	+14
2469-2638	+15
2639-2808	+16
2809-2978	+17
2979-3148	+18
3149-3319	+19
3320-3489	+20
3490-3587	+21

CPT 4	INDEX CORR
0-50	+0
51-149	+1
150-248	+2
249-347	+3
348-447	+4
448-546	+5
547-645	+6
646-745	+7
746-844	+8
845-943	+9
944-1042	+10
1043-1142	+11
1143-1241	+12
1242-1340	+13
1341-1440	+14
1441-1539	+15
1540-1638	+16
1639-1737	+17
1738-1837	+18
1838-1936	+19
1937-2035	+20
2036-2083	+21

CPT 5	INDEX CORR
0-38	+0
39-114	+1
115-190	+2
191-266	+3
267-342	+4
343-418	+5
419-494	+6
495-571	+7
572-647	+8
648-723	+9
724-799	+10
800-875	+11
876-951	+12
952-1027	+13
1028-1103	+14
1104-1179	+15
1180-1255	+16
1256-1331	+17
1332-1407	+18
1408-1483	+19
1484-1497	+20

WEIGHT (kg)	DENSITY (kg/l) 0.785
500	-1
1000	-1
1500	-2
2000	-2
2500	-3
3000	-3
3500	-4
4000	-4
4500	-5
5000	-5
5500	-5
6000	-6
6500	-6
7000	-6
7500	-7
8000	-7
8500	-7
9000	-7
9500	-6
10000	-6
10500	-6
11000	-5
11500	-4
12000	-3
12500	-3
13000	-4
13500	-5
14000	-5
14500	-6
15000	-7
15500	-8
16000	-8
16500	-9
17000	-10
17500	-11
18000	-12
18500	-12
FULL	-13

CAB A	INDEX CORR
0-1	-1
2-3	-2
4	-3
5	-4
6	-5
7-8	-6
9	-7
10	-8
11	-9
12-13	-10
14	-11
15	-12
16	-13
17-18	-14
19	-15
20	-16
21	-17
22-23	-18
24	-19
25	-20
26	-21
27-28	-22
29	-23
30	-24
31	-25
32-33	-26
34	-27
35	-28
36	-29
37-38	-30
39	-31
40	-32

CAB B	INDEX CORR
0-3	0
4-9	-1
10-15	-2
16-21	-3
22-27	-4
28-33	-5
34-39	-6
40-45	-7
46-51	-8
52-57	-9
58-63	-10
64-66	-11

CAB C	INDEX CORR
0-1	+1
2-3	+2
4	+3
5	+4
6-7	+5
8	+6
9	+7
10-11	+8
12	+9
13	+10
14	+11
15-16	+12
17	+13
18	+14
19-20	+15
21	+16
22	+17
23	+18
24-25	+19
26	+20
27	+21
28-29	+22
30	+23
31	+24
32-33	+25
34	+26
35	+27
36	+28
37-38	+29
39	+30
40	+31
41-42	+32

CAB C	INDEX CORR
43	+33
44	+34
45	+35
46-47	+36
48	+37
49	+38
50-51	+39
52	+40
53	+41
54-55	+42
56	+43
57	+44
58	+45
59-60	+46
61	+47
62	+48
63-64	+49
65	+50
66	+51
67	+52
68-69	+53
70	+54
71	+55
72-73	+56
74	+57
75	+58
76-77	+59
78	+60
79	+61

下篇　飞行计划

第6章　预备知识

飞行计划简介

6.1　飞行计划简介

飞行计划是指根据具体的气象条件、机场和飞机的状况，按照有关限制和规定，计算确定可带的商载以及完成本次航班飞行所需的飞行时间和油量。详细的飞行计划还要算出到达各航路点的时间、所消耗的油量（或剩余油量）、在各航路点的速度、航向等。

预先制订飞行计划可以提高航空公司的经济效益，主要表现在以下5个方面。

第一，避免多加不必要的油量以及因此造成的减载。额外多加的油本身要消耗燃油。例如，对于1 500 ~ 2 000 km航程的航线，每多加1 t燃油将消耗其7% ~ 9%，即70 ~ 90 kg。航程越长或逆风越大，多加的这部分燃油消耗得越多。因为飞机重量越大，飞行阻力就越大，需要发动机使用的推力也就越大，耗油就多。又如B747飞行时间超过9 h时，每多加3 t燃油，飞行中至少多耗1 t燃油，这就是所谓的“油耗油”。如果每个长航线国际航班少带3 t燃油，就可少耗约1 t，节约成本约3 000元。国航欧洲航线每年往返5 000多班，就可节约1 500万元以上。在航程较长时，多加燃油还可能会限制商载，使航空公司的经济效益变得更低。

第二，通过制订飞行计划，可以选择靠近最佳飞行高度的高度层，从而节省燃油，提高经济效益。对于较长的航线，可以采用阶梯爬升的巡航方式，使飞机一直保持在最佳飞行高度附近。最佳飞行高度与飞机重量也有关系，而飞机重量随燃油的消耗变化较大，尤其是远程飞行。如A380，从广州到旧金山飞行大约12 h，耗油约155 t，以530 t起飞重量计算，飞行中重量变化达30%。另外，燃油消耗随飞机重量变化也大，而且不是线性变化。可见，制订飞行计划确定最佳飞行高度的意义重大。

第三，在各地油价不同时，做飞行计划时可以考虑如何最好地利用这种差价来节省燃油费用。某航空公司在2006年前10个月，利用所飞国际航班目的地燃油差价和飞机剩余载量实行灵活的带油政策，累计带油1 264.066 t，实现差价收益53.3万元。

第四，在知道成本指数的情况下，可以做最小成本飞行计划，有效地减少航班成本。

第五，在国际航线的飞行中，考虑制作利用二次放行的飞行计划，可以大大提高经济效益。

预先制订飞行计划不仅可以提高经济效益，还可以提高飞机飞行的安全余度。因为多加燃油使起飞重量增加，从而使安全余度减小；重量增加还将使飞机的高度能力、机动能力减小，使飞机承受过载的能力、调速范围减小。

虽然现代大型运输机上装有飞行管理系统（FMS），可以对飞行性能进行优化，保证安全，提供经济效益，但仍然有必要在飞行前制订出飞行计划。因为起飞前，飞行员必须向飞行管理系统输入飞机重量（或无燃油重量）、备份油量以及成本指数等，飞行管理系统根据这些输入的数据进行优化管理，而这些数据中的大多数都是通过制订飞行计划才能得到。否则，如果飞行前不做飞行计划，多加了不必要的燃油，飞行管理系统再怎么优化也不经济。

做飞行计划之前应先做机场分析，即算出在起飞机场的最大允许起飞重量、目的地机场和备降机场的最大允许着陆重量。还需要知道航线的情况（包括航程，各航路点的位置，各航段的距离、航向、磁差等）和气象情况（包括航路上的风向、风速、气温、重要天气现象）。飞行计划中计算燃油的方法应该符合法规的规定及公司的燃油政策。

6.2 航空器运行管理规则

航空器运行管理规则

本节介绍CCAR91和CCAR121对航空器运行的起飞和着陆标准、备降场的选择要求。

6.2.1 航空器运行的起飞和着陆标准

1. CCAR 121.665 目视飞行规则国内运行的起飞和着陆最低天气标准

对于目视飞行规则国内运行，合格证持有人应当遵守中国民用航空规章中有关起飞和着陆最低天气标准的规定。

2. CCAR 121.667 仪表飞行规则的起飞和着陆最低标准

（a）不论空中交通管制是否许可，当由局方批准的气象系统报告的天气条件低于合格证持有人运行规范的规定时，飞机不得按照仪表飞行规则起飞。如果合格证持有人的运行规范没有规定该机场的起飞最低标准，则使用的起飞最低标准不得低于民航局为该机场制定的起飞最低标准。对于没有制定起飞最低标准的机场，可以使用下列基本起飞最低标准：

（1）对于双发飞机，能见度1 600米；

（2）对于三发或者三发以上飞机，能见度800米。

3. CCAR 121.669 新机长的仪表飞行规则着陆最低天气标准

（a）如果机长在其驾驶的某型别飞机上作为机长按照本规则运行未满100小时，则合格证持有人运行规范中对于正常使用机场、临时使用机场或者加油机场规定的最低下降高（MDH）或者决断高（DH）和着陆能见度最低标准，分别增加30米（100英尺）和800米（1/2英里）或者等效的跑道视程（RVR）。对于用作备降机场的机场，最低下降高（MDH）或者决断高（DH）和能见度最低标准无须在适用于这些机场的数值上增加，但是任何时候，着陆最低天气标准不得小于90米（300英尺）和1 600米（1英尺）。

（b）如果该驾驶员在另一型别飞机上作为机长在按照本规则实施的运行中至少已飞行100小时，该机长可以用在本型飞机上按照本规则实施运行中的一次着陆，去取代必需的机长经历1小时，减少本条（a）款所要求的100小时的机长经历，但取代的部分不得超过50小时。

6.2.2　关于备降机场的要求

1．CCAR 121.637 起飞备降机场

（a）如果起飞机场的气象条件低于合格证持有人运行规范中为该机场规定的着陆最低标准，在签派或者放行飞机前应当按照下述规定选择起飞备降机场：

（1）对于双发动机飞机，备降机场与起飞机场的距离不大于飞机使用一发失效的巡航速度在静风条件下飞行 1 小时的距离。

（2）对于装有三台或者三台以上发动机的飞机，备降机场与起飞机场的距离不大于飞机使用一发失效时的巡航速度在静风条件下飞行 2 小时的距离。

（b）对于本条（a）款，备降机场的天气条件应当满足本规则第 121.643 条的要求。

（c）在签派或者放行飞机前，签派或者飞行放行单中应当列出每个必需的起飞备降机场。

2．CCAR 121.639 仪表飞行规则国内定期载客运行的目的地备降机场

（a）按照仪表飞行规则签派飞机飞行前，应当在签派单上至少为每个目的地机场列出一个备降机场。当目的地机场和第一备降机场的天气条件预报都处于边缘状态时，应当再指定至少一个备降机场。但是，如果天气实况报告、预报或者两者的组合表明，在飞机预计到达目的地机场时刻前后至少 1 小时的时间段内，该机场云底高度和能见度符合下列规定并且在每架飞机与签派室之间建立了独立可靠的通信系统进行全程监控，则可以不选择目的地备降机场：

（1）机场云底高度至少在公布的最低的仪表进近最低标准中的最低下降高（或者决断高）之上 450 米（1 500 英尺），或者在机场标高之上 600 米（2 000 英尺），取其中较高值；

（2）机场能见度至少为 4 800 米（3 英里），或者高于目的地机场所用仪表进近程序最低的适用能见度最低标准 3 200 米（2 英里）以上，取其中较大者。

（b）按照本条规定选择的目的地备降机场的天气条件应当满足第 121.643 条的要求。

3．CCAR 121.641 国际定期载客运行的目的地备降机场

（a）按照仪表飞行规则签派飞机飞行前，应当在签派单上为每个目的地机场至少列出一个备降机场。但在下列情形下，如果在每架飞机与签派室之间建立了独立可靠的通信系统进行全程监控，则可以不选择目的地备降机场：

（1）当预定的飞行不超过 6 小时，且相应的天气实况报告、预报或者两者的组合表明，在预计到达目的地机场时刻前后至少 1 小时的时间内，目的地机场的天气条件符合下列规定：

（i）机场云底高度符合下列两者之一：

（A）如果该机场需要并准许盘旋进近，至少在最低的盘旋进近最低下降高度（MDA）之上 450 米（1 500 英尺）；

（B）至少在公布的最低的仪表进近最低标准中的最低下降高度（MDA）或者决断高度（DA）之上 450 米（1 500 英尺），或者机场标高之上 600 米（2 000 英尺），取其中较高者。

（ii）机场能见度至少为 4 800 米（3 英里），或者高于目的地机场所用仪表进近程序最低的适用能见度最低标准 3 200 米（2 英里）以上，取其中较大者。

（2）该次飞行是在前往无可用备降机场的特定目的地机场的航路上进行的，而且飞机有足够的燃油来满足本规则第 121.659 条（b）款或者第 121.661 条（b）款的要求。

（b）按照本条规定选择的目的地备降机场的天气条件应当满足第 121.643 条的要求。

4. 第121.642条仪表飞行规则补充运行的目的地备降机场

（a）除本条（b）款规定外，当放行飞机按照仪表飞行规则进行补充运行时，应当在飞行放行单中至少为每个目的地机场列出一个备降机场。

（b）对于在国外飞行的航路上，当特定目的地机场无可用备降机场时，如果飞机装载了本规则第121.659条规定的燃油，在仪表飞行规则下可以不指定备降机场。

（c）根据本条（a）款规定，备降机场天气条件应当符合第121.643条规定的标准。

（d）除非放行单上列出了每个必需的备降机场，否则不得放行飞机。

5. CCAR 121.643 备降机场最低天气标准

（a）对于签派或者飞行放行单上所列的备降机场，应当有相应的天气实况报告、预报或者两者的组合表明，当飞机到达该机场时，该机场的天气条件等于或者高于合格证持有人运行规范规定的备降机场最低天气标准。

（b）在确定备降机场天气标准时，合格证持有人不得使用标注有“未批准备降机场天气标准”的仪表进近程序。

（c）在确定备降机场天气标准时，应当考虑风、条件性预报、最低设备清单条款限制等影响因素。

（d）在合格证持有人运行规范中。签派或者放行的标准应当在经批准的该机场的最低运行标准上至少增加下列数值。作为该机场用作备降机场时的最低天气标准：

（1）对于至少有一套可用进近设施的机场，其进近设施能提供直线非精密进近程序、直线类精密进近程序或直线Ⅰ类精密进近程序，或在适用时可以从仪表进近程序改为盘旋机动，最低下降高（MDH）或者决断高（DH）增加120米（400英尺），能见度增加1 600米（1英里）；

（2）对于至少有两套能够提供不同跑道直线进近的可用进近设施的机场，其进近设施能提供直线非精密进近程序、直线类精密进近程序或直线Ⅰ类精密进近程序，应选择两个服务于不同适用跑道的进近设施，在相应直线进近程序的决断高（DH）或最低下降高（MDH）较高值上增加60 m（200 ft），在能见度较高值上增加800米（1/2英里）。

（e）如选择具备Ⅱ类或Ⅲ类精密进近的机场作为备降机场计算备降机场天气标准,合格证持有人必须确保机组和飞机具备执行相应进近程序的资格，且飞机还应具备Ⅲ类一发失效进近能力。此时，签派或者放行标准应按以下数值确定：

（1）对于至少一套Ⅱ类精密进近程序的机场，云高不得低于90米，能见度或跑道视程不得低于1 200米；

（2）对于至少一套Ⅲ类精密进近程序的机场，云高不得低于60米，能见度不得低于800米，或云高不得低于60米，跑道视程不得低于550米。

（f）如选择具备基于GNSS导航源的类精密进近程序的机场作为备降机场计算备降机场天气标准时，合格证持有人应当经过局方批准并确保：

（1）机组和飞机具备执行相应进近程序的资格；

（2）在签派或放行时，不得在目的地机场和备降机场同时计划使用类精密进近程序；

（3）对使用基于GNSS导航源的类精密进近的机场，应当检查航行资料或航行通告并进行飞行前接收机自主完好性（RAIM）预测；

（4）对于使用 RNPAR 程序的备降机场，计算备降机场天气标准所基于的 RNP 值不得低于 RNP0.3；

（5）在目的地机场有传统进近程序可用；

（6）在确定本条（d）款中的进近导航设施构型时，应当将基于同一 GNSS 星座的仪表进近程序当作一套进近导航设施。

6.2.3　其他相关要求

1. CCAR 91.175 条　按仪表飞行规则的起飞和着陆

（a）除经局方批准外，在需要仪表进近着陆时，民用航空器驾驶员必须使用为该机场制定的标准仪表离场和进近程序。

（b）对于本条，在所用进近程序中规定了决断高度/高（DA/DH）或最低下降高度/高（MDA/MDH）时，经批准的决断高度/高（DA/DH）或最低下降高度/高（MDA/MDH）是指下列各项中的最高值：

（1）进近程序中规定的决断高度/高（DA/DH）或最低下降高度/高（MDA/MDH）。

（2）为机长规定的决断高度/高（DA/DH）或最低下降高度/高（MDA/MDH）。

（3）根据该航空器的设备，为其规定的决断高度/高（DA/DH）或最低下降高度/高（MDA/MDH）。

（c）只有符合下列条件，航空器驾驶员方可驾驶航空器继续进近到低于决断高度/高（DA/DH）或最低下降高度/高（MDA/MDH）：

（1）该航空器持续处在正常位置，从该位置能使用正常机动动作以正常下降率下降到计划着陆的跑道上着陆，并且对于按照 CCAR-121 部或其他公共航空运输运行规章的运行，该下降率能够使航空器在预定着陆的跑道接地区接地。

（2）飞行能见度不低于所使用的标准仪表进近程序规定的能见度。

（3）除Ⅱ类和Ⅲ类进近（在这些进近中必需的目视参考由局方另行规定）外，航空器驾驶员至少能清楚地看到和辨认计划着陆的跑道的下列目视参考之一：

（i）进近灯光系统，但是如果驾驶员使用进近灯光作为参照，除非能同时清楚地看到红色终端横排灯或红色侧排灯，否则不得下降到接地区标高之上 30 米（100 英尺）以下；（ii）跑道入口；（iii）跑道入口标志；（iv）跑道入口灯；（v）跑道端识别灯；（vi）目视进近下滑坡度指示器；（vii）接地区或接地区标志；（viii）接地区灯；（ix）跑道或跑道标志；（x）跑道灯。

（d）当飞行能见度低于标准仪表进近程序中的规定时，航空器驾驶员不得驾驶航空器着陆。

（e）当下列任一情况存在时，航空器驾驶员必须马上执行复飞程序：

（1）在下列任一时刻，不能获得本条（c）款要求的目视参考：

（i）航空器到达决断高（DH）、最低下降高度（MDA）或复飞点；

（ii）在决断高（DH）或最低下降高度（MDA）以下失去目视参考。

（2）航空器在最低下降高度（MDA）或以上进行盘旋机动飞行时，不能清晰辨认该机场特征部分的参照物。

（f）航空器驾驶员在民用机场按仪表飞行规则起飞时，气象条件必须等于或高于公布的该机场仪表飞行规则起飞最低天气标准。在未公布起飞最低天气标准的机场，应当使用下列最低天气标准：

（1）对于单台或两台发动机的航空器（旋翼机除外），机场跑道能见度至少 1 600 米。

（2）对于多台发动机的航空器（旋翼机除外），机场跑道能见度至少 800 米。

（3）对于旋翼机，机场跑道能见度为 800 米。

（g）除经局方批准外，航空器驾驶员在按仪表飞行规则驾驶航空器进入或离开军用机场时，必须遵守该机场有管辖权的军事当局规定的仪表进行程序和起飞、着陆最低天气标准。

（h）跑道视程（RVR）和地面能见度的比较值：

（1）除Ⅱ类或Ⅲ类运行外，如果在仪表起飞离场和进近程序中规定了起飞或着陆的最低跑道视程，但在该跑道运行时没有跑道视程的报告，则需按本条（h）（2）项将跑道视程转换成地面能见度，并使用最低能见度标准实施起飞或着陆。

（2）跑道视程（RVR）和地面能见度对照表见表 2.6.1。

表 2.6.1　跑道视程和地面能见度对照表

跑道视程	能见度
500 m（1 600 ft）	400 m（1/4 mile）
720 m（2 400 ft）	800 m（1/2 mile）
1 000 m（3 200 ft）	1 000 m（5/8 mile）
1 200 m（4 000 ft）	1 200 m（3/4 mile）
1 400 m（4 500 ft）	1 400 m（7/8 mile）
1 600 m（5 000 ft）	1 600 m（1.0 mile）
2 000 m（6 000 ft）	2 000 m（5/4 mile）

（i）当航空器在未公布的航路上飞行或正在被雷达引导，接到空中交通管制进近许可的驾驶员除要遵守第 91.177 条规定外，必须保持空中交通管制最后指定的高度，直至航空器到达公布的航路或进入仪表进近程序。此后，除非空中交通管制另有通知，航空器驾驶员应当按照航路内或程序中公布的高度下降。航空器一旦达到最后进近阶段或定位点，驾驶员可根据局方对该设施批准的程序完成其仪表进近，或继续接受监视或在精密进近雷达引导下进近直到着陆。

（j）当航空器被雷达引导到最后进近航道或最后进近定位点，或从等待点定时进近，或程序规定“禁止程序转弯（NO PT）”时，驾驶员不得进行程序转弯，如果在这些情况下需要进行程序转弯，必须得到空中交通管制许可。

（k）仪表着陆系统的基本地面设施应当包括航向台、下滑台、外指点标、中指点标，对于Ⅱ类或Ⅲ类仪表进近程序，还应当安装内指点标。NDB 或精密进近雷达可以用来代替外指点标或中指点标。标准仪表进近程序中批准使用的 DME、VOR、NDB 定位点或者监视雷达可用来代替外指点标。对于Ⅱ类或Ⅲ类进近中内指点标的适用性和替代方法，由局方批准的进近程序、相应运行的运行规范或局方批准文件确定。

2. CCAR91.179 条　仪表飞行规则的巡航高度和飞行高度层

（a）航空器驾驶员在按仪表飞行规则巡航平飞时，必须保持空中交通管制指定的高度或飞行高度层。

（b）飞行高度层按以下标准划分：

（1）真航线角在 0° 至 179° 范围内，飞行高度由 900 米至 8 100 米，每隔 600 米为一个高度层；飞行高度由 8 900 米至 12 500 米，每隔 600 米为一个高度层；飞行高度 12 500 米以上，每隔 1 200 米为一个高度层。

（2）真航线角在 180° 至 359° 范围内，飞行高度由 600 米至 8 400 米每隔 600 米为一个高度层；飞行高度 9 200 米至 12 200 米，每隔 600 米为一个高度层；飞行高度 13 100 米以上，每隔 1 200 米为一个高度层。

（3）飞行高度层根据标准大气压条件下假定海平面计算。真航线角从航线起点和转弯点量取。

高度层分配表如附录 2.10 所示。

6.3　燃油政策

燃油政策

飞行计划的核心就是完成每次航班任务所需的燃油量，其依据是 CCAR91 部和 CCAR121 部中的燃油政策，它是飞行签派员运行管理中要求签派员掌握的最基本的专业知识，这对保证航班运行的安全、实现公司经济效益都有重要意义。

1. CCAR91.151 条目视飞行规则条件下飞行的燃油要求

（a）飞机驾驶员在目视飞行规则条件下开始飞行前，必须考虑风和预报的气象条件，在飞机上装载足够的燃油，这些燃油能够保证飞机飞到第一个预定着陆点着陆，并且此后按正常的巡航速度还能至少飞行 30 分钟（昼间）或 45 分钟（夜间）。

（c）在计算本条中所需的燃油和滑油量时，至少必须考虑下列因素：

（1）预报的气象条件；

（2）预期的空中交通管制航路和交通延误；

（3）释压程序（如适用），或在航路上一台动力装置失效时的程序。

2. CCAR91.167 条仪表飞行规则条件下飞行的燃油要求

（a）航空器驾驶员在仪表飞行规则条件下开始飞行前，必须充分考虑风和预报的气象条件，在航空器上装载足够的燃油，这些燃油能够：

（1）飞到目的地机场着陆；

（2）然后从目的地机场飞到备降机场着陆，本条（b）款规定除外；

（3）在完成上述飞行之后，对于飞机，还能以正常巡航速度飞行 45 分钟，对于直升机，备降起降点上空 450 米（1 500 英尺）高度以等待速度飞行 30 分钟，并且加上附加燃油量，以便在发生意外情况时足以应付油耗的增加；

（4）按本条（c）（2）款的要求，当没有适合的备降机场时，飞至这次飞行所计划的起降点然后以等待速度飞行 2 小时。

（b）对于飞机，在符合下列条件时，可以不选用备降机场，本条（a）（2）项不适用：

（1）预计着陆的目的地机场具有局方公布的标准仪表进近程序；

（2）天气实况报告、预报或两者组合表明，在飞机预计到达目的地机场时刻前后至少 1 小时的时间段内，云高高于机场标高 600 米，能见度至少 5 千米。

3. 第 121.657 条燃油量要求

（a）飞机必须携带足够的可用燃油以安全地完成计划的飞行并从计划的飞行中备降。

（b）飞行前对所需可用燃油的计算必须包括：

（1）滑行燃油：起飞前预计消耗的燃油量。

（2）航程燃油：考虑到 121.663 条的运行条件，允许飞机从起飞机场或从重新签派或放行点飞到目的地机场着陆所需的燃油量。

（3）不可预期燃油：为补偿不可预见因素所需的燃油量。根据航程燃油方案使用的燃油消耗率计算，它占计划航程燃油 10% 的所需燃油，但在任何情况下不得低于以等待速度在目的地机场上空 450 米（1 500 英尺）高度上在标准条件下飞行 15 分钟所需的燃油量。

（4）备降燃油。飞机有所需的燃油以便能够：

（i）在目的地机场复飞；

（ii）爬升到预定的巡航高度；

（iii）沿预定航路飞行；

（iv）下降到开始预期进近的一个点；

（v）在放行单列出的目的地的最远备降机场进近并着陆。

（5）最后储备燃油：使用到达目的地备降机场，或者不需要目的地备降机场时，到达目的地机场的预计着陆重量计算得出的燃油量。对于涡轮发动机飞机，以等待速度在机场上空 450 米（1 500 英尺）高度上在标准条件下飞行 30 分钟所需的油量。

（6）酌情携带的燃油：合格证持有人决定携带的附加燃油。

（c）合格证持有人应按照四舍五入方式为其机队每种型别飞机和衍生型确定一个最后储备燃油值。

（d）除非机上可使用的燃油按照要求符合本条（b）款的要求，否则不得开始飞行；除非机上可使用的燃油按照要求符合本条（b）款除滑行燃油以外的要求，否则不得从飞行中重新签派点继续飞往目的地机场。

关于此条燃油政策的理解可结合图 2.6.1 的飞行剖面进行理解。

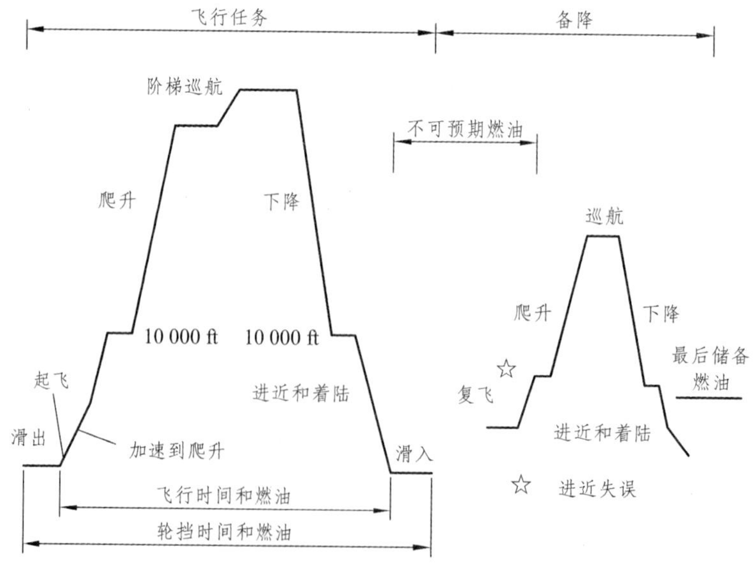

图 2.6.1　飞行剖面示意图

4. 第 121.659 条特定情况燃油要求

（a）特定情况下目的地备降机场燃油的计算：

（1）当不需要有目的地备降机场时，所需油量能够使飞机在目的地机场上空 450 米（1 500 英尺）高度上在标准条件下飞行 15 min。

（2）预定着陆机场是一个孤立机场（无可用备降机场的特定目的地机场）：

（i）能够以正常燃油消耗率在目的地机场上空飞行 2 小时的所需油量，包括最后储备燃油。

（ii）当按照本规则第 641 条（a）款第（2）项或第 642 条（b）款放行飞机前往孤立机场（无可用备降机场的特定目的地机场）时，需满足以下条件：

① 在飞机与签派室之间建立了独立可靠的语音通信系统进行全程监控；

② 必须为每次飞行至少确定一个航路备降机场和与之对应的航线临界点；

③ 除非气象条件、交通和其他运行条件表明在预计使用时间内可以安全着陆，否则飞往无可用备降机场的特定目的地机场的飞行不得继续飞过航线临界点。

（b）活塞式发动机飞机最后储备燃油的计算：

对于活塞式发动机飞机，按照合格证持有人依据局方规定的速度和高度条件飞行 45 分钟所需的油量。

（c）对于活塞发动机飞机和涡轮螺旋桨发动机飞机的国际定期载客运行或者包括有至少一个国外机场的补充运行，不可预期燃油不得低于以正常巡航消耗率飞往本规则第 657 条（b）款第（2）、（4）项规定的机场所需总时间的 15% 所需的油量，或者以正常巡航消耗率飞行 60 分钟油量，两者当中取其中较短的飞行时间。

（d）如果根据本规则 121.657 条计算的最低燃油不足以完成下列飞行，则应要求额外燃油：

（1）假定在航路最困难临界点发动机发生失效或丧失增压需要更多燃油的情况下，允许飞机在必要时下降并飞行到某一备降机场。

（i）以等待速度在该机场上空 450 米（1 500 英尺）高度上在标准条件下飞行 15 分钟；

（ii）在该机场进近并着陆。

（2）延程运行的飞机应当遵守经批准的延程运行临界燃油方案。

（3）满足上述未包含的其他规定。

5. 第 121.663 条计算所需燃油应当考虑的因素

（a）携带的可用燃油量必须至少基于下列数据：

（1）如果有的话，从燃油消耗监测系统获得的特定飞机的目前数据；

（2）如果没有特定飞机的目前数据，则采用飞机制造商提供的数据。

（b）计算燃油量须考虑计划飞行的运行条件，包括：

（1）风和其他天气条件预报；

（2）飞机的预计重量；

（3）航行通告；

（4）气象实况报告或气象实况报告、预报两者的组合；

（5）空中交通服务程序、限制及预期的延误；

（6）延迟维修项目和/或构型偏离的影响；

（7）空中释压和航路上一台发动机失效的情况；

（8）可能延误飞机着陆的任何其他条件。

（c）尽管有本规则第 657 条和第 659 条的规定，若安全风险评估结果表明合格证持有人能够保持同等的安全水平,局方仍可以颁发运行规范批准合格证持有人使用不同的燃油政策。

（d）本条中的所需燃油是指不可用燃油之外的燃油。

6.4 ICAO 飞行计划表

ICAO 飞行计划表

6.4.1 相关要求

根据《民用航空飞行动态固定格式电报管理规定》第十五条，航空器营运人及其代理人应当于航空器预计撤轮挡时间 2 小时 30 分钟前提交飞行计划。遇有特殊情况，经与计划受理单位协商，最迟不晚于航空器预计撤轮挡时间前 75 分钟提交飞行计划。国内航空器营运人执行国内飞行任务不得早于预计撤轮挡时间前 24 小时提交飞行计划；航空器营运人执行其他任务不得早于预计撤轮挡时间前 120 小时提交飞行计划。

航空器营运人及其代理人不得为同一飞行活动重复提交飞行计划。

第十八条　当航空器飞行计划预计或者已经推迟 30 分钟以上时，航空器营运人及其代理人应当立即提交飞行计划延误情况。

根据 CCAR121.699 和 CCAR121.700 条规定，国内、国际定期载客运行和补充运行的飞行计划的原始文件和副本，合格证持有人应当在主运行基地保存至少 3 个月。

1. CCAR91.153 条目视飞行规则飞行计划

（a）目视飞行规则。

如本场空域符合目视气象条件，可以在本场按目视飞行规则飞行；如当前气象报告或当前气象报告及气象预报的组合表明本场、航路和目的地的天气符合目视气象条件，可以按照目视飞行规则进行航路飞行。

（b）目视飞行规则飞行计划的要求。

航空器驾驶员提交的按目视飞行规则飞行计划必须包括以下内容：

（1）该航空器国籍登记号和无线电呼号（如需要）。

（2）该航空器的型号，或者如编队飞行、每架航空器的型号及编队的航空器数量。

（3）机长的姓名和地址，或者如编队飞行、编队指挥员的姓名和地址。

（4）起飞地点和预计起飞时间。

（5）计划的航线、巡航高度（或飞行高度层）以及在该高度的航空器真空速。

（6）第一个预定着陆地点和预计飞抵该点上空的时间。

（7）装载的燃油量（以时间计）。

（8）机组和搭载航空器的人数。

（9）局方和空中交通管制要求的其他任何资料。

（c）当批准的飞行计划生效后，航空器机长拟取消该飞行时，必须向空中交通管制机构报告。

2. CCAR91.169 条仪表飞行规则飞行计划

（a）除经空中交通管制同意外，仪表飞行规则飞行计划应当包括下列内容：

（1）第 91.153 条（b）款中要求的内容。

（2）备降机场，除本条（b）款规定外。

（b）如果符合第 91.167 条（b）款的条件，可以不选用备降机场，本条（a）（2）项不适用。

6.4.2　ICAO 飞行计划表的内容

飞行计划的内容包括飞机识别、飞行规则和飞行类别、飞机的型别和编码及尾涡类型、设备、起飞机场、预计撤轮挡时间、巡航速度、巡航高度、飞行路线、目的地机场和总消耗时间、备降机场、燃油续航能力、机上人员总数、应急和求生装置、其他信息。其格式如图 2.6.2 所示。

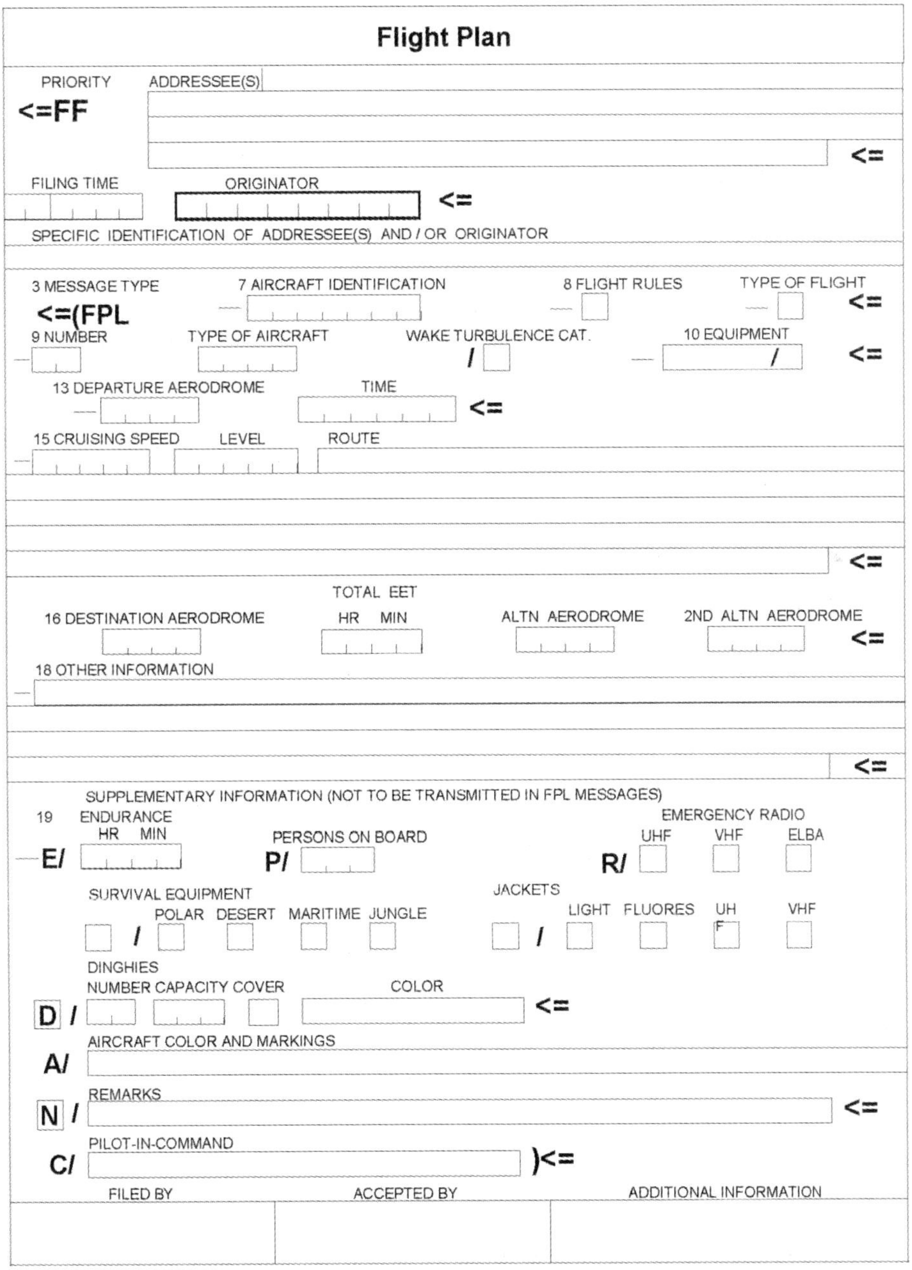

Flight Plan

PRIORITY　ADDRESSEE(S)
<=FF
<=
FILING TIME　ORIGINATOR
<=
SPECIFIC IDENTIFICATION OF ADDRESSEE(S) AND / OR ORIGINATOR

3 MESSAGE TYPE　7 AIRCRAFT IDENTIFICATION　8 FLIGHT RULES　TYPE OF FLIGHT
<=(FPL　—　—　—　<=
9 NUMBER　TYPE OF AIRCRAFT　WAKE TURBULENCE CAT.　10 EQUIPMENT
—　/　—　/　<=
13 DEPARTURE AERODROME　TIME
—　<=
15 CRUISING SPEED　LEVEL　ROUTE
—
<=
TOTAL EET
16 DESTINATION AERODROME　HR　MIN　ALTN AERODROME　2ND ALTN AERODROME
<=
18 OTHER INFORMATION
—
<=

SUPPLEMENTARY INFORMATION (NOT TO BE TRANSMITTED IN FPL MESSAGES)
19　ENDURANCE　EMERGENCY RADIO
HR　MIN　PERSONS ON BOARD　UHF　VHF　ELBA
—E/　P/　R/
SURVIVAL EQUIPMENT　JACKETS
POLAR　DESERT　MARITIME　JUNGLE　LIGHT　FLUORES　UHF　VHF
/　/
DINGHIES
NUMBER CAPACITY COVER　COLOR
D /　<=
AIRCRAFT COLOR AND MARKINGS
A/
REMARKS
N /　<=
PILOT-IN-COMMAND
C/　)<=
FILED BY　ACCEPTED BY　ADDITIONAL INFORMATION

图 2.6.2　ICAO 飞行计划表

6.4.3 ICAO 飞行计划的填写要求

填写飞行计划表时必须遵守特定的通用规则，该要求在民用航空飞行动态固定格式电报管理规定（AP-93-TM-2012-01）中有具体的要求。电报类型填写 FPL（Filed Flight Plan Message），称为领航计划报，是根据航空器运营人或其代理人提交的飞行计划数据，由运营人拍发给沿航路有关空中交通服务单位的电报。具体填写规范说明如下：

1. 电报报头

电报等级：FPL 报的等级为 FF，加急报。

收报单位：

（1）沿航路、航线负责提供空中交通服务的管制单位；

（2）目的地机场的报告室；

（3）飞行计划涉及的备降机场的管制单位；

（4）上述单位所从属的地区空管局运行管理中心；

（5）民航局空管局运行管理中心；

（6）涉及航空器空中二次放行时，负责提供空中交通服务的相关管制单位；

（7）其他被指定的管制单位。

发报单位：受理飞行计划的管制单位或者被制定的单位。

申报时间：统一使用世界协调时，用 6 位数字表示，分别表示日、时、分，形式为 ddHHMM。

2. 内容填写说明

（1）编组 7——航空器识别标志和 SSR 模式及编码。

填写不超过 7 个字符。当国内航空公司执行国内段航班，任务性质为补班飞行时，最后 1 个字符用 1 个英文字母对应替代，表示如下：

0—Z	1—Y	2—X	3—W	4—V
5—U	6—T	7—S	8—R	9—Q

航空器识别标志包括以下两类：

① 国际民用航空组织分配给航空器运营人的三字代号后随飞行任务的编号作为航空器识别标志，如 KLM511、CCA1501、CES510W（CES5103 的补班）；

② 航空器的注册标志（例如：B2332、ELAKO、4QBCD、N2567GA）：

a. 无线电话联络时航空器所使用的呼号仅包括此标志（例如：OOTEK），或者股票及民用航空组织航空器运营人电话代号置于其前（例如：SABENA OOTEK）；

b. 航空器未装有无线电设备。

注 1：当 SSR 编码情报未知、对接收单位无意义、未使用二次雷达监视的区域内飞行时，此编组只含“A”项。

注 2：无线电话呼号的使用规定参见 DOC444 附件 10 卷二第五章。国际民航组织代号和航空器经营人的电话号参见 DOC8585 号文件《航空器经营人、航空当局和服务部分的代号》。

SSR 模式：用字母 A 表示“数据 C”的 SSR 模式。

SSR 编码：用四位 8 进制数字表示由空中交通服务部分指定给航空器的 SSR 编码。

示例：HDA901，BAW039/A3031，CES510H。

（2）编组 8——飞行规则及种类。

① 飞行规则。

一个字母表示如下：

I 表示仪表飞行规则；

V 表示目视飞行规则；

Y 表示先仪表飞行规则；

Z 表示先目视飞行规则。

注：用字母 Y 或 Z 时，改变飞行规则的航路点应按编组 15 的要求填写。

② 飞行种类。

一个字母表示如下：

S 表示定期航班；

N 表示非定期的航空运输飞行，包括旅客包机飞行、货物包机飞行；

G 表示通用航空飞行，包括播种飞行、公务飞行、人工降雨飞行、护林飞行、农化飞行、物理控矿飞行等；

M 表示军用飞行；

X 表示其他飞行，包括熟练飞行、校验飞行、调机飞行、试飞飞行、专机、急救等。

（3）编组 9——航空器数目、机型和尾流等级。

航空器架数（如多于一架）时，用 1 ~ 2 位数字来表示航空器架数。

航空器机型，用 2 ~ 4 个字符，按国际民航组织文件 8643 号《航空器机型代码》规定填写，如无指定的代号或在飞行中有多种机型，填写“ZZZZ”。如使用字母 ZZZZ，航空器机型应填写“其他情报”编组（见编组 18）。

尾流等级，一个字母表示航空器的最大允许起飞重量：H 为重型（≥136 t）；M 不中型（＞7 t ~ ＜136 t）；L 为轻型（≤7 t）。

（4）编组 10——机载设备与能力。

能力包括以下要素：

① 体现航空器上相关的服务设备；

② 机组具备的设备和能力；

③ 有关当局批准的能力。

格式—[A]/[B]

数据项 A——无线电通信、导航及进近助航设备与能力。应填入如下 1 个字母表示：

N 表示航空器未载有所飞航路的无线电通信、导航、进近设备或此类设备不工作；

S 表示航空器载有所飞航路的标准通信、导航、进近设备并可工作。

如果使用字母“S”，除非有关空中交通服务当局规定了其他设备的组合，否则甚高频无线电话、全向信标接收机和仪表着陆系统都应视为标准设备。

填入“N”或“S”，和（或）下列一个或多个字符（建议按英文字母先后排列，见表 2.6.2），表示可以工作的通信、导航、进近设备与能力。

表 2.6.2　无线电通信、导航及进近助航设备

A	GBAS 着陆系统	J7	管制员驾驶员数据链通信、FANS 1/A、卫星通信（铱星）
B	LPV（星基增强系统的垂直引导进近程序）	K	微波着陆系统
C	罗兰 C	L	仪表着陆系统
D	测距仪	M1	空中交通管制卫星话音通信（国际海事卫星组织）
E1	飞行管理计算机、航路点位置报告、航空器通信寻址与报告系统	M2	空中交通管制卫星话音通信（多功能运输卫星）
E2	数据链飞行情报服务、航空器通信寻址与报告系统	M3	空中交通管制卫星话音通信（铱星）
E3	起飞前放行、航空器通信寻址与报告系统	O	全向信标台
F	自动定向仪	P1	管制员驾驶员数据链通信（CPDLC）所需通信性能 400
		P2	管制员驾驶员数据链通信（CPDLC）所需通信性能 240
		P3	空中交通管制卫星话音通信（SATVOICE）所需通信性能 400
		P4～P9	保留给所需通信性能
G	全球导航卫星系统	R	获得 PBN 批准
H	高频、无线电话	T	塔康
I	惯性导航	U	特高频无线电话
J1[a]	管制员驾驶员数据链通信、航空电信网、甚高频数据链模式 2	V	甚高频无线电话
J2	管制员驾驶员数据链通信、FANS 1/A、高频数据链	W	获得缩小垂直间隔批准
J3	管制员驾驶员数据链通信、FANS 1/A、甚高频数据链模式 4	X	获得最低导航性能规范批准
J4	管制员驾驶员数据链通信、FANS 1/A、甚高频数据链模式 2	Y	有 8.33 kHz 频道间距能力的甚高频
J5	管制员驾驶员数据链通信、FANS 1/A、卫星通信（国际海事卫星组 织）	Z	携带的其他设备或能力
J6	管制员驾驶员数据链通信 FANS 1/A、卫星通信（多功能运输卫星）		

如果使用字母 R，应在编组 18 中 PBN/代码之后填入能够满足基于性能的导航水平。有关对特定为航段、航路和（或）区域适用基于性能导航的指导材料载于《基于性能导航手册》中（Doc 9613 号文件）。

对于数据链服务、空中交通管制放行和情报、空中交通管制通信管理、空中交通管制麦克风检查，见航空无线电技术委员会、欧洲民航设备组织对航空电信网基线 1 的互用性要求标准（航空电信网基线 1 互用性标准 – DO-280B/ED-110B）。

如果在编组 10A 中有 W 项，则编组 18 中不能有 STS/NONRVSM，且如果在编组 18 中有 STS/NONRVSM，则编组 10A 项中不能有 W。

如果使用字母“Z”，应在第 18 项注明所载的其他设备，并视情况冠以 COM/、NAV/和（或）DAT/。

如果使用字母“G”，应在编组 18 中 NAV/代码之后注明任何 GNSS 外部增强的类型，其间用空格隔开。

数据项 B——监视设备与能力。

用下列 1 个或最多 20 个字符的标志符号说明所载的可工作的监视设备与能力（见表 2.6.3 ~ 表 2.6.6）。

表 2.6.3　二次监视雷达 A 和 C 模式

A	应答机 A 模式（4 位数，4 096 个编码）
C	应答机 A 模式（4 位数，4 096 个编码）和应答机 C 模式

表 2.6.4　二次监视雷达 S 模式

S	应答机 S 模式，具有气压高度和航空器识别的能力
P	应答机 S 模式，具有气压高度，但没有航空器识别的能力
I	应答机 S 模式，具有航空器识别，但无气压高度发射信号的能力
X	应答机 S 模式，没有航空器识别和气压高度能力
E	应答机 S 模式，具有航空器识别、气压高度发射信号和超长电文（ADS-B）能力
H	应答机 S 模式，具有航空器识别、气压高度发射信号和增强的监视能力
L	应答机 S 模式，具有航空器识别、气压高度发射信号、超长电文（ADS-B）和增强的监视能力
“A”“C”“E”“H”“I”“L”“P”“S”“X”应只填写其一。 增强的监视能力是指航空器能够通过 S 模式应答机将航空器获取的数据下传	

表 2.6.5　广播式自动相关监视

B1	具有专用 1 090 MHz 广播式自动相关监视“发送”能力的广播式自动相关监视
B2	具有专用 1 090 MHz 广播式自动相关监视“发送”和“接收”能力的广播式自动相关监视
U1	使用 UAT 广播式自动相关监视“发送”能力
U2	使用 UAT 广播式自动相关监视“发送”和“接收”能力
V1	使用 VDL 模式 4 广播式自动相关监视“发送”能力
V2	使用 VDL 模式 4 广播式自动相关监视“发送”和“接收”能力
编组 10B 中，“B1”“B2”只能出现一个，不应同时出现。编组 10B 中，“U1”“U2”只能出现一个，不应同时出现。编组 10B 中，“V1”“V2”只能出现一个，不应同时出现	

表 2.6.6　契约式自动相关监视

D1	具有 FANS 1/A 能力的契约式自动相关监视
G1	具有航空电信网能力的契约式自动相关监视

注 1：以上未列出的字符属于保留。

注 2：附加的监视应用应在编组 18 “SUR/” 标记后列出。

示例 1：—ADE3RV/EB1

示例 2：—DFGOV/HU2

（5）编组 13——起飞机场和时间。

① 起飞机场。

起飞机场名称使用国际民航组织规定的四字地名代码，如果该机场无四字名代码，则用 ZZZZ 表示。如果飞行计划数据在空中已被申报，则用 AFIL 表示。

注：如果使用 ZZZZ，在编组 18 中填入起飞机场英文全称名称。如果使用 AFIL，在编组 18 中填入可得到该项数据的空中交通服务单位。

② 表示时间。

用 4 位数字表示如下：

在起飞前所发的 FPL、DLA、PLN、CHG、COR 报中填入起飞机场的预计撤轮挡时间；在 “DEP” 报中，填入实际起飞时间；在 “CPL” 中，填入航空器申报的第一个航路点的预计或实际飞越时间。

（6）编组 15——航路。

① 巡航速度或马赫数。

飞行中第一个或整个巡航航段的真空速按表 2.6.7 表示。

表 2.6.7　巡航速度或马赫数

“K” 后随 4 位数字	真空速，单位为千米每小时（km/h），示例：K0830
“N” 后随 4 位数字	真空速，单位为海里每小时（n mile/h），示例：N0485
“M” 后随 3 位数字	最近的 1% 马赫单位的马赫数（示例：M082）。当有关 ATS 单位有规定时使用

② 申请的巡航高度层。

以下列任何一种形式填入第一段或整个航路的巡航高度层，如表 2.6.8 所示。

表 2.6.8　申请的巡航高度层

“M” 后随 4 位数字	表示以 10 m 为单位的海拔高度（示例：M0840）
“S” 后随 4 位数字	表示以 10 m 为单位的标准米制飞行高度层（示例：S1130）
“A” 后随 3 位数字	表示以 100 ft 为单位的海拔高度（示例：A045、A100）
“F” 后随 3 位数字	表示以 100 ft 为单位的飞行高度层（示例：F085、F330）
“VFR”	表示不受管制的目视飞行规则飞行

③ 航路。

以空格隔开的如下 7 个类别的数据项，不论次序如何，应能够准确地说明可行的航路情况，必要时应加上以下若干个“c”项，每项之前应有空格，如表 2.6.9 所示。

表 2.6.9　航　路

c1	标准离场航线代号，即从起飞机场到拟飞的已确定的航路的第一个重要点的标准离场航路代号；其后可随以“c3”或“c4”。 若无法确定将使用的标准离场航线，应不加“c1”
c2	空中交通服务航路代号；其后仅随以“c3”或“c4”
c3	重要点，包括航路加入点、航路退出点、航路转换点、航路和标准进离场航线之间的连接点、空中交通管制单位规定的强制性位置报告点等
c4	重要点、巡航速度或马赫数、申请的巡航高度层。 距一重要点的方位和距离：重要点的编码代号后随 3 位数字，表示相对该点的磁方位度数，再随以 3 位数字表示距离该点的海里数。在高纬度地区，如有关当局确定参考磁方位度数不可行，可使用真方位度数。为使数位正确，需要时插入“0”。例如距全向信标台（VOR）“DUB” 40 n mile，磁方位 180° 的一点，以“DUB180040”表示
c5	简字，表示如下： DCT：当下一个预飞点是在指定航路以外时，用 DCT 表示，除非这些点是用地理坐标或方位及距离表示； VFR：在飞过某点后改为目视飞行规则（仅可跟随“c3”或“c4”）； IFR：在飞过某点后改为仪表飞行规则（仅可跟随“c3”或“c4”）； T：表明航空器的申报航路被压缩，压缩部分应在其他数据中或以前发的领航计划中查找。使用时，T 应是航路编组的结尾
c6	巡航爬高（最多 28 个字符）。 在字母 C 后随一斜线“/”，然后填入计划开始巡航爬高点，后随一斜线“/”，然后按数据项 A 填写在巡航爬高期间应保持的速度，随以两个高度层（按数据项 B 表示），以确定在巡航爬高期间拟占用的高度夹层，或预计巡航爬升至其以上高度层，后随以“PLUS”，其间不留空格
c7	标准进场航线代号，即从规定航路退出点到起始进近定位点标准进场航线的代号。若无法确定将使用的标准进场航线，应不加“c7”

本编组中使用“DCT”时应注意：

a. 在设定有标准进离场航线的机场，在航线航路与标准进离场航线间连接点的前后不应填写“DCT”。当所飞机场没有标准进离场航线与航路相连时，在航线航路加入点之前或退出点之后，可使用“DCT”。

b. 当飞往下一点的飞行路线是在指定航路以外时，用“DCT”连接下一点；在没有连接点的两条航路之间转换时，一条航路的退出点和另一条航路的加入点之间可以使用“DCT”，除非连接飞行路线的点都是用地理坐标或方位及距离表示。

c. 当空中交通服务部门要求时，应使用“DCT”。

本编组中填写“标准进离场航线”时应注意：

空中交通服务航路包括航线、航路、标准离场航线（SID）和标准进场航线（STAR）等。通常情况下，航路与标准进离场航线是相连接的。在设有标准进离场航线的机场，空中交通管制部门会适时向飞行人员指定适当的标准进离场航线，或通报实施雷达引导等，这些在领航计划报中是无法确定的。在这种情况下，按照国际民航组织有关文件（Doc4444）中的相关说明，在航线航路和标准进离场航线间连接点的前后填写标准进离场航线是不恰当的。否则，不能准确地表述航路情况，也会与空中交通管制部门的要求相违背。

示例 1：—K0882S1010 SGM A599 POU

示例 2：—M082F310 BCN1G BCN UG1 52N015W 52N035W 49N050W

示例 3：—K0869S1100 CD KR B458 WXI A461 LIG

示例 4：—M078S1010 URC B215 YBL A596 KM

示例 5：—LN VFR

示例 6：—LN/N0284A050 IFR

（7）编组 16——目的地机场和预计总飞行时间，备降机场。

目的地机场和备降机场使用国际民航组织规定的四字地名代码。如果该机场没有四字地名代码，则用 ZZZZ 表示。若使用 ZZZZ，在编组 18 中，应直接写出目的地机场英文全称。预计经过总时间用 4 位数字表示经过总时间。

（8）编组 18——其他情报。

如无其他情报，填入 0（零）或按照下列所示的先后次序，随以一斜线“/”填写有关情报，如表 2.6.10 所示。

表 2.6.10　其他情报

数据项	表示内容
STS/	只有下述的内容可以填写在 STS/后面，如有两种以上情况需要特别说明的，应以空格分开。其他原因则填写到 RMK/后： ALTRV：按照预留高度运行的飞行。 ATFMX：有关空中交通服务当局批准豁免空中交通流量管理措施的飞行。 FFR：灭火。 FLTCK：校验导航设施的飞行检测。 HAZMAT：运载有害材料的飞行。 HEAD：国家领导人性质的飞行。 HOSP：医疗当局公布的医疗飞行。 HUM：执行人道主义任务的飞行。 MARSA：军 MARSA：按军方间隔保障的军用航空器飞行。 MEDEVAC：与生命攸关的医疗紧急疏散。 NONRVSM：不具备缩小垂直间隔能力的飞行，准备在缩小垂直间隔空域运行。 SAR：从事搜寻与援救任务的飞行。 STATE：从事军队、海关或警察服务的飞行。

续表

数据项	表示内容
PBN/	表示区域导航和/或所需导航性能的能力，只能填写指定的字符内容，最多 8 个词条，不超过16个符号，词条之间不用空格。 区域导航规范： A1 RNAV 10（RNP 10） B1 RNAV 5 所有允许的传感器 B2 RNAV 5 全球导航卫星系统 B3 RNAV 5 测距仪/测距仪 B4 RNAV 5 甚高频全向信标/测距仪 B5 RNAV 5 惯性导航或惯性参考系统 B6 RNAV 5 罗兰 C C1 RNAV 2 所有允许的传感器 C2 RNAV 2 全球导航卫星系统 C3 RNAV 2 测距仪/测距仪 C4 RNAV 2 测距仪/测距仪/IRU D1 RNAV 1 所有允许的传感器 D2 RNAV 1 全球导航卫星系统 D3 RNAV 1 测距仪/测距仪 D4 RNAV 1 测距仪/测距仪/IRU 所需导航性能规范： L1 RNP 4 O1 基本 RNP 1 所有允许的传感器 O2 基本 RNP 1 全球导航卫星系统 O3 基本 RNP 1 测距仪/测距仪 O4 基本 RNP 1 测距仪/测距仪/IRU S1 RNP APCH S2 具备 BAR-VNAV 的 RNP APCH T1 有：RF 的 RNP AR APCH（需要特殊批准） T2 无：RF 的 RNP AR APCH（需要特殊批准） 如 PBN/后出现 Bl、B5、Cl、C4、Dl、D4、01 或 04，则 10A 编组应填入 I。 如 PBN/后出现 B1 或 B4，则 10A 编组应填写 0 和 D，或 S 和 D。 如 PBN/后出现 Bl、B3、B4、Cl、C3、C4、Dl、D3、D4、01、03 或 04，则 10A 编组应填写 D。 如 PBN/后出现 Bl、B2、Cl、C2、Dl、D2、01 或 02，则 10A 编组应填写 G
NAV/	除 PBN/规定之外，按有关 ATS 单位要求，填写与导航设备有关的重要数据。在此代码项下填入全球导航卫星增强系统，两个或多个增强方法之间使用空格。 注 1：NAV/GBAS SBAS
COM/	填写 10A 中未注明的通信用途或能力。
DAT/	填写 10A 中未注明的数据用途或能力。
SUR/	填写 10B 中未注明的监视用途或能力。 使用代码（例如“RSP180”，RSP 和 180 中间无空格）填写飞行适用的所有所需监视性能规范，示例：“SUR/RSP180”。多项所需监视性能规范中间要用一个空格分开，示例：“SUR/RSP180 RSP400”

续表

数据项	表示内容
DEP/	如在编组 13 中填入“ZZZZ”，则应在此填入起飞机场英文全称、拼音全称或其他代号。如果在编组 13 中填入 AFIL，则应填入可以提供飞行计划数据的 ATS 单位的四字地名代码。对于相关的航行资料汇编未列出的机场，按以下方式填写位置： 以 4 位数字表示纬度数的十位数和个位数分数，后随“N”（北）或“S”（南）。再随以 5 位数字，表示经度数的十位数和个位数分数，后随“E”（东）或“W”（西）。为使数位正确，需要时插入“0”，如 4620N07805W（11 位字符）。 距最近重要点的方位和距离表示如下： 重要点的编码代号，后随 3 位数字表示相对该点的磁方位度数，再随以 3 位数字表示距离该点的海里数。在高纬度地区，如有关当局确定参考磁方位度数不可行，可使用真方位度数。为使数位正确，需要时插入“0”，如果航空器从非机场起飞，填入第一个航路点（名称或经纬度）或无线电指点标
DEST/	如在编组 16 数据项 A 中填入“ZZZZ”，则在此填入目的地机场的名称和位置。对于相关航行资料汇编未列出的机场，按上述 DEP/的规定以经纬度填入机场位置或距最近重要点的方位和距离
DOF/	飞行计划执行日期（起飞日期）（YYMMDD，YY 表示年，MM 表示月，DD 表示日）
REG/	当与编组 7 的航空器识别标志不同时，填入航空器的国籍、共同标志和登记标志
EET/	由地区航行协议或有 ATS 当局规定的重要点或飞行情报区边界代号和起飞至该点或飞行情报区边界累计的预计实耗时间，由一个或多个字符串组成。每个字符串是 2～5 个字母、数字、字符或一个地理坐标，后随一个 4 位数的时间，从 0000 到 9959 （即 0～99 h，0～59 min）。 注 2：EET/CAP0745 XYZ0830 EET/EINN0204
SEL/	经装备的航空器的选择呼叫编码
TYP/	如在编组 9 中填入了“ZZZZ”，则在本数据项填入航空器机型，必要时不留空格前缀航空器数目，其间用一个空格隔开 注 3：TYP/2F15 5F5 3B2
CODE/	按有关 ATS 当局要求的航空器地址（以 6 位 16 进制字符的字母代码形式表示）。 注 4：F00001 是国际民航组织管理的具体模块中所载的最小航空器地址
DLE/	航路延误或等待，填入计划发生延误的航路重要点，随后用时分（小时分）4 位数表示延误时间。航路重要点应与编组 15 数据项 C 中的一致，如果不一致，应进入错误信息处理过程。 注 5：DLE/MDG0030
OPR/	当与编组 7 的航空器识别标志不同时，填入航空器运行机构的 ICAO 代码或名称
ORGN/	如果无法立即识别飞行计划发报人，填入有关空中交通服务当局要求的发报人的 8 字母 AFTN 地址或其他相关联络细节。 在某些地区，飞行计划接收中心会自动插入 0RGN/识别符和发报人的 AFTN 地址限定在 8 个字符内

续表

数据项	表示内容
PER/	按有关 ATS 单位的规定，使用《空中航行服务程序-航空器的运行》(PANS-OPS，Doc 8168 号文件）第 I 卷——《飞行程序》规定的 1 位字母，填写航空器性能数据。 注 6：A 类指示空速小于 169 km/h（91 n mile/h）； B 类指示空速 169 km/h（91 n mile/h）至 224 km/h（121 n mile/h）； C 类指示空速 224 km/h（121 n mile/h）至 261 km/h（141 n mile/h）； D 类指示空速 261 km/h（141 n mile/h）至 307 km/h（161 n mile/h）； E 类指示空速 307 km/h（161 n mile/h）至 391 km/h（211 n mile/h）； H 类为关于直升机的特殊要求
ALTN/	如在编组 16 数据项 C 中填入“ZZZZ”，则在此填入目的地备降机场的名称。对于相关的航行资料汇编未列出的机场，按上述 DEP/的规定以经纬度填入机场位置或距最近重要点的方位和距离
RALT/	按 Doc7910 号文件《地名代码》的规定填入航路备降机场的 ICAO 四字代码，或如果未分配代码，填入航路备降机场名称。对于相关的航行资料汇编未列出的机场，按上述 DEP/的规定以经纬度填入机场位置或距最近重要点的方位和距离
TALT/	按 Doc 7910 号文件《地名代码》的规定填入起飞备降机场的 ICAO 四字代码，或如果未分配代码，填入起飞备降机场名称。对于相关的航行资料汇编未列出的机场，按上述 DEP/的规定以经纬度填入机场位置或距最近重要点的方位和距离
RIF/	至修改后的目的地机场的航路详情，后随该机场的国际民航组织四字代码。 注 7：RIF/ DTA HEC KLAX RIF/ESP G94 CLA YPPH
RMK/	有关 ATS 单位要求的或机长认为对提供 ATS 有必要的任何明语附注。有别于“STS/”项中填写的内容。如果使用非标准的标识符，应在 RMK/后填写，并且如果在非标准标识符和随后的文本之间有“/”时，应删除该符号。 下列内容应为统一的标注： ACAS II 或 TCAS：RMK/ACAS II 或 RMK/TCAS； 极地飞行：RMK/P0LAR； 不具备 RVSM 能力的航空器获批在 RVSM 空域运行：RMK/APVD N0NRVSM； 返航：RMK/RETURN； 备降：RMK/ALTffiNATE。 CPL 报中“RMK/”数据项中应体现返航、备降的目的地机场、原目的地机场原因说明，如“RETURN”“ALTERNATE ZHHH DEU ZSSS RWY”
若某个数据项无内容，则该项省略	

示例 1：-0

示例 2：-RMK/ALTERNATE ZSPD DUE ZSNJ RUNWAY MAINTENANCE

示例 3：-EET/ZGZU0020 VHHK0110 REG/B8012 OPR/PLAF RMK/NO POSITION REPORT SINCE DEP PLUS 2 MINUTES

（9）编组 19——增补信息。

这些信息在飞行计划的传送中一般不包括。如果需要的话，这些信息保留在飞行计划的文件归档中，如图 2.6.3 所示。

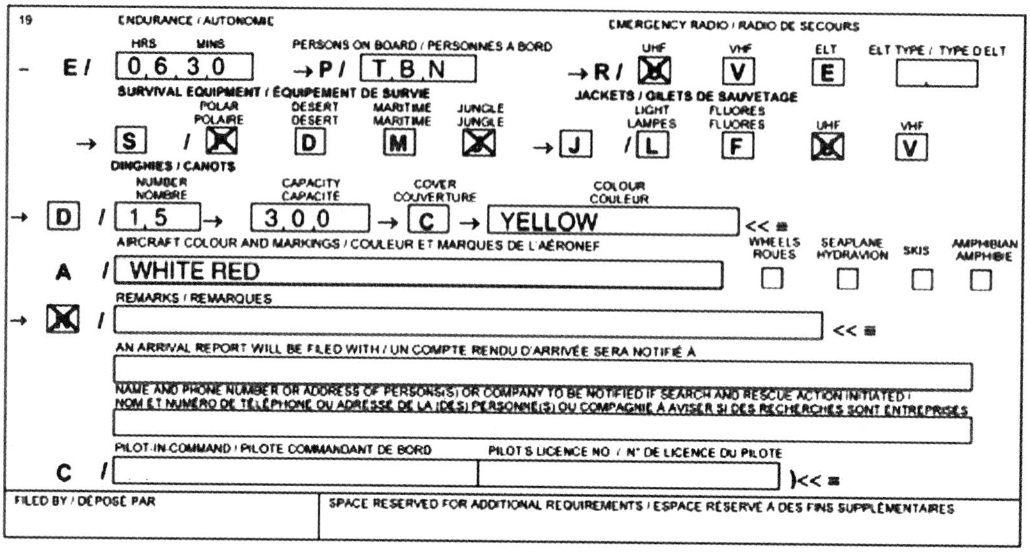

19 ENDURANCE / AUTONOMIE — HRS MINS — E/ 0630 → PERSONS ON BOARD / PERSONNES A BORD — P/ TBN → EMERGENCY RADIO / RADIO DE SECOURS — R/ UHF [X] VHF V ELT E — ELT TYPE / TYPE D ELT

SURVIVAL EQUIPMENT / ÉQUIPEMENT DE SURVIE — → S / POLAR POLAIRE [X] DESERT DESERT D MARITIME MARITIME M JUNGLE JUNGLE [X] → JACKETS / GILETS DE SAUVETAGE — J / LIGHT LAMPES L FLUORES FLUORES F UHF [X] VHF V

DINGHIES / CANOTS — → D / NUMBER NOMBRE 15 → CAPACITY CAPACITE 300 → COVER COUVERTURE C → COLOUR COULEUR YELLOW <<≡

AIRCRAFT COLOUR AND MARKINGS / COULEUR ET MARQUES DE L'AERONEF — A / WHITE RED — WHEELS ROUES [ ] SEAPLANE HYDRAVION [ ] SKIS [ ] AMPHIBIAN AMPHIBIE [ ]

REMARKS / REMARQUES — → [X] / <<≡

AN ARRIVAL REPORT WILL BE FILED WITH / UN COMPTE RENDU D'ARRIVÉE SERA NOTIFIÉ À

NAME AND PHONE NUMBER OR ADDRESS OF PERSON(S) OR COMPANY TO BE NOTIFIED IF SEARCH AND RESCUE ACTION INITIATED / NOM ET NUMÉRO DE TÉLÉPHONE OU ADRESSE DE LA (DES) PERSONNE(S) OU COMPAGNIE À AVISER SI DES RECHERCHES SONT ENTREPRISES

PILOT-IN-COMMAND / PILOTE COMMANDANT DE BORD — C / — PILOTS LICENCE NO / N° DE LICENCE DU PILOTE)<<≡

FILED BY / DÉPOSÉ PAR — SPACE RESERVED FOR ADDITIONAL REQUIREMENTS / ESPACE RÉSERVÉ À DES FINS SUPPLÉMENTAIRES

图 2.6.3　增补信息

续航能力——在 E/输入 4 个数字，分别表示小时数和分钟数，给出飞机燃油的续航能力。

机上人员——当相应的空中交通服务机构要求时，在 P/后边输入机上人员的总数（包括乘客和机组）。

如果在提交申请时不知道总数，输入 TBN。

紧急情况和营救设备如下：

R/（无线电）：如果特高频 243.00 MHz 的频率不可用，删去 U。
如果甚高频 121.500 MHz 的频率不可用，删去 V。
如果应急定位器发射机（ELT）不可用，删去 E。

S/（营救设备）：如果机上没有携带营救设备，删去所有指示符。
如果机上没有携带极地营救设备，删去 P。
如果机上没有携带沙漠营救设备，删去 D。
如果机上没有携带海上营救设备，删去 M。
如果机上没有携带丛林营救设备，删去 J。

J/（救生衣）：如果机上没有携带救生衣，删去所有指示符。
如果救生衣上没有发光体，删去 L。
如果救生衣上没有荧光素，删去 F。
如果救生衣上没有发光体，删去 L。
如果上边的 R/中指明了救生衣的无线电能力，删去 U 或 V，或都删去。

D/（救生筏）数量：如果机上没有携带救生筏，删去指示符 D 和 C，否则输入救生筏的数量。
容量：输入所有救生筏所能携带乘客的总数。
顶棚：如果救生筏没有顶棚，删去指示符 C。
颜色：如果携带了救生筏，输入救生筏的颜色。

A/（飞机颜色和标志）：输入飞机的颜色和重要标志。

N/（说明）：如果没有说明，或没有说明携带任何其他的营救设备和任何其他关于营救设备的说明，删去指示符 N。

C/（飞行员）：输入机长的姓名。

6.4.4　FPL 报的识读

在使用计算机飞行计划时，会自动生成文字编码形式的 FPL 报，其编组构成及格式如下：

编组 3 电报类别、编号和参考数据

编组 7 航空器识别标志和 SS 模式及编码　　编组 8 飞行规则及种类

编组 9 航空器数目、机型和尾流等级　　编组 10 机载设备能力

编组 13 起飞机场和时间

编组 15 航路

编组 16 目的地机场和预计总飞行时间，目的地备降机场

编组 18 其他情报

下面给出几个例子加以说明。

【例 6-1】

（FPL-CCA1532-IS

-A332/H-SDE3FGHIJ4J5M1RWY/LB1D1

-ZSSS2035

-K0859S1040 PIKAS G330 PIMOL A593 BTO W82 DOGAR

-ZBAA0153 ZBYN

-STS/HEAD PBN/A1B2B3B4B5D1L1 NAV/ABAS REG/ B6513 EET/ZBPE0112 SEL/KMAL PER/C RIF/FRT N640 ZBYN RMK/ACAS II）

说明：

领航计划报

-航空器识别标志 CCA1532-仪表飞行、正班-机型 A330-200/重型机，机载有标准的通信/导航/进近设备并工作正常；测距仪；起飞前放行和航空器通信寻址与报告系统（ACARS）；自动定向仪；全球导航卫星系统；高频无线电话；惯性导航设备；管制员驾驶员数据链通信（CPDLC）、FANS 1/A、甚高频数据链模式 2；管制员驾驶员数据链通信（CTOLC）、FANS 1/A、卫星通信（国际海事卫星组织）；空中交通管制无线电话（国际海事卫星组织）；获得 PBN 批准；获得缩小垂直间隔批准；有 8.33 kHz 间隔的甚高频；S 模式应答机、具有航空器识别、气压高度发射信号、超长电

文（ADS-B）和增强的监视能力；具有专用 1 090 MHz 广播式自动相关监视“发送”能力的广播式自动相关监视；具有 FANS 1/A 能力的契约式自动相关监视。

-起飞机场虹桥、起飞时间 2035（UTC）

-巡航速度 859 km/h，巡航高度 10 400 m；航路构成 PIKAS G330 PIMOL A593 BT0 W82 D0GAR。

-目的地机场北京、预计总飞行时间 1 小时 53 分钟;目的地备降场太原。

-其他情报：国家领导人性质的飞行；PBN 的能力为 A1B2B3B4B5D1L1；全球导航卫星增强系统 ABAS；航空器登记标志 B6513；起飞至 ZBPE 飞行情报区边界的预计飞行时间为 1 小时 12 分钟；航空器选呼编码 KMAL；航空器进近类别 C；至修改后的目的地机场的航路详情 FRT N640 ZBYN；机上载有 ACAS II 防相撞设备。

【例 6-2】

（FPL-CCA1532-IS
-A332/H-SDE3FGHIJ4J5M1RWY/LB1D1
-ZSSS2035
-K0859S1040 PIKAS G330 PIMOL A593 BTO W82 DOGAR
-ZBAA0153 ZBYN
-STS/ HEAD PBN/A1B2B3B4B5D1L1 NAV/ABAS DOF/121119 REG/B6513 EET/ZBPE0112 SEL/KMAL PER/C RIF/FRT N640 ZBYN RMK/TCAS）

（注：11 月 19 的航班，11 月 16 日提交并拍发）

说明：

2012 年 11 月 16 日拍发的，2012 年 11 月 19 日执行的 CCA1532 航班飞行计划报。

编组内容说明参考示例 6-1。

复习思考题

1. 找出下面 FPL 报中的错误。

（FPL-AFG331-IN
-B734/M-SRWY/C
-ZWSH2015
-N0476F330 KHG A364 SCH B215 URC
-ZWWW0150 ZWSH UAAA
-REG/YA PBN/A1BD2 OPR/ARANA AFCHAN AIRLINES NAV/CPS RNAV RMK/TCAS EAUIPPED）

2. 翻译下面两个 FPL 报。

（FPL-CSN3427-IS
-A321/M-SDE1E2E3FGHIRWY/LB1
-ZGGG1045

-K0861S0920 YIN G586 QP B330 ELKAL W179 XYO W25 FJC

-ZUUU0201 ZUCK

-PBN/A1B1C1D1L1O1S1 NAV/ABAS REG/B6267 EET/ZPKM0058 SEL/BPAS OPR/CHINA SOUTHERN RMK/ACAS II）

（FPL-CXA802-IS

-B788/H-SADE1E2E3FGHIJ1J2J4J5M1RWY/LB1D1

-YSSY0130

-N0480F380 DCT RIC H202 AGETA R340 IGOPO/M085 F380 R340…A470 TEBON

-ZSAM0900 ZSFZ ZGSZ

-PBN/A1B1C1D1L1O1S2 DOF/160818 REG/B2761 EET/YBBB0015 WAAF0406 RPHI0549 VHHK0803 ZGZU0825 ZSHA0838 SEL/CEDM CODE/780D76 OPR/XIAMEN AIRLINES

RALT/YBBN YPDN RPMD ZSAM RIF/SAN W4 CIA CIA1 RPLL RMK/ACAS II ETOPS 120 MINS）

第 7 章　简易飞行计划

简易飞行计划的制订方法

7.1　燃油计划

7.1.1　性能图表的使用

一般飞机的使用手册中都提供了一套简化燃油计划计算的使用图表，需要说明的是图表中的航程时间和所需燃油是指从松刹车起直到目的地机场（或备降场）接地所需的时间和燃油。下面通过几个示例来介绍图表的一些特殊用法。

【例 7-1】　航程 2 000 n mile，逆风 50 kt，巡航高度 33 000 ft，起飞重量 200 000 lb，航路气温 ISA + 20 °C，求航程所需燃油和飞行时间。

该题示意图见图 2.7.1。该图右边是按着陆重量确定的，但题目中已知的是起飞重量，因此需要根据起飞重量 = 着陆重量 + 航程燃油，做一条辅助线，在该辅助线段上任何一点对应的着陆重量与航程燃油之和都等于 200 000 lb。因此用图中所示的方法即可求出航程燃油为 37 000 lb，航程时间为 5.1 h。

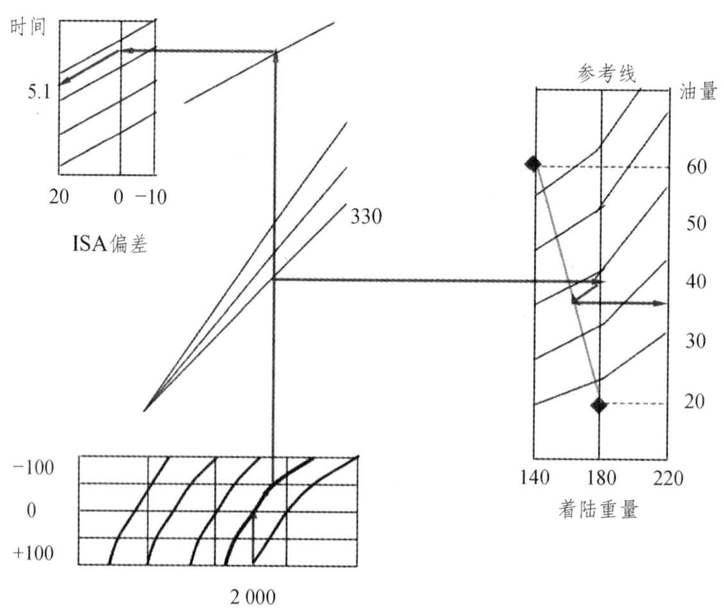

图 2.7.1　航程燃油计算示意图

【例 7-2】　航程 3 200 n mile，逆风 75 ft，阶梯巡航，着陆重量 170 000 lb，求航程所需燃油。

该题示意图见图 2.7.2，方法与例 7-1 类似，可求出航程所需燃油为 64 700 lb。

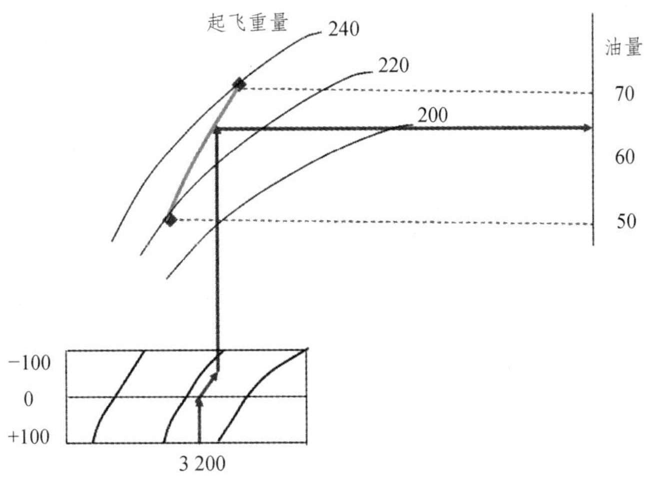

图 2.7.2　例 7-2 示意图

【例 7-3】　目的地机场到备降机场的距离为 300 n mile，逆风 50 kt，到达目的地机场的着陆重量为 205 000 lb，求目的地机场到备降机场的所需燃油。

该题示意图见图 2.7.3。该图是根据备降机场的着陆重量来确定备降油量，但已知的是目的地机场的着陆重量（改航的起飞重量），因此也需要做一条辅助线。但由于备降油量较少，做出的辅助线基本与飞机在备降机场的着陆重量线相重合，所以，为了方便起见，可以不做这条辅助线，把所给定的目的地机场的着陆重量适当减去几千镑作为在备降机场的着陆重量来查图即可。比如本例可按 200 000 lb 来查图，得到的备降油量约为 7 800 lb。

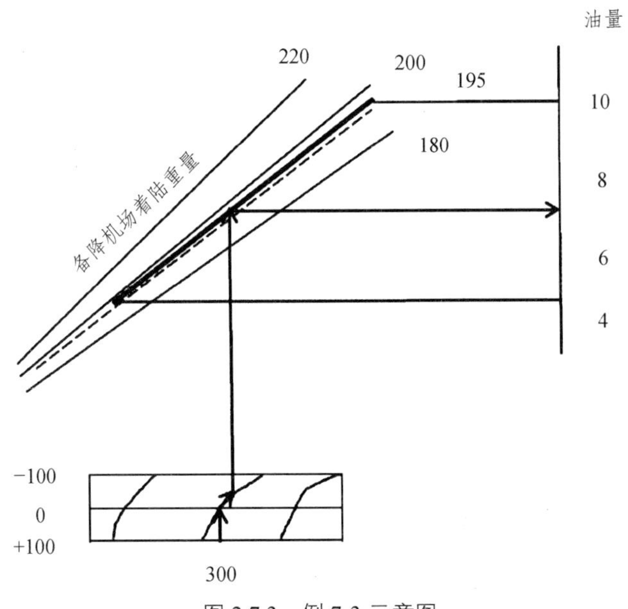

图 2.7.3　例 7-3 示意图

【例 7-4】　机场气压高度 3 500 ft，等待结束时重量 110 000 lb，等待航线为跑马场形，计算等待油量（按 30 min 计算）。

该题的计算图表见表 2.7.1。由于等待时的燃油流量随飞机重量的减小而减小，是一个变量，为了精确地计算等待油量，应该使用等待中的平均重量来确定燃油流量，具体计算过程如下：

（1）先按照等待结束的重量 110 000 lb，等待的高度 5 000 ft（机场上空 1 500 ft）查表得到燃油流量为 5 160 lb/h。

（2）计算等待燃油 HF_1：

$$HF_1 = 5\ 160 \times \frac{1}{2} = 2\ 580\ (\text{lb})$$

（3）计算平均等待重量 W_m：

$$W_m = \frac{(110\ 000 + 2\ 580) + 110\ 000}{2} = 111\ 290\ (\text{lb})$$

（4）根据平均等待重量查表得平均燃油流量 FF：

$$FF = 5\ 160 + \frac{5\ 340 - 5\ 160}{5\ 000} \times (111\ 290 - 110\ 000) = 5\ 206\ (\text{lb/h})$$

（5）计算平均等待燃油 HF：

$$HF = 5\ 206 \times \frac{1}{2} = 2\ 603\ (\text{lb})$$

表 2.7.1　波音 737-300 空中等待计划的总燃油流量

BOEING 737-300
OPERATIONS MANUAL

HOLDING PLANNING

FLAPS UP

BASED ON:
V_{MIN} DRAG
(210 kt LOWER LIMIT)

PRESSURE ALTITUDE /ft	GROSS WETGHT/1 000 lb											
	135	130	125	120	115	110	105	100	95	90	85	80
	TOTAL FUEL FLOW lb/HR											
37 000			5 700	5 280	4 980	4 720	4 480	4 240	4 020	3 820	3 660	3 520
35 000	6 020	5 660	5 360	5 120	4 880	4 640	4 420	4 220	4 000	3 800	3 640	3 500
30 000	5 700	5 480	5 260	5 060	4 840	4 620	4 420	4 220	4 000	3 820	3 680	3 540
25 000	5 720	5 520	5 300	5 080	4 880	4 680	4 460	4 260	4 060	3 880	3 760	3 620
20 000	5 720	5 520	5 320	5 100	4 900	4 700	4 520	4 320	4 120	4 000	3 860	3 740
15 000	5 800	5 600	5 400	5 200	5 000	4 720	4 620	4 440	4 260	4 140	4 000	3 900
10 000	5 920	5 720	5 540	5 340	5 160	4 960	4 780	4 600	4 440	4 300	4 180	4 060
5 000	6 100	5 920	5 720	5 540	5 340	5 160	4 980	4 800	4 620	4 480	4 360	4 240
1 000	6 260	6 080	5 900	5 700	5 520	5 320	5 140	4 960	4 780	4 640	4 500	4 380

NOTE：FUEL FLOW IS BASED ON A RACETRACK PATTERN.
FOR HOLDING IN STRAIGHT AND LEVEL FLIGHT.
REDUCE FUEL FLOW VALUES BY 5 PERCENT.

7.1.2　燃油计划计算方法

燃油计划的计算一般有两种情况：一种情况是已知商载，按飞行剖面要求合理地计算航班的耗油量，从而确定实际的起飞重量；另一种情况是给定起飞重量，根据飞行剖面计算航班的耗油量，从而确定该航班所能携带的商载。

由于CCAR-121-R6中的不可预期燃油为在目的地机场等待15 min油量和航程燃油的10%两者中的较大值，故对于每种情况来说，又存在两个方案。方案一，不可预期燃油为10% TF（TF为航程燃油）；方案二，不可预期燃油为HF15（HF15为等待15 min油量）。当已知起飞重量时，两个方案的燃油计划计算流程如图2.7.4所示。当已知商载时，两个方案的燃油计划计算流程如图2.7.5所示。

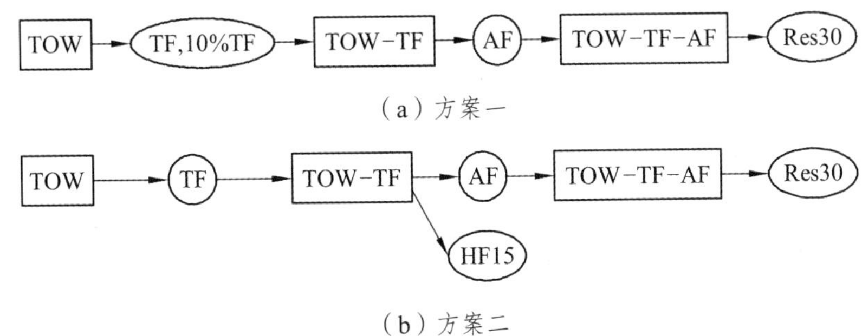

图 2.7.4　已知起飞重量的燃油计划计算流程图

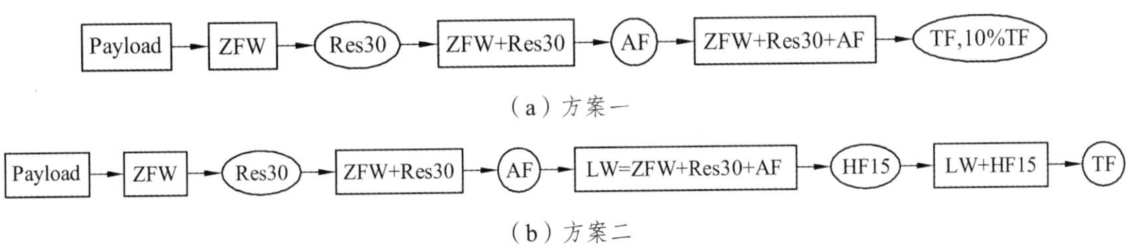

图 2.7.5　已知商载的燃油计划计算流程图

7.1.3 案例分析

【例 7-5】 航线：成都至广州备降桂林。已知条件如下：双流机场标高500 m（1 640 ft）、白云机场标高11.4 m（37 ft）、桂林机场标高150 m（492 ft）；成都至广州1 357 km（734 n mile）、广州至桂林658 km（355 n mile）。成都至广州飞行高度假定为10 000 m（33 000 ft）、逆风30 kt，广州至桂林顺风20 kt，航线温度ISA + 10 °C。起飞重量为125 000 lb，飞行前在地面APU工作1 h，飞行中不使用防冰。用简化飞行计划图表制订燃油计划（不可预期燃油按目的地机场等待15 min）。

计算过程如下：

（1）利用附录2.1计算航程燃油为11 100 lb，航程时间为2 h 3 min。

（2）根据等待开始的重量125 000 − 11 100 = 113 900（lb），利用表2.7.1计算15 min的等待油约为1 362 lb。

（3）计算飞机在目的地机场的着陆重量为125 000 − 11 100 = 113 900（lb）。根据该重量利用附录2.3得备降燃油为5 100 lb，备降时间为55 min。

（4）根据备降场的着陆重量 113 900 − 5 100 = 108 800（lb），利用表 2.7.1 计算 30 min 的等待油为 2 615 lb。

（5）根据波音 737 飞机使用手册规定，正常情况下 APU 的燃油流量为 250 lb/h，所以 APU 地面工作 1 h 的燃油：250 × 1 = 250（lb）。

（6）根据波音 737 飞机使用手册规定，滑行燃油流量为 25 lb/min，所以通常滑行燃油需要（起飞按 9 min，着陆按 5 min 考虑）25 × 14 = 350（lb）。

综合上述结果得到所需总燃油量为

$$11\ 100 + 1\ 362 + 5\ 100 + 2\ 615 + 250 + 350 = 20\ 777 \text{（lb）}$$

【例 7-6】 已知 A320 飞机的无燃油重量为 60 000 kg，航程为 1 800 n mile，巡航速度为 M.78，巡航高度为 FL370，逆风 40 kt，温度为 ISA，备降距离 200 n mile，备降巡航高度 FL200，无风，备降机场压力高度为 3 500 ft，温度为 ISA，等待速度为绿点速度，计算起飞总油量（不可预期燃油按航程燃油的 10% 计算）。

（1）计算等待燃油。

查附录 2.4 得燃油流量为 1 094 kg/h/ENG。

等待燃油为 1 094 × 2 × 1/2 = 1 094（kg）。

平均等待重量为 60 547 kg。

查表得平均等待燃油为 1 103 kg。

空客机型简化飞行计划图表的使用

（2）根据附录 2.5 确定备降时间为 40 min，备降燃油为 1 559 + 11 × (61.1 − 55) = 1 626（kg）。

（3）根据附录 2.6 将地面距离转换为空中距离为 1 979 n mile。

（4）根据附录 2.7 确定航程时间和航程燃油。

飞机在目的地机场的着陆重量为 60 000 + 1 626 + 1 103 = 62 729（kg）。

查表得航程时间为 4 h 37 min，航程燃油为 10 478 + 146 × (62.729 − 55) = 11 606（kg）。

（5）不可预期燃油为 0.1 × 11 606 = 1 161（kg）。

（6）起飞总油量为 1 103 + 1 626 + 11 606 + 1 161 = 15 496（kg）。

航线风修正

7.2 航线风的修正

7.2.1 巡航时风的修正

这里主要是涉及空中距离和地面距离的换算，具体的换算方法有两种：一种是通过计算，另一种是查图表。

（1）计算公式。

$$\frac{\text{NAM}}{\text{TAS}} = \frac{\text{NGM}}{\text{TAS} \pm \text{WS}} \tag{7-1}$$

式中，NAM，NGM 分别指空中距离和地面距离；TAS、WS 分别为真空速和地速。

【例 7-7】 两机场航线距离为 1 400 n mile，飞机的平均真空速为 400 n mile/h，风速为逆风 120 n mile/h，求空中距离。

解：根据式（7-1）得

$$\frac{\text{NAM}}{400}=\frac{1\,400}{400-120}$$

则 NAM = 2 000 n mile。

（2）查图表。

有些飞机的使用手册中提供了地面距离和空中距离的换算曲线，如图 2.7.6 所示。

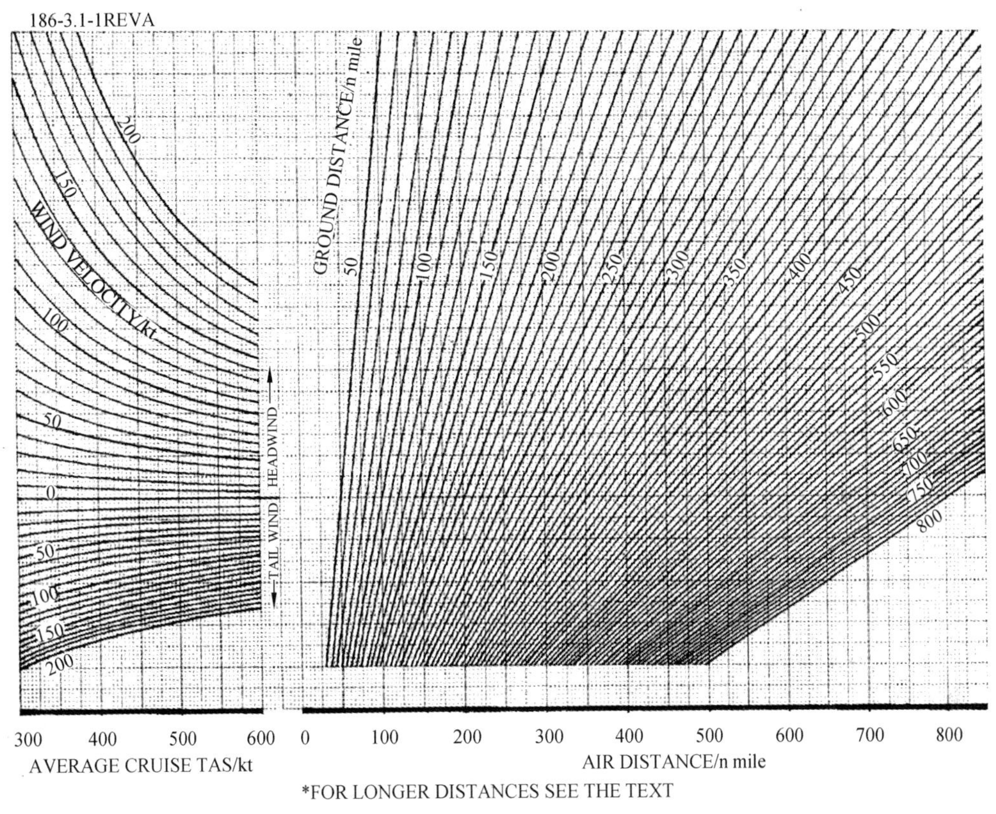

图 2.7.6　风对地面距离的影响曲线

7.2.2　航路上的平均风

当使用风温图时，需要应用数值的代数平均值。例如，如果一个东西航迹上，风向风速是 310°/20 kt 和 270°/20 kt，那么可以算出平均风为 290°/20 kt。平均温度的计算采用同样的方法。

【例 7-8】　平均风向风速的计算。

航路风的计算

第一步　先以 10° 为间隔看一下风向：

80W	330/20
70W	260/35
60W	240/50
50W	270/15
40W	020/65
30W	210/70
20W	280/30

10W　　270/50

风向主要是西风。忽略东北方向的风，因为它会扭曲数字。

方向　　266°

第二步　计算风速。

风速　　38.6 kt

7.2.3 航路上的当量风

用简化的飞行计划图表计算航程飞行时间和所需燃油时，通常使用航线巡航平均风速进行修正。这一平均风速实际上是航路上的当量风，当量风用 EW 表示。

【例 7-9】 从 A 到 B 分为 4 个航段，各航段距离分别为 105 n mile、200 n mile、325 n mile 和 380 n mile。各段风分量为－110 kt、－70 kt、－30 kt 和 50 kt。则 A 到 B 的航路当量风为

$$\text{EW}=\frac{-105\times110-200\times70-325\times30+380\times50}{105+200+325+380}=-16.14\ (\text{kt})$$

7.2.4 风对航线爬升和下降距离的影响修正

波音公司性能工程师手册给出了风对航线爬升和下降距离影响的经验公式：

$$\text{NGM}=\text{NAM}\times\frac{TAS\pm WS/2}{TAS} \tag{7-2}$$

7.3 等时点和安全返航点

等时点的计算

7.3.1 等时点

等时点（ETP）是两机场之间的一点，从该点飞到这两个机场的时间相同。

在静风情况下，等时点位于两机场的中点。但由于静风的可能性不大，所以等时点一般不在两机场的中点。等时点的计算是基于飞机前往目的地和返回基地的地速比。用于计算的真速取决于飞机的飞行状态：全发，或一发失效。

1. 等时点公式

等时点的计算公式建立在前往目的地的时间和返回起飞机场的时间相等的基础上。

为便于计算，做以下假设（见图 2.7.7）：

D 为两机场间的总距离；

X 为从等时点返回起飞机场（A）的距离；

$D-X$ 为到目的地机场（B）的距离；

v_A 为返回的地速；

v_B 为到 B 的地速。

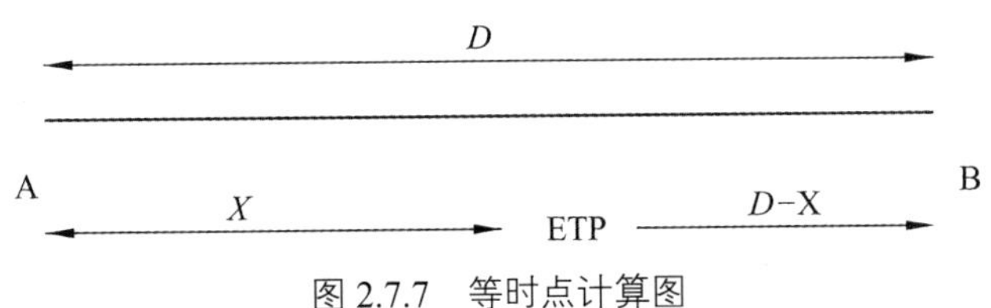

图 2.7.7　等时点计算图

时间 = 距离 ÷ 地速

即
$$\frac{X}{v_A}=\frac{D-X}{v_B}$$
$$X=\frac{D\times v_A}{v_A+v_B}$$

X 定义为起飞机场到等时点的距离。

【例 7-10】 假定点 A 和 B 相距 600 n mile，真速为 300 n mile/h，计算以下 3 种情况下的等时点：

（1）静风。

（2）50 n mile/h 逆风。

（3）25 n mile/h 顺风。

在静风情况下，等时点肯定位于航路的中点，为 300 n mile。

在 50 n mile/h 逆风情况下：

$$v_A=350\ \text{n mile/h}$$
$$v_B=250\ \text{n mile/h}$$
$$X=\frac{600\times 350}{250+350}=350$$

在 25 n mile/h 顺风情况下：

$$v_A=275\ \text{n mile/h}$$
$$v_B=325\ \text{n mile/h}$$
$$X=\frac{600\times 275}{275+325}=275$$

2. 发动机失效时的等时点

对大多数喷气飞机而言，丧失一个动力装置的动力将导致飘降，飞机将下降到一个其动力能够维持的压力高度。显然，此时需要对飞机继续飞行还是返回做出决策。

一发不工作时，风的影响将更大，与全发工作情况相比，等时点将更加远离中点。

飞机将以全发飞行直至一发失效。减小后的速度仅用于确定一发失效时的等时点，因此到等时点的时间应使用全发出航地速计算。

【例 7-11】 A—B　2 250 n mile

风分量　– 25 n mile/h　出航方向

四发真速　475 n mile/h

三发真速　440 n mile/h

计算从 A 到一发失效等时点的距离和时间。

解：

$$X=\frac{2\ 250\times 465}{465+415}=1\ 189$$

从 A 到 ETP 的时间为

$$1\ 189\div(475-25)=2.64\ (\text{h})$$

3．两航段等时点

一架飞机在表 2.7.2 所示的航路上飞行，一发失效等时点在哪里？

表 2.7.2　航　路

航路	距离	航线角	风矢量
A—B	1 000 n mile	210°	270°/40 n mile/h
B—C	800 n mile	340°	280°/60 n mile/h

双发真速　　600 n mile/h

一发真速　　500 n mile/h

（1）确定地速：

B—C　　470 n mile/h

B—A　　520 n mile/h

（2）确定时间：

B—C　　1.70 h

B—A　　1.92 h

（3）由于 B—A 的时间比 B—C 的时间长，等时点肯定在 B—A 上。要找到等时点，返回时间必须和前去目的地的时间相等。

在 B—A 上找到一点（称为点 X），该点到 A 与到 C 的时间相等。则有

$$\frac{x}{500+20}=\frac{1\ 000-x}{500-20}+1.7$$

则

$$x=944.3$$

（4）计算 ETP 到 A 的时间和 A 到 ETP 的时间：

ETP 到 A 的时间为

$$\frac{944.3}{500+20}=1.82\ (\text{h})$$

A 到 ETP 的时间为

$$\frac{944.3}{600-20}=1.63\ (\text{h})$$

7.3.2　安全返航点

安全返航点（PSR）是指飞机在其安全续航时间内能飞到并返回基地的离起飞机场最远的那

一点，该点也被称为不能返航点（PNR）。应在安全返航点前检查目的地机场状况，如果状况不适于着陆，则可以返回基地。一旦已经飞过了安全返航点，则只能飞往目的地机场。

注意不要混淆术语“安全续航时间”和“总续航时间”。

总续航时间是指一架飞机飞至油箱为空的飞行时间。

安全续航时间是指飞机不使用规定的备份油时能够飞行的时间。

起飞机场到安全返航点的距离等于从安全返航点返回起飞机场的距离。

假设：

E 为安全续航时间；

T 为到安全返航点的时间；

$E-T$ 为返回起飞机场的时间；

v_T 为飞往安全返航点的地速；

v_R 为返回起飞机场的地速。

则有
$$v_R \times (E-T) = v_T \times T$$

所以
$$T = \frac{E \times v_R}{v_R + v_T}$$

1. 单航段安全返航点

【例 7-12】　已知下列数据，计算到安全返航点的时间和距离。

真速	220 n mile/h
风分量	+45 n mile/h
安全续航时间	6 h

$$T = \frac{360 \times 175}{175 + 265} = 143\ (\text{min})$$
$$143/60 \times (220+45) = 632\ (\text{n mile})$$

2. 燃油流量可变时的安全返航点

前面已给出了用时间表示的安全返航点。在下面的公式里，安全返航点基于总油量和海里耗油量来计算。

假设：

D 为到安全返航点的距离；

F 为用于确定安全返航点的可用燃油；

CO 为飞往安全返航点的海里耗油量（kg/n mile）；

CH 为从安全返航点返回的海里耗油量（kg/n mile）。

到安全返航点所消耗的燃油加上从安全返航点返回所消耗的燃油必须等于可用燃油（扣除备份油）。

$$(D \times CO) + (D \times CH) = F$$
$$D = F \div (CO + CH)$$

【例 7-13】　已知下列数据，计算到安全返航点的时间。

真速　　310 n mile/h

风分量　　+30 n mile/h
可用燃油　　39 500 kg
出航燃油流量　　6 250 kg/h
返航燃油流量　　5 300 kg/h

（1）计算出航地速和返航地速。

出航地速　　340 n mile/h
返航地速　　280 n mile/h

（2）计算出航和返航的海里耗油量。

$$CO = 6\ 250 \div 340 = 18.38\ (\text{kg/n mile})$$
$$CH = 5\ 300 \div 280 = 18.93\ (\text{kg/n mile})$$

（3）计算到安全返航点的时间。

$$\text{距离} = 39\ 500 \div (18.38 + 18.93) = 1\ 059\ (\text{n mile})$$
$$\text{时间} = 187\ \text{min}$$

第二种计算方法：根据出航消耗燃油与返航消耗燃油之和为可用燃油计算。

（1）计算出航地速和返航地速。

出航地速　　340 n mile/h
返航地速　　280 n mile/h

（2）设出航时间为 T，计算返航时间 TR。

$$TR = T \times 340/280$$

（3）计算总燃油。

$$T \times 6\ 250 + TR \times 5\ 300 = 39\ 500$$

则可解得　　$T = 3.12\ \text{h}$

复习思考题

1. 计算全发等时点。

（1）A—B　　1 200 n mile
真速　　300 n mile/h
风分量　　+20 n mile/h　出航方向

（2）A—B　　2 700 n mile
真速　　450 n mile/h
风分量　　+50 n mile/h　出航方向

（3）A—B　　1 500 n mile
真速　　280 n mile/h
风分量　　+40 n mile/h　出航方向

（4）A—B　　1 000 n mile

真速 200 n mile/h

风分量 －40 n mile/h 出航方向

2. 计算A到一发失效等时点的距离和时间。

（1）A—B 1 200 n mile

风 020°/35 n mile/h

航线角 040 °T

双发真速 400 n mile/h

一发真速 300 n mile/h

（2）A—B 1 800 n mile

风 240°/45 n mile/h

航线角 030 °T

双发真速 450 n mile/h

一发真速 380 n mile/h

3. 计算A到一发失效等时点的距离和时间。

航　路	距　离	航线角	风矢量
A—B	1 200 n mile	240°	270°/50 n mile/h
B—C	1 000 n mile	220°	280°/80 n mile/h

双发真速 400 n mile/h

一发真速 300 n mile/h

4. 已知下列数据，计算到安全返航点的时间。

真速 300 n mile/h

风分量 ＋50 n mile/h

可用燃油 38 000 kg

出航燃油流量 3 000 kg/h

返航燃油流量 2 800 kg/h

5. 已知A320飞机的无燃油重量为60 000 kg，航程为2 000 n mile，巡航速度为M.78，巡航高度为FL310，顺风为50 kt，温度为ISA，备降距离200 n mile，备降巡航高度为FL200，无风，备降机场压力高度为1 000 ft，温度为ISA，等待速度为绿点速度，根据附录2.4～2.7计算起飞总油量（不可预期燃油取为航程燃油的10%）。

第 8 章　详细飞行计划

8.1　详细飞行计划的制订过程

详细飞行计划的制订

1. 航空器适航限制的分析

（1）飞机状况。

飞机的故障保留情况是否符合 MEL/CDL 条款的规定，若不符合，则不能放行；若符合，则应按照 MEL/CDL 的相关要求实施放行，并且要考虑飞机在当前故障情况下可以飞行但受到的限制条件，比如降低高度要考虑燃油计划的调整、防滞刹车不工作要减载等。

（2）机载设备。

对通信、导航以及应急救生设备进行分析。一般对边远山区、国际运行时，通信设备还有特殊要求；对延伸跨水的航班，必须加装救生设备才能实施运行。

（3）飞机的适航性维修放行。

新机型在某个机场初期运行，需由公司授权的机型放行资格人员进行飞机适航性放行签署。

2. 机组的检查

（1）根据航班所使用的飞机类型，了解所有机组必需成员：① 是否持有该机型执照，若不符合，则不能放行；② 是否有新机长，若有，则按照新机长的运行标准执行；③ 是否具备 RVR 550 m 的运行资格，如不具备，则按照机组相应标准执行；④ 对于国际运行，还需掌握机组是否具备 RVSM、RNP、ETOPS、RNAV 等运行资格，若不具备，则按照相关限制条件执行；⑤ 是否有外籍飞行员，若有，则航线、航路、起飞、着陆和备降机场须符合局方的有关限制和规定。

（2）机组实力搭配。

根据拟飞航线，分析该航线是否为公司规定的特殊机场、复杂航线。若是，则机组必须满足公司特殊机场的运行要求。

（3）机组飞行时间及值勤时间限制。

机组资源管理单位负责掌握飞行机组的年、月、周、日飞行时间，签派员只分析飞行机组当日飞行时间、值勤时间是否超出局方的有关规定。若飞行机组安排不满足以上公司规定，则责任签派员有权通知机组调度人员予以调整。

3. 航行资料分析

查航行通告中是否有航路变更的内容。

4. 天气资料分析

根据航线的天气实况及预报、重要天气图和高空风图，查看是否有危险天气现象。危险天气是指严重影响飞行的特殊天气现象，主要包括地面大风、低能见度、低云和低空风切变，以及飞机颠簸、飞机积冰和台风（热带风暴及航路或机场区域大面积雷雨）。前四类现象，是严重影响飞机在机场起落的恶劣天气；后三类现象，则不但强烈影响飞机的航线飞行，也严重妨碍飞机的起飞、着陆。

对于飞机颠簸，飞行签派员应在放行飞机前，详细了解飞行区域内或航线上产生颠簸的可能性，向机长通报，以免飞机进入强阵性气流地区；在 JetPlanner 软件中预计颠簸等级达到“6”以上时，必须对机组进行提示，如果判定无法飞越或绕过颠簸区，则禁止放行。

为了预防飞机积冰，飞行前，飞行签派员和机长应详细研究天气，着重了解飞行区域的云、降水和气温分布情况，判明飞行中可能发生积冰的区域，确定绕过积冰区的途径；或者在必须通过积冰区时，选择积冰最弱和通过积冰区时间最短的航线；当航路上外界温度过低时，需考虑油箱中积冰导致机组降低高度、改航、加速等导致额外的燃油消耗。

5. 备降场的选择

根据相关要求选择备降场。

6. 航行要素的分析

综合分析航路图，进/离场图等确定最优航路。

7. 航路资料查找

查找航路点，航段长度，磁航向，航路代号等。

8. 航路资料总结

（1）根据航路资料，计算总航程、平均磁航向；

（2）根据高度层分配表及高空风资料确定最优巡航高度；

（3）根据所选高度层，确定高空风、气温及 ISA 偏差。

9. 一般飞行计划的制订

根据已知的商载计算油量和时间。

10. 详细飞行计划的制订

根据所需的燃油量计算上升、巡航和下降各个阶段及各航路点之间的所需燃油和时间。

11. 准备签派放行单及 FPL 报

（1）签派放行单应包含下列内容：

—飞机的国籍标志、登记标志、制造厂家和型号；

—承运人名称、航班号和计划起飞时间；

—起飞机场、中途停留机场、目的地机场和目的地备降机场；

—运行类型说明，如仪表飞行规则、目视飞行规则；

—最低燃油量；

—航路（仅适用于补充运行）；

—机组名单（仅适用于补充运行）；

—机长和签派员的签字。

（2）签派放行单示例：

CLR
HU7861/09MAR 0421Z A319 B6211
CREW:LIZHIQIANG/LILEI/WANGSHAI
DEP:XIY DEP ALTN:INC RTE ALTN:CGO
DEST:HGH ALTN:SHA/HFE
FLIGHT RULE:IFR
TRIP FUEL:3807KGS/8393LBS
TOTAL FUEL:8400KGS/18519LBS
DISPATCHER:HUAFEN TEL:0898-65756521
CAPTAIN SIGNATURE:
SI:CFP

8.2 飞行计划案例

下面通过一个案例说明制订一般飞行计划的具体过程。

案例：航班 3U32，成都（ZUUU）—杭州（ZSHC），杭州萧山机场标高为 23 ft，预计起飞时间 7 月 2 号 5 点 25 分，巡航速度 M.78，机型 A320，DOW = 43 100 kg，MTOW = 73 500 kg，MLW = 64 500 kg，MZFW = 61 000 kg，旅客人数为 102 人（每位旅客按 75 kg 计算），货物 6 300 kg，飞机状况无故障，无重要航行通告，天气信息见附录 2.8（计算中只给出了起飞机场到目的地机场的详细信息，备降信息采取类似的方法，为了减少重复内容，本书只给一个备降信息结果）。

根据上述条件制订飞行计划的步骤如下：

（1）分析飞机状况，适航。

（2）分析航行通告。

（3）天气状况分析：起飞机场有小雷阵雨，需提醒机组注意，目的地机场天气状况良好，根据附近机场天气条件分析选择南京（ZSNJ）和合肥（ZSOF）为目的地备降场。

（4）航行资料分析：通过查找航图和 NOTAM，确定航路信息，如附录 2.9 所示。

（5）航路资料小结：通过附录 2.9 计算航路总距离、平均磁航向，并根据航路走向和最低航路高度、气象资料确定所飞高度层，同时计算航路风的平均磁航向、风速和气温，从而确定风的分量和气温偏差。

① 航路总距离。

成都—杭州：1 006 n mile。

杭州—合肥：250 n mile（备降距离按最远备降场计算）。

② 平均磁航迹。

成都—杭州：

$$(55+56+104+140+75+141+105+126+98+84+72+50+49+100+72+65+67)/17=86^\circ$$

杭州—合肥：299°

③ 高度层（查高度层分配表附录 2.10）。

成都—杭州：FL311（向东）

杭州—合肥：FL138（向西）

④ 根据选取的航路点的地理位置查高空风图，各点在 FL311 上的风向风速气温如表 2.8.1 所示，通过计算可得

成都—杭州：平均真风向为 208°，平均风速为 12 kt，平均气温为 – 29.8 °C。

杭州—合肥：平均真风向为 290°，平均风速为 10 kt，平均气温为 3 °C。

表 2.8.1　各航路点的风向风速和气温值

航路点	气温/°C	风向/(°)	风速/kt
FLG	– 29	250	15
SAKPU	– 29	230	10
P127	– 29	220	10
DYG	– 29	100	15
LLC	– 29	060	15
ZK	– 30	040	10
KHN	– 31	340	10
P263	– 31	320	10
TXN	– 31	310	15

⑤ 查看航图得成都—杭州的平均磁差为 $(2+3+4)/3=3$ °W，杭州—合肥平均磁差为 4 °W。

⑥ 航路风的平均磁风向为

成都—杭州：211°

杭州—合肥：294°

⑦ 查找风的分量图（附录 2.11）确定出风的分量值。

成都—杭州：7 kt

杭州—合肥：– 9.5 kt

⑧ 计算 ISA 偏差。

成都—杭州：ISA + 17

杭州—合肥：ISA + 15

（6）制订燃油计划。

① 计算无燃油重量 $ZFW = 43\ 100 + 102 \times 75 + 6\ 300 = 57\ 050$ (kg)，小于 MZFW。

② 根据等待结束的重量 ZFW 和等待高度 1 709 ft（合肥机场标高为 209 ft），利用附录 2.5 计算 30 min 等待燃油约为 1 089 kg。

③ 根据附录 2.6 将备降距离的地面距离转换为空中距离为 257 n mile。

④ 根据附录 2.4 确定备降时间为 51 min，备降燃油为 $2\ 081 + 13 \times (58.1 - 55) = 2\ 121$ (kg)。

根据手册中提供的温度修正公式 0.015 (kg/°C/n mile) × ΔISA(°C) × 空中距离(n mile)得温度修正量为 $0.015 \times 15 \times 257 = 58$ (kg)。

所以备降燃油为 $2\ 121 + 58 = 2\ 179$ (kg)

⑤ 计算不可预期燃油，先按 15 min 等待油计算。

根据等待结束的重量 57 050 + 1 089 + 2 179 = 60 318 (kg)，等待高度为 23 + 1 500 = 1 523 (ft)，查附录 2.4 得燃油流量约为 1 133 kg/h/ENG。

15 min 等待油约为 1 133 × 2 × 15/60 = 567 (kg)。

⑥ 根据附录 2.6 将航程的地面距离转换为空中距离为 1 006 − 100 × 7/50 = 992 (n mile)。

⑦ 根据附录 2.12 确定航程时间和航程燃油。

飞机在目的地机场的着陆重量为 60 318 + 567 = 60 885 (kg)，小于最大着陆重量。

查附录 2.12 得航程时间为 2 h 34 min，航程燃油为 5 805 + 58 × (60.885 − 55) = 6 146 (kg)。

根据手册中提供的温度修正公式 0.015 (kg/°C/n mile) × ΔISA(°C) × 空中距离 (n mile) 得温度修正量为 0.015 × 17 × 992 = 253 (kg)。

所以航程燃油为 6 146 + 253 = 6 399 (kg)，航程燃油的 10% 大于 15 min 等待，所以需要重新计算不可预期燃油。

根据目的地机场重量 60 318 kg，计算航程燃油为 5 805 + 58 × (60.318 − 55) = 6 114 (kg)。

根据温度修正公式 0.015 (kg/°C/n mile) × ΔISA(°C) × 空中距离 (n mile) 得温度修正量为 0.015 × 17 × 992 = 253 (kg)。

所以航程燃油为 6 114 + 253 = 6 367 (kg)，不可预期燃油为 637 kg。

⑧ 滑行燃油为 11.5 × 12 = 140 (kg)（按 12 min 计算）。

APU 耗油为 130 × 1 = 130 (kg)（按 1 h 计算）。

⑨ 停机坪总油量为 1 089 + 2 179 + 637 + 6 367 + 140 + 130 = 10 542 (kg)。

停机坪重量为 57 050 + 10 542 = 67 592 (kg)。

起飞重量为 67 322 kg。

⑩ 爬升、下降修正。

查附录 2.13 可得爬升燃油修正量为 900 kg，时间修正量为 4 min。

查附录 2.14 可得下降燃油修正量为 275 kg，时间修正量为 10 min。

⑪ 最终停机坪总油量为 10 542 + 900 + 275 = 11 717 (kg)。

起飞重量为 67 322 + 900 + 275 = 68 497 (kg)，小于最大起飞重量。

⑫ 查爬升性能图表附录 2.15，可得爬升所需时间为 18 min，燃油消耗 1 614 kg，空中距离为 111.4 n mile。

则飞机到达爬升顶点 TOC 的重量为 68 497 − 1 614 = 66 883 (kg)。

⑬ 根据附录 2.16 查巡航时的燃油流量为 1 320 kg/h/ENG。

⑭ 根据目的地机场着陆重量查附录 2.17 确定下降所需时间为 15 min，燃油消耗 158 kg，下降距离为 88.6 n mile。

根据温度偏差修正后得下降所需时间为 16 min，燃油消耗 169 kg，下降距离为 95 n mile。

（7）详细飞行计划的制订：根据每个航段的航行资料计算相应的航程时间、燃油，最后得出总时间和燃油，见附录 2.18。

ZUUU—TOC：即爬升段，由第（6）步可知其航程为 111.4 n mile，时间 18 min，燃油消耗 1 614 kg。

TOC—TOD：按照下述方法计算每段所需时间和燃油。

① 根据马赫数、气温计算真空速。

计算可采用下列公式：

$$\text{TAS} = M \times 20.1 \times (\text{t} + 273)^{0.5} \times 3.6/1.852$$

② 根据真空速、风分量计算地速。

③ 根据航段距离和地速可得到时间。

④ 根据时间、燃油流量可得到耗油量。

TOD—ZSHC：即下降段。由第（6）步可知下降所需时间为 16 min，燃油消耗 169 kg，下降距离为 95 n mile。

计算总时间为 136 + 12 = 148 (min)，即 2 h 28 min。

总燃油为 6 325 + 633 + 1 089 + 2 179 + 140 + 130 = 10 496 (kg)。

复习思考题

1. 简述详细飞行计划的制订过程。
2. 在航路资料查找阶段需要记录哪些数据？
3. 如何计算平均风速？
4. 如果所选航路上有严重颠簸，应如何考虑加油量？
5. 由马赫数怎么计算真空速？

第 9 章　特殊飞行计划的制订

为了保证飞行的安全和效益，在某些特殊条件下，需要制订更加复杂而精确的飞行计划。从飞行运行的特殊性和飞行计划制订的差异性角度考虑，本书主要介绍了目的地机场不能加油、利用燃油差价、含有 MEL/CDL 项目、二次放行和 ETOPS 飞行几种特殊飞行计划的制订方法及注意事项。

燃油差价

9.1　目的地机场不能加油的飞行计划

在国内，有个别机场不能为飞机加油，飞到这种机场的飞机必须携带回程所需燃油。下面简要介绍一下当目的地机场不能加油时的飞行计划的基本规定和方法。

设飞机由起飞机场 DEPART 出发飞往不能加油的目的地机场 DEST1，其备降场为 ALT1。正常情况下飞机在目的地机场 DEST1 着陆并滑入停机坪上，下旅客和货物，然后再上旅客和货物，然后再滑到跑道上起飞飞往第二个目的地机场 DEST2（也可以是起飞机场 DEPART），其备降场为 ALT2，如图 2.9.1 所示。

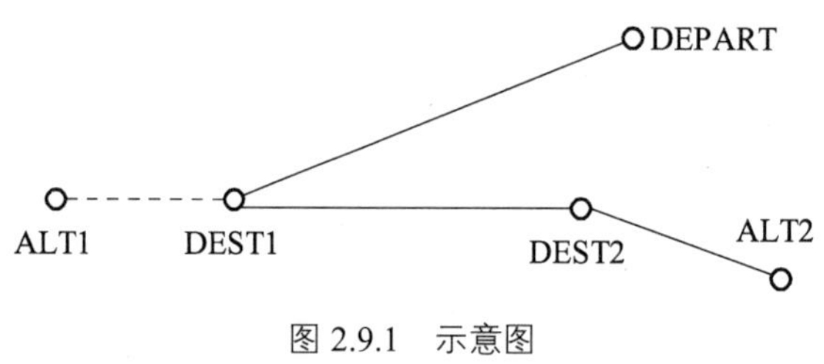

图 2.9.1　示意图

在 DEST1 停机坪上剩余的燃油量应等于 DEST1 起飞到 DEST2 备降 ALT2 的燃油量。具体计算方法是先从 ALT2 往回计算到 DEST1 的停机坪，实际上就得到了从 DEST1 起飞到 DEST2 备降 ALT2 的飞行计划，把计算出的这部分油量作为由 DEPART 到 DEST1 的备份油量，再由 DEST1 的停机坪往回计算到 DEPART 的停机坪。这样就得到了由 DEPART 起飞的飞行计划总油量。它一般大于由 DEPART 起飞到 DEST1 备降 ALT1 的总油量。如果不能判断，则应做出由 DEPART 起飞到 DEST1 备降 ALT1 的飞行计划，以两个飞行计划中总燃油量较大的一个作为从 DEPART 起飞应加的燃油量。

9.2　利用燃油差价飞行计划

受地域和机场环境影响，世界各地的机场燃油价格都不一样。当从油价低的机场飞往油价高的机场时，如果能够多带油，使得在目的地机场不加油或少加油，则有可能节省燃油费用，当两地燃油价格相差较大时，则能节省燃油成本，给公司带来一定的经济效益。

能否利用燃油差价需要考虑 4 个问题：

（1）对一个航班来说能不能多带油；

（2）如果能，能多带多少油；

（3）多带油是否能节省燃油成本；

（4）如果能，能产生多大的经济效益。

此外，还可以进一步研究多带多少油最划算、节省的燃油费用最多，为满足下一航班的需要应该多带多少油等问题。

在 Boeing 飞机的手册上给出了几张图，用来解决利用燃油差价的问题。图 2.9.2 是根据航程的空中距离、巡航高度、不多带油时的着陆重量来确定多带油在到达目的地机场时所消耗的百分比。图 2.9.3 是根据多带的油在到达目的地机场所消耗的百分比和起飞机场的油价来确定目的地机场的保本油价。图 2.9.3 与机型无关，是按下面公式计算出来的。

$$P_{df} = P_{tf} /(1 - X\%) \tag{9-1}$$

式中　P_{df}——目的地机场的保本油价；

P_{tf}——起飞机场的油价；

$X\%$——多带的燃油消耗的百分比。

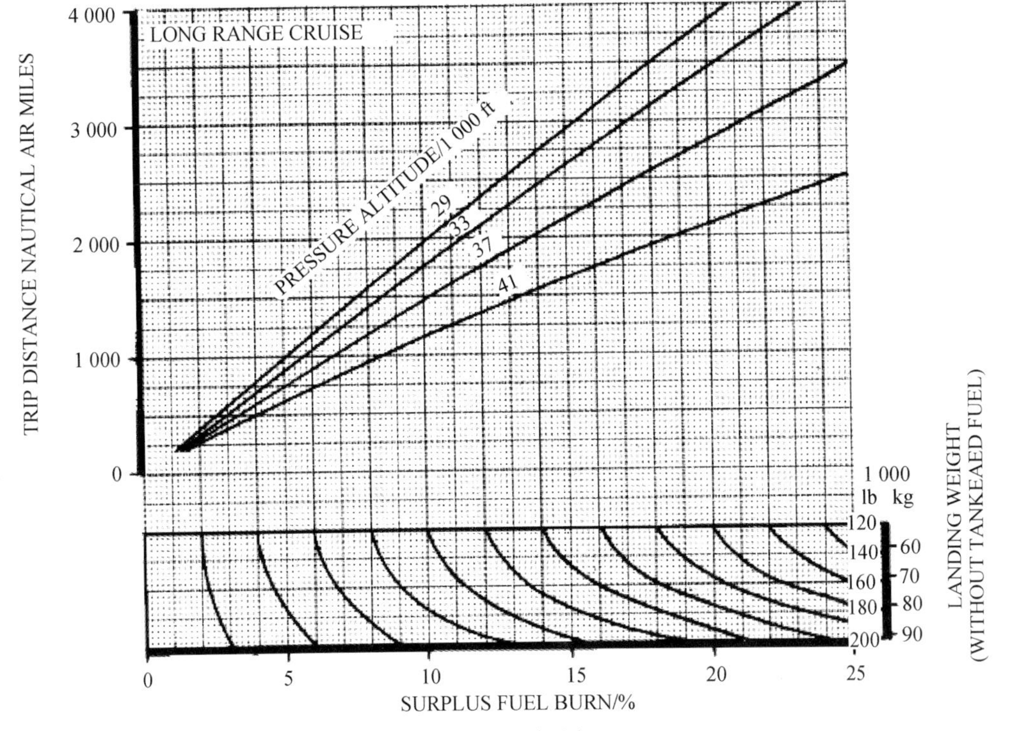

图 2.9.2　多带燃油消耗百分比

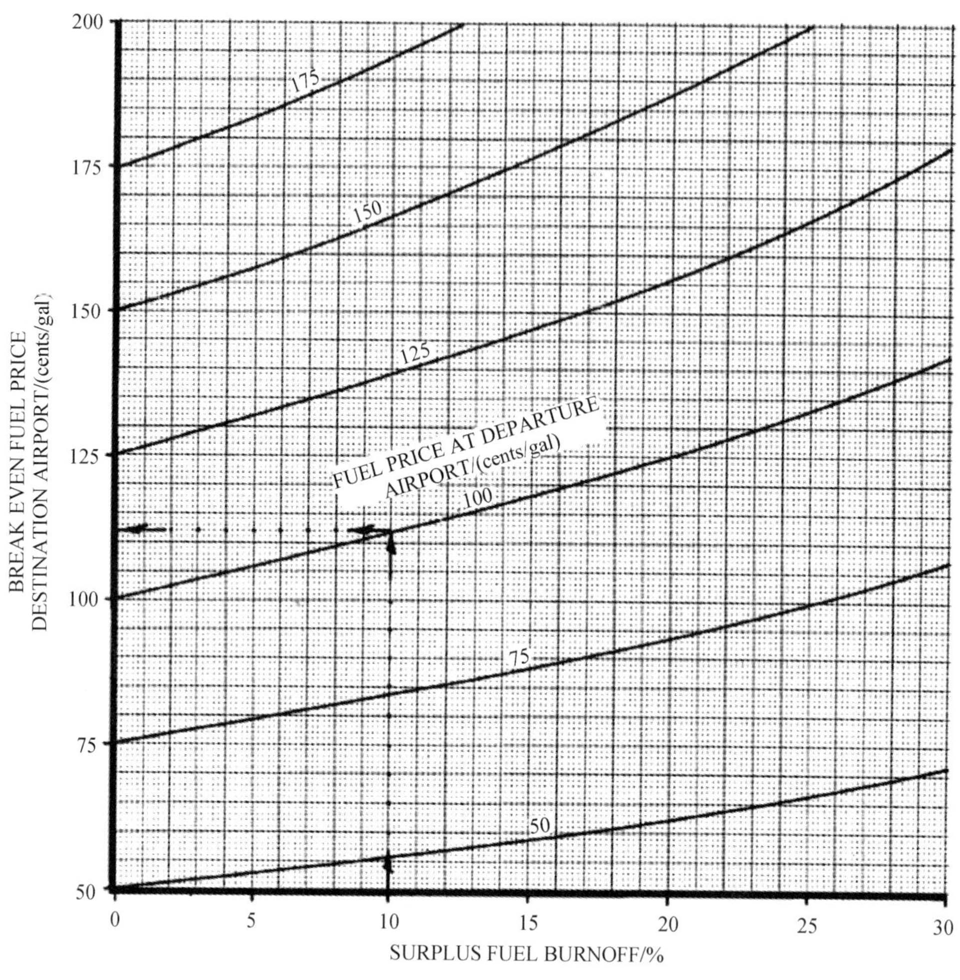

图 2.9.3　目的地机场的保本油价

利用这几张图可粗略地计算出利用燃油差价产生的经济效益，方法如下：

（1）先做出不多带油的飞行计划，若满足：

$$\text{TOW} < \text{MTOW}，且$$
$$\text{LDW} < \text{MLDW}，且$$
$$\text{ALW} < \text{MALW}，且$$
$$\text{RF} < \text{FTC}$$

才能多带油，否则不能多带油。上式中 ALW、MALW、RF 和 FTC 分别为备降场着陆重量、备降场最大着陆重量、停机坪油量和油箱容纳的最大油量。

（2）在能多带油时，根据巡航高度、该高度上的风、巡航速度、航程、飞机重量估算所飞的空中距离，然后根据图 2.9.2 确定多带的燃油消耗百分比 $X\%$，根据图 2.9.3 确定目的地机场的保本油价 P_{df}。当目的地机场的油价 P_d 大于 P_{df} 时，多带燃油才会产生经济效益。否则由于路途遥远消耗的燃油过多，并不划算。

（3）确定可多带的燃油量。

首先计算　$\Delta F_T = \text{MTOW} - \text{TOW}$

$$\Delta F_D = \text{MLDW} - \text{LDW}$$

$$\Delta F_A = \text{MALW} - \text{ALW}$$

$$\Delta F_R = \text{FTC} - \text{RF}$$

然后分 3 种情况讨论：

① 若 ΔF_T 或 ΔF_R 最小，令 $\Delta F' = \min(\Delta F_T,\ \Delta F_R)$，即为起飞多带的油量。

由式（9-2）计算多带的油在目的地机场所剩余的数量 $\Delta F''$，$\Delta F''$ 必小于 ΔF_D。

$$\Delta F'' = \Delta F' \times (1 - X\%) \tag{9-2}$$

② 若 ΔF_D 最小，由式（9-3）计算起飞时应多带的油量 $\Delta F'$。

$$\Delta F' = \Delta F_D \div (1 - X\%) \tag{9-3}$$

如果 $\Delta F' \leqslant \Delta F_T$ 和 ΔF_R，ΔF_D 即起飞多带的油 $\Delta F'$ 在目的地机场所剩余部分 $\Delta F''$。

如果 $\Delta F' > \Delta F_T$ 或 ΔF_R，则 ΔF_T 或 ΔF_R 中的较小者即为起飞多带的油 $\Delta F'$，然后根据式（9-2）计算 $\Delta F'$ 在目的地机场所剩余部分 $\Delta F''$。

③ 若 ΔF_A 最小，可以利用图 2.9.2 确定在目的地机场飞往备降场时多带的油的消耗百分比 $Y\%$，由 $\Delta F' = \Delta F_A / (1 - X\%) / (1 - Y\%)$ 计算起飞应多带的燃油 $\Delta F'$，由 $\Delta F'' = \Delta F_A / (1 - Y\%)$ 计算多带的油在目的地机场剩余的量 $\Delta F''$，$\Delta F''$ 应小于 ΔF_D，$\Delta F'$ 应小于 ΔF_T 和 ΔF_R，否则按式（9-2）和式（9-3）确定起飞时多带的油及在目的地机场的剩余油量。但一般备降机场的最大允许着陆重量 MALW 与 MLDW 相同或稍小些，因此一般不会受此限制。

设 P_{tf} 为起飞机场油价，P_{def} 为目的地机场油价，则所能产生的经济效益为

$$SS = \Delta F'' \times P_{def} - \Delta F' \times P_{tf} \tag{9-4}$$

【例 9-1】 假设 B757-200 执行国内某航班，航程为 1 000 n mile，LRC 巡航，FL300，逆风 50 kt，ISA；备降距离为 200 n mile，LRC 巡航，FL250，静风，ISA。机场标高均按 0 计算。已知 DOW = 128 000 lb，MZFW = 184 000 lb，商载 PL = 52 000 lb，最大油箱容量为 73 300 lb，MTOW = 240 klb，MLDW = 198 klb，MALW = 198 klb，$P_{tf} = 2\ 000$ 元/t，$P_{df} = 3\ 000$ 元/t，用简化图表确定利用燃油差价的效益。

首先利用简化图表计算不利用燃油差价的飞行计划：

（1）计算飞机在备降场的着陆重量 ZFW = 128 000 + 52 000 = 180 000 (lb)。

查图（附录 2.19）得最后储备燃油约为 3 667 lb。

（2）根据附录 2.20 计算备降时间为 0.62 h，备降燃油为 5.0 klb。

（3）计算不可预期燃油，先按 15 min 等待计算。

根据重量 180 000 + 3 667 + 5 000 = 188.7 (klb)，FL15，查表（附录 2.19）得 15 min 等待燃油约为 1 894 lb。

（4）根据重量 190.6 klb，FL300，逆风 50 kt，航程 1 000 n mile，查图（附录 2.21）得航程燃油为 21.2 klb，航程时间为 2.8 h。航程燃油的 10% 大于 15 min 等待燃油。故需要重新计算航程燃油和不可预期燃油。

根据重量 188.7 klb，FL300，逆风 50 kt，航程 1 000 n mile，查图（附录 2.21）得航程燃油为 21.0 klb，航程时间为 2.8 h。不可预期燃油为 2.1 klb。

（5）计算总油量为 3 667 + 5 000 + 210 000 + 2 100 = 31 767 (lb)。

$$\text{TOW} = 180\ 000 + 31\ 767 = 211\ 767\ (\text{lb})$$

因为 TOW < MTOW，LDW < MLDW，ALW < MALW，起飞油量 < 油箱最大油量，故可多带油。

计算 $\Delta F_{\mathrm{T}} = \mathrm{MTOW} - \mathrm{TOW} = 28\ 233\ (\mathrm{lb})$

$\Delta F_{\mathrm{D}} = \mathrm{MLDW} - \mathrm{LDW} = 7\ 233\ (\mathrm{lb})$

$\Delta F_{\mathrm{A}} = \mathrm{MALW} - \mathrm{ALW} = 12\ 233\ (\mathrm{lb})$

$\Delta F_{\mathrm{R}} = \mathrm{FTC} - \mathrm{RPF} = 41\ 533\ (\mathrm{lb})$

（6）计算巡航平均重量约为 200 klb，查表（附录 2.22）得平均真空速为 442 kt，则空中距离 NAM = 1 000 × 442/(442 − 50) = 1 128 (n mile)，由图 2.9.2 查得多带油消耗的百分比为 8.5%。

$$P_{\mathrm{df}} = 2\ 000/(1-0.085) = 2\ 186\ (\text{元}/\mathrm{t})$$

由于 $P_{\mathrm{def}} > d_{\mathrm{df}}$，故多带油能产生经济效益。

（7）由于 ΔF_{D} 最小，取 $\Delta F'' = \Delta F_{\mathrm{D}}$，计算 $\Delta F' = 7\ 233/(1-0.085) = 7\ 905 < \Delta F_{\mathrm{T}}$ 和 ΔF_{R}，即起飞多带油量为 7 905 lb，着陆时剩余油量为 7 233 lb，可节省燃油费：

$$SS = (7\ 233 \times 3\ 000 - 7\ 905 \times 2\ 000)/2\ 204.6 = 2\ 671\ (\text{元})$$

注意，手册上指出对于多带油而降低了巡航高度的情况图 2.9.2 是不适用的。

虽然多带油可以节省燃油成本，但也会增加维护成本。因为起飞重量增大，减推力起飞时减推力程度减小，发动机磨损增大；同时，多带油使巡航重量、着陆重量增加，所需推力增加，发动机磨损增大，着陆后反推、刹车使用得多，这些部件损耗增加，使得维修成本提高。这种影响难以量化。另外，空中距离的估算也会使实际经济效益产生偏差。

9.3 含有 MEL/CDL 项目的飞行计划

在实际制订飞行计划的过程中，航行通告及飞机的故障保留项目（MEL 项目）是影响飞行计划的重要因素。它们不仅可能影响到航路、备降机场的选择，而且还影响关系到飞机的载量限制，有时甚至决定一个航班能否正常执行。因此，在制订计划时，必须严格检查通告及 MEL 项目对适航的限制，下面首先对 MEL/CDL 做一个简单介绍。

9.3.1 MEL/CDL 介绍

最低放行设备清单（Minimum Equipment List，MEL）是由 FAA 于 1953 年首次提出的，它突破了传统适航理论中关于“禁止航空器带故障放行”的观念，使航空公司在组织运营上具有更大的灵活性，因而得到了广泛应用。其重要性可以概括为以下几点：

（1）通过规范航空器的带故障放行，制订严格的限制条件和工作程序，从而保证了飞行安全。

（2）由于允许航空器在一定的条件下带故障放行，从而提高了飞机的利用率和航班正点率，为航空公司降低运营成本，提高服务水平创造了条件。

（3）使飞机的维护换件工作可以在更有计划的条件下进行，减少了航材储备，降低了维护成本。

构型缺损清单（Congfiguration Deviation List，CDL）是经过局方批准的 AFM（Airplane Flight Manual）手册的一个附件，其构型是经过适航审定的。因此，其缺损的部件是没有修复期限的限制的。

9.3.1.1　术　语

（1）主最低设备清单建议书（PMMEL）：是由制造厂家或运营人起草的主最低设备清单的草稿，提交给飞行运行评审委员会作为制定主最低设备清单的基础。

（2）主最低设备清单（MMEL）：民航总局批准的在特定运行条件下可以不工作仍能保持可接受的安全水平的设备项目清单。MMEL这些设备项目部工作时航空器运行的条件、限制和程序，是运营人制定各自最低设备清单的依据。

（3）最低设备清单（MEL）：运营人依据MMEL并考虑到航空器的构型、运行程序和条件，为其运行所编制的设备项目清单。MEL经局方批准后，允许航空器在规定条件下，所列设备项目不工作时继续运行。MEL应当遵守相应航空器型号MMEL的限制，或者比其更为严格。

（4）航空器评估组（AEG）：是以组织评审委员会的方式，对航空器有关的持续适航文件、运行配置、机组和执照训练要求、MMEL等文件进行评审的机构。

（5）飞行运行评审委员会（FOEB）：由具体负责航空器型号审定的当局有关人员组成的委员会，由运行、电子、维修监察员和航空器型号审定专家组成，负责制定或修订MMEL。

（6）日历日：基于世界时或当地时间（由运营人选择其一），从午夜到次日午夜的24 h时间段。

（7）不工作：某一系统或者其部件因发生故障已不能完成预定的任务，或者不能按照它原来经批准的工作极限或容差范围持续正常地工作。

（8）运行规范：依照《中国民用航空规章》对运营人运行合格审定后颁发的运行批准、标准和限制

9.3.1.2　使　用

1. 故障的探测

飞机的故障可以通过以下4种途径获得：

（1）通过发动机/警告显示器上的ECAM信息探测到故障。

（2）其他的驾驶舱影响（FDE）探测到故障。

一次驾驶舱影响（FDE）是指飞行机组可以在驾驶舱中确定的事件。一次驾驶舱影响（FDE）可以是：

① 触觉：抖杆器表示即将出现的失速状态。

② 语音：通过扩音器传到驾驶舱的声音。

③ 目视：局部警告，如显示器灯光、磁显示仪、旗标等。

（3）通过观察探测到故障。

飞行机组、客舱机组或维护人员都可以报告观察情况。例如：飞行机组在外部检查期间，发现主轮上遗失了一个连接螺栓。

（4）通过集中故障显示系统（CFDS）、中央维护系统（CMS）、系统机内自测探测到故障。

2. 故障的报告

故障的报告也有4种形式。

（1）飞机驾驶舱/客舱记录本。

飞行/客舱机组在飞机记录本上记录在飞行期间所有影响驾驶舱/客舱的故障以及非正常事件。

（2）维护报告。

维护人员在计划检查期间发布一个维护报告。此报告包括了所有的报告故障和在检查期间执行的所有措施。

（3）航后报告。

每次航班结束后，都会打印一份航后报告（PFR），记录集中故障数据系统（CFDS）、中央维护系统（CMS）探测到的并且发生在启动第 1 台发动机 + 3 min 和 80 n mile/h 的着陆速度 + 30 s 之间的所有故障。

3. 确　认

只有在确认了一个故障后，才可以在地面使用最低设备清单。飞行机组或航线维护工作组可以通过下列方式确认故障：

① 查阅记录本的录入。

② 分析航后报告（PFR）：这包括联系驾驶舱效应和航后报告（PFR）的代码。

③ 一个系统测试。

4. 查找 MEL

MEL/CDL 中对飞行计划有重要影响的内容主要是空调等的故障。

9.3.1.3　MEL/CDL 政策

（1）使用最低设备清单/构型缺损清单（MEL/CDL）使飞行机组在设备项目失效时可利用其余的系统和设备。在确保安全的前提下，最大限度地提高飞机利用率，为公司创造效益。该飞机按照《最低设备清单》和《运行规范》中的所有适用条件与限制实施运行。

（2）MEL 手册是飞机在遇到有不工作设备和系统的放行指南；CDL 手册是飞机在遇到有缺少飞机次要部件时的放行指南。

（3）MEL/CDL 手册只是用于决定放行的条件，而不是维护标准。MEL 内的条文并不是作为在不正常或紧急情况下解决飞行中的问题而设计的。MEL/CDL 内的资料可能对飞行有帮助，但不是让机组人员在飞行中按照其内容取消或改变其他飞行程序。

（4）如出现飞机上的 MEL/CDL 内容与维修部门和飞行签派员所持手册内容不同时，应以最新版本为准。遵守 MEL 的同时，必须遵守《飞机飞行手册》和“适航指令”的限制要求。

（5）飞行前使用 MEL/CDL 以决定：

① 飞机放行的条件。

② 部件失效时飞机的操作程序和限制。

（6）MEL/CDL 适用于经营性飞行。对非经营性飞行（如调机、训练、试飞等）可参考 MEL/CDL 或由机组人员、维护人员和签派员商讨决定。

9.3.1.4　MEL/CDL 的结构

1. MEL 结构

MEL 结构示意图如表 2.9.1 所示。

表 2.9.1 MEL 结构表

某航空公司最低设备清单				
机型 BOEING737	修改版次：9 出版日期：01/10/2015		页码： 22-1	
0 系统号 项目 次序号	1. 修复期限	2. 安装数量	3. 放行数量	4. 故障放飞例外规定
22 自动飞行 &1 自动驾驶系统				除延程（ER）飞行外，其他情况允许失效，但要求： （1）最低进近标准不要求使用自动驾驶； （2）巡航操作不要求使用自动驾驶； （3）航段数量和持续时间可被机组接受； （4）RVSM 航路操作中必须有一套工作正常。 注：① 应尽力及早将自动驾驶修好，并在放行中考虑天气、交通密度和其他失效系统的影响等因素。 ② 可以使用任何功能正常的方式

2. MEL 结构说明

（1）“系统”说明。

各系统的序号都根据美国航空运输协会 ATA 100 的规范制定，各个项目号也都按顺序编号。

①“系统和序号”（第 1 栏）是指包含在系统内的设备、系统、部件或其有关功能。

②“安装数量”（第 3 栏）是指航空器上通常安装的数量。此数字代表着制订本 MMEL 时作为依据的当时航空器上的实际布局。如某些设备项目是属于不能固定的可变数（如客舱内设备部件等），可以不将它的数字列出。

③“签派或者放行所需数量”（第 4 栏）是指航空器签派或者放行所需的最低数量。但这时必须注意要遵守第 5 栏中所规定的一些备注和例外要求。

注：如在 MMEL 上对签派或者放行所需要的是不固定的可变数，这时运营人编写的最低设备清单 MEL 上必须记载为签派或者放行所需要的实际数量，或者反映经局方批准的对结构布局进行控制的可供替用的措施计划。

④“备注和例外”（第 5 栏）这一栏内应写明对特定数量的失效（不工作）设备项目。如做出禁止使用或允许使用的说明、对飞行的附加条件和限制，以及相应的备注说明内容。

⑤ 在每页的右侧边缘处有时划有一条垂直线（修改指示条）。这表明就在这一页上邻近的左侧正文内已做出有关修改、增加或删除等修改内容。但这一修改指示条在该页进行下一次修改时就自行消去。

（2）“按照规章的要求”是指此设备项目应受中国民用航空规章中某些特殊条款（限制或允许）的约束。在《中国民用航空规章》中有明确规定的需要设备项目数量必须正常工作。如列出的设备项目不属于《中国民用航空规章》所必需的，则该部件在限定修复的期限内可以不工作。

（3）在每个列出的设备项目失效（不工作）时，应当挂上标牌以通报或提醒飞行组和维修人员注意其技术状况。

注：标牌应按实际可能安置在邻近有关失效件操纵或指示器位置旁边。除非另有规定，通常标牌的用词和安装位置可以由运营人自行决定。

（4）在第 3 栏内和/或第 4 栏内的“—”符号表示该设备项目的安装数量不定。

（5）在“备注和例外”栏内某一顺序设备项目之后有“删除”字样时，表明该设备项目以前确曾列出可作失效签派或者放行，但目前如果该设备项目安装在航空器上，则要求其必须能够正常工作。

（6）“ER 延长航程运行”是指一架双发动机航空器做延长航程飞行，但必须具有做延长航程（ER）运行的型号设计批准，并能符合有关规章条款的规定。

（7）“飞行日”是指基于世界时或当地时间（由运营人选择其一），从午夜到次日午夜的 24 h 时间段，并且在此期间应对有关航空器至少安排一次飞行。

（8）“结冰条件”是指有可能导致在航空器或发动机上结冰的大气环境。

（9）在第 5 栏内的字母符号是指在飞行中有关列出设备项目失效时，必须遵守的条件或限制内容。

（10）“不工作”是指某一系统或者其部件因发生故障已不能完成预定的任务或者不能按照它原来经批准的工作极限或容差范围持续正常地工作（有些系统已经考虑了容错设计，由数字计算机监控，并且将故障信息传输到中央计算机，以提供维修信息。这类信息的出现不意味着系统“不工作”）。

（11）第 5 栏的“备注和例外”中的备注内容可以为飞行机组或维修人员提供额外信息作为参考。这些备注是用来识别可协助执行有关规定的相应资料，但不能将其用来减轻或解除使用部门应该遵守有关规定的责任。备注不是限制性条件的一部分。

（12）“不工作系统中的一些不工作部件”是指某一跟该系统直接相关的部件，除了支持此系统外别无其他功用的不工作部件（除非按照 MMEL 特别规定辅助替用措施，否则要求失效系统的有关警告、警戒功能必须能正常工作）。

（13）“（M）”符号表示对设备项目清单中相应设备项目失效时，在飞行前应当完成的某项特定维修程序规定的内容。通常情况下，这些程序是由维修人员来完成的；但其他合格人员经授权也可以完成某些工作。对于有些需要具有专业技术知识或需要使用工具或测试设备的维修工作，则应当由维修人员来完成。无论由谁来执行此程序，运营人都应该负责监督完成所有的工作。要求将相应程序印发出来作为运营人编写的手册或 MEL 的一部分来使用。

（14）“（O）”符号是表示对设备项目清单中相应设备项目失效时，在做飞行计划或飞行操作中应当完成的特定工作程序。通常条件下，这些程序应由飞行机组来完成；但其他合格人员经授权也可以完成某些工作。无论由谁来执行此程序，运营人都应该负责监督完成所有的工作。要求将相应程序印发出来作为运营人编写的手册或 MEL 的一部分来使用。

注：在运营人编制的 MEL 中规定应当有（M）和（O）的符号设备项目，除非经局方批准才能例外。

（15）“使失效”和“固定”是指为了安全飞行起见，应将指定的零部件进行合适的安置。运营人可以自己制定为固定或使部件失效的具体方法。

（16）“目视飞行规则”（VFR）见《中国民用航空规章》第 91 部所规定的内容。这将导致有关飞行机组不必制订仪表飞行规则（IFR）的飞行计划。

（17）“目视气象条件”（VMC）是指大气条件良好，该次飞行可允许使用适合目视飞行的飞

行规则。但这样做并不妨碍在仪表飞行规则的指导下飞行。

（18）“可见湿度”是指可以通过自然或人工光源可见到大气环境中含有任何方式的水分；例如，有云层、雾、雨、冰雹、雨夹雪或雪花等。

（19）“乘客便利项目”是指有些可以为乘客提供方便、舒适或娱乐的设备项目部件。例如，厨房设备、电影设备、烟灰缸、立体声播音设备、旅客头顶照明阅读灯等。

（20）对失效部件限定修复期限：所有经 CCAR-121 部、CCAR-135 部批准运营人的 MEL 使用部门，对按照 MEL 保留的故障尚未修复的设备项目，都应该遵照如下字母规定修理期限类别，并应在限定日期到达之前完成修复工作。

“A”类：该类项目应在运营人经批准的 MEL 的备注和例外栏内所限定的期限以前完成修复工作。

“B”类：该类项目应在 3 个连续的日历日（72 h）内完成修复工作，但这不包括在航空器维修记录、飞行记录本上进行故障记载的那一天。例如：如果故障是在 1 月 26 日上午 10 点做的记录，则所谓 3 天期限从 26 日的午夜开始起算，到 29 日的午夜结束。

“C”类：该类项目应在 10 个连续的日历日（240 h）内完成修复工作，但这不包括在航空器维修记录、飞行记录本上进行故障记载的那一天。例如：如果故障是在 1 月 26 日上午 10 点做的记录，则 10 天期限应从 26 日的午夜开始起算，到 2 月 5 日的午夜结束。

“D”类：该类项目应在 120 个连续的日历日（2 880 h）内完成修复工作，但这不包括在航空器维修记录、飞行记录本上进行故障记载的那一天。

（21）第 1 栏中的“＊＊＊”符号是指某一设备项目按照《中国民用航空规章》并不属于必需装用设备项目，但已安装到由本 MMEL 所涉及某些机型以内（该设备项目已装到使用单位的一架或多架航空器上以后，即可将此项列入运营人的 MEL 中，但此时就不必再将此符号列入运营人的 MEL 中。此外，应注意本项说明或使用此符号均不能构成向运营人授权可任意由航空器上拆卸或安装某一设备项目）。

（22）“冗余项目”是指已经装用的某些设备项目属于超出《中国民用航空规章》规定以外的多余项目。

（23）“故障发现日期”是指在航空器维修记录或者其他记录上记载设备项目发生故障的日期。该日期（一天）应从 MMEL 的故障失效修复期限中扣除。

9.3.1.5 MEL 使用的基本原则

（1）MEL 是为特定条件下签派或者放行带有不工作设备项目或功能的航空器运行的一份偏离性文件，对于未包含在 MEL 内，但与航空器适航性有关的所有设备项目，都应当处于工作状态。

（2）对于签派或者放行已经完成，但航空器以自身的动力开始移动前发生的故障或者缺陷，机长应当按照 MEL 进行处理，并且获得新的或者修正的签派或者放行和必要的适航放行，新的或者修正的签派或者放行应当包括有关设备项目不工作的必要限制。

（3）MEL 不适用于处置飞行过程中发生或者发现的故障或者缺陷，一旦航空器以自身的动力开始移动，飞行机组应当按照经批准的飞行手册来处置，并且机长有权力决断是否继续飞行。

（4）注意各部件之间的关联。

当 MEL 允许某一系统不工作时，该系统的单独部件也同样允许不工作；但当 MEL 允许某一系统内的单独部件不工作时，不代表该系统也同样允许不工作。

对于与 MEL 允许不工作的系统相关的警告和提示系统，除非 MEL 明确允许其解除工作，否则必须正常工作。

尽管 MEL 分别允许某些设备项目不工作，运营人应当考虑这些不工作设备项目之间的相互影响、机组工作负荷和飞行限制。

9.3.1.6　CDL 结构和说明

CDL 的结构如表 2.9.2 所示。

表 2.9.2　CDL 结构表

项　目	适用性	安装数量	故障放飞例外规定
23-60-1 静电放电刷	全部 （不带小翼）	18	最多可缺少 6 个静电放电刷而不计性能损失。在每个机翼和水平安定面上至少需要两个放电刷，垂直安定面上至少需要 1 个。对某个仅有两个放电刷的翼面，其中一个必须在翼尖位置或最后缘位置
	-600/700/800/ 900 带小翼	14	最多可缺少 6 个静电放电刷而不计性能损失。在每个机翼上至少需要 1 个放电刷，对于仅有 1 个放电刷的翼面，其必须在最后缘位置。在每个水平安定面至少需要两个放电刷，对某个仅有两个放电刷的水平安定面，其中 1 个必须在翼尖位置或最后缘位置。垂直安定面上至少需要 1 个放电刷

1．限　制

有关的限制条件必须写在一标牌上，并将标牌固定在驾驶舱内机长和其他有关机组成员一目了然之处。飞机因丢失某个部件而需要减少最大使用速度或最大使用马赫数（VMO/MMO）飞行时，在飞行前，必须有适当的备用 VMO 设置。缺失的部件，放行前必须详细列入飞机放行文件，并通知机长，机长应当知道关于缺失部件所采取的每项操作。

操作者应将每次飞行中缺失的部件都记入飞机飞行记录本内。

如果在飞行中又有一部件丢失，在飞机未恢复至 CDL 限制范围之前不能飞离事故发生后降落的机场，但这并不排除签发调机许可证，允许飞机飞到可修理或可换件的地方。除专门指定的组合外，CDL 中任何一个子系统都不得丢失多于一个部件，若无它注，不同子系统的部件不允许丢失。本 CDL 没有提供缺失紧固件时的放行信息。参考结构修理手册（SRM）51-10-05，关于紧固件缺失时允许操作的条件和限制。

2．减　载

除非已事先明确规定，多部件组合缺失时的性能减载均累加计算。对注明“性能损失可忽略”的项目（Where performance penalties are listed as negligible），如缺失项目在三项以内，可不再计算性能减载。若缺失项目超过三项，每缺失一项应减少起飞、着陆和航路爬高限制重量 100 lb（46 kg）。对注明“不计性能损失”的项目（Where performance penalties are listed as no penalty），此项目不管丢失多少，都不再计算减载。

3．改航速度效应

CDL 中列出的航路爬高减载量是基于飞机以最大升阻比飞行时的速度计算的。要计算出在其

他不同速度时改平高度时的减载量，应将 CDL 中列出的航路爬高减载量乘以相应的系数（见表 2.9.3）。

表 2.9.3　CDL 改航速度系数

改航速度	系　数
LRC（远程巡航）	1.50
280 KIAS	3.90
290 KIAS	4.50
310 KIAS	5.40
320 KIAS	6.40

注：KIAS 为飞机的指示空速，以节（kt）为单位。

4．航路燃油里程效应

B737 许多 CDL 项目的阻力效应很小，因此航路燃油里程变化可忽略不计。对于需减少航路爬高重量的项目，可按航路爬高重量每减少 100 lb（不乘系数）燃油里程减 0.25% 来估算增加的阻力。

9.3.2　含有 MEL/CDL 项目的飞行计划案例

下面通过练习说明 MEL/CDL 对飞行计划的影响。

【例 9-2】 CZ3233 航班起飞机场青岛（TAO），目的地长沙（HHA），预计起飞时间 0200Z，机型 B737-300，机号 B2557，DOI = 40，BOW = 72 400 lb，有关信息如下:

（1）终端区 METAR。

ZSJN 220100Z 03004MPS 3600 FG 18/06 Q1026 =

ZSQD 220100Z 01003MPS 1000 R17/0800 BR SCT230 Q1025 =

ZGHA 220100Z 33002MPS 0600 R36/0600N R18/0500N FG Q1019 =

ZHHH 220100Z 14002MPS 0600 RN R22/0600N R04/0400V0500N FG SKC Q1018 =

ZGGG 220120Z 03004MPS 5000 SCT120 17/14 Q1021 =

ZSCN 220120Z 04006MPS 0800 FEW010 OVC100 11/09 Q1023 =

（2）终端区 TAF。

ZSJN 212106 04004MPS 2700 FG SKC BECMG 0203 3000 BR BECMG 0304 1200 BR BECMG 4000 BR =

ZSQD 220009 36004MPS 0700 FG SCT016 BECMG 0102 1500 BR BECMG 0203 36006MPS 2200 BR =

ZGHA 220112 VRB02MPS 0700 FG OVC050 BECMG 0203 1000 BR BECMG 0506 1500 BR =

ZHHH 220009 14003MPS 0600 RN BECMG 0102 1200 BR BECMG 0203 2100 TS BECMG 0405 3000 BR TEMPO 0003 0500 FG =

ZGGG 220009 02005MPS 6000 SKC BECMG 0506 02004MPS =

ZSCN 220009 27003MPS 0600 FG FEW006 SCT010 SCT025 BECMG 0102 1200 BR BECMG 0203 1000 BR BECMG 0304 08004MPS 0800 BR TEMPO 0204 0500 FG =

（3）航路预报。

见高空风图、重要天气预报图。

（4）NOTAM。

广州 R21 跑道 GP 不工作。

烟台 R04 跑道 LLZ 因故障关闭到 199912221000Z；

长沙黄花机场 R36 跑道道面维修入口内移 300 m 到 200003120000Z；

武汉天河机场 R04 跑道 GP 因维护关闭到 199912220130Z。

（5）MEL。

自动刹车故障，刹车防滞系统故障。

（6）PAYLOAD。

PAX：120Y；CARGO：4T

航线要素分析：

1. 选定航线

通过分析航路图及重要天气预报图可知，青岛飞长沙可选用 H28、R343 即 J104 航路，航路总距离 709 n mile，以 B733 型飞机巡航真空速 430 kt 估算，航路大致需飞行 2 h。

2. 确定备降场

首先考虑是否需要起飞备降场。由气象资料可以知道青岛的能见度为 1 000 m，高于在本场最低着陆天气标准，而且从天气预报看有好转趋势，起飞时间是 10 点，而后几小时的预报都高于其最低着陆天气标准，因此可不指定起飞备降场。

然后考虑选择目的地备降场。目的机场长沙黄花机场的可用备降场为武汉天河机场、南昌向塘机场和广州白云机场。

首先分析武汉天河机场。天河机场位于青岛飞长沙的航路上，距目的地机场 200 n mile，跑道长度 3 400 m，虽然根据航行通告 04 号跑道的下滑道不工作，但是由于该机场装备双向盲降系统，所以作为目的地备降场的最低天气标准为能见度 2 400 m，根据天气预报，武汉的天气符合备降标准，另外查着陆性能图表可知，场地限重超过 B737-300 型飞机的着陆结构限重 115 000 lb。因此，在一般情况下，武汉天河机场应是青岛飞长沙的最理想备降场，但是，在本案例中，飞机的刹车防滞系统故障，且根据天气预报武汉有降雨活动，因此，如果飞机一旦在天河机场备降，一方面着陆时着陆距离会显著增大，另一方面根据 B737-300 机型手册的要求，刹车防滞系统失效情况下禁止在湿道面起飞，这就意味着飞机在天河机场备降后必须要等到道面变干后才能起飞，显然这是不可接受的。因此，可以排除选择武汉天河机场作为备降场。

其次，考虑南昌向塘机场，向塘机场距目的地机场长沙 172 n mile，预达向塘机场时刻约为 0430Z。该机场安装有双向盲降系统，跑道长 2 800 m，因此作为目的地备降场的天气标准为 1 600 m，根据天气预报，0330Z 至 0530Z 间能见度为 800 m，且有短时下降到 500 m。显然不能达到作为备降场的要求，因此可以排除南昌向塘机场作为备降场。

最后分析广州白云机场。在 3 个可用备降场中，广州白云机场距目的地最远，达到 343 n mile，跑道长 4 300 m，查看 B737-300 型飞机的着陆性能图表可知，跑道长度对着陆重量不构成重量限制，即最大着陆限重为 115 klb，白云机场安装双向盲降系统，由于 21 号跑道 GP 不工作，所以白云机场作为备降场的标准为能见度 2 400 m，飞机预达白云机场的时刻约为 0450Z，根据天气预报在此时间段内的能见度为 6 000 m，符合备降天气标准。

综合上述因素，最终确定备降场为广州白云机场。

3. 航线要素综述

确定了航线和备降场，接下来就是要查航线图，对航路上的航行要素做一个具体的分析，详见图 2.9.4。

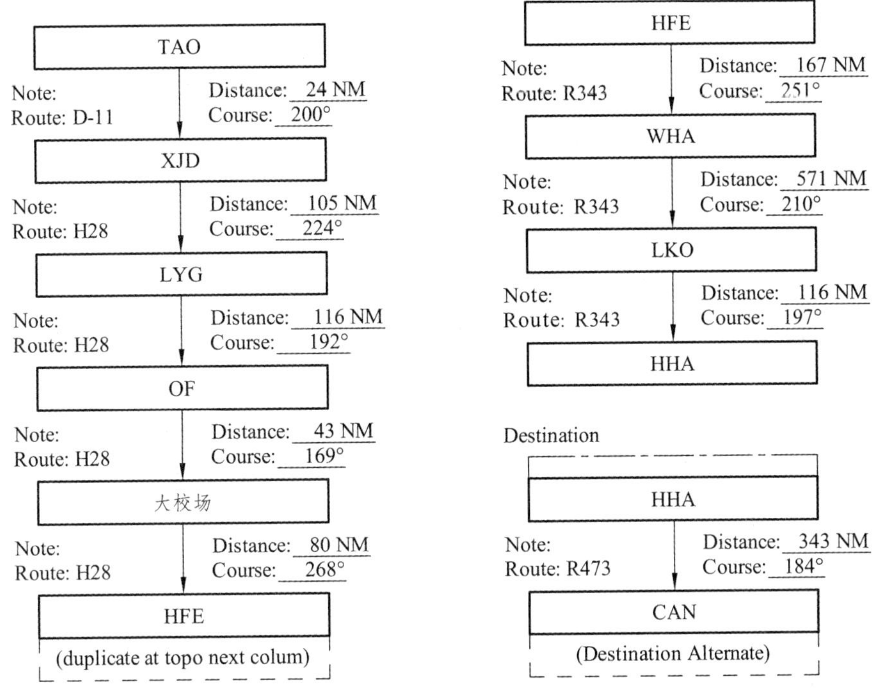

图 2.9.4　青岛—长沙航行要素

4. 巡航高度

根据 B737-300 的性能手册分析，较高的巡航高度对飞机飞行是比较经济的。因此，确定它的巡航高度为 9 600 m，备降高度为 6 000 m。

5. 机场着陆限重分析

由于飞机的刹车防滞系统故障，根据 MEL 的要求，应对着陆机场的最大着陆限重进行检查。首先分析长沙黄花机场。黄花机场跑道 2 600 m，由于受天气条件的限制，飞机只能使用 36 号跑道向北落地。根据航行通告，36 号跑道入口内移 300 m，因此可用着陆距离仅为 2 300 m，查 B737-300 型飞机着陆限重表得出着陆限重 102 klb，低于最大结构限重 115 klb，因此该航班在黄花机场的最大着陆重量为 102 klb，从前面分析可知，备降场白云机场着陆限重仍为 115 klb。

6. 制订航班的简易飞行计划

在上述分析计算的基础上，进一步制订该航班的简易飞行计划。计算中注意 B737-300 型飞机的重量限制数据如下：

MTOW：136 000 lb；

MZFW：107 000 lb；

MLW（白云）：115 000 lb；

MLW（黄花）：102 000 lb。

（1）估算在备降机场的着陆重量：

基本营运重量 BOW = 72 400 lb。

+ 旅客重量 165 × 120 = 19 800 (lb)（大约为 20 000 lb）。

+ 货物重量 4 000 × 22 = 8 800 (lb)。

= 无油重量 101 200 < 107 000（MZFW）。

+ 45 min 的备用油 4 500 lb。

= 备降场的着陆重量 105 700 < 11 500（MLDW）。

（2）查长沙到广州的备降段飞行时间及耗油量：

查 B737 简易飞行计划表可得：预计飞行时间为 1 h，备降油量为 5 300 lb。

（3）计算在目的地机场的着陆重量：

备降场的着陆重量 105 700 lb。

+ 从目的地机场至备降机场的航程耗油 5 300 lb。

+ 等待耗油 2 000 lb。

+ 复飞耗油 600 lb。

= 预计在目的地机场的着陆重量 113 400 > 102 000。

由于在目的地机场的预计着陆重量超过了跑道长度限制的最大着陆重量，所以需要进行减载，减载的基本原则是“先减货，再减旅客”，为此需要先计算出 4T 行李货物重量中的货物部分重量。

根据国内航班每个旅客限制免费托运行李 20 kg 的原则，首先计算出 120 个旅客的托运行李重量为 120 × 20 × 2.2 = 5 400 (lb)。

从而得出货物重量为 8 800 – 5 400 = 3 300 (lb)。

总共需减载的重量为 113 400 – 102 000 = 11 400 (lb)。

因此还需减旅客：(11400 – 3300)/[(70 + 20) × 2.2] = 41 (人)。

其中每个旅客及手提行李的重量按国内航班的规定为 70 kg 计算，另有 20 kg 为免费托运行李。

这样经过减载后的飞机在目的地机场的预计着陆重量为 102 000 lb。

（4）查青岛到长沙的航路段飞行时间及耗油量：

查简易飞行计划表得出由青岛至长沙的航路油耗为 13 000 lb，航路预计飞行时间为 2 h 36 min。

（5）计算起飞重量 BRW：

目的地机场的着陆重量 102 000 lb。

+ 从起飞机场至目的地机场的航程耗油 13 000 lb。

= 起飞重量 115 000 < 136 000。

（6）查爬升所需时间、燃油、距离：

由于相对气温为 ISA + 7，所以使用附录 2.23 的爬升性能图表得到：

所需时间 16 min，所需燃油 2 900 lb，空中距离 92 n mile。

（7）计算到达爬升顶点（TOC）时的重量：115 000 – 2 900 = 112 100 (lb)

（8）使用附录 2.24 的 B737-300 巡航性能表得到巡航飞行的燃油流量：2 460 lb/h/ENG。

（9）查下降所需时间、燃油、空中距离：

使用附录 2.25 的 B737-300 下降性能表得到:

所需时间 21 min，所需燃油 630 lb，空中距离 103 n mile。

7. 填写领航计划表

通过填写领航计划表，得出精确的航路飞行时间为 2 h 9 min；航路油耗为 10 910 lb，详细内容见表 2.9.4。

表 2.9.4 青岛-长沙（备降广州）领航计划表

Depart. Fix	Dest. Fix	Route	Mag. course	Altitude	TRUE wind	Wind Speed /kt	Mag. varation	Mag. wind	Mach Number	Temp /°C	TRUE Airspeed /kt	Ground Speed /kt	Leg Distance /n mile	Total Distance /n mile	Leg Time /min	Total Time /min	Leg Fue l/lb	Total Fuel /lb
TAO	TOC												92		16		2 900	
TOC	LYG	H28	220°	320	250°	130	5 °W	265°	0.74	– 44	440	330	39		7		560	
LYC	OF	H28	192°	320	240°	130	4 °W	264°	0.74	– 44	440	350	117		20		1 610	
OF	NKG	H28	169°	320	260°	130	4 °W	264°	0.74	– 43	440	400	44		7		530	
NKG	HFE	H28	268°	320	250°	130	4 °W	254°	0.74	– 42	440	320	78		15		1 170	
HFE	WHA	R343	251°	320	240°	120	3 °W	253°	0.74	– 42	440	325	170		31		2 530	
WHA	LKO	R343	210°	320	250°	120	2 °W	242°	0.74	– 41	440	350	56		10		770	
LKO	BOD	R343	197°	320	250°	80	2 °W	242°	0.74	– 42	440	398	17		3		210	
BOD	HHA												96		21	129	630	10 910

8. 计算最低起飞油量

青岛飞长沙航路油耗 10 910 lb。

+航线等待用油 2 000 lb。

+复飞油耗 600 lb。

+备降油耗 5 300 lb。

+45 min 备份油 4 500 lb。

=最低起飞油量 23 310 lb。

9. FPL 报（略）

10. 签派放行单（略）

【例 9-3】 假设某日某公司 A330 飞机执行成都至深圳航班，起飞油量 23 100 kg，实际商载为 21 500 kg，小时耗油 6 000 kg/h，起飞半小时后，出现液压系统绿+黄故障，机组决定返场落地，请依照手册相关内容，协助机组处置，并写出处置过程。

解析过程：

（1）在收到飞机故障信息后，确认飞机的位置及相关信息，了解初步情况及机组意图，联系机务，做好记录。

（2）同时翻阅 A330 飞行机组操作手册第三册，要求飞机尽快落地，联系现场协调便于机务排故的机位，向空管申请优先落地。

（3）由于飞机才起飞半小时，故要求评估落地重量。

查手册得：

TOW：125 510 + 23 100 + 21 500 = 170 110 (lb)。

半小时后飞机落地重量最大值为

170 110 − 6 000 × 0.5 = 167 110 < MLW（182 000）

因此返场落地不会超重。

（4）又由 FCOM3.02.29 得不工作的系统有：飞控保护，黄、绿液压，起落架收放、自驾 1+2，襟翼等飞控，前轮转弯，自动刹车，货舱门，反推……，且放出冲压涡轮。

因飞机只是起飞半小时要求尽快落地，尽管冲压涡轮放出、副翼可能卡死等会增加燃油的消耗，但影响不大。自驾 1+2 不工作会影响 RVSM 运行，但由于特情原因，向管制单位协调。

如果机组报告襟翼卡阻在 0 位，实际着陆距离将为 1.75 倍。

查表得该飞机着陆距离在静风情况下为 1 000 m，修正为

$$1\,000 \times 1.75 = 1\,750\ (\text{m})$$

所需着陆距离为

$$1\,750/0.6 = 2\,916\ (\text{m})$$

成都跑道可用距离为 3 600 m，故可以安全着陆。

由于前轮转弯故障，要求机务做好拖飞机的准备。

（5）把上述情况数据通报机组，告知成都天气情况，时刻监控飞机直到落地。

（6）总结，上报领导。

9.4　二次放行飞行计划

二次放行
飞行计划

二次放行是制订国际航班飞行计划普遍采用的方法，其目的是节省燃油并增加业载，以提高航空公司的经济效益。

9.4.1　二次放行的基本思想

按照 CCAR-121-R6 的规定，起飞最低油量应包括以下部分：

（1）滑行燃油：起飞前预计消耗的燃油量。

（2）航程燃油：允许飞机从起飞机场或从重新签派、放行点飞到目的地机场着陆所需的燃油量。

（3）不可预期燃油：为补偿不可预见因素所需的燃油量。根据航程燃油方案使用的燃油消耗率计算，它占计划航程燃油 10% 的所需燃油，但在任何情况下不得低于以等待速度在目的地机场上空 450 m（1 500 ft）高度上在标准条件下飞行 15 min 所需的燃油量。

（4）备降燃油：从目的地机场飞往备降场的燃油。

（5）最后储备燃油：使用到达目的地备降机场，或者不需要目的地备降机场时，到达目的地机场的预计着陆重量计算得出的燃油量。对于涡轮发动机飞机，以等待速度在机场上空 450 m（1 500 ft）高度上在标准条件下飞行 30 min 所需的油量。

（6）酌情携带的燃油：合格证持有人决定携带的附加燃油。

从以上规定可以看出，航班的载油量由六部分构成，其中第一、二项油量是航班飞行的理论消耗油量；第三项油量是考虑到领航及航路气象预报误差、空中交通管制等诸多不确定性因素而加的油量；第四、五、六项则是基于目的地机场的特定情况而必须备份的油量。随着导航、气象服务、飞行员技能提升等各项技术的不断改进，航线不可预期燃油一般情况下都不被消耗。在实际运行过程中，经常出现航班在目的地机场落地后，机上剩余油量较多的情况，导致了“油载油、油耗油”的成本虚耗现象。此外，在一些客货需求较多的国际长航线上，因飞机加油较多而使业载受限的情况时有发生，对航空公司客货销售、效益效率提升造成了一定的影响。如何一方面遵守有关飞行放行的规定，另一方面又能设法利用未被使用的不可预期燃油，以减少目的地机场过多的剩余燃油，从而提高经济性呢？解决的方法就是二次放行。

下面根据 CCAR-121-R6 的燃油政策对二次放行的基本思想做一简单介绍。

设某条国际航线的正常航路为起飞机场 A，最终目的地机场为 B，备降机场为 E。运用二次放行运行手段后，航空公司可在 B 之前选择一个可用机场 C 作为该航班的初始目的地机场，并为其选择备降场 D，如图 2.9.5 所示。在起飞前准备过程中，即可按目标机场为 C、备降场为 D 的条件来计算航班的加油量。这里，不考虑第一项和第六项油量的影响，即四项油量之和。

在飞机飞行过程中，飞行与地面签派人员通过机载设备对航班进行全程监控，在 A 至 C 航路上选择一个报告点作为二次放行点 R，一般在 A 至 C 的下降点或稍前一点。在该点检查油量，如所剩油量足以保证按照飞机的实际重量、飞机剩余油量、航行通告和气象资料等信息计算出的由 R 飞至 B，备降 E 并在 E 上空 1 500 ft 等待 30 min，再加上 R 至 B 的不可预期燃油，则飞行员及签派员共同决定应该再次签派放行飞机至最终目的地机场 B，否则应要求航班备降初始目的地机场 C 加油。

由于 A 到 C 的距离小于 A 到 B 的距离（设两个备降场距离相差不大），所以采用二次放行的方法其起飞油量可以减小，这就可以增加商载或减小起飞重量，至于增加多少商载和经济效益取决于C及R的位置，也与两个备降场的远近有关，稍后再详细讨论。

由上所述，二次放行的主要思想就是如何合理地利用航班加油量规定中的不可预期燃油作为二次放行点到最终目的地机场的所需燃油。

下面以一个例子进一步说明二次放行的思想。

以波音747-200飞机为例，飞行剖面如图2.9.5所示，设起飞重量为760 000 lb，B为最终目的地机场，E为备降机场，C为初始目的地机场，D为其备降机场。如下降点到目的地机场距离为100 n mile，最初目的地机场和最终目的地机场到各自备降场的距离相同，则计算结果如表2.9.5所示。

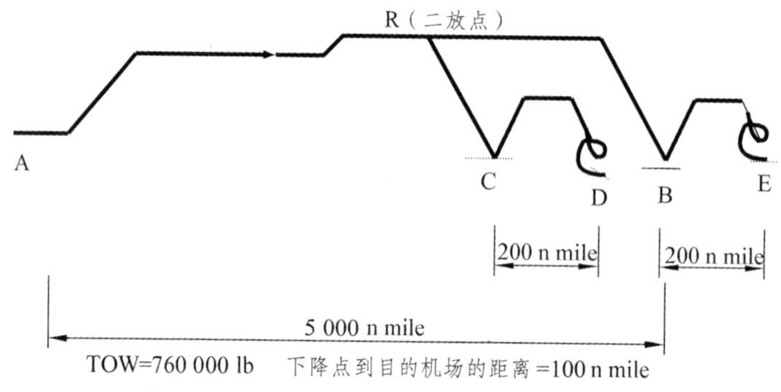

图2.9.5　二次放行示意图

表2.9.5　使用二次放行与不使用二次放行的各项油量　　单位：lb

项　目	不使用二次放行 A→B 备降 E	使用二次放行的结果	
		A→C 备降 D	由二放点→B 备降 E
起飞重量	760 000	760 000	
在二放点总重			509 000
航程燃油	274 000	254 900	23 000
备降燃油	15 000	15 300	15 300
最后储备燃油	9 900	10 200	10 200
不可预期燃油	27 400	25 490	5 300
起飞油重	326 300	305 880	
干使用重量	356 000	356 000	
业　载	77 700	98 110	

在由A初次放行到C的飞行中，如航线不可预期燃油未被消耗，则在二放点所剩油量中包含有该航线不可预期燃油25 490 lb，由二放点到C的燃油3 900 lb，由C至D的油量15 300 lb，在D等待30 min的油量10 200 lb，总计54 890 lb。它大于由二次放行点至B的油量23 000 lb + B到E的油量15 300 lb + 在E等待30 min的油量10 200 lb + 由二放点R至B的不可预期油量5 300 lb，因此在二放点可以直飞最终目的B。

从本例中可看出，由于使用二次放行，使得 A 至 B 备降 E 的航班的航线不可预期燃油大大减少了，使业载增加了 98 110 – 77 700 = 20 410 (lb)，是不使用二次放行时的航线不可预期燃油的 75%，如无业载可增加，那么飞机重量可减少，这将使消耗的油量减少，也有经济效益（不如增加业载的效益大）。

使用二次放行所能增加的业载或能节省的燃油与初始目的地机场位置及二放点的选择有关，与备降场距离也有关。

9.4.2　影响二次放行效益的因素

二次放行飞行计划，充分利用了不可预期燃油，增加了商载，从而提高了航空公司的效益。以 777-300 飞机为例，由北京飞温哥华，航程时间为 11 h 左右，不可预期油约为 8 t。如果能将这部分燃油尽量少加，则可以大大增加业载，即使载量不变，由于飞机重量的减轻，也可减少一定量的空中耗油，这对航空公司都有着很大的经济效益。又如以 A300 飞机沈阳—莫斯科的 8 h 航程计算，制作二次放行计划要比只制作一次放行计划还要少带 3 t 起飞油量，可省去额外耗油 600 kg。

二次放行所能增加的商载和能节省的燃油与二次放行点的选择以及初始目的地机场和备降场的位置有关。下面分几种情况讨论：

（1）初始目的地机场在到最终目的地的航线上且它们到备降场距离相同。

用 TOF1 表示由 A 起飞到 C 备降 D 的总油量，即初次放行所应加的油量，为 A 到 C 的航程燃油 + A 到 C 的不可预期燃油 + C 到 D 的备降油量 + 在 D 等待 30 min 的油量；用 TOF2 表示采用二次放行方法由 A 飞到最终目的地所应加的总油量，即 A 到 B 的油量 + R 到 B 的不可预期燃油 + B 到 E 的备降油量 + 在 E 等待 30 min 的油量。

当初始目的地机场 C 和最终目的地机场 B 到它们的备降场 D、E 的距离相同时，近似假设它们的备降油量和最后储备油量相同，即 TOF1 和 TOF2 中第 3、4 项分别相等。

如以到初始目的地机场 C 的下降点做二次放行点 R，则 C 一旦确定，R 也被确定。若 C 选择得适当，使得在 R 点剩下的油量（设 A→R 的不可预期油量未被消耗）等于 R 到 B 的油量、R 到 B 的不可预期油量、B 到 E 的备降油量、在 E 的等待油量之和，则可以放行到 B。此时，A 到 C 的不可预期油 + R 到 C 的油量 = R 到 B 的油量 + R→B 的不可预期油量。

显然两边都加上 A 到 R 的油量，就可推知 TOF1 与 TOF2 中前两项油量之和应相等，从而此时必有：TOF1 = TOF2，这就是说，C 的位置应该按 TOF1 = TOF2 来选择。

对于给定的 A、B、E 三个机场，TOF2 仅取决于二放点 R 的位置。当二放点 R 在 A 到 C 中间某点时，TOF1 仅取决于 C 的位置，若 R 在飞过 C 之后的 CB 段中间，则 TOF1 取决于 C 和 R 的位置。

现在暂且只考虑 R 在 A 到 C 之间且取为到 C 的下降点的情况。

设 L 为 A 到 B 的航程，L_C 为 A 到 C 的航程，L_R 为 A 到 R 的距离。设不使用二次放行时，由 A 到 B 备降 E 的起飞总油量为 TOF，其中不可预期燃油为 F_c。$L_R = 0$，即不使用二次放行时，TOF2 = TOF，随着 L_R 的增加，TOF2 减少。当 $L_R \approx L$，即完全不加不可预期燃油时，TOF2 = TOF – F_c。随着 L_R 的增加，L_C 也增加，使 TOF1 增加，当 $L_C = L$ 时，TOF1 = TOF。它们的变化趋势如图 2.9.6 所示。

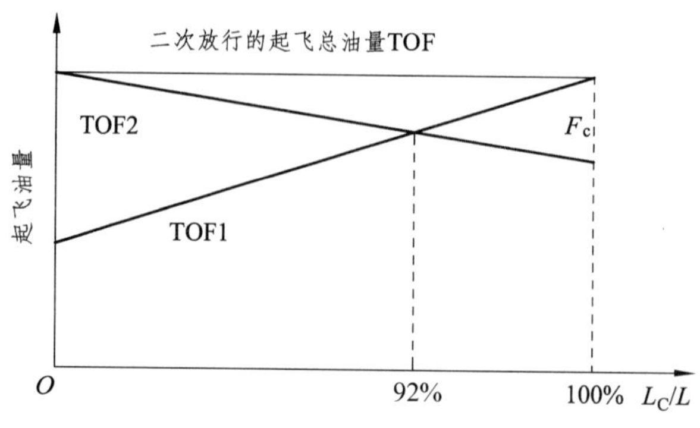

图 2.9.6　TOF1 和 TOF2 的变化

当初始目的机场 C 的位置选得合适，使 TOF1 = TOF2 时，所需的起飞总油量最小，能增加的业载 ΔP_L 最多。当 C 选得太靠近 A 时，TOF1 < TOF2，为在 R 点能放行到 B，需按 TOF2 加油，当 C 选得太靠近 B 时，TOF1 > TOF2，按 TOF1 加油。可见 C 选得太靠近 A 或太靠近 B 都不好。在备降距离、备降航段航路风、气温相同时，初始目的机场 C 选在距起飞机场约 92%L 处最好。这点可粗略地证明如下：

假设初始目的地机场 C 在 A 到 B 的航路上，下降段 RC 为 2% ~ 5%L，耗油量与飞行距离成正比，不可预期燃油为 10%TF，令 FAC、FCB 表示由 A 到 C 和 C 到 B 的油量，为使 TOF1 = TOF2，只需：

$$F_{AC} \times 10\% = F_{CB} + F_{RB} \times 10\%$$

即

$$L_{AC} \times 10\% = L_{CB} + (L - L_{AR}) \times 10\%$$

$$L_{AC} \times 10\% = (L - L_{AC}) + (L - L_{AC} + L_{RC}) \times 10\%$$

令 $L_{RC} = 2\%L$ 或 5%L，则可得

$$L_{AC} = 91.8\%L \text{ 或 } 92.1\%L$$

若 R 到 B 的不可预期燃油为等待 15 min 的油量，则 R 点和初始放行机场 C 的位置还会前移一些。通过大量算例计算可知，二放点 R 在距 A 约 87% 总航程处使起飞油量最少，业载增加最多。

若将少加的不可预期燃油全部改为业载，则在备降段及等待中都要多耗油，多耗的油一般为 ΔP_L 的 4% 或更多，取决于备降距离的远近，因此可多加的业载 ΔP_L 应使 $\Delta P_L \times 104\% = 87\% \times F_c$，即 $\Delta P_L = 83.6\% \times F_c$。当二放点位置大于或小于 87%$L$ 处时，ΔP_L 都要减少，其变化如图 2.9.7 所示。

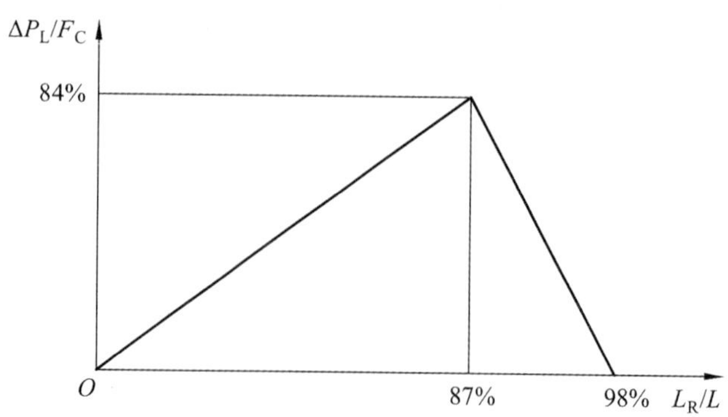

图 2.9.7　利用二次放行的业载增量

注意：图 2.9.6 仅对业载受 MTOW 限制时才是正确的。

上述结论是由 CCAR-121-R6 的加油量规定决定的，与机型无关。但它只对于业载受 MTOW 限制的情况是正确的，对于受 MLW 限制以及不利用二次放行时业载受油箱容量限制的情况是不对的。

实际运行中可能没有一个机场恰好在距 A 为 92% 的总航程左右，往往有几个初始目的地机场可供选择，那么这就产生两个问题：一是对每个机场来说二放点应选在何处；二是哪个机场作为初始目的地机场最好。

（2）初始目的机场 C 在 A 到 B 的航路上，但距 A 太近（设备降距离相同），这时如仍用到 C 的下降点 R' 来作二放点，这时就要按 TOF2 来加油。TOF2 = A 到 B 的油量 + R 到 B 的不可预期燃油 + B 到 E 的备降油量 + 在 E 等待油量。

TOF2 比 TOF1 大得多，这样一来在 C 的着陆重量可能超过最大允许着陆重量，见图 2.9.8，同时能增加的业载也少得多，见图 2.9.9。对这种情况应按 A→C→R→C［见图 2.9.10（a）］来做初次放行计划、算出起飞油量 TOF1，二放点选在使 $L_{AC}+L_{CR}+L_{RC}=92\%L$ 处，这样算出的油量与按 A→C→R→C′ 算出的油量是一样的［见图 2.9.10（b）］，这时由于 $L_R<87\%L$，故

$$\text{TOF1}<\text{TOF2}$$

TOF2 = A 到 B 的油量 + R 到 B 的不可预期燃油 + B 到 E 的备降油量 + 在 E 等待 30 min 的油量，初始放行要按 TOF2 加油，这时能增加的业载按 L_R/L 确定。

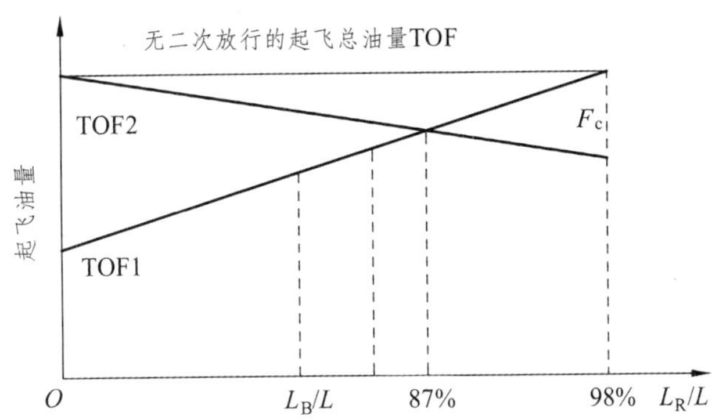

图 2.9.8　二放点位置对起飞油量的影响

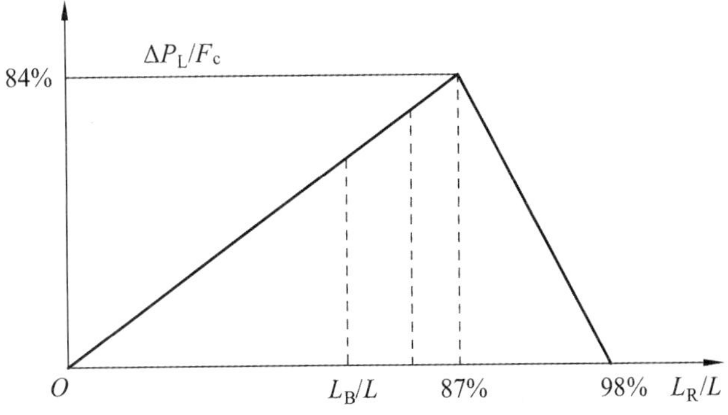

图 2.9.9　二放点位置对业载的影响

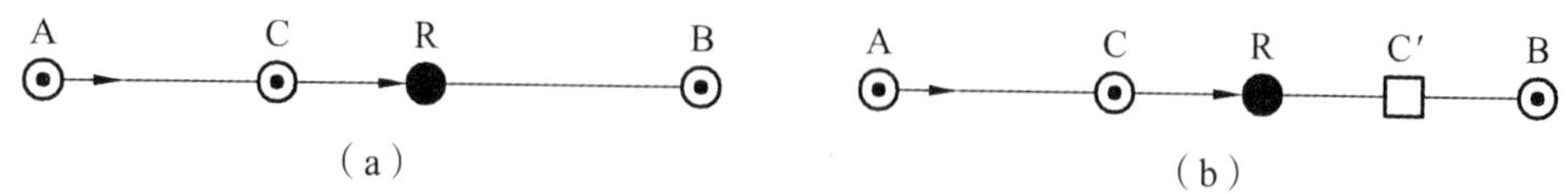

图 2.9.10　初始目的地机场距起飞机场太近时二放点的位置

（3）初始目的地机场太接近最终目的地机场（备降距离相同）。

对这种情况可把初始目的地机场的下降点作为二放点 R，按 L_R/L 由图 2.9.7 查业载增量，这时初次放行的起飞油量 TOF1 > TOF2，在二放点剩余油量大于二次放行所需时，把二放点 R 向 A 移动，虽可能使在 R 点的剩余油量等于二次放行所需，但不能更多地增加业载。把二放点取在 87%L 处也无用。

（4）最初目的地机场 C 不在 A 到 B 的航路上（备降距离相同）。

同（2）类似按 A→R→C 做初次放行计划，计算 TOF1，R 应选择得使 AR + RC = 92%AB，按 AR/AB 查图 2.9.7 确定可增加的业载。

9.4.3　二次放行的飞行计划实例

对于实际航线，由于各航段的风向、温度等不同，也可能找不到合适的初始目的地机场、所选的二放点不一定是“最佳”，所以一般情况下算出的 TOF1 和 TOF2 不等，即在二放点的剩油一般不等于所需的油量。如 TOF1 > TOF2，即剩油大于所需，则起飞油量 = TOF1。如 TOF1 < TOF2，即在二放点剩油少于所需油量，这时要通过加额外油量的方法使起飞油量 TOF1 增加到 TOF2，从而避免在初始目的地机场着陆。

【例 9-4】　下面是某公司用 JetPlanner 软件计算的温哥华—沈阳（CYVR—ZYTX）的飞行计划，备降场时 ZSQD，二放点是 JMU，初始放行机场是 ZYHB，备降场是 ZYCC。从下面的例子可以看出 CYVR－ZYTX = 4 542 n mile，ZYTX－ZSQD = 478 n mile，CYVR－ZYHB = 4 220 n mile，ZYHB－ZYCC = 180 n mile，JMU－ZYTX = 512 n mile。即初始目的地机场到起飞机场的距离是总航程的 4 220/4 542 = 92.9%，起飞机场到二次放行点的距离是总航程的(4 542－512)/4 542 = 88.7%。由于最终目的地机场的备降距离比初始目的地机场的备降距离大得多，所以初始目的地机场到起飞机场的距离才选在距总航程大于 91% 的位置。

```
PLAN 0947                    CYVR TO ZYTX A33C        40/FIFR    20/06/19
NONSTOP COMPUTED 0223Z   FOR ETD 1700Z   PROGS   1918NWS   B6518E     KGS
XXXX    AIRLINES                                  CALLSIGN:   XXXX
----------------------------- ----------------------------------
MTOW    233000          MLW    182000          MZFW    170000        OPCG
----------------------------- ----------------------------------
PLAN            0947                      0948                     0949
PD/RCLR     CYVR/ZYTX            JMU        /ZYTX            CYVR/ZYHB
              FUEL TIME DIST   FUEL TIME DIST   FUEL TIME DIST
PA ZYTX    056677 0949 4542   004635 0112 0512    ZYHB 051990 0908 4220
AL ZSQD    007564 0122 0478   007457 0123 0478    ZYCC 003392 0036 0180
HLD        002311 0030         002263 0030              002342 0030
```

RES	005668 0068	001202 0015	005200 0063
B/RC		051474 0846	
ETOP	000000 0000	000000 0000	000000 0000
XTR	002100 0027	002100 0028	005606 0111
TXI	001100	001100	001100
TOT	075420 1317	069630 1226	069630 1228

9.4.4 使用二次放行应注意的问题

1. 风和温度对选择二次放行点的影响

如果航路风在整个航程中大小不变，且二放点在初始目的地之前，则风对初始目的地及二放点的选择没什么影响。然而实际上航路风沿航路是变化的，逆风等于使航段变长，顺风等于使航段变短，所以风会对初始目的地机场及二放点的选择产生影响。比如，两个备降航段的距离虽然相等，但风分量相反，假设最终目的地机场到其备降场为逆风，那么初始目的地机场或二放点的位置应再向最终目的地机场靠近一些。对于二放点在初始目的地以前、在二放点前后的航路风分量变化比较大的情况，在选择初始目的地机场和二放点时也应考虑风的影响。比如，在接近最终目的地的航段上，如果顺风分量明显增大，初始目的地和二放点应更靠近起飞机场一些。

由于温度的增减对耗油量的影响不大，所以即使航路各段的温度 ISA 偏差不同，温度的变化对选择二次放行点的影响也是很小的，可以忽略不计。

2. 准确地制订飞行计划

① 及时发现和修正飞机及发动机性能恶化。

飞机及发动机的性能数据是计算机飞行计划制作的重要依据。但随着飞机使用时间的增加，各种数据会有不同的变化，这些变化都将影响飞行过程中的实际耗油量。因此，对每架飞机进行性能监控，及时发现并修正飞机和发动机的各项数据，以确保二次放行计划的准确性。

② 做计划时使用准确的无燃油重量。

③ 准确计算滑行油量。

④ 准确计算 APU 耗油。

⑤ 准确计算航线距离。

⑥ 高空风的准确预报。

气象因素是影响飞机正常飞行的最主要因素之一。签派运行人员应注意根据航班的实际起飞时间，尽可能地采用最新的气象资料，以避免由于气象风的误差造成的飞行计划的偏差。航班飞行计划计算完成后，在 FPL 报的第 18 项中加入“RIF/改航点名称/改航点至初始目的地航路”。

3. 飞行操作注意事项

① 爬升和巡航速度的控制。

应按照飞行计划中给出的速度飞行，以比较大的速度将增加油耗。

② 正确使用空调系统。

③ 飞机配平要准确。

飞机的重心允许在一定的范围内变动，同样重量的飞机对不同的重心位置其配平后的阻力是不同的，重心越靠前，阻力越大。安排旅客、货物时应使飞机重心靠后一些，以减少飞机配平后的阻力，从而减少耗油。

④ 适时地改变飞行高度。

应按照飞行计划适时地改变高度做阶梯巡航，过早爬升或过晚爬升都会使巡航高度偏离最佳高度较多，使燃油消耗量增加。

⑤ 在到达二放点之前，应注意预测二放点的剩余燃油，注意实际风和预报风的差别，检查剩余燃油是否能够直接飞往最终目的地机场。整个飞行过程中要加强燃油管理，做好燃油监控。

9.5 ETOPS 飞行计划

ETOPS 飞行计划

9.5.1 ETOPS 简介

1. 历史背景

早在 1936 年，美国联邦航空局（FAA）就要求所有飞机，无论装备多少发动机，在航路上的任何一点到备降机场的距离不大于 100 n mile（相当于当时飞机 1 h 的飞行距离）。1953 年，FAA 订立了 60 min 原则。双发飞机的运行必须限制在距备降机场不大于飞机一台发动机失效的情况下飞行 60 min 的距离的范围内。其目的是把一发故障后另一发再发生故障的概率减少到可接受的水平（此概率与一发故障后的飞行时间有关，时间越短，概率越小），也就是把由于双发失效造成灾难性事故的可能性降低到可接受的水平。后来，民用飞机使用了喷气发动机，动力装置的可靠性有了很大提高。20 世纪 80 年代初，涡轮喷气发动机的可靠性比活塞式发动机要好 10 倍，而且喷气发动机的尺寸及推力的大小对其故障率没有什么影响。航空管理机构和工业界认识到机体、航空电子、推进系统技术的进展提供了延长一发故障后飞行时间的可能性。

20 世纪 80 年代初，国际民用航空组织（ICAO）建立了一个 ETOPS 研究组来考察双发喷气飞机延程飞行的可能性，该研究组确定了一些应当满足的标准以确保双发延程飞行有很高的安全性。最终的结果是对《国际民用航空公约》附件 6 的修正，它建议：如果能满足专门的 ETOPS 安全性标准，以涡轮为动力的双发飞机在一发故障后的飞行时间允许超过 60 min，即可以做延程飞行，否则以 60 min 为限。FAA 也在 20 世纪 80 年代初期对 ETOPS 进行了开创性的工作，于 1985 年 6 月 6 日发布了咨询通告 AC120-42，确定了可以做 120 min 延程飞行的标准，即在满足该标准时，允许双发飞机在一发故障后可以飞行 120 min，如果再满足专门的附加标准，可以增加 15%，即一发故障后可以飞行 138 min。做 120 min 延程飞行时，北大西洋中还有一小块不能允许的飞行区域，如能做 138 min 延程飞行，则北大西洋刚好都是允许飞行区域，不必申请 180 min 延程飞行，延程飞行的时间越长，批准的条件越严格。这就是规定 138 min 标准的原因。同一时期，其他一些民航管理机构也公布了自己的 ETOPS 标准，如英国民航局（CAA）、法国民航总局（DGAC）、加拿大运输部（DOT）、澳大利亚运输部（DOT）等，其他许多国家则遵照《国际民用航空公约》附件 6 中的 ETOPS 标准。1988 年 12 月 30 日，FAA 公布了咨询通告 AC120-42A，取代了原来的 AC120-42，在 AC120-42A 中对 ETOPS 的有关概念、批准 ETOPS 应考虑的因素及批准做 75、120、180 min 延程飞行的标准做了规定。AC120-42A 基本上成了各国民航局批准 ETOPS 的准则。1993 年，JAA（欧洲联合适航性管理机构）综合欧洲各国的规则及 FAA 标准的优点制定了自己的标准——联合咨询材料 AMJ120-42。所有这些 ETOPS 标准基本上都是相同的，其目的都是

要确保双发延程飞行至少要像目前的三发、四发飞机一样安全和可靠。

在中国，ETOPS 运行也已列入 CCAR121，并由双发飞机扩展到多发飞机。因此，ETOPS 是指：① 对双发飞机距合适备降机场超过 60 min 的运行（75 min、120 min、180 min、207 min、240 min 以及超过 240 min）；② 对安装两台以上发动机的飞机距合适备降机场超过 180 min 的运行。中国国内批准的第一次 ETOPS 飞行是东航完成的。

2. 意　义

ETOPS 运行可以大大扩展飞机的可飞区域，使得航线变得更为经济合理。因为 ETOPS 运行不仅可以开辟一些新的航线，而且可以选择直飞航线，或者有更多的备降场可供选择，这样就大大提高了航班运输的经济性。同时，对于某个航班来说，也有更多的航线可供选择，以提高航班的经济性和安全性。

9.5.2　ETOPS 相关术语

（1）门限时间（Threshold time）：在标准条件下静止大气中以经批准的一台发动机不工作时的巡航速度飞行 60 min 对应的飞行航程（以时间表示）（以两台涡轮发动机为动力的飞机）或 180 min 对应的飞行航程（以时间表示）（以多于两台涡轮发动机为动力的载客飞机）。

（2）延程运行：在飞机计划运行的航路上至少存在一点到任一延程运行可选备降机场的距离超过飞机在标准条件下静止大气中以经批准的一台发动机不工作时的巡航速度飞行 60 min 对应的飞行距离（以两台涡轮发动机为动力的飞机）或超过 180 min 对应的飞行距离（以多于两台涡轮发动机为动力的载客飞机）的运行 。

（3）延程运行可选备降机场（Suitable ETOPS Alternate）：对于特定延程运行航线，不考虑当时的临时状况，列入合格证持有人运行规范的可选的航路备降机场。这些机场必须满足 CCAR-121.197 条规定的着陆限制要求。它可能是下列两种机场之一：

① 经审定适合大型飞机公共航空运输承运人所用飞机运行的，或等效于其运行所需安全要求的机场，但不包括只能为飞机提供救援和消防服务的机场。

② 对民用开放的可用的国内外军用机场。如果某军用机场满足合格证持有人安全运行的基本要求，其军方主管部门以某种形式宣布向民用航空提供紧急情况下备降的服务支持，合格证持有人已经获得该机场运行的必要资料并且向局方证明可以在延程运行期间随时与该机场运营人之间建立可靠的通信联系，则可以将该军用机场列为延程运行可选备降机场。

（4）延程运行指定备降机场（Designated ETOPS Alternate）：列入了合格证持有人的运行规范，并且考虑到当时的状况，在签派或飞行放行时预计可以供延程运行改航备降使用的，在签派或飞行放行中指定的航路备降机场。这一定义适用于飞行计划，并不限制机长在最终改航备降决策时根据实际情况选择其他的备降机场。

（5）延程运行区域（ETOPS Area）：对于以两台或两台以上涡轮发动机为动力的飞机，延程运行区域是超过其门限时间才能抵达一个延程运行可选备降机场的区域。

（6）延程运行航线（ETOPS Route）：指计划航路上，包括灵活航路，至少有一点处在延程运行区域中的航线。在这样的航线上实施延程运行需要获得局方的批准，并在运行规范中列明。特定的延程运行航线是通过起飞机场和目的地机场以及两者之间的航路来确定的。

（7）延程运行航段（ETOPS Segment）：计划航路上处在延程运行区域中的部分。一条延程运行航线上可能存在多段延程运行航段。每一段延程运行航段都是由前后两个延程运行指定备降机场来确定的。

（8）延程运行进入点（ETOPS Entry Point，EEP）：延程运行航路上进入延程运行航段的进入点。

（9）延程运行等时点（ETOPS Equal-time Point，ETP）：延程运行航路中的一点，考虑到预计飞行高度和预报风的影响，自该点以经批准的一台发动机不工作的巡航速度飞向相邻两个延程运行指定备降机场的计划飞行时间是相等的。

（10）延程运行退出点（ETOPS Exit Point，EXP）：延程运行航路上退出延程运行航段的退出点。

（11）批准的最大改航时间（Maximum Authorized Diversion Time）：为了延程运行航路计划之用，经局方批准在合格证持有人运行规范中列明的延程运行可使用的最大改航时间。在计算最大改航时间所对应的飞行距离时，假设飞机在标准条件下静止大气中以经批准的一台发动机不工作的巡航速度飞行。对于某特定机身发动机组合，批准的最大改航时间对应的是经局方批准的最大改航距离。

（12）最早预计到达时刻（Earliest ETA）：对于每一延程运行指定备降机场，假设飞机飞抵前一个相关等时点然后以经批准的一台发动机不工作的巡航速度直线飞抵该机场的时刻。

（13）最晚预计到达时刻（Latest ETA）：对于每一延程运行指定备降机场，假设飞机飞抵下一个相关等时点然后以经批准的一台发动机不工作的巡航速度直线飞抵该机场的时刻。

（14）指定备降机场的改航备降关注时间段：从最早预计到达时刻开始，至最晚预计到达时刻之间的时间范围。

（15）燃油关键点（Fuel Critical Point）：延程运行航线各等时点中，所需临界燃油量大于根据正常备份油量计算出的飞行计划中在该点的预计剩余燃油量且差值最大，或者所需临界燃油量等于或小于根据正常备份油量计算出的飞行计划中在该点的预计剩余燃油量且差值最小，该点被称为燃油关键点。

（16）延程运行关键系统（ETOPS Significant System）：包括发动机在内的飞机系统，其失效或发生故障时会危及延程运行安全，或危及飞机在延程运行改航备降时飞行和着陆的安全。延程运行关键系统被分为一类和二类延程运行关键系统：

① 一类延程运行关键系统为（ETOPS Group 1 Significant System）：（i）对飞机发动机数量所提供的安全冗余度产生直接影响的，具有“失效后安全”特征的系统；（ii）在发生故障或失效时可能导致空中停车、推力控制丧失或其他动力丧失的系统；（iii）能在一台发动机失效时提供额外的安全冗余度，进而显著提高延程运行改航备降过程中安全水平的系统；（iv）在一台飞机发动机不工作的飞行高度上保持长时间运行必不可少的系统。

② 二类延程运行关键系统（ETOPS Group 2significant system）是除一类延程运行关键系统之外的延程运行关键系统。二类延程运行关键系统的失效不会导致航空器飞行性能的丧失或客舱环境问题，但可能导致航空器返航或改航备降。

（17）时限系统：指那些预计在导致飞机改航备降的最临界的情况出现后，为了保障改航备降的安全运行必须持续工作，且具有最高连续工作时间限制的飞机系统。典型的例子是货舱抑火系统等。

（18）空中停车（In-Flight Shut-Down，IFSD）：指飞机在空中，发动机因其自身原因诱发、飞行机组引起或外部因素导致的失去推力并停车。

9.5.3　ETOPS 运行审批

根据 CCAR121 的要求，合格证持有人应当向局方递交延程运行申请材料。局方对申请材料进行审查和评估，并根据附加指南或审定过程中提出的建议措施，与合格证持有人共同制订验证飞行计划。成功完成验证飞行，合格审定完成后，局方通过向合格证持有人颁发运行规范的相关条款予以批准。

为获得实施延程运行的批准，合格证持有人必须满足以下条件：

（1）飞机。合格证持有人申请实施延程运行的机身发动机组合必须满足相关的适航标准，并且已经获得相应的延程运行型号设计批准。

（2）飞行运行和维修要求。合格证持有人必须表明其符合 AC-121-FS-2019-009R2 中 4.2.7 条的运行要求以及 4.2.5 条的维修要求。运行要求包括飞机的性能数据、航路运行中的机场信息、签派或飞行放行要求、航路运行（起飞后机长的权限、备降场的选择、飞机出现故障等）和延程运行程序文件五部分的内容。

（3）培训要求。合格证持有人必须证明相关人员已经完成了训练并能达到延程运行所要求的水平，并且符合 AC-121-FS-2019-009R2 中 4.2.8 和 4.2.6 条中飞行运行和维修培训的要求。其中，4.2.8 条中关于延程运行的训练要求包括延程运行的特殊要求、延程运行的飞行检查员、训练大纲和运行手册的审核三部分的内容。

（4）局方批准延程运行前，合格证持有人必须向局方证明其发动机可靠性水平能够达到并保持延程运行的要求。合格证持有人还必须向局方证明其机身和飞机其他系统的可靠性水平能够达到并保持其所申请运行等级的要求。

9.5.4　ETOPS 飞行计划的制订

ETOPS 飞行计划的制订

9.5.4.1　备降场

放行飞机进行延程运行前，在驾驶舱资料（计算机飞行计划）中必须列出要求的备降机场，其中包括航路备降场，这些备降场可供飞机在发动机失效或机体故障而需改航时使用。对于延程运行，航路备降场尤为重要，因为一般是在出现发动机故障或者重大的机体系统故障时才使用航路备降场。

航路备降场需要满足合适机场的条件，具体要求有以下几点：

第 121.713 条　备降和改航机场的附加要求

对于超过 180 min 的延程运行和极地运行，该次运行所指定的每个延程运行指定备降机场和极地运行改航机场，都应当具备足以保障乘客和机组生存需求的条件。

第 121.714 条　通信设施的附加要求

如果实施超过 180 min 的延程运行，除需满足第 121.97 条所规定的通信系统之外，合格证持有人还应当具有第二套通信系统。该系统应当能提供直接基于卫星的语音通信，通话质量与固定电话相当。该系统应当能够在飞行机组和空管人员之间以及飞行机组和合格证持有人之间提供通信。在确定这些通信设施是否可用时，合格证持有人应当考虑延程改航飞向备降机场时所必需的其他航路和高度。只要无法利用直接基于卫星的语音通信设施，或者因其质量低劣而无法进行语音通信，则应当以另一种通信系统取代该系统。

第 121.715 条　延程运行备降机场：救援与消防服务

（a）除本条（b）中的规定之外，在签派或飞行放行单上列明的每一个延程运行备降机场，均需能够提供下列救援和消防服务（RFFS）：

（1）如果延程运行时间在 180 min 内，每个指定的延程运行备降机场应当能够提供等效于或高于国际民航组织规定的第 4 类救援和消防服务（RFFS）的要求。

（2）如果延程运行时间超过 180 min，每个指定的延程运行备降机场应当能够提供等效于或高于国际民航组织规定的第 4 类救援和消防服务（RFFS）的要求。此外，飞机还应当保持在距能够提供等效于或高于国际民航组织规定的第 7 类救援和消防服务（RFFS）的合适机场的一定距离内，以便能在依据其延程运行批准的改航时间内飞抵该合适机场。

（b）如果无法直接在一个机场利用本条（a）要求的救援和消防设备与人员，只要该机场通过当地获得消防增援与消防服务能力后，能够达到本条（a）的要求，合格证持有人仍然可在签派或飞行放行单上将该机场列为备降机场。在改航的航路运行过程中如果当地资源可以及时被告知，30 min 的增援响应时间应当是充足的。在改航飞机飞抵备降机场时，增援设施与人员应当可用，另外，只要改航飞机需要救援和消防服务，这些增援设施与人员就应当始终处于随时可用状态。

延程运行的基本理念就是在飞机系统部分或全部失效的时候，始终有合适的航路备降机场供选择。大部分时候，飞机在航路上一定范围内有多个航路备降机场可用。但是，实施延程运行的合格证持有人会遇到在飞机某些时限系统的时间限制范围内只有一个合适备降机场的情况。因此，延程运行指定备降机场必须有条件保障飞行运行的安全。在延程运行指定备降机场的关注时间段内，天气条件不得低于运行最低标准，且风和跑道道面的条件允许飞机在一台发动机失效或其他系统失效的情况下安全进近和着陆。如果某机场的其他条件符合要求，仅仅是 PCN 值略低于 ACN 值，该机场是可以接受作为备降机场的。合格证持有人应当针对这种情况制定一套程序和标准来指导机组人员和签派员或合格证持有人授权实施运行控制的人员做出合理的决策。

备降场的机场数据来源常用的有三种：ICAO 机场性能数据库（ACDB）、航行资料汇编（AIP）和 Jeppesen 航路手册。在选择航路备降场时，还需满足飞行计划的限制要求和天气标准。

9.5.4.2　飞行计划限制

（a）对于不超过 180 min 的延程运行，在标准条件下静止大气以经批准的一台发动机失效巡航速度备降至计划的延程运行指定备降机场所需的时间，不能超过该飞机时限最严格的延程运行关键系统（包括货舱抑火装置）所规定的最长时间限制减去 15 min。

（b）对于双发或多于两台发动机的飞机超过 180 min 的延程运行，在正常的全发巡航高度，修正了风和温度的影响，以全发运行的巡航速度备降至计划的延程运行指定备降机场所需的时间，不能超过该飞机抑火系统的最大合格审定时限减去 15 min。

（c）对于双发飞机超过 180 min 的延程运行，在正常的一台发动机失效巡航高度上，修正了风和温度的影响，以经批准的一台发动机失效巡航速度备降至计划的延程运行指定备降机场所需的时间，不能超过该飞机延程运行关键系统（不包括货舱抑火系统）最大时限减去 15 min。

9.5.4.3　延程运行指定备降机场最低天气标准

如果在延程运行指定备降机场的关注时间段内，可用的最新天气预报表明该机场的气象条件不低于延程运行指定备降机场天气最低标准（见表 2.9.6），则该机场可以在飞行计划和签派或飞

行放行单中列为延程运行指定备降机场。运行规范中应当列明延程运行航线的所有延程运行可选备降机场。运行规范中还应当列明这些机场作为延程运行指定备降机场时的最低天气标准。运行规范中延程运行指定备降机场最低天气标准的制定通常可以使用表 2.9.6。

表 2.9.6　延程运行指定备降机场天气最低标准

进近设施配置	云　高	能见度
对于至少有一套可用进近设施的机场，其进近设施能提供直线非精密进近程序、直线类精密进近程序或直线Ⅰ类精密进近程序，或在适用时可以从仪表进近程序改为盘旋机动	最低下降高（MDH）或者决断高（DH）增加 120 m（400 ft）	着陆最低能见度增加 1 600 m（1 mile）
对于至少有两套能够提供不同跑道直线进近的可用进近设施的机场，其进近设施能提供直线非精密进近程序、直线类精密进近程序或直线Ⅰ类精密进近程序（应选择两个服务于不同适用跑道的进近设施）	相应直线进近程序的决断高（DH）或最低下降高（MDH）较高值上增加 60 m（200 ft）	着陆最低能见度较高值上增加 800 m（1/2 mile）
对于至少一套Ⅱ类精密进近程序的机场	云高不得低于 90 m（300 ft）	着陆最低能见度或跑着陆最低能见度不得低于 1 200 m（3/4 mile），或跑道视程（RVR）不得低于 1 200 m（4 000 ft）
对于至少一套Ⅲ类精密进近程序的机场	云高不得低于 60 m（200 ft）	着陆最低能见度不得低于 800 m（1/2 mile），或跑道视程（RVR）不得低于 550 m（1 800 ft）

注：① 在确定所使用的仪表进近程序时，应当考虑其他相关因素。预报的风或阵风值不得超过运行限制值。
② 一般不需要考虑条件性天气预报的内容，例如，INTER、TEMPO、PROB XX 等后面的内容，但是如果 PROB 40 或者 TEMPO 的内容低于适用的运行最低标准，则必须加以考虑。
③ 当按照 MEL 的条款实施签派或飞行放行，在确定延程运行指定备降机场天气最低标准的时候，必须考虑 MEL 项目限制对仪表进近最低标准的影响。
④ 类精密进近按照非精密进近标准执行。

9.5.4.4　计算等时点和临界点

1. 等时点的确定

（1）无风情况等时点的具体确定方法如下：

第一步：以备降场为圆心，以最大改航距离为半径画圆确定运行区域，如图 2.9.11（a）所示。

第二步：两个圆重叠圆弧部分的弦长与航线的交叉点即为 ETP 点，如图 2.9.11（b）所示。

第三步：重复第二步确定出所有的 ETP 点，如图 2.9.11（c）所示。

（2）有风情况下的 ETP 点的计算。

在有风的情况下，ETP 点的位置必须根据风的影响来修正，修正方法如下：

第一步：根据顺程和回程风分量，利用给定空速下的等时点曲线确定相应的“等时点数”，如图 2.9.12 所示。

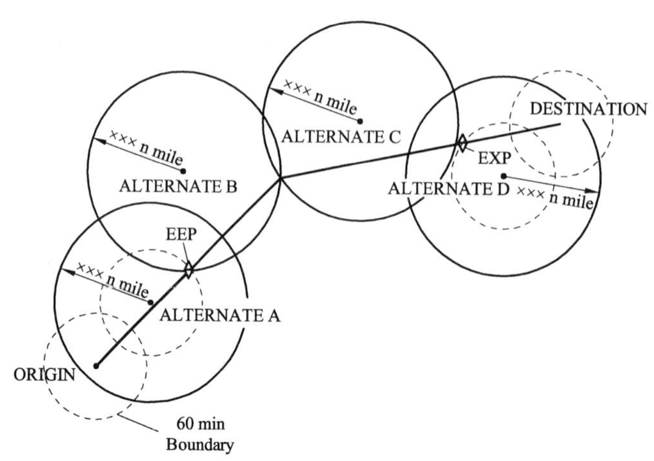

（a）等时点计算第一步

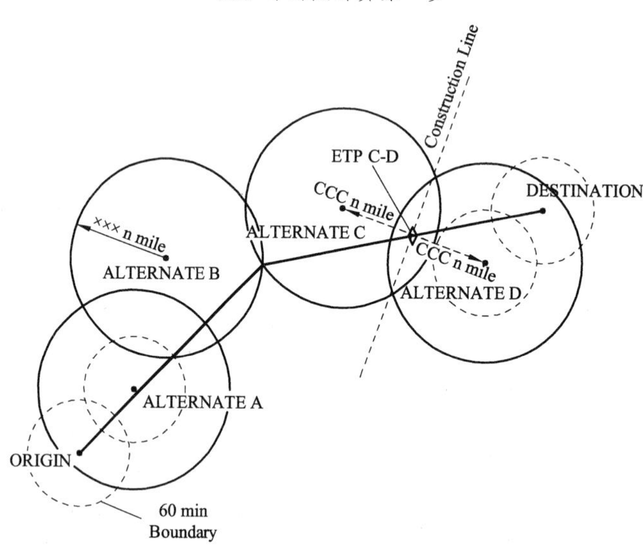

（b）等时点计算第二步

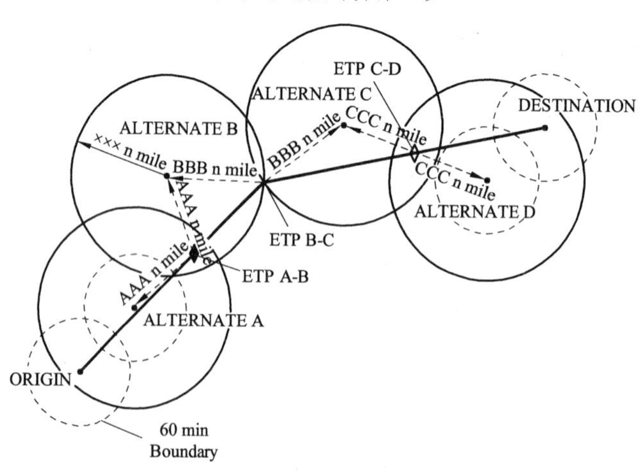

（c）等时点计算第三步

图 2.9.11　等时点计算示意图

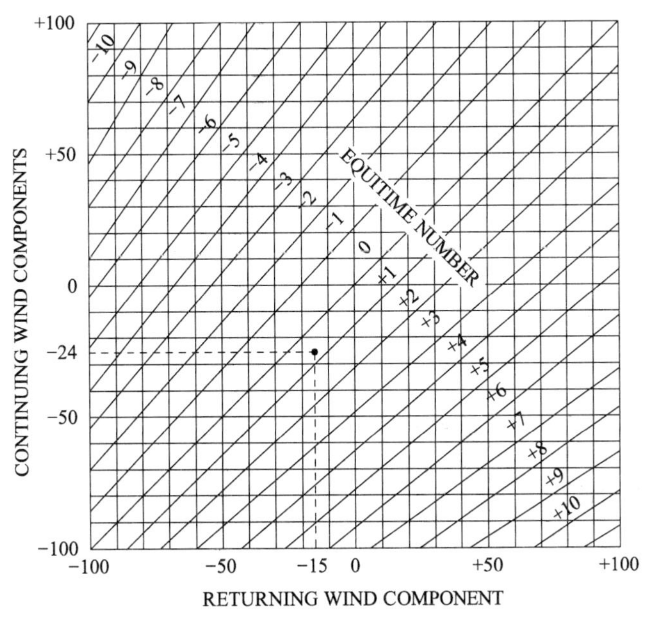

图 2.9.12　等时点数（给定空速）

第二步：取两个合适转场机场之间距离的 1%，并用等时点数乘以这个值即为修正量 *D*（可能为正，也可能为负）。

第三步：根据修正量 *D* 的值确定新的 ETP，如图 2.9.13 所示。

2. 关键点 CP 的确定

燃油关键点 CP 通常是但不总是 ETOPS 航段内的最后一个等时点（ETP）。这是取决于 ETOPS 运行区域内合适备降机场的布局和各备降机场的天气状况。值得注意的是，最后的 ETP 点未必是最后的两个备降机场之间的 ETP 点，所以必须通过仔细计算确定 CP 点。

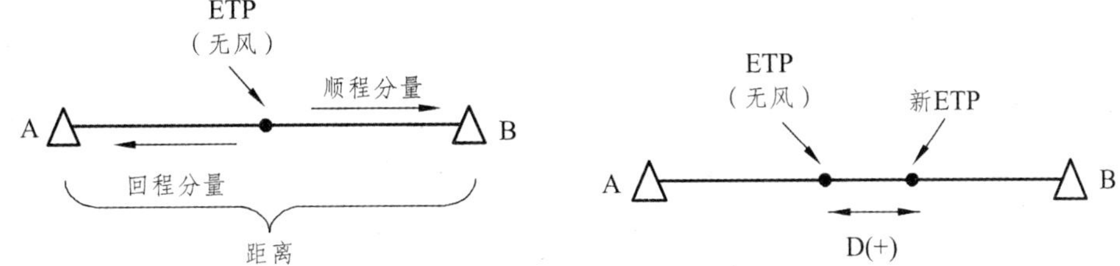

（a）两个航路备降场都在航路上

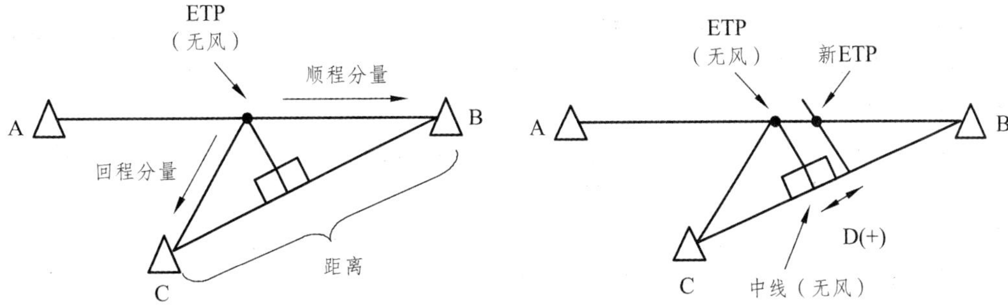

（b）只有一个航路备降场在航路上

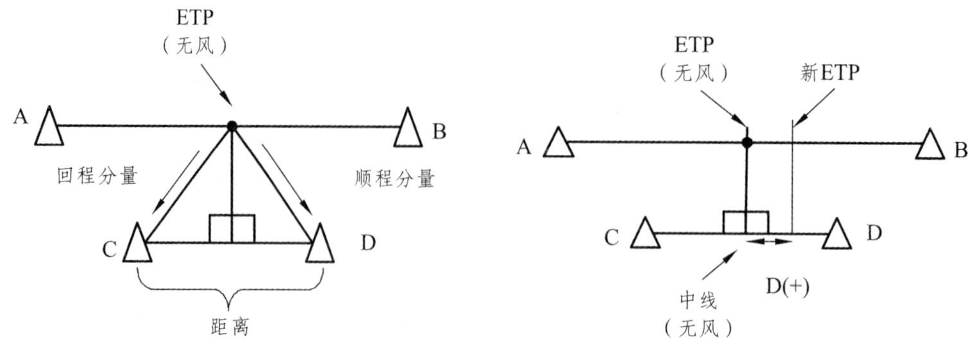

（c）两个航路备降场都不在航路上

图 2.9.13　风对 ETP 点位置的影响

9.5.4.5　临界燃油

1. ETOPS 运行燃油政策

延程运行航线的燃油供应需要满足以下几点要求：

（1）任何人都不得签派或飞行放行涡轮发动机飞机实施延程运行，除非考虑预报的风和其他天气情况，飞机载有其运行所必需的燃油，并且满足以下要求：

① 在以下三种假定情况下，飞机飞往延程运行指定备降机场所需燃油的最大值：假设飞机在临界点迅速释压，然后下降到符合 CCAR-121.333 条供氧要求的安全高度；假设飞机在临界点迅速释压并且一发同时失效，下降到符合 CCAR-121.333 条供氧要求的安全高度，然后以经批准的一台发动机失效巡航速度飞行；假设飞机在临界点一台发动机失效，以经批准的一台发动机失效巡航速度飞行，下降到一台发动机失效的巡航高度。

② 到达备降机场时，保持 1 500 ft（距离地面高度）的高度等待 15 min，然后实施仪表进近，着陆。

③ 在使用预报风速来计算上面第①条的燃油油量时，应该在实际预报值的基础上加 5%（逆风分量加 5%，顺风分量减 5%）。

④ 按照第③条完成计算后，如果预报有结冰情况的话，根据第①条的要求对以下两种情况中的燃油量的最大值进行修正：如果结冰的预报可靠，预报结冰期间的 1/10 时间段内，计算机身结冰对燃油消耗的影响（包括无保护表面的结冰以及此期间发动机和机翼防冰装置的耗油）。如果结冰的预报不是很可靠，根据可用的天气预报，在经批准的一台发动机失效的巡航速度条件下，总温低于 + 10 °C，或者外界大气温度介于 – 20 ~ 0 °C，并且相对湿度高于 55%，符合上述条件的飞行时间都认为是预报结冰期。预报结冰期间的 1/10 时间段内，计算机身结冰对燃油消耗的影响（包括无保护表面的结冰以及此期间发动机和机翼防冰装置的燃油消耗）。预报结冰的整个期间，发动机防冰和机翼防冰（若适用）打开对燃油消耗的影响。

（2）如果合格证持有人没有建立飞机燃油消耗性能衰减的监控程序，那么在计算最终燃油供应量时要增加 5%，用于补偿巡航燃油消耗性能的衰减。

（3）如果 APU 是必需的电源，那么飞行的相应阶段必须要计算其燃油消耗。

（4）在计算延程运行备降燃油消耗量时，可以假设飞机以经批准的一台发动机失效巡航速度飘降。

2. 临界燃油计算

AC-121-FS-2019-009R2（延程运行和极地运行）中明确规定了 ETOPS 运行临界燃油为以下 3 种情况中的最大值：

（1）座舱失压，全发工作。

（2）座舱失压，一台发动机失效。

（3）一发失效飘降。

以上 3 种情况的飞行剖面如图 2.9.14 ~ 图 2.9.16 所示。

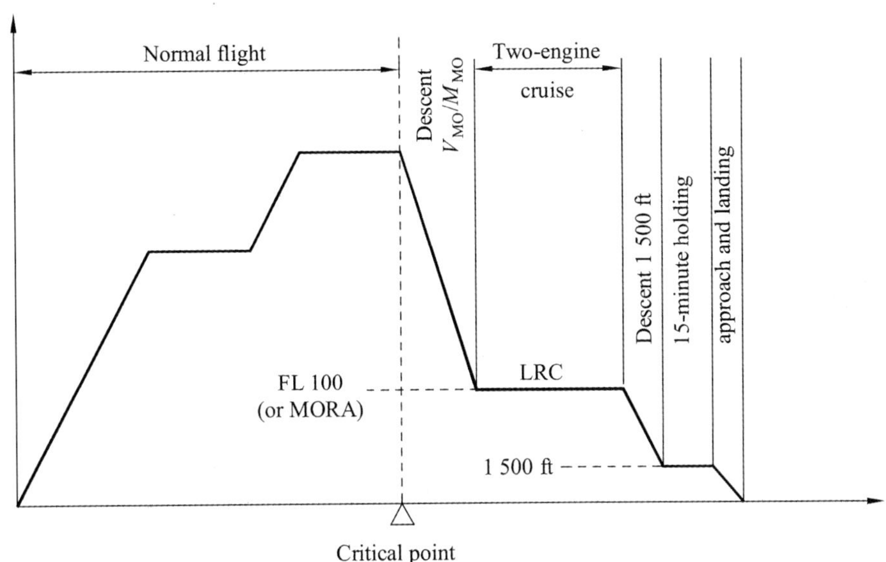

图 2.9.14　座舱失压飞行剖面

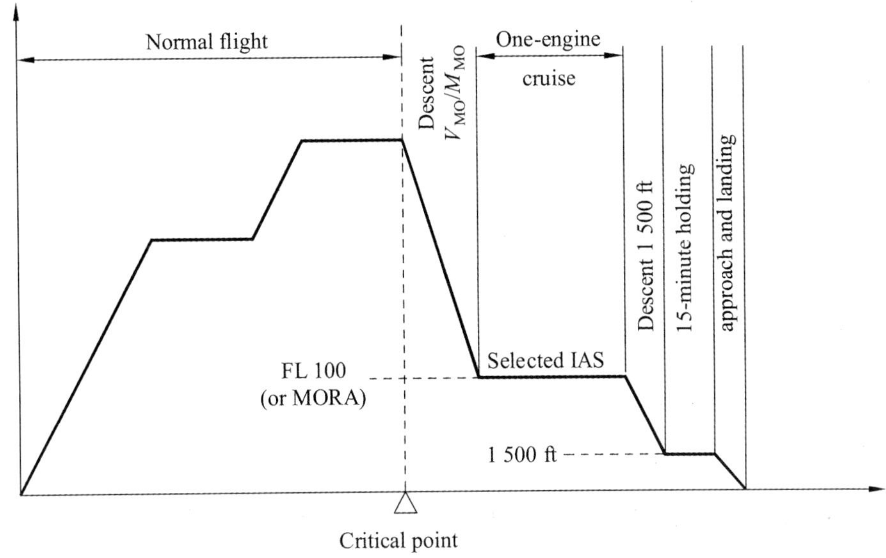

图 2.9.15　一发失效和座舱失压

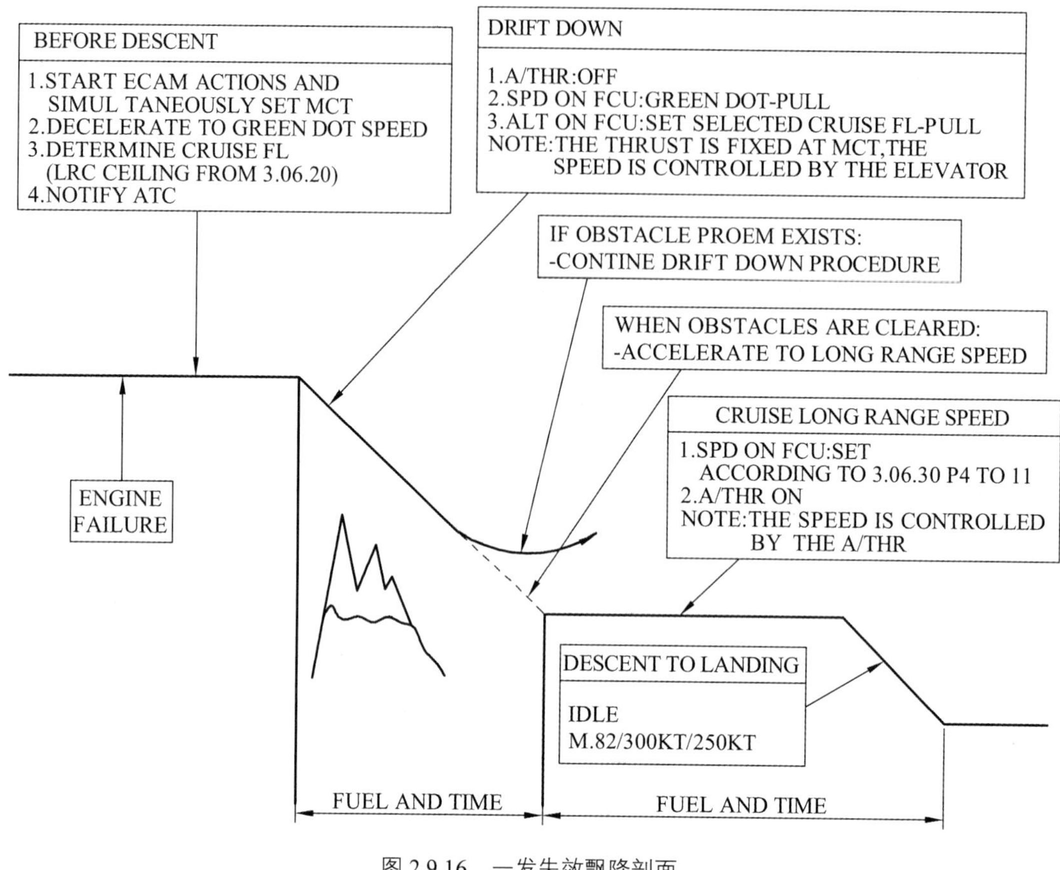

图 2.9.16　一发失效飘降剖面

9.5.4.6　飞行计划

1. 临界燃油的计算过程

临界燃油的计算可分为以下 6 步：

（1）确定参考重量。

（2）选择一发失效速度（有可能要受燃油的限制，同时考虑燃油最省、改航距离最大、越障）。

（3）根据改航时间确定最佳改航高度和改航距离（FPPM 手册中有表格）。

（4）确定合适备降场。

（5）计算 ETP 和 CP。

（6）计算临界燃油。

2. 燃油计划

ETOPS 放行燃油要求为标准燃油计划和 ETOPS 燃油计划两者中的较高值，如图 2.9.17 和 2.9.18 所示。ETOPS 燃油计划包含两部分：一部分是从起飞机场到关键点 CP 的标准燃油；另一部分是从 CP 到航路备降场的燃油，即临界燃油储备。

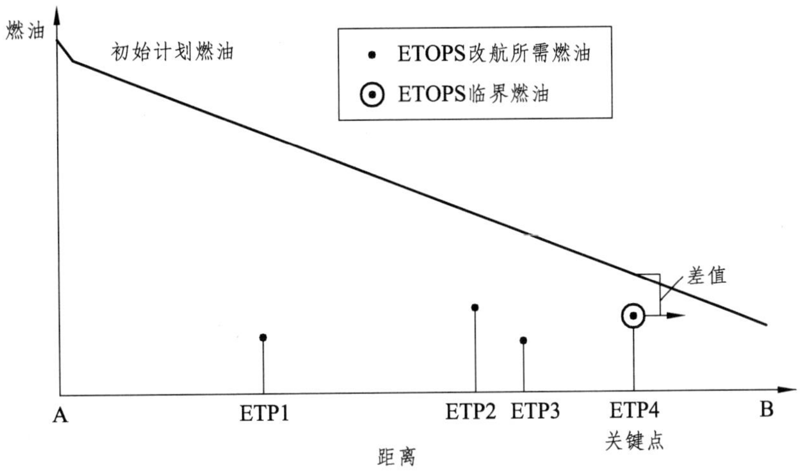

图 2.9.17　ETOPS 航线燃油计划-情况 1

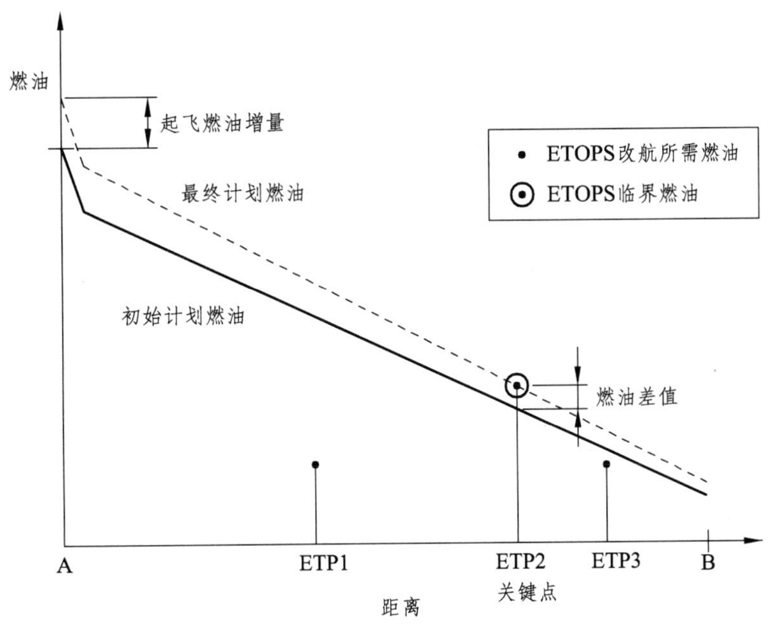

图 2.9.18　ETOPS 航线燃油计划-情况 2

3. 算　例

【例 9-5】　假设波音飞机 757-200 执行某航线，如图 2.9.19 所示，A 为起飞机场，B 为目的地机场，C 为一航路点，A1、A2 为航路备降场，已知 A—C 距离为 1 600 n mile，C—B 距离为 2 400 n mile，（ETP—B 距离为 1120 n mile，ETP—A1/A2 距离为 440 n mile），计算该航线所需的航程燃油。

第一步，根据 757-200 飞机特性手册中的表格（见表 2.9.7）确定飞机的结构限重为 240 000 lb（108 850 kg）。

第二步，根据 757-200 飞行性能与计划手册（FPPM）中的数据（见表 2.9.8）选择一发失效速度为 0.8M（330 kt），兼顾到燃油消耗和改航距离，本例选择了一个比最大速度稍小一点的速度。

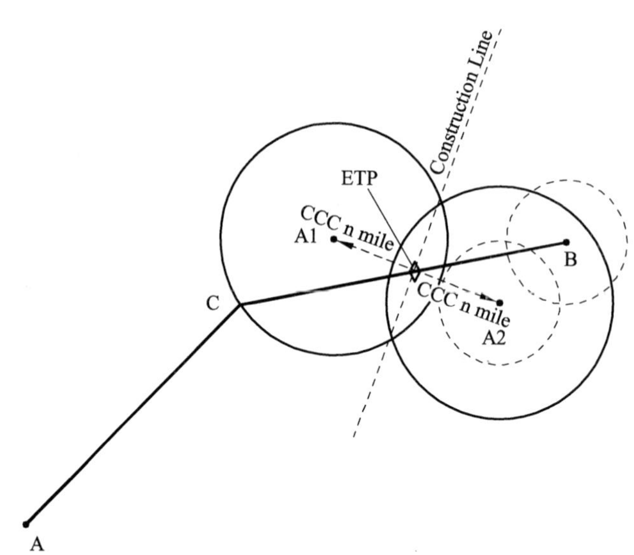

图 2.9.19　算例航线示意图

表 2.9.7　757-200 飞机重量表

CHARACTERISTIC	UNITS	757-200				
MAX DESIGN TAXI WEIGHT	POUNDS	221 000	231 000	241 000	251 000	256 000
	KILOGRAMS	100 250	104 800	109 300	113 850	116 100
MAX DESIGN TAKEOFF WEIGHT	POUNDS	220 000	230 000	240 000	250 000	255 000（1）
	KILOGRAMS	99 800	104 350	108 850	113 400	115 000（1）
MAX DESIGN LANDING WEIGHT	POUNDS	198 000	198 000	198 000	198 000	210 000
	KILOGRAMS	89 800	89 800	89 800	89 800	95 250
MAX DESIGN ZERO FUEL WEIGHT	POUNDS	184 000	184 000	184 000	184 000	188 000
	KILOGRAMS	83 450	83 450	83 450	83 450	85 300
SPEC OPERATING EMPTY WEIGHT	POUNDS	134 090	125 110	132 280	136 940	136 940
	KILOGRAMS	60 800	56 750	60 000	62 100	62 100
MAX STRUCTURAL PAYLOAD	POUNDS	49 910	58 890	51 720	47 060	47 060
	KILOGRAMS	22 650	26 700	23 450	21 350	21 350
SEATING CAPACITY	TWO-CLASS	186 - 16 FIRST + 170 ECONOMY				
	ONE-CLASS	FAA EXIT LIMIT：224（2），239（3）				
MAX CARGO -LOWER DECK（4）	CUBIC FEET	1 790	1 790	1 790	1 790	1 790
	CUBIC METERS	51	51	51	51	51
USABLE FUEL	US GALLONS	11 276	11 276	11 276	11 276	11 276
	LITERS	42 680	42 680	42 680	42 680	42 680
	POUNDS	75 550	75 550	75 550	75 550	75 550
	KILOGRAMS	34 260	34 260	34 260	34 260	34 260

表 2.9.8　757-200 ETOPS 运行区域

ENGINE INOP

MAX CONTINUOUS THRUST

Area of Operation

Based on standard day and drift down starting at or near optimum altitude

SPEED /M(或 kt)	WEIGHT AT DIVERSION /1 000 lb	DIVERSION DISTANCE/n mile												
		TIME/min												
		60	70	80	90	100	110	120	130	140	150	160	170	180
.78/290	260	401	497	593	657	721	786	850	901	914	978	1 042	1 106	1 170
	240	408	507	605	671	736	802	867	920	933	999	1 064	1 130	1 196
	220	416	516	617	684	751	818	885	939	952	1 019	1 086	1 153	1 220
	200	423	526	628	697	765	834	902	957	970	1 039	1 107	1 176	1 244
	180	429	534	638	708	778	847	917	973	987	1 056	1 126	1 196	1 265
	160	435	541	647	718	789	860	930	987	1 001	1 072	1 143	1 213	1 284
	140	439	546	654	725	797	868	940	997	1 012	1 083	1 155	1 227	1 298
	120	441	549	658	730	803	875	948	1 006	1 020	1 092	1 165	1 237	1 310
.80/310	260	417	517	616	683	749	816	882	935	948	1 015	1 081	1 147	1 214
	240	422	524	626	693	761	829	897	951	964	1 032	1 100	1 168	1 235
	220	429	533	636	705	774	843	912	967	981	1 050	1 119	1 188	1 257
	200	434	539	644	715	785	855	925	981	995	1 065	1 135	1 205	1 276
	180	439	546	652	723	794	865	937	994	1 008	1 079	1 150	1 221	1 292
	160	444	551	659	731	803	875	947	1 005	1 019	1 091	1 163	1 235	1 307
	140	446	555	664	737	809	882	955	1 013	1 027	1 100	1 173	1 245	1 318
	120	448	558	669	741	814	887	961	1 019	1 034	1 107	1 181	1 254	1 327
.80/330	260	428	529	631	699	766	834	902	956	970	1 037	1 105	1 173	1 241
	240	432	536	639	708	777	846	915	970	984	1 053	1 122	1 191	1 259
	220	437	542	647	718	788	858	928	984	998	1 068	1 138	1 208	1 278
	200	442	548	655	726	797	868	939	996	1 010	1 081	1 152	1 223	1 294
	180	445	553	661	733	805	877	949	1 006	1 031	1 092	1 164	1 236	1 308
	160	449	558	667	740	812	885	958	1 016	1 031	1 103	1 176	1 249	1 321
	140	451	561	671	744	817	890	964	1 022	1 037	1 110	1 184	1 257	1 330
	120	451	562	672	746	820	894	967	1 026	1 041	1 115	1 189	1 262	1 336
.80/340	260	432	534	636	704	772	840	908	962	976	1 044	1 112	1 180	1 248
	240	435	539	643	712	781	850	919	975	988	1 058	1 127	1 196	1 265
	220	440	545	650	721	791	861	931	988	1 002	1 072	1 142	1 212	1 283
	200	444	551	657	729	800	871	942	999	1 013	1 085	1 156	1 227	1 298
	180	447	555	663	735	807	879	951	1 009	1 023	1 095	1 167	1 239	1 311
	160	450	559	668	741	814	886	959	1 017	1 032	1 104	1 177	1 250	1 322
	140	452	562	672	745	818	891	965	1 023	1 038	1 111	1 184	1 258	1 331
	120	452	563	673	747	820	894	968	1 027	1 041	1 115	1 189	1 262	1 336
LRC	260	409	507	605	670	734	799	864	915	928	992	1 056	1 120	1 184
	240	406	504	602	667	731	796	861	912	925	989	1 053	1 117	1 181
	220	405	503	600	665	730	794	859	910	923	987	1 051	1 115	1 178
	200	402	500	597	661	726	790	854	906	918	982	1 046	1 109	1 173
	180	399	496	593	657	721	785	849	900	913	976	1 039	1 102	1 165
	160	398	494	590	654	718	781	844	895	908	971	1 034	1 096	1 159
	140	393	489	584	647	710	773	836	886	899	961	1 024	1 086	1 148
	120	389	484	578	641	704	766	829	879	891	953	1 015	1 077	1 139

第三步，假设 ETOPS 最大改航时间为 120 min，根据表 2.9.8 可确定出最大改航距离为 915 n mile（按结构限重查表）。

第四步，确定航路备降场，假设本例的备降场为 A1 和 A2，如图 2.9.19 所示。

第五步，计算等时点 ETP 坐标及 ETP 到备降场的改航距离。本例直接给出 ETP 到备降场的距离为 440 n mile（没考虑风的影响），起飞机场到 ETP 的距离为 2 880 n mile。实际操作时可以通过作图作业完成或通过计算机编程实现。

第六步，根据附录 2.22 估计飞机到 ETP 点的燃油消耗为 51 klb，即飞机在 ETP 点的重量为 190 klb。

第七步，根据改航距离、飞机重量、风向风速查附录 2.27 ~ 2.29 分别得到一发失效 + 座舱失压、座舱失压、一发失效飘降 3 种情况下的临界燃油分别为 12.5 klb、12 klb 和 11.5 klb，最后临界燃油取最大值为 12.5 klb。

第八步，按照一般飞行计划要求，根据附录 2.26 可得所需航程燃油为 67.5 klb，则飞机从 ETP 到目的地机场所需燃油为 67.5 – 51 = 16.5 (klb)，比临界燃油多，故起飞油量不受 ETOPS 影响。

【例 9-6】 空客飞机 A320 执行广州至塞班航线，其 ETOPS 临界燃油的计算方法如下：

第一步，根据 A320-231 飞行机组操作手册中的表格（见表 2.9.9）确定飞机的结构限重为 73 500 kg，以该重量起飞 1 h 后的重量大概为 70 000 kg。

表 2.9.9　A320 飞机结构重量

Aircraft	MTOW		Distance/n mile
	(kg)	(lb)	
A320-11 CFM56-5A1	66 000	145 504	393
	68 000	149 913	390
A320-211/212 CFM56-5A1/A3	66 000 to 67 000	145 504 to 147 708	391
	68 000 to 70 000	149 913 to 154 322	388
	71 500	157 629	385
	73 500	162 038	382
	75 500	166 447	379
	77 000	169 754	376
A320-214 CFM56-5B4	70 000	154 322	406
	71 500	157 629	406
	73 500 to 77 000	162 038 to 169 754	397
A320-231 IAE V2500-A1	66 000 to 68 000	149 913 to 154 322	414
	70 000 to 71 500	154 322 to 157 629	411
	73 500	162 038	408
	75 500	166 447	405
	77 000	169 754	403
A320-/232/-233 IAE V2527E-A5	70 000	154 322	400
	71 500	157 629	398
	73 500	162 038	405
	75 500 to 78 000	171 959	392

第二步，根据飞行机组操作手册中的数据表（见表2.9.10）选择一发失效速度为320 kt，兼顾到燃油消耗和改航距离，本例选择一个比最大速度稍小一点的速度。

第三步，假设ETOPS最大改航时间为120 min，根据表2.9.10可确定出最佳改航高度为FL160、最大改航距离为802 n mile。

表2.9.10　最大改航距离

MAXIMUM DISTANCE (Still air) TO DIVERSION AIRPSION AIRPORT IN NAUTICAL MILES (cont'd)

ISA							
SPEED SCHEDULE	A/C WEIGHT AT CRITICAL POINT/kg	FL FOR DIVERSION	DIVERSION TIME/min				
			60	90	120	150	180
MCT/VMO	50 000	160	414	616	818	—	—
	55 000	160	413	614	815	1 017	1 219
	60 000	160	412	612	812	1 012	1 213
	65 000	160	410	608	807	1 007	1 206
	70 000	160	408	605	802	1 000	1 198
	75 000	160	405	600	795	992	1 188
MCT/320 KT	50 000	160	412	613	814	—	—
	55 000	160	412	613	814	1 015	1 215
	60 000	160	412	612	812	1 012	1 213
	65 000	160	410	608	807	1 007	1 206
	70 000	160	408	605	802	1 000	1 198
	75 000	160	405	600	795	992	1 188

第四步，在航路附近选择备降场，这时需要综合分析航路附近备降场的地面保障能力、开放时间等，这些信息一般由情报人员给出，然后由性能工程师进行分析，确定出航路备降场。本例选择某航空公司常用的备降场PGUM（关岛机场）和RCTP（台北桃园机场）。

第五步，计算等时点ETP坐标，由于过程较为复杂，本例直接给出ETP坐标为N16246E131480（假设到关岛机场为逆风13 kt，到桃园机场为逆风5 kt）。

第六步，计算临界燃油。首先计算等时点到航路备降场的改航距离：ETP—PGUM为775 n mile，ETP—RCTP距离为788 n mile；然后根据改航距离、飞机重量、风向风速查表（附录2.30和附录2.31）分别得到一发失效+座舱失压、座舱失压两种情况下的临界燃油分别为7 300 kg和7 250 kg，最后临界燃油取最大值为7 300 kg。

注：手册中未提供一发失效飘降的临界燃油计算图表，因为空客认为不会受这种情况限制。

9.5.5　ETOPS计算机飞行计划

计算机飞行计划必须包括公司ETOPS运行的所有必要信息，应包括如下主要内容：

（1）燃油计划；

（2）计划的飞行高度、飞行航路；

（3）各高度层的气象资料（风向、风速信息及外界温度）；

（4）航路各数据（航段预计航迹、航路点之间距离、预计航段飞行时间）；

（5）航线距离和预计航线飞行时间；

（6）起飞机场、目的地机场、航路备降机场和目的地备降机场；

（7）商务业载信息；

（8）ETP（等时点）；

（9）从 ETP 到各航路合适备降机场的时间；

（10）ETP 的地理位置数据；

（11）到 ETOPS 合适备降机场的最早到达前一小时，最晚到达后一小时的时间（按预计起飞时刻）；

（12）列出航路 ETOPS 合适备降机场；

（13）MEL 放行信息；

（14）相关区域 PHONE-PATCH 通信频率；

（15）目的地备降机场的航路和燃油计划。

复习思考题

1. 假设 B757-200 执行国内某航班，航程为 1 200 n mile，LRC 巡航，FL300，顺风 50 kt，ISA；备降距离为 200 n mile，LRC 巡航，FL250，静风，ISA。已知 OEW = 128 000 lb，MZFW = 184 000 lb，商载 PL = 50 000 lb，最大油箱容量为 73 300 lb，MTOW = 240 klb，MLDW = 198 klb，MALW = 198 klb，P_{tf} = 2 500 元/t，P_{df} = 3 600 元/t，用附录 2.19 ~ 2.22 及书中的相关图表确定利用燃油差价的效益。

2. 分析航路风对二次放行点最佳位置的影响。

3. 解释临界燃油的概念。

4. 简述 ETOPS 运行飞行计划的制订过程。

第 10 章　计算机飞行计划

计算机飞行计划

由于手工制作飞行计划计算量大、计算时间长、计算误差大，同时飞行计划的制订需要查阅许多资料，比如机场数据、机型数据和气象数据等，因此手工制作详细的飞行计划比较困难，而解决这一问题的途径就是采用计算机飞行计划（CFP）。目前，计算机飞行计划制作软件较多，但国内航空公司用得较多的是美国 Jeppesen 公司开发的 JetPlanner 软件、美国 Sabre 公司开发的 Sabre 软件和德国汉莎公司开发的 Lido 软件。

10.1　计算机飞行计划的制作

JetPlanner 是全球知名的航空信息及航空服务公司 Jeppesen（杰普逊）的产品，可以为用户提供完整的飞行计划和航空数据支持。通过这个系统用户可以获得：飞行计划（针对燃油、时间及费用进行优化）、文本气象信息（包括 NOTAM）、气象图形、飞行计划自动发报功能、纯文本信息传送功能和用户数据库支持。JetPlanner 有网页版和安装版两种形式。JetPlanner（安装版）在网页版本的基础上提供了图形形式的天气系统等，主要优点有以下几点：飞行计划的制作更加简单快捷；能在航路图上显示飞行计划路径；能利用卫星和实时雷达显示动态画面，进行动态跟踪；可以上传到 FMS 系统；网络接口很多；与 Jeppesen 航图结合等。航空公司使用的是安装版，所以下面着重介绍 JetPlanner 的组织结构和使用方法。

JetPlanner 主要是通过以下按钮来显示飞行计划信息。如果用户安装了 Jeppesen 航图，Terminal Chart 和 NOTAMS 按钮才会显示并可用，如图 2.10.1 所示。

图 2.10.1　JetPlanner 相关按钮

JetPlanner 的界面如图 2.10.2 所示，主要包含工具条、机场、航图显示、飞行计划管理、天气信息、剖面显示、放行信息等模块。

大部分公司将飞行计划的制作嵌入到 FOC 系统中，下面以川航的 FOC 系统为例简单介绍一下公司在制作飞行计划和签派放行时的内容与步骤。

要放行一个航班，签派员需要完成机组信息、机场情况、飞机情况、故障保留等的检查，并分析航行通告、天气信息，然后根据载重信息制作飞行计划，最后编辑 FPL 报，准备放行资料，如图 2.10.3 所示。每一项的具体信息如图 2.10.4 ~ 图 2.10.8 所示。

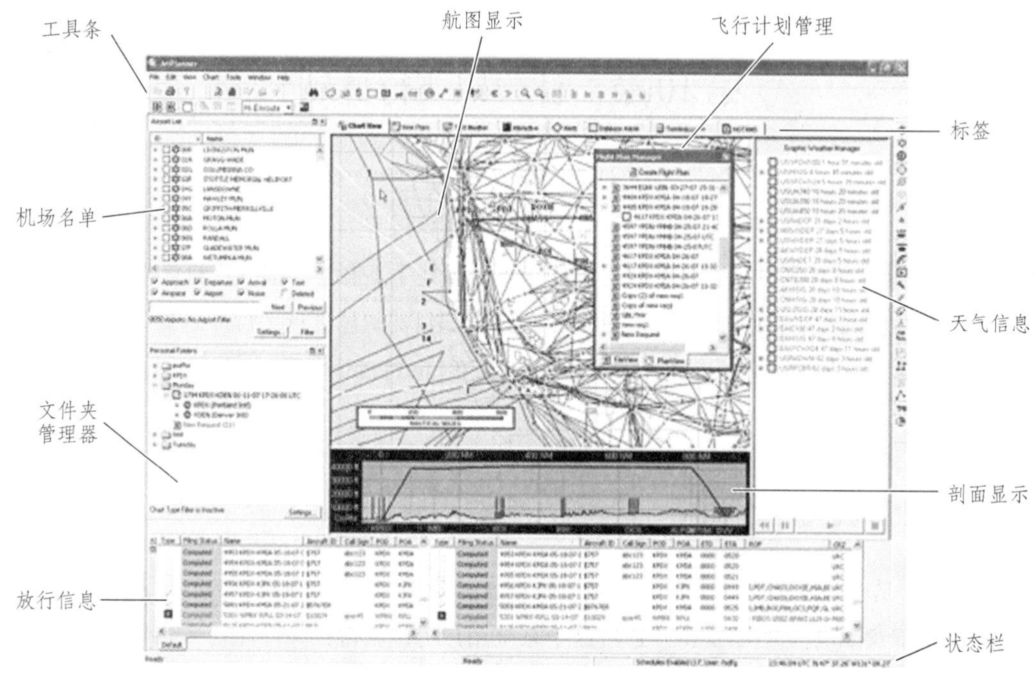

图 2.10.2　计算机飞行计划软件示意图

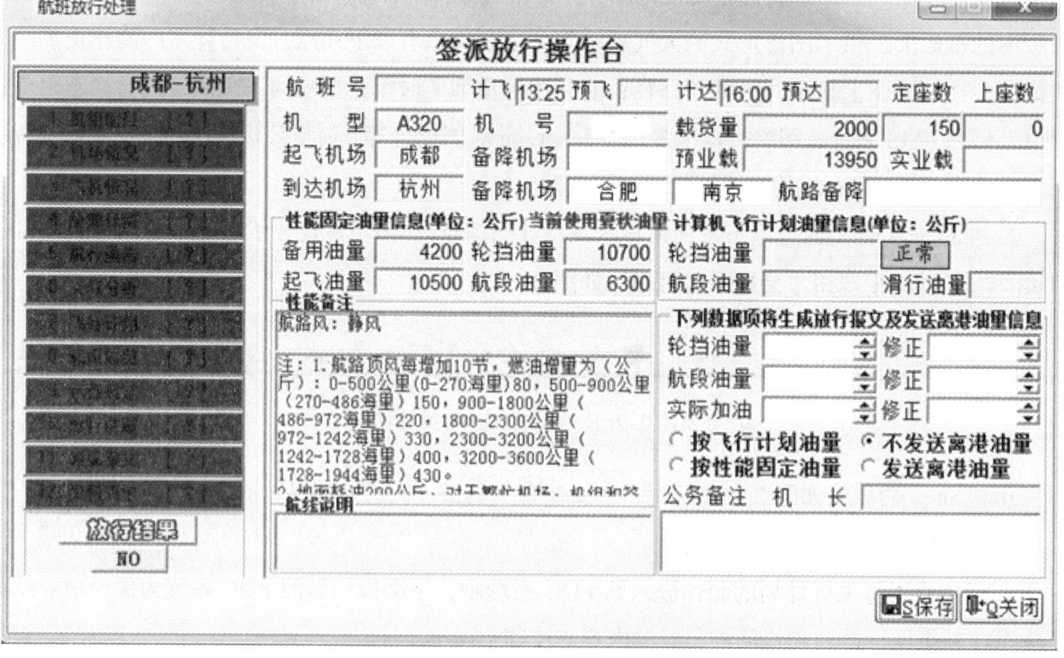

图 2.10.3　签派放行操作示意图

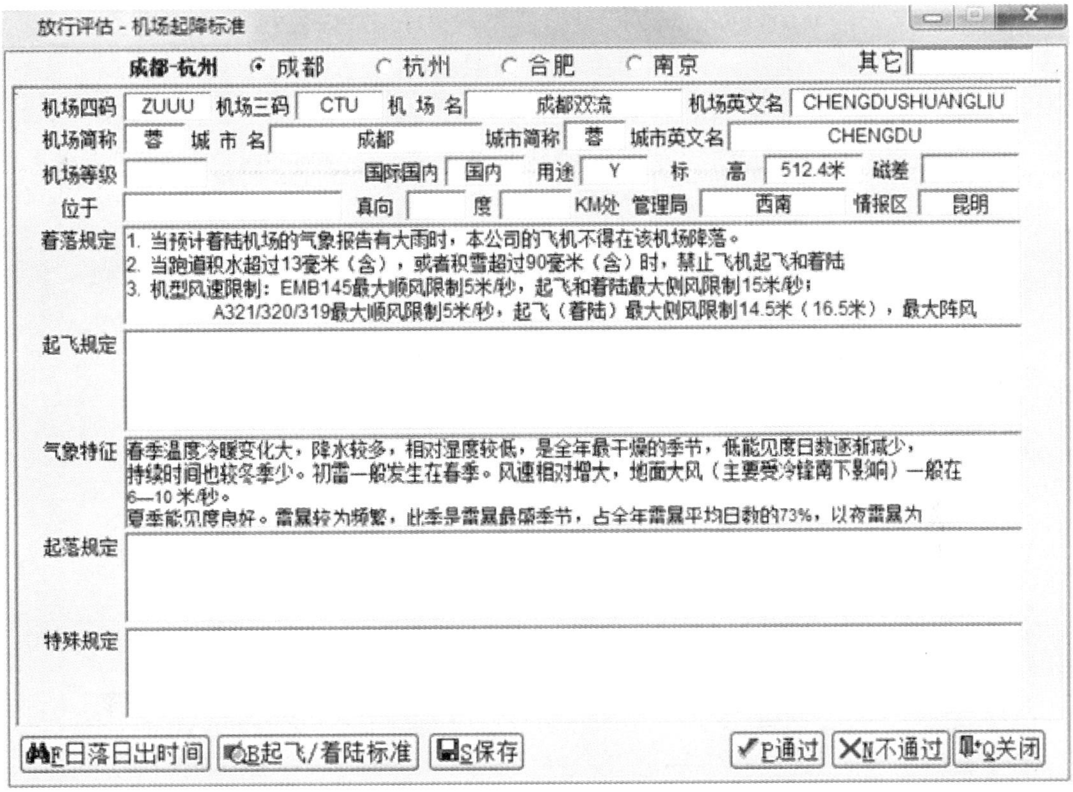

放行评估 - 机场起降标准

成都-杭州　◉ 成都　○ 杭州　○ 合肥　○ 南京　其它

机场四码	ZUUU	机场三码	CTU	机 场 名	成都双流	机场英文名	CHENGDUSHUANGLIU
机场简称	蓉	城 市 名	成都	城市简称	蓉	城市英文名	CHENGDU
机场等级		国际国内	国内	用途	Y	标　高	512.4米
磁差							
位于		真向		度		KM处 管理局	西南
情报区	昆明						

着落规定

1. 当预计着陆机场的气象报告有大雨时，本公司的飞机不得在该机场降落。
2. 当跑道积水超过13毫米（含），或者积雪超过90毫米（含）时，禁止飞机起飞和着陆
3. 机型风速限制：EMB145最大顺风限制5米/秒，起飞和着陆最大侧风限制15米/秒；
A321/320/319最大顺风限制5米/秒，起飞（着陆）最大侧风限制14.5米（16.5米），最大阵风

起飞规定

气象特征

春季温度冷暖变化大，降水较多，相对湿度较低，是全年最干燥的季节，低能见度日数逐渐减少，持续时间也较冬季少。初雷一般发生在春季。风速相对增大，地面大风（主要受冷锋南下影响）一般在6—10 米/秒。
夏季能见度良好。雷暴较为频繁，此季是雷暴最盛季节，占全年雷暴平均日数的73%，以夜雷暴为

起落规定

特殊规定

F日落日出时间　B起飞/着陆标准　S保存　P通过　N不通过　Q关闭

图 2.10.4　机场选项示意图

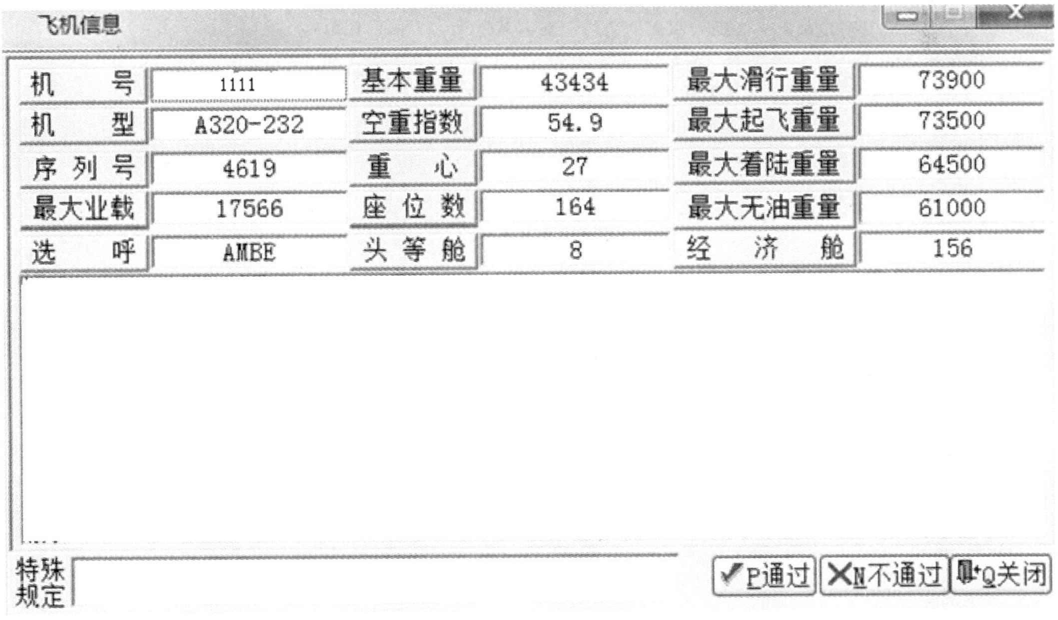

飞机信息

机　号	1111	基本重量	43434	最大滑行重量	73900
机　型	A320-232	空重指数	54.9	最大起飞重量	73500
序 列 号	4619	重　心	27	最大着陆重量	64500
最大业载	17566	座 位 数	164	最大无油重量	61000
选　呼	AMBE	头 等 舱	8	经　济　舱	156

特殊规定

P通过　N不通过　Q关闭

图 2.10.5　飞机信息示意图

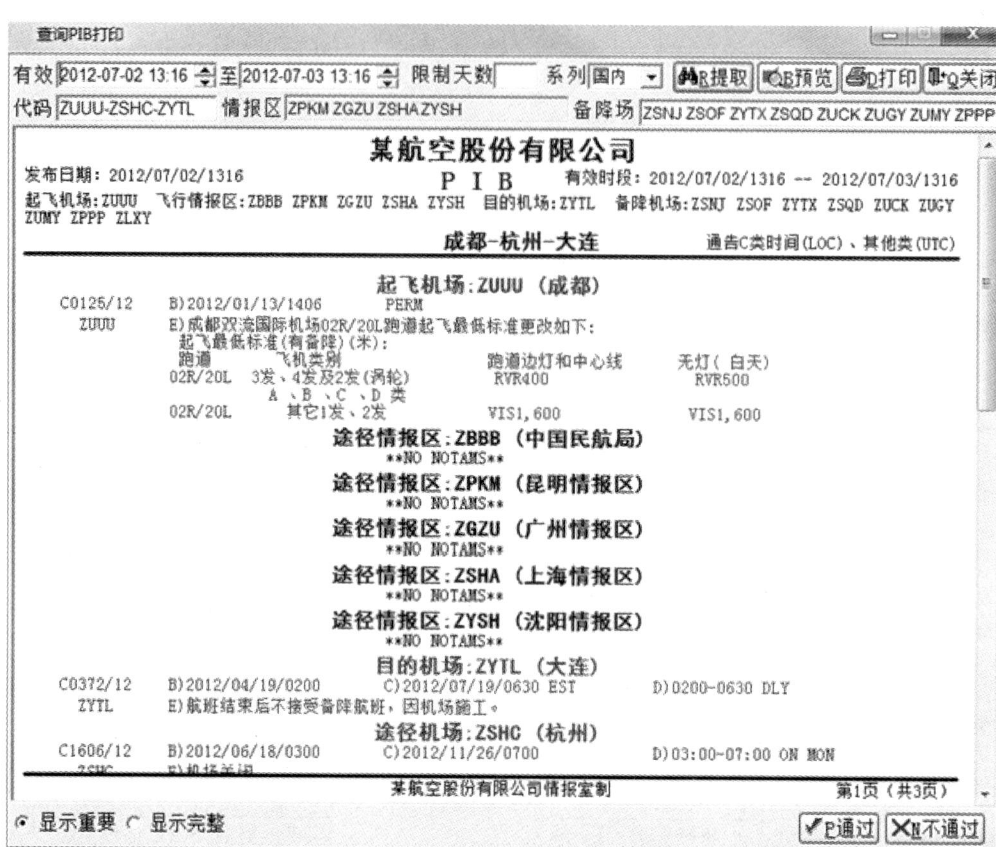

图 2.10.6　PIB 示意图

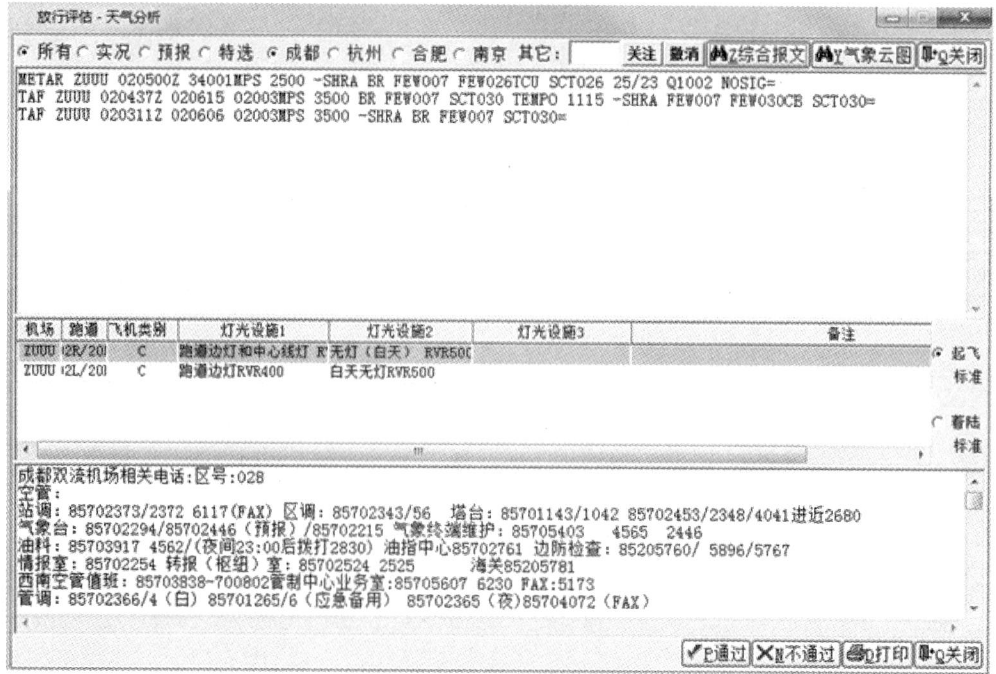

图 2.10.7　天气分析示意图

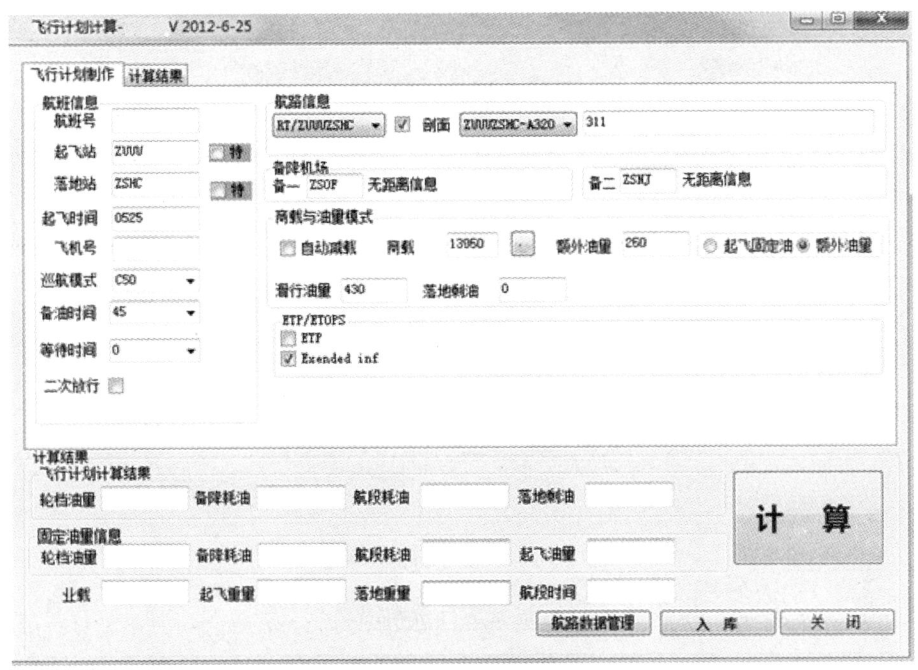

图 2.10.8　飞行计划制作示意图

在飞行计划制作时，只需要输入航班信息、巡航模式、备油时间、航路信息、剖面、备降场、商载和滑行油量即可计算。一般情况下，需要特别注意的是剖面信息中的高度，需要根据天气、通告、商载等情况进行调整。计算结果如图 2.10.9 所示。

航班日期	2012/7/2	航班号		飞行计划
起飞站	ZUUU	到达站	ZSHC	机号
放行油量	11055	航段油量	6232	
滑行油量	430	备降机场	ZSOF	ZSNJ
飞行计划（FPL）		时间(时分)	02/18	13950

```
(FPL-          -IS
-A320/M-SIRW/S
-ZUUU0525
-K0887S0950 DCT JTG G212 VENON W504 GAO B213
SAKPU H35 DYG W138
 LLC H24 ZK DCT OVTAN DCT ANISA DCT REMAX DCT
KHN DCT 2842N11641E
 H24 H100 P33 H26 TXN G204 ABVIL H24 TOL W508 WY
DCT
-ZSHC0219 ZSOF
-EET/ZGZU0050 ZSHA0126
 REG/B6 '1 SEL/AMBE     /        A/L DAT/M
-E/0401 P/164 R/V)
```

```
PLAN 8442              ZUUU TO ZSHC 3U32   C50/F IFR  02/07/12
NONSTOP COMPUTED 0226Z  FOR ETD 0525Z  PROGS  0118NWS  B6  1    KGS

                                  CALLSIGN:

I CERTIFY THAT THIS FLIGHT IS RELEASED/DISPATCHED IN ACCORDANCE
WITH ALL APPLICABLE ICAO REGULATIONS

    DISPATCHER [      ]          SIGN . . . . . . . . . . .

    PILOT IN COMMAND             SIGN . . . . . . . . . . .

BLOCK IN . . . .     ON  . . .       T/O . . .   T/O FUEL . . .
BLOCK OUT  . . .     OFF . . .       LDG . . .   LDG FUEL . . .
TOTAL     . . . .  TOTAL . . .     TOTAL . . .  FUEL USED . . .
REASON FOR DELAY . . . . . . . . . . . . . . . . . . . . . . .

MTOW   73500        MLW   64500         MZFW   61000       OPCG

            FUEL   TIME  DIST ARRIVE TAKEOFF  LAND   AV PLD  OPNLWT
POA ZSHC 006231 02/19 1027  0744Z  068008 061777 013950  043434
ALT ZSOF 002160 00/50 0250  0834Z
HLD      000000 00/00
RES      001983 00/45
XTR      000250 00/07
```

M制作飞行计划　X刷新　S保存　P通过　N不通过　P打印　Q关闭

图 2.10.9　飞行计划结果输出示意图

在放行评估时，主要是检查飞机的重量是否超重，如图 2.10.10 所示。最后准备放行资料，包括打印好的飞行计划、飞行前公告、天气预报和高空风温图及签派放行单（见图 2.10.11）。

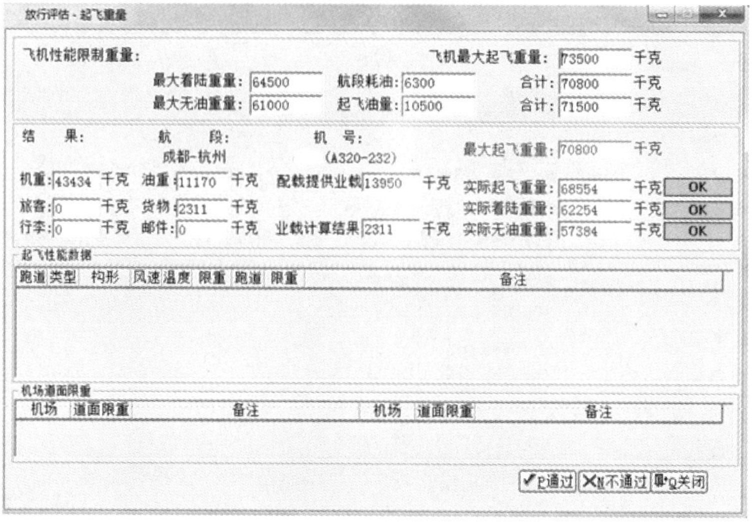

图 2.10.10　放行评估示意图

飞行签派放行资料清单

Dispatching information list

机长您好：这里有您想要了解的信息

Captain：here is some information you need

序号 No	机长 Captain		停机位 Gate	204
1.	航班号 Fight No.		机号 Registration	
2.	航线 Route		机型 Aircraft	A320-232
3.	计划起飞 ETD	13:25	计划到达 ETA	16:00
4.	故障保留 MEL			
5.	操作及运行限制 Operation Limit			
6.	旅客人数 Passenger	162	VIP 情况 VIP	
7.	总商载量 Total Loading	13 950	货重 Cargo Weight	2 311
8.	轮挡油量 Block Fuel	11 600	航段油量 Trip Fuel	63 00
9.	天气资料 Weather Information	高空风预报图、重要天气预报图 起飞机场、目的地机场、备降机场等实况及预报、CFP		
10.	加机组 Joining the Crew member			
11.	飞行部派遣 联系电话		飞行部干部 值班联系电话	
12.	某航签派频率 Dispatch Frequency	成都签派　131.9 重庆签派　131.8	签派放行电话 The Tel No of Release Dispatch	
13.	目的地机场站调频率 The Frequency of FSC		目的地机场 代办电话 The Tel No of Detination	
14.	备注 Other			

图 2.10.11　放行单示意图

10.2 计算机飞行计划的识读

关于计算机飞行计划的输出格式，各航空公司可以自己定义，故即使是使用的相同软件，输出的飞行计划格式也不完全一样，内容上也稍有差别，下面举几个例子加以解释。

【例 10-1】 Jeppesen 飞行计划。

（1）普通计算机飞行计划。

```
PLAN 8100 XX7281   ZBHH TO ZBAA   A320     30/F      IFR     19/09/19
计划号      航班号    起飞场   目的地   机型     巡航方式  运行类型   日期
NONSTOP COMPUTED 0730Z FOR ETD 1000Z PROGS 0600NWS   B6116   KGS
计划制作时刻                    预计起飞时刻  计算采用的风图  注册号   单位
MTOW    73500          MLW    64500          MZFW    61000         OPCG
------------------------------ ----------------------------------
            FUEL   TIME   DIST ARRIVE TAKEOFF   LAND     AV PLD   OPNLWT
            燃油    时间   距离  到达时刻  起飞重量  着陆重量    业载   干使用重量
POA ZBAA 001865 00/47   0303   0047Z    059237    057372   013000   041244
ALT ZBHH 001616 00/35   0224   0123Z
HLD        000970 00/30
RES        000542 00/15
XTR        000000 00/00
TXI        000000
TOT        004993 02/08

FUEL BURN ADJUSTMENT FOR 1000KGS INCR/DECR IN TOW : 0017KGS/0019KGS
ROUTE AVG WIND P011     MXSH 03/TOD
ROUTE AVG TEMP M57      FLIGHT LEVEL   371
ACT. FLT LEVEL . . . . . . .

ALT.LEVEL        ETE       WIND       FUEL
REASONS FOR EXTRA FUEL . . . . . . . . . . . . . . . . . . . . . .

                        MSA       TTK     DIST    FL     W/C     TIME    FUEL
ALTERNATE   - 1   ZBHH      100 282   0224    381    M017    00.35   1616
------------------------------ ----------------------------------
*   MOST CRITICAL MSA    11500 FEET AT AA462 *
------------------------------ ----------------------------------

MAIN PLAN: ZBHH-ZBAA
CPT   FLT    T    WIND    TAS     MSA     MCS     DST     DSTR     ETE     CUM     FU    FR   FF/E
航路  高度  温度    风      真空    最低    磁航迹   距离     剩余     预计    累计   预计   剩油   燃油
 点    层                  速     安全                      距离     耗时    耗时   耗油        流量/发
FREQ     AWY       S       GRS
```

频率　　航路　颠簸等级　地速

HH501 .. .. 098 258.8 006 0297 ./.. ./.. .. ..
　　LUG8ZD ..
HH505 .. .. 098 162.0 013 0284 ./.. ./.. .. ..
　　LUG8ZD ..
HH506 .. .. 098 165.6 014 0270 ./.. ./.. .. ..
　　LUG8ZD ..
UKBET .. .. 098 098.1 024 0246 ./.. ./.. .. ..
　　LUG8ZD ..
LUGVU .. .. 098 054.5 019 0227 ./.. ./.. .. ..
　　LUG8ZD ..
UPSUR .. .. 098 102.8 004 0223 ./.. ./.. .. ..
　　W69 ..
TOC 371 .. .. 098 101.5 043 0180 0/18 0/18 013 0037 .. .
　　W69 ..
BIKUT 371 57 34023 454 098 101.5 012 0168 0/02 0/20 001 0036 1105
　　W69 02 465
TOD 371 56 32021 455 100 100.2 060 0108 0/07 0/27 003 0034 1107
　　W69 03 468
GUVBA .. .. 100 100.2 011 0097 ./.. ./.. .. ..
　　W69 ..
AA463 .. .. 100 161.2 007 0090 ./.. ./.. .. ..
　　GUV9YA ..
AA462 .. .. 115 161.2 037 0053 ./.. ./.. .. ..
　　GUV9YA ..
AA441 .. .. 115 121.8 024 0029 ./.. ./.. .. ..
　　GUV9YA ..
ZBAA .. .. 079 023.7 029 0000 0/20 0/47 002 0031 .. .
　　ELEV 00115FT

（2）ETOPS 运行计算机飞行计划格式的区别。

　　FUEL TIME DIST ARRIVE TAKEOFF LAND ZFW AV PLD OPNLWT
DST LHBP 038692 10/15 4178 1015Z 135403 096711 090519 000000 090519A
ALT LOWW 001789 00/27 0117 1042Z 186880 145150 133810 045018 090519M
HLD 002500 00/30
RES 001250 00/15
REQ 044231 11/27
TXI 001306
XTR 000000 00/00

ETOPS 000000 00/00

多带关键点耗油

TTL 045537 11/27 TRK ZBAALHBP-D

…… ……

ENRT ALTN （航路备降场及气象关注时间）

UNAA SUITABLE 0218/0629

UACC SUITABLE 0428/0800

UWLW SUITABLE 0600/1121

TIME TO

DIST W/C CFR FOB EXC ETP /

ALT

ETP UNAA/UACC 0414/0384 P007/M021 08724 025100 16380 04.36/01.16

等时点 N5500.0 E07947.4

ETP UACC/UWLW 0454/0435 P017/M001 08936 019671 10740

06.03/01.21

*** N5526.4 E06115.0

ETOPS ENTRY N5528.2E06318.6 ETOPS EXIT N5524.6E06024.9

进入点 退出点

…… ……

MAIN PLAN: ZBAA-LHBP

CPT FLT T WIND S TAS AWY MHDG DST ETE ETR FU

FR FF/E

FREQ TRO TDV COMP GRS MSA MCRS DSTR ETA ATA AFU

AFR

ZBAA 000

4178

HUR 261 .. . . 021 047 0010 1005 0020 0427 . .

113.6 .. .. 082 031 4131

N40198 E116449

…… ……

ETP1 381 60 25040 3 444 R480 274 063 0009 0607 0006 0268 1829

等时点 1

35 M03 M034 410 036 278 2577

N54060 E085090

…… ……

ENTR1 381 52 35026 0 451 R480 260 072 0010 0421 0006 0203 1799

进入点 1

***.** 31 P05 M005 446 022 257 1811

N55282 E063186

…… ……

ARGIT 430 53 35028 1 450 R481 259 014 0002 0410 0001 0195 2260

32 P04 M003 447 047 255 1727

N55252 E060514

EXIT1 430 53 36030 1 450 R481 258 015 0002 0408 0001 0194 2065

退出点 1

33 P04 000 450 052 254 1712

N55246 E060249

（3）二次放行计算机飞行计划格式的区别。

下面给出某公司二次放行的飞行计划中的油量部分内容，其对应的飞行剖面如图 2.10.12 所示。

PLAN	0688			0689			0690		
PD/RCLR	LKPR/ZUUU			XIXAN /ZUUU			LKPR/ZLIC		
	FUEL	TIME	DIST	FUEL	TIME	DIST	FUEL	TIME	DIST
PA ZUUU	052873	0907	4312	003704	0057	0187 ZLIC	049699	0839	4091
AL ZLXY	005762	0105	0421	005681	0105	0421 ZLXY	004418	0053	0313
HLD	002323	0030		002282	0030		002281	0030	
RES	004789	0055		001291	0015		004456	0052	
B/RC				048371	0811				
ETOP	000000	0000		000000	0000		000000	0000	
XTR	002200	0028		002200	0029		002676	0035	
TXI	000500			000500			000500		
TOT	068447	1205		064029	1127		064030	1129	

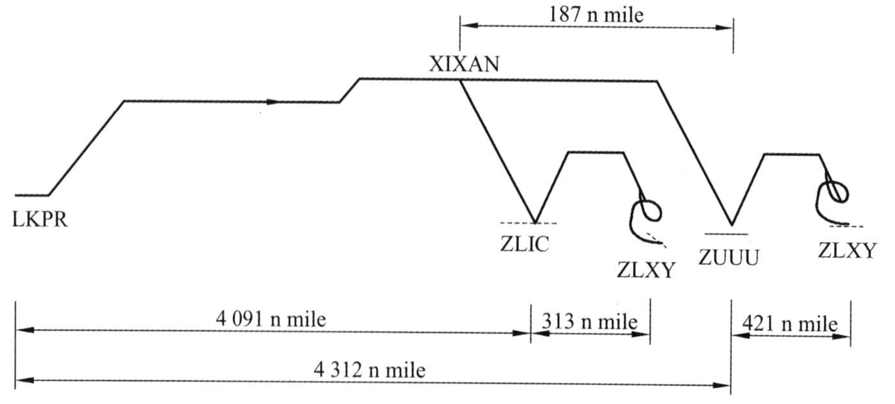

图 2.10.12　二次放行飞行计划剖面示意图

【例 10-2】 Lido 飞行计划。

Lido 飞行计划软件计算的飞行计划中油量的显示如下：

TARGET ARRIVAL FUEL 4877KGS	TARGET ARRIVAL FUEL 4442KGS
DEST ZWWW 014113 0505	DEST ZHHH 003470 0114
CONT FUEL 10% 001411 0030	CONT FUEL MIN 000568 0015
ALTN ZWKM 001766 0038	ALTN ZGHA 001974 0040
HOLD FUEL 001200 0030	HOLD FUEL 001200 0030
EXTR FUEL 000500 0011	EXTR FUEL 000700 0015
TKOF FUEL 018990 0654	TKOF FUEL 007912 0253
TAXI OUTF 000300 0020	TAXI OUTF 000240 0020
LOAD FUEL 019290 0714	LOAD FUEL 008152 0313

【例 10-3】 Sabre 飞行计划。

下面为 Sabre 飞行计划软件计算的飞行计划的油量部分内容。

ACFTTYPE A300-605R	CF6-80C2A5				
PLANNED	FUEL	TIME	WEIGHTS	ACTUAL	STRUCTURAL OR
BURN ZSPD-PGSN	25080	04.18	DOW 089096	089096	PERF LIMIT
CONT	2508	00.28	PLD 22380	......	
XHLD DEST	0	00.00	ZFW 111476	......	MZFW 130000
ALTN PGUM	2089	00.24	RPF 32548	......	FCAP 054179
XHLD ALTN	0	00.00	RPW 144024	......	MRPW 171400
STD HOLDING	2121	00.30	TOW 143274	......	MTOW 170500
ETP/BU	0	00.00	TIF 25080	......	
REFILE BU	0	00.00	LDW 118194	......	MLDW 140000
MIN REQUIRED	31798	05.40	ACTUAL TRIP TIME......		
EXTRA	0	00.00	ACTUAL HLDG TIME......		
TKOF FUEL	31798	05.40			
TAXI FUEL	750		FUEL ORDERED	....	
RAMP FUEL	32548	05.40	REASON FOR INC/DEC		
FUEL OVER DEST	6718		....		

10.3 飞行监控

飞行监控是航空公司运行控制系统中最重要的组成部分，它是通过实时监控飞机位置、速度、油量、气象变化、航行通告等信息，对影响飞行安全相关因素及时发出告警，并提供及时准确的运行辅助服务，将实时安全监控链条覆盖到整个飞行过程中，进一步保证了飞机运行的安全和稳定。

10.3.1 飞行监控的内容

飞行签派员实施飞行监控时，主要对飞行中的以下情况进行严密监控，以确保飞行的安全、正点实施。

（1）飞机位置监控；

（2）燃油监控；

（3）气象监控；

（4）航空器适航状况监控；

（5）对 ATC 航路情况的监控；

（6）对地面资源的可用性监控。

1. 飞机位置监控

（1）公司根据飞行运行需要规定公司位置报告点。在下列情况建立位置报告点：

① 根据运行需要，在航路上设有等时点、临界返航点（PNR）、临界改航点时；

② 根据飞行距离及地空通信状况，认为有必要时。

（2）飞机飞越公司位置报告点时应通过公司频率向飞行签派室报告下列内容：

① 飞机、航班呼号；

② 飞越公司位置报告点的名称、时间；

③ 飞行高度；

④ 预计到达下一个报告点的时间；

⑤ 风向、风速、外界温度；

⑥ 剩余燃油；

⑦ 其他相关事项。

（3）签派员无法收到机组位置报告时应采取的行动。

在预计飞机飞越报告点 30 min 后飞行签派员仍无法与机长建立通信，负责飞行监控的飞行签派员应通过空中交通管制部门确定飞机的飞行状况及位置（见图 2.10.13）。如仍不能得到飞机的有关信息，飞行签派员应执行公司的搜寻和救援程序。

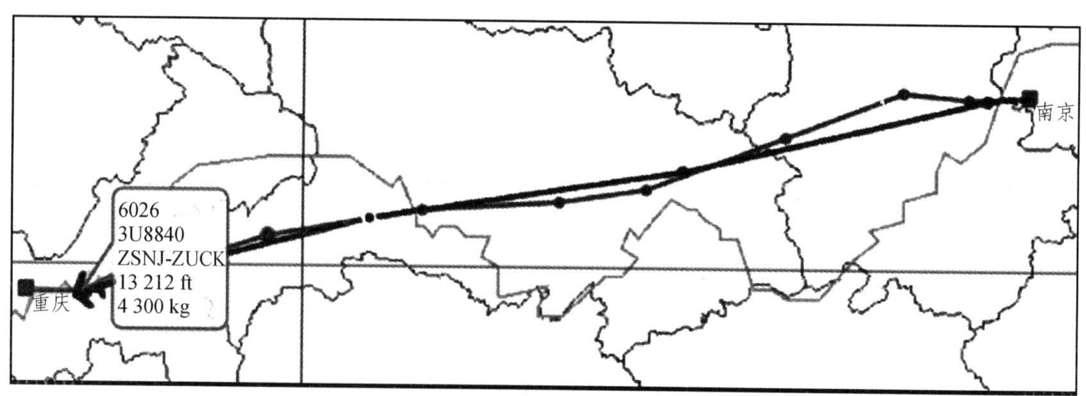

图 2.10.13 监控显示航班信息示意图

2. 燃油监控

每次飞行，飞行签派人员应对飞机的燃油消耗情况和预计的飞机到达着陆机场时的剩余燃油

（EFOA）进行监控并及时做出相应的决策。

（1）预计的飞机到达着陆机场时的剩余燃油（EFOA）。

预计的飞机到达着陆机场时的剩余燃油量（EFOA）等于机上燃油量的总和减去飞机现在位置飞往预定着陆机场时所计划的燃油消耗量。在飞行过程中，飞行员和签派员应对EFOA实施监控，并给予经常性的关注。

当遇到一些意外情况，航班的实际情况与原先的计划不一致时，飞行员和签派员就应对EFOA重新进行计算，并确认飞机预计飞抵目的地机场时，EFOA至少不应小于决断油量。

（2）决断油量。

决断油量是为便于飞行员和签派员在飞机飞往目的地的飞行中及时决定是否改航、备降的关键油量，即为了飞行员和签派员更好地决断究竟是继续飞往目的地机场，还是直接飞往备降机场或其他机场。

最低决断油量是指考虑到规定的燃油油量指示系统误差后的备降油量与飞机在备降机场上空450 m（1 500 ft）的高度上以绿点速度等待30 min的油量之和。

机长和签派员可以在最低决断油量基础上适当增加决断油量的总量，以便在备降过程中提供意外情况用油。如果飞行明显地不能按现行飞行计划完成时，飞行员就应通过公司的通信系统通知签派员到目的地机场修正的EFOA，飞行员和签派员就应当共同决定应对措施，做出执行应对措施的决定应不迟于EFOA达到决断油量的时刻。如因故飞行员联系不上签派员时，飞行员可以自行决定应对措施，但事后必须通知签派员。

（3）及时决策与应对策略。

当一个航班明显无法按飞行运行计划完成时，在EFOA达到决断油量前，飞行员和签派员应选择其他措施以保证EFOA不小于决断油量。

具体可采取以下策略：

① 改变该航班的飞行航线、飞行高度层或巡航速度，以减少到达预定着陆机场途中燃油的消耗；

② 选择一个比飞往原定备降机场少耗油的备降机场；

③ 如果不需要的话，则取消备降机场；

④ 在决断油量的航程内，如果目的地机场是所提供的合适机场，就继续飞往目的地机场；

⑤ 如果飞往原定的目的地机场已成为不可能，就应该改变着陆机场。

为了避免在缺少燃料的情况下飞行运行，飞行员和签派员必须履行职责，以便及时做出涉及备用航线选择的决策。

当实施改航备降这一决策时，机长在改航飞往备降机场之前应采用一切通信手段与飞行签派部门联系。改航备降机场正常应当是签派放行单中列出的机场，除非机长和/或签派员认为另一机场作为备降机场更为合适。这样的联系有利于机组获取最新和补充的信息，有利于签派员掌握机组的意图，并有助于与航站和其他有关部门的协调。

（4）紧急油量。

紧急油量是假定此时已没有其他机场或程序可以使用，飞机只能飞向最近的合适机场，任何额外的延误将严重危及飞行安全。

① 紧急油量的条件。

当飞机沿航线（包括正常的仪表进近程序）飞向着陆机场，考虑到允许的飞机燃油系统指示误差，预计的着陆后剩余油量只能维持飞机以等待速度、在着陆机场上空 450 m（1 500 ft）的高度继续飞行不足 30 min，且为减少燃油消耗的所有方法（不包括航路的改变）均被使用，此时飞机处于紧急油量状态。

② 紧急油量的宣布。

当飞机处于紧急油量状态时，机长应立即：

—向 ATC 宣布飞机处于紧急油量状态，并以分钟为单位，报告剩余油量可维持的飞行时间；

—向 ATC 要求“优先处置”，申请距离最短的航路及着陆优先权；

—如时间允许，将紧急油量状态通知签派员。

当出现紧急油量状态时，签派员应：

—提供飞行机组要求的帮助；

—启动相应的应急程序；

—及时将紧急油量状态的情况通告相关空中交通管制部门以及预定着陆机场，并要求必要协助。

③ 机组人员和签派员应尽力避免出现紧急油量的状态。当机载油量降低到只能接受飞行过程中出现短时间的延误甚至是无延误才能支持飞机飞抵目的地时，机组应首先宣布飞机处于“最低油量”状态。最低油量状态并不意味着飞机需要 ATC“优先处置”，但 ATC 将向下一个管制部门通告其状态并关注任何可能导致此飞机进一步延误的情况。如果剩余燃油显示需要优先着陆以确保安全，飞行员应当及时宣布飞机进入“紧急油量状态”。

3. 气象监控

签派员应对所负责的飞行监控区内以下气象情况的变化进行监控，并及时将重要变化通报给机组：

（1）航路（飞行高度和相邻高度）的风向和风速（飞行组报告）及修正；

（2）目的地机场、备降机场和航路的天气演变情况及发展趋势；

（3）危险天气警告，包括航路上、机场区域颠簸、风切变、雷暴、结冰和雪情通告等，气象监控示意图如图 2.10.14 所示。

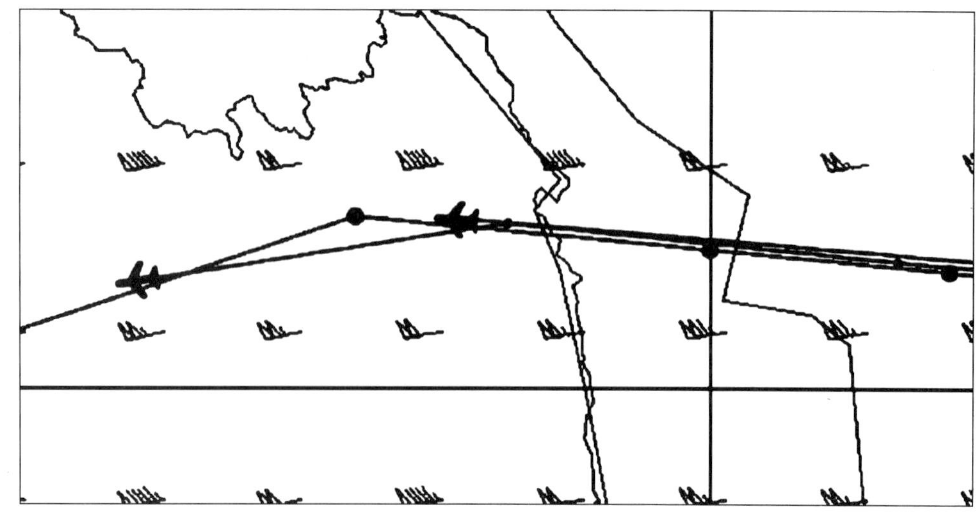

图 2.10.14　气象监控示意图

4. 航空器适航状况监控

签派员应对所负责的飞行监控区内航班的航空器适航状况进行间接监控（接受机组和/或负责直接监控的机务部门的报告），从运行控制的角度对以下问题进行考虑并妥善解决：

（1）飞机设备故障对飞机性能的影响导致飞机备降以及对后续航班的影响；

（2）飞机设备故障对飞机其他系统的影响；

（3）飞机改航后机务维护的能力。

5. 对 ATC 航路情况的监控

签派员应对所负责的飞行监控区内的航路流量、导航台工作状况等变化进行监控，并从运行控制的角度对必要时更改航路的可能性进行考虑。

6. 对地面资源可用性的监控

签派员应对所负责的飞行监控区内影响飞行运行的地面设备、人员情况等变化进行监控，从运行控制的角度对其进行考虑并努力消除由此变化带来的不利影响，如机场宵禁、机组受执勤时间限制、航班延误后带来的旅客转机问题等。

10.3.2 监控手段及通信使用

目前，国内各航空公司的通信手段主要有：

（1）公司的地空通信系统（高频、甚高频）；

（2）公司的电话系统，包含录音设备（主要用于地面运行保障）；

（3）专业电报网络；

（4）SATCOM；

（5）雷达监控系统；

（6）ACARS 数据链系统。

10.4 计算机飞行计划的使用

本节从飞行员的角度介绍在整个飞行过程中飞行计划的使用。

1. 预先准备

航空公司一般会要求飞行机组进行飞行预先准备。该项任务可在网上完成，主要是要求机组明确任务性质、起飞时间和要求；研究起飞、着陆和备降机场、航线等有关资料；初步了解飞机状况；阅读通告；了解天气趋势等。该任务一般要求在航班起飞前 12 h 完成。

2. 直接准备

在直接准备阶段，机组应从运控中心提取飞行必需的资料，包括飞行计划、气象资料、航行通告等，并且需要认真阅读飞行计划中的性能数据、油量信息、航路信息和 FPL 报的内容，同时需要研究气象资料和 PIB 中的重要航行通告，并做标记。

气象资料的研究包括：

- 起飞和爬升时的气象实况和预报，包括跑道状况；
- 航线上的重要天气，包括风和温度；

- 目的地机场和备降机场的终端区域气象预报；
- 目的地机场、备降机场和短程飞行时的气象实况及近期的气象情况（如可获得）；
- 检查沿计划航路上各机场的气象情况。

天气可影响航路的选择（如最短时间）和飞行高度层的选择。机组必须考虑起飞机场和目的地机场出现污染跑道的可能性。机组还必须核实国际标准大气（ISA）偏差和航路结冰情况以及考虑目的地机场天气原因造成的等待。

航行通告的研究主要是指通过查看航行通告以确定航路是否有变化，导航设备是否提供服务，跑道和进近导航设备是否可用等，所有这些都可能对最后的燃油需求产生影响。

机组修改油量、放行单等信息，需通知签派员。最后，机长和签派员共同在签派放行单上签字放行，共同承担放行责任。机长还应在飞行任务书和飞行计划上签字。因此，机组应认真检查飞行计划。检查内容主要包括：

- 航路、高度和飞行时间；
- ATC 飞行计划（FPL 报），保证按规定程序填写并上交，与燃油飞行计划航路一致；
- 机长应检查业载，计算最大允许起飞和着陆重量；
- 油量检查。

多数情况下机组使用计算机飞行计划可以获得正确的燃油需求量。尽管飞行计划通常很准确，但检查其误差仍然非常重要。最简便的方法是使用“F-PLN 的快速确定”表格。机长和副驾驶一定要核实燃油计算，所需机载燃油一定要正确。数字一定要与相应的规定一致。

3．驾驶舱准备

飞机飞行前，机组成员必须按照机型手册要求完成飞机的外部检查，并且机长要在外部检查单上签字。在驾驶舱内，需完成飞机性能和飞行计划等相关数据的输入。具体要求如下：

- 压下 INIT（初始）键，如图 2.10.15 所示；

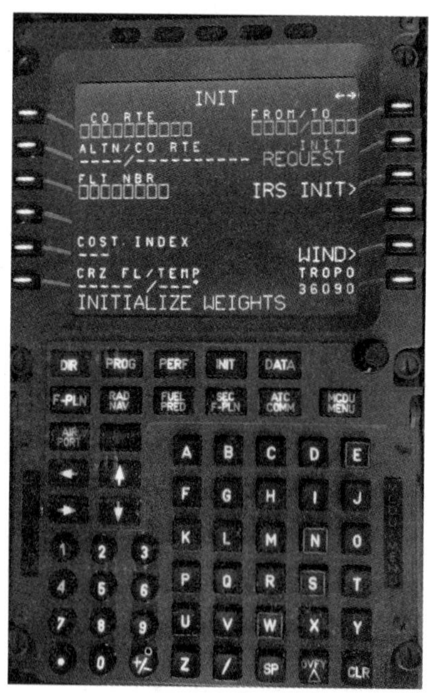

图 2.10.15　MCDU 初始页面图

- 输入 CO RTE 或城市对，并且检查 FROM/TO（来自/到达）航路点；
- 检查/修改 ALTN/CO RTE；
- 输入航班号。

注：应 ATC 的需要，机组在 MCDU 初始页应精确输入完整航班号（与 ICAO 飞行计划上的一致）而不带任何空格。

- 输入（和/或检查）成本指数；
- 输入预计的初始 CRZ FL，或检查数据库中是否已提供；
- 考虑 ATC 限制或预计全重，按需修改；
- 检查并修改 CRZ FL TEMP 和对流层顶高度，使它们与预报一致。

以上输入如图 2.10.16 所示，对应的飞行计划单如图 2.10.17 所示。

- 检查经/纬度。经纬度校准页面如图 2.10.18 所示；
- 对照计算机（书面）飞行计划或航图用 F-PLN 页和 ND 的 PLAN 模式检查飞行计划，如图 2.10.19 所示；
- 检查沿 F-PLN 的 DIST TO DEST（到目的地机场的距离），与计算机（纸）飞行计划上计算的总距离进行比较。

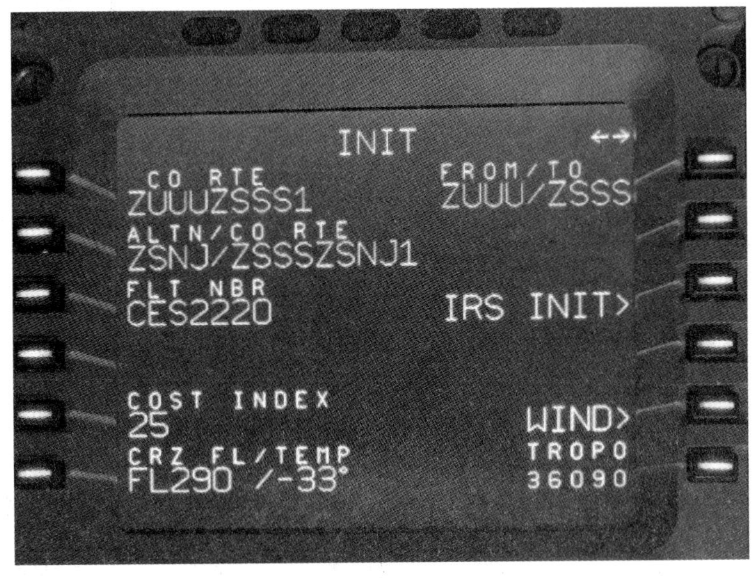

图 2.10.16 初始页面输入示意图

PLAN	1001	CES2220	ZUUU TO ZSSS	A320	25/F	IFR	18/11/19
NONSTOP	COMPUTES	2230Z	FOR	ETD 0113Z	PROGS 1800NWS	B1234	KGS
计划制作时刻表				预计起飞时刻	计算采用的风图	注册号	单位

MTOW 73500 MLW 64500 MZFW 6100 OPCG

-- --

	FUEL	TIME	DIST	ARRIVE	TAKEOFF	LAND	AV PLD	OPNLWT
POA ZSSS	006405	02/42	0961	0355Z	061243	054838	010000	041244
ALT ZSNT	000985	00/28	0134	0423Z				
HLD	001188	00/30						

RES　　000321　　00/15

XTR　　001100　　00137

TXI　　000100

TOT　　010099　　04/32

FUEL BURN ADJUSTMENT FOR 1000KGS INCR/DECR IN TOW: 0017KGS/0019KGS

ROUTE AVG WIND P015　MXSH 03/TOD

ROUTE AVG TEMP M33　　FLIGHT LEVEL　290

ACT.FLT LEVEL …….

图 2.10.17　飞行计划单部分内容截图

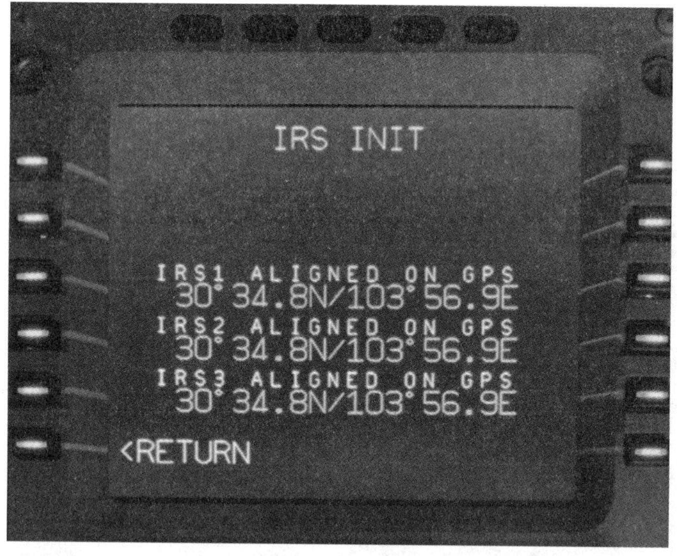

图 2.10.18　经纬度校准页面

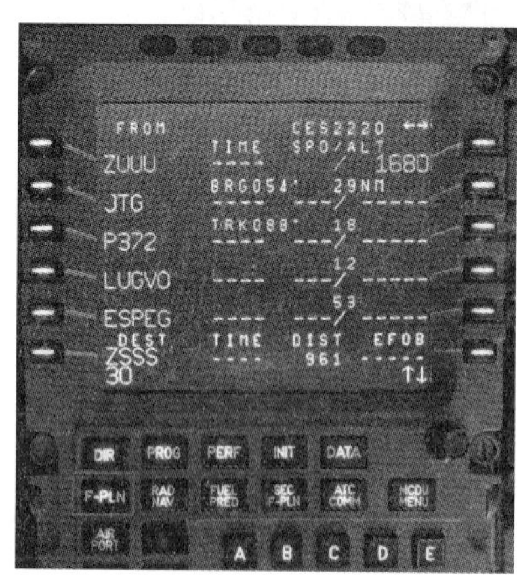

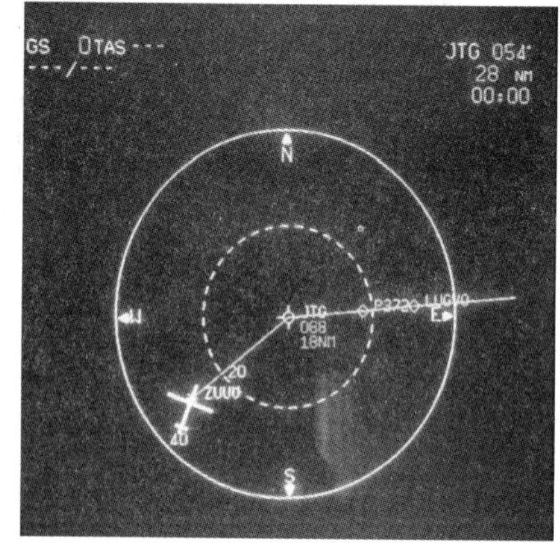

图 2.10.19　飞行计划检查页面

第二飞行计划通常是现用飞行计划的复制。然而，也可以参考以下情况：

（1）拷贝现用飞行计划，但在某个合适的航路点上作修正，一旦发生不正常应急情况，比如发动机失效，可立即返回起飞机场；

（2）如果起飞机场的天气低于最低着陆标准，第二飞行计划应满足起飞后立即改航的要求；

（3）如果在滑行时跑道或SID有可能发生变化，则通过拷贝现用飞行计划并作必要的修改来为此做好准备。

飞行机组应在输入了其他所有数据后再输入重量（起飞重量和着陆重量）。这是为了避免每一次飞行计划、限制等变更后都进行循环的预测计算。

如果不能获得ZFWCG和ZFW，也可输入预期值以便获得预测。同样，如果当时加油还未完成，机组也可以输入机载燃油的预期值。

如果输入了ZFWCG、ZFW和轮挡燃油，FMS将提供所有的预测以及额外燃油。

注意：显示在MCDU上的特征速度（绿点、F、S、VLS）是根据机组在MCDU上输入的ZFW和ZFWCG而计算的。因此需仔细检查这些数据。MCDU页面显示如图2.10.20所示。

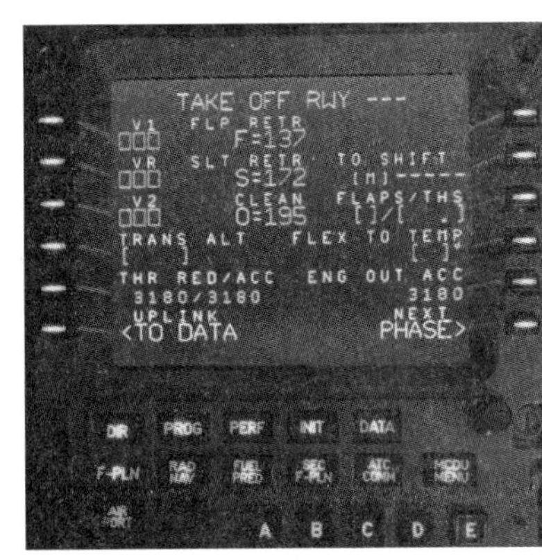

图2.10.20　燃油和速度页面

4. 飞行中

飞行过程中必须以常规方式进行监控。当飞越一个航路点时，需要检查下一航路点的航迹和距离。在航路点上空，或至少每30 min检查燃油：检查 FOB （ECAM），燃油预计（FMGC）同计算机飞行计划相比较。机载燃油显示如图2.10.21所示。检查机载燃油和已耗燃油之和与离港前的机载燃油相一致。如果总和比起飞时的机上燃油多很多，怀疑燃油量读数大于原值。如果总量异常且小于离港前的机载燃油，或者燃油在减少，则怀疑燃油泄漏。

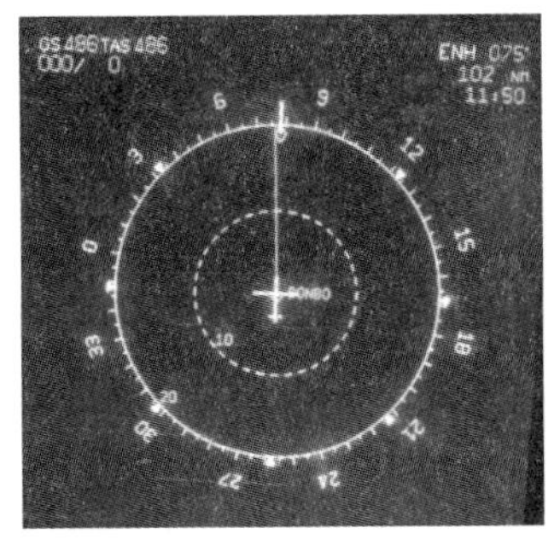

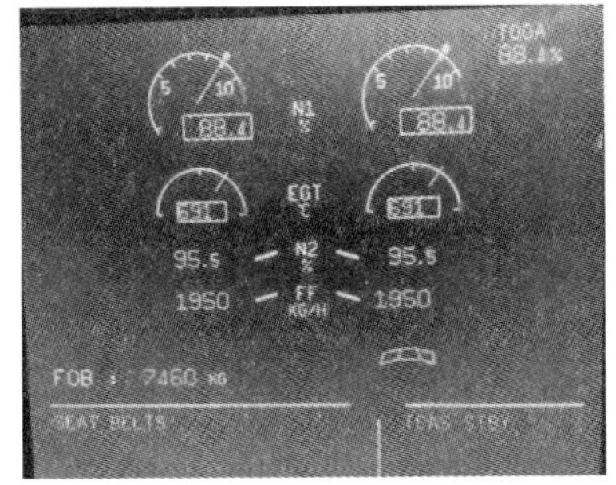

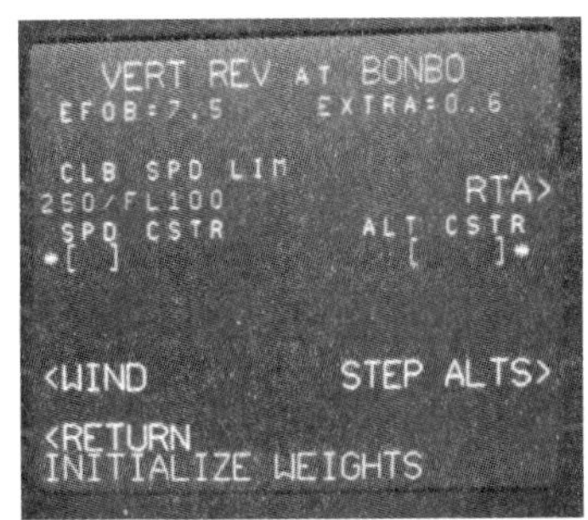

图2.10.21　飞机飞到某个航路点的机载燃油显示

复习思考题

1. 分析下面计算机飞行计划单。

THIS FLIGHT PLAN IS ETOPS COMPLIANT USING THE FOLLOWING
ETOPS ALTERNATES 120 MINS/ YBBN YPDN RPMD ZSAM
THIS IS A REDISPATCH FLIGHT

	FUEL	TIME	DIST	ARRIVE	TOW	LDW	PLD	DOW	ZFW
DEST ZSAM	044497	09/00	4251	1040Z	203311	158814	029940	119048	148988
RESV	001101	00/15							
ALTN ZGSZ	004579	00/57	0342	1139Z		FLAPS....	.. V1		
HOLD	002146	00/30				TEMP..... ..	VR		
ADD	000000	00/00				DERATE.......	V2		
REQD	052323	10/42							
XTRA	002000	00/27							
TOTL	054323	11/09							
TAXI	000400	00/10							
RAMP TOTL	054723	11/19							

STRUCTURAL WEIGHTS LIMITS
ETW 203711 ETOW 203311 ELDW 158814 EZFW 148988
MTW 228383 MTOW 227930 MLDW 172365 MZFW 161025

REDISPATCH FLT CXA802 REDISPATCH POINT SAN / ETE 07.28 / BURN 038797

	FUEL	TIME	DIST		FUEL	TIME	DIST
YSSY TO RPLL	039522	07/56	3765	SAN TO ZSAM	005700	01/32	0640
ALTN RPVM	004356	00/53	0339	ALTN ZGSZ	004579	00/57	0342
HOLD	002178	00/30		HOLD	002146	00/30	
RESV	003952	00/50		RESV	001101	00/15	
ADD	000000	00/00		ADD	000000	00/00	
REQD	050008	10/07		REQD	052323	10/42	
XTRA	004802	01/05		XTRA	002000	00/27	
LDNG FUEL	015288			LDNG FUEL	009826		
LDGW	164276			LDGW	158814		

2. 解释下面计算机飞行计划单。

CSN6023 25SEP2019 ZGGG 0440 - ZWWW 0955 ALTN ZWKC
ACFT B7967 B737-800WS,CFM56-7B26 FUEL BIAS P00.0
OFP 1 RLS 0049 25SEP19
WX PROG 2503 2506 2509 2512 OBS 241800
AVG WIND 288/028 AVG W/C M023 AVG ISA P008
AVG TAS/GS 439/415 AVG FF KGS/HR 2727
CLB 280/M.75 CRZ CI30 DSC 300/M.77

ROUTE NO. CANURC01S GND/AIR DIST 2044 NM /2160 NM

ZGGG YIN G586 QP B330 ELKAL W179 XYO W25 FJC G212 JTG B330 P143 B330
SUNUV W197 ANDIM B215 IBANO G470 QTV W99 FKG B215 WUR ZWWW

FL 301 FJC 291 JTG 276 P143 301

ALL WEIGHTS IN KILOS

ETOW 074919 ELDW 061494 EZFW 056775 EPLD 013523
MTOW 079015 MLDW 066360 MZFW 062731 APLD .....
RTOW 078942

TARGET ARRIVAL FUEL 5493KGS

DEST ZWWW 013425 0455
CONT FUEL 10% 001342 0035
ALTN ZWKC 002115 0046
HOLD FUEL 001136 0030
EXTR FUEL 000900 0020
TKOF FUEL 018918 0706

TAXI OUTF 000300 0020
LOAD FUEL 019218 0726

EXTR FUEL INCLUDES: ATC 200/ OPN 700

参考文献

[1] 中国民用航空局.大型飞机公共运输承运人运行合格审定规则（CCAR-121-R6）[Z]. 中国民用航空局，2020.

[2] 中国民用航空局. 一般运行和飞行规则（CCAR-91-R2）[Z]. 中国民用航空局，2007.

[3] 波音公司. 双发延伸航程运行指南[M]. 中国民航总局飞标司，译. 1998.

[4] 孙宏，罗凤娥，文军. 运营飞行计划[M]. 成都：电子科技大学出版社，2004.

[5] 刘晓明，苏彬，孙宏. 飞行性能与计划[M]. 成都：西南交通大学出版社，2003.

[6] 傅职忠，谢春生，王玉. 飞行计划[M]. 北京：中国民航出版社，2013.

[7] 黄仪方. 航空气象[M]. 成都：西南交通大学出版社，2011.

[8] 民航局空管办和空管局. 民用航空飞行动态固定格式电报管理规定（AP-93-TM-2012-01），2012.

[9] 中国民用航空局.关于修订民用航空飞行动态固定电报格式标准的通知，局发明电〔2018〕-119 号.

[10] 中国民航总局飞标司. 延程运行和极地运行（AC-121-FS-2019-009R2），2019.

附录 2

附录 2.1

Long Range Cruise Trip Fuel and Time
500 to 1 000 n mile Trip Distance

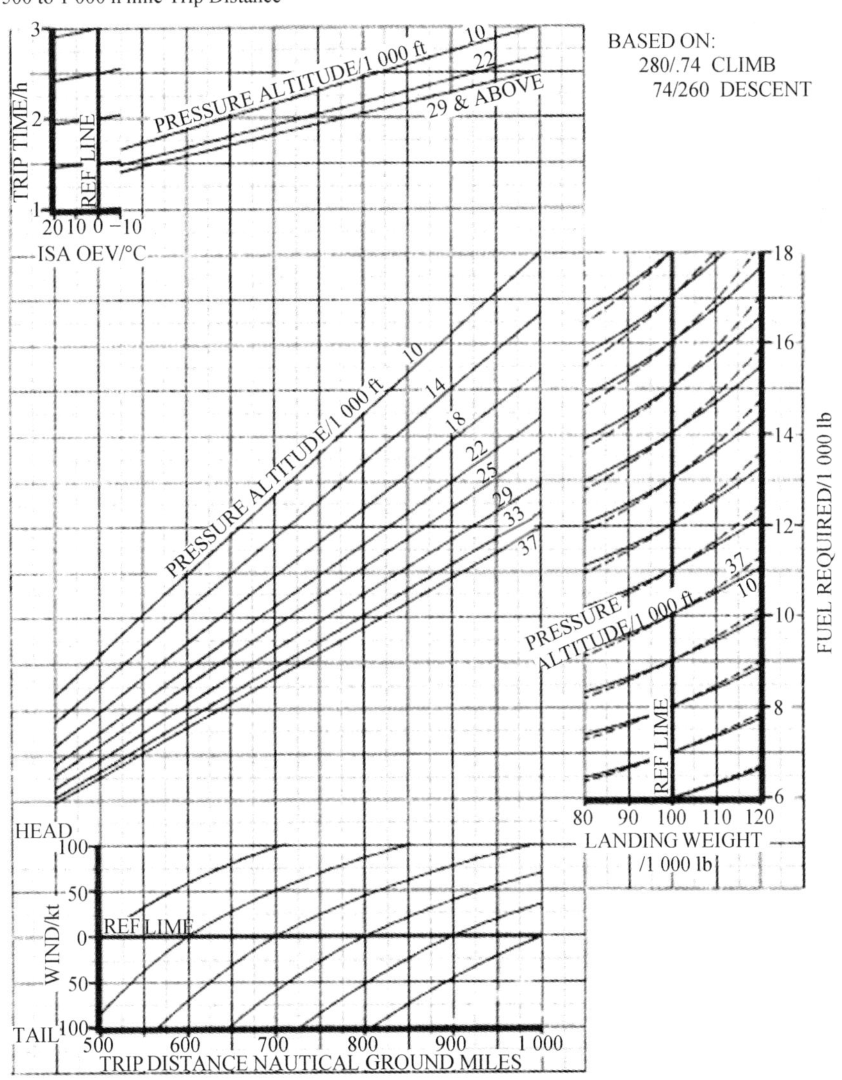

附录 2.2

Long Range Cruise Step Climb Trip Fuel and Time
Based on 280/74 climb,Long Range Cruise and .74/250 descent

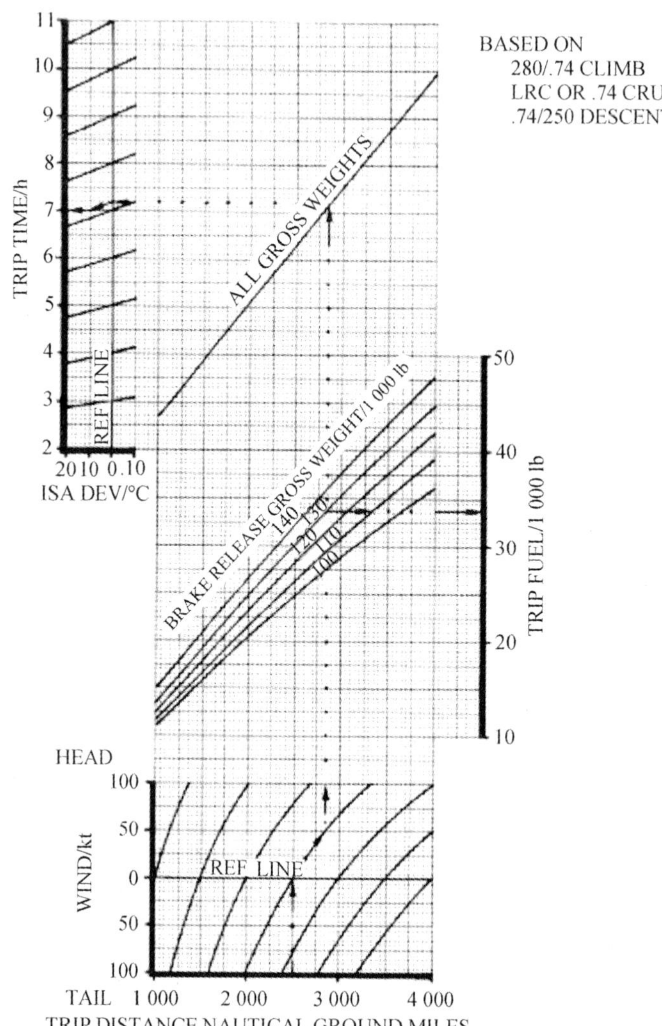

附录 2.3　波音 737-300 从目的地机场复飞至备降机场的改航时间和改航燃油

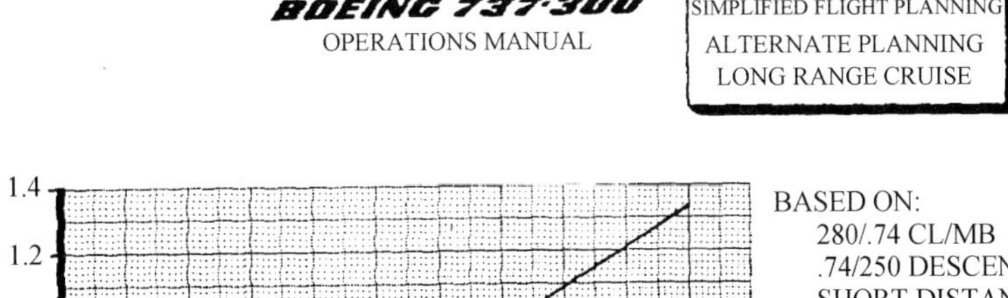

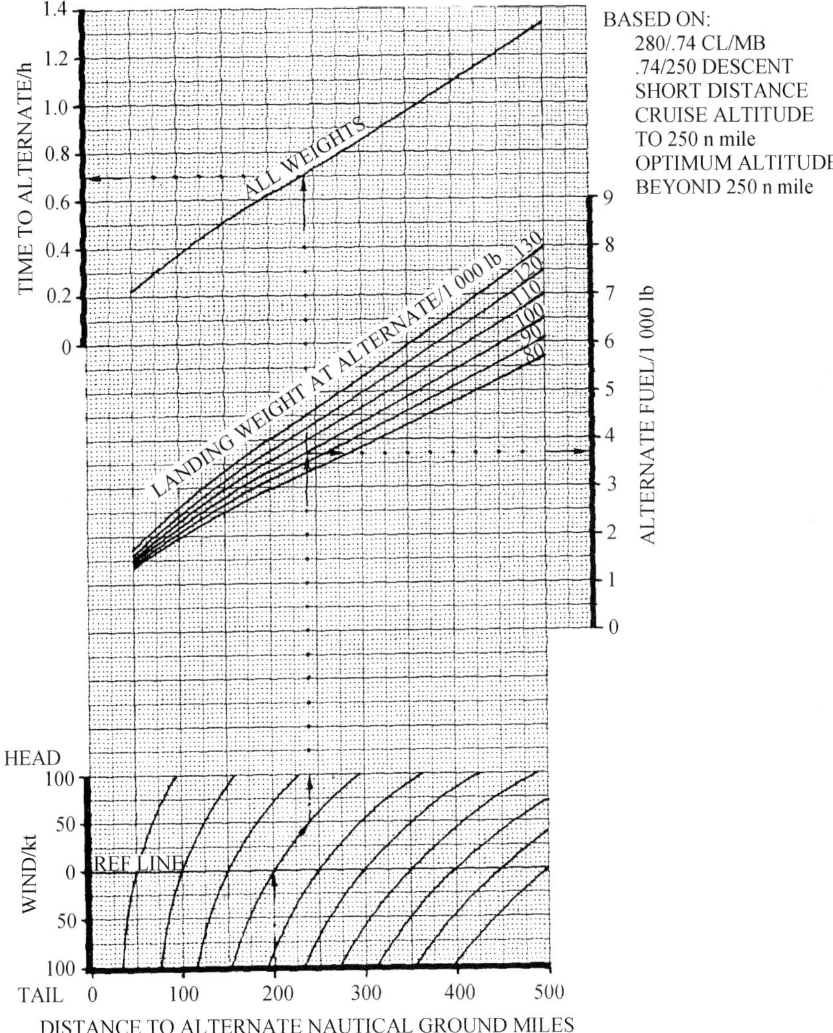

附录 2.4

ALTERNATE PLANNING FROM DESTINATION TO ALTERNATE AIRPORT
GO-AROUND: 100 kg-CLIMB: 250 kt/300 kt/M.78-CRUISE: LONG RANGE
DESCENT: M.78/300 kt/250 kt-VMC PROCEDURE: 80 kg (4 min)

REF. LDG. WT AT ALTERNATE = 55 000 kg
NORMAL AIR CONDITIONING
ANTI-ICING OFF

ISA
CG = 33.0%

FUEL CONSUMED/kg
TIME/h · min

AIR DIST. /n mile	FLIGHT LEVEL						CORRECTION ON FUEL CONSUMPTION /(kg/1 000 kg)		
	100	120	140	160	180	200	FL100 FL120	FL140 FL160	FL180 FL200
20									
40	522 0.12						2		
60	676 0.16	659 0.16	660 0.16				3	4	
80	831 0.19	807 0.20	802 0.20	801 0.19	805 0.19		5	5	5
100	986 0.23	955 0.23	943 0.23	937 0.23	934 0.23	937 0.22	6	5	6
120	1 140 0.27	1 103 0.27	1 085 0.27	1 072 0.26	1 064 0.26	1 061 0.26	7	6	7
140	1 296 0.31	1 251 0.31	1 227 0.30	1 208 0.30	1 193 0.30	1 185 0.29	8	7	8
160	1 451 0.34	1 400 0.34	1 369 0.34	1 344 0.33	1 323 0.33	1 309 0.33	9	8	9
180	1 606 0.38	1 548 0.38	1 511 0.37	1 480 0.37	1 452 0.36	1 434 0.36	10	9	10
200	1 762 0.42	1 697 0.42	1 653 0.41	1 616 0.40	1 582 0.40	1 559 0.40	11	10	11
220	1 918 0.46	1 846 0.45	1 796 0.44	1 752 0.44	1 712 0.43	1 684 0.43	12	11	12
240	2 074 0.49	1 995 0.49	1 938 0.48	1 889 0.47	1 842 0.47	1 809 0.46	13	12	12
260	2 231 0.53	2 144 0.53	2 081 0.51	2 025 0.51	1 972 0.50	1 934 0.50	14	13	13
280	2 387 0.57	2 294 0.56	2 224 0.55	2 162 0.54	2 103 0.54	2 059 0.53	15	14	14

续表

ALTERNATE PLANNING FROM DESTINATION TO ALTERNATE AIRPORT GO-AROUND: 100 kg-CLIMB: 250 kt/300 kt/M.78-CRUISE: LONG RANGE DESCENT: M.78/300 kt/250 kt-VMC PROCEDURE: 80 kg (4 min)									
REF. LDG. WT AT ALTERNATE = 55 000 kg NORMAL AIR CONDITIONING ANTI-ICING OFF				ISA CG = 33.0%		FUEL CONSUMED/kg TIME/h · min			
AIR DIST. /n mile	FLIGHT LEVEL						CORRECTION ON FUEL CONSUMPTION /(kg/1 000 kg)		
	100	120	140	160	180	200	FL100 FL120	FL140 FL160	FL180 FL200
300	2 544 1.00	2 443 1.00	2 367 0.59	2 299 0.57	2 233 0.57	2 184 0.57	16	15	15
320	2 701 1.04	2 593 1.04	2 510 1.02	2 436 1.01	2 354 1.01	2 310 1.00	17	16	16
340	2 858 1.08	2 743 1.07	2 653 1.06	2 573 1.04	2 494 1.04	2 435 1.04	18	16	17
360	3 014 1.12	2 893 1.11	2 796 1.09	2 710 1.08	2 625 1.08	2 561 1.07	19	17	18
380	3 171 1.15	3 043 1.14	2 940 1.13	2 847 1.11	2 756 1.11	2 687 1.11	20	18	19
400	3 329 1.19	3 193 1.18	3 084 1.16	2 984 1.15	2 886 1.15	2 813 1.14	21	19	20
420	3 486 1.23	3 343 1.22	3 227 1.20	3 122 1.18	3 018 1.18	2 939 1.17	22	20	21
440	3 643 1.26	3 494 1.25	3 371 1.23	3 259 1.22	3 149 1.22	3 065 1.21	23	21	22
460	3 801 1.34	3 644 1.29	3 515 1.27	3 397 1.25	3 280 1.25	3 192 1.24	24	22	23
480	3 959 1.34	3 795 1.32	3 659 1.30	3 534 1.28	3 412 1.29	3 318 1.28	25	23	24
500	4 117 1.37	3 946 1.36	3 803 1.34	3 672 1.32	3 543 1.32	3 445 1.31	27	24	25
LOW AIR CONDITIONING ΔFUEL = − 0.5%				ENGINE ANTI ICE ON ΔFUEL = + 3%			TOTAL ANTI ICE ON ΔFUEL = + 6.5%		

附录 2.5

RACE TRACK HOLDING PATTERN-GREEN DOT SPEED								
MAX. CRUISE THRUST LIMITS CLEAN CONFIGURATION NORMAL AIR CONDITIONING ANTI-ICING OFF					ISA CG = 33.0%		N1/% FF/(kg/h/ENG)	
WEIGHT /1 000 kg	FL15	FL50	FL100	FL140	FL180	FL200	FL220	FL250
46	45.6 890	47.9 873	51.1 839	54.0 813	57.5 794	58.9 789	60.6 787	63.5 784
48	46.5 926	48.9 908	52.1 871	55.1 844	58.4 828	59.9 823	61.7 821	64.7 818
50	47.4 962	49.8 940	53.0 901	56.2 876	59.4 861	61.0 859	62.8 855	65.8 851
52	48.3 997	50.6 971	53.9 931	57.3 908	60.3 896	62.0 892	63.9 889	66.7 884
54	49.2 1 033	51.4 1 002	54.9 963	58.3 942	61.3 931	63.0 926	65.0 924	67.7 916
56	50.1 1 065	52.5 1 033	55.8 994	59.1 975	62.2 964	64.0 960	66.1 955	68.6 949
58	50.8 1 097	52.9 1 063	56.8 1 026	59.9 1 008	63.2 997	65.1 994	66.9 988	69.5 982
60	51.5 1 128	53.7 1 094	57.7 1 059	60.7 1 043	64.1 1 031	66.1 1 026	67.7 1 021	70.4 1 016
62	52.2 1 158	54.5 1 125	58.7 1 092	61.6 1 078	65.1 1 065	66.9 1 058	68.6 1 054	71.2 1 049
64	52.9 1 189	55.3 1 156	59.4 1 126	62.4 1 110	66.0 1 097	67.7 1 091	69.4 1 087	71.2 1 084
66	53.6 1 219	56.1 1 188	60.1 1 159	63.2 1 143	67.0 1 129	68.5 1 124	70.3 1 120	72.9 1 119
68	54.3 1 250	56.9 1 221	60.9 1 193	64.1 1 176	67.7 1 162	69.3 1 157	71.1 1 154	73.7 1 155
70	55.0 1 282	57.8 1 254	61.6 1 228	64.9 1 210	68.4 1 195	70.1 1 191	71.8 1 188	74.6 1 192
72	55.8 1 314	58.6 1 287	62.3 1 261	65.7 1 243	69.2 1 228	70.8 1 224	72.5 1 223	75.4 1 230
74	56.5 1 347	59.4 1 321	63.1 1 294	66.6 1 275	69.9 1 262	71.6 1 258	73.3 1 258	76.1 1 269
76	57.2 1 380	60.2 1 355	63.8 1 327	67.4 1 307	70.6 1 296	72.3 1 292	74.0 1 295	76.9 1 309
78	58.0 1 413	60.8 1 389	64.5 1 360	68.2 1 339	71.3 1 330	73.0 1 328	74.8 1 332	77.6 1 350
LOW AIR CONDITIONING $\Delta FF = -0.3\%$	ENGINE ANTI ICE ON $\Delta FF = +5\%$		TOTAL ANTI ICE ON $\Delta FF = +9\%$		PER 1° ABOVE ISA $\Delta FF = +0.3\%$		STRAIGHT LINE $\Delta FF = -5\%$	

附录 2.6

GROUND DIST. /n mile	AIR DISTANCE/n mile						
	TAIL WIND		WIND COMPONENTS/kt			HEAD WIND	
	+ 150	+ 100	+ 50	0	− 50	− 100	− 150
10	7	8	9	10	11	13	15
20	15	16	18	20	23	26	30
30	22	25	27	30	34	39	45
40	30	33	36	40	45	51	60
50	37	41	45	50	56	64	75
100	75	82	90	100	113	129	150
200	150	164	180	200	225	257	300
300	225	245	270	300	338	386	450
400	300	327	360	400	450	514	600
500	375	409	450	500	563	643	750
1 000	750	818	900	1 000	1 125	1 286	1 501
1 500	1 125	1 227	1 350	1 500	1 688	1 929	2 251
2 000	1 500	1 636	1 800	2 000	2 248	2 572	3 001
2 500	1 875	2 045	2 250	2 500	2 813	3 215	3 752
3 000	2 250	2 454	2 700	3 000	3 375	3 858	4 502
3 500	2 624	2 863	3 150	3 500	3 938	4 501	5 252
4 000	2 999	3 272	3 600	4 000	4 500	5 144	6 003
4 500	3 374	3 681	4 050	4 500	5 063	5 787	6 753
5 000	3 749	4 090	4 500	5 000	5 626	6 430	7 503

FUP23 A320211 M565AIPIP 3410 03301 000011 0250300 .7800 00000 0 0300350 0 0 77 64 45 61 18590
FCOM-O-03-50-002-001

附录 2.7

FLIGHT PLANNING FROM BRAKE RELEASE TO LANDING CLIMB: 250 kt/300 kt/M.78-CRUISE: M.78-DESCENT: M.78/300 kt/250 kt IMC PROCEDURE: 120 kg (6 min)									
REF. LANDING WEIGHT = 55 000 kg NORMAL AIR CONDITIONING ANTI-ICING OFF				ISA CG = 33.0%		FUEL CONSUMED/kg TIME/h · min			
AIR DIST. /n mile	FLIGHT LEVEL						CORRECTION ON FUEL CONSUMPTION /(kg/1 000 kg)		
	290	310	330	350	370	390	FL290 FL310	FL330 FL350	FL370 FL390
1 450	9 059 3.21	8 630 3.23	8 259 3.24	7 959 3.26	7 758 3.26	7 704 3.26	49	66	103
1 475	9210 3.25	8 773 3.26	8 395 3.27	8 089 3.29	7 885 3.30	7 832 3.30	49	67	105
1 500	9 361 3.28	8 917 3.29	8 531 3.31	8 220 3.32	8 013 3.33	7 944 3.33*	50	68	107
1 525	9 512 3.31	9 060 3.33	8 668 3.34	8 351 3.36	8 141 3.37	8 074 3.37*	51	70	109
1 550	9 664 3.34	9 203 3.36	8 804 3.37	8 481 3.39	8 268 3.40	8 205 3.40*	52	71	111
1 575	9 815 3.38	9 347 3.39	8 940 3.41	8 612 3.42	8 396 3.43	8 336 3.43*	53	72	113
1 600	9 967 3.41	9 490 3.42	9 077 3.44	8 744 3.46	8 525 3.47	8 457 3.47*	53	73	115
1 625	10 119 3.44	9 634 3.46	9 214 3.47	8 875 3.49	8 653 3.50	8 598 3.50*	54	74	117
1 650	10 271 3.47	9 778 3.49	9 351 3.51	9 006 3.52	8 782 3.53	8 730 3.53*	55	76	119
1 675	10 423 3.51	9 922 3.52	9 488 3.54	9 138 3.56	8 910 3.57	8 862 3.57*	56	77	121
1 700	10 575 3.54	10 066 3.59	9 625 3.57	9 270 3.59	9 039 4.00	8 993 4.00*	57	78	123
1 725	10 727 3.57	10 210 3.59	9 762 4.01	9 402 4.02	9 168 4.03	9 125 4.03*	58	79	125
1 750	10 880 4.00	10 354 4.02	9 900 4.04	9 534 4.06	9 298 4.07	9 257 4.07*	59	81	127
1 775	11 032 4.04	10 499 4.05	10 038 4.07	9 667 4.09	9 427 4.10	9 390 4.10*	59	82	129

续表

FLIGHT PLANNING FROM BRAKE RELEASE TO LANDING CLIMB: 250 kt/300 kt/M.78-CRUISE: M.78-DESCENT: M.78/300 kt/250 kt IMC PROCEDURE: 120 kg (6 min)									
REF. LANDING WEIGHT = 55 000 kg NORMAL AIR CONDITIONING ANTI-ICING OFF				ISA CG = 33.0%		FUEL CONSUMED/kg TIME/h · min			
AIR DIST. /n mile	FLIGHT LEVEL						CORRECTION ON FUEL CONSUMPTION /(kg/1 000 kg)		
	290	310	330	350	370	390	FL290 FL310	FL330 FL350	FL370 FL390
1 800	11 185 4.07	10 643 4.09	10 176 4.11	9 800 4.12	9 558 4.13	9 522 4.13*	60	83	131
1 825	11 337 4.10	10 788 4.12	10 314 4.14	9 933 4.16	9 689 4.17	9 655 4.17*	61	84	133
1 850	11 490 4.13	10 932 4.15	10 452 4.17	10 066 4.19	9 820 4.20	9 788 4.20*	62	85	135
1 875	11 643 4.17	11 077 4.19	10 590 4.21	10 199 4.22	9 951 4.24	9 921 4.23*	63	87	137
1 900	11 796 4.20	11 222 4.22	10 729 4.24	10 333 4.26	10 082 4.27	10 054 4.27*	64	88	139
1 925	11 949 4.23	11 367 4.25	10 867 4.27	10 466 4.29	10 214 4.30	10 188 4.30*	65	90	141
1 950	12 102 4.26	11 512 4.28	11 006 4.30	10 600 4.33	10 346 4.34	10 321 4.33*	66	91	144
1 975	12 255 4.30	11 658 4.32	11 145 4.34	10 734 4.36	10 478 4.37	10 455 4.37*	66	92	146
2 000	12 408 4.33	11 803 4.35	11 283 4.37	10 868 4.39	10 610 4.40	10 589 4.40*	67	94	148
2 025	12 562 4.36	11 948 4.38	11 423 4.40	11 002 4.43	10 742 4.44	10 723 4.44*	68	95	150
2 050	12 716 4.40	12 094 4.42	11 562 4.44	11 137 4.40	10 875 4.47	10 858 4.47*	69	97	152
2 075	12 869 4.43	12 240 4.45	11 701 4.47	11 271 4.49	11 088 4.50	10 992 4.50*	70	98	155
LOW AIR CONDITIONING ΔFUEL = −0.5%				ENGINE ANTI ICE ON ΔFUEL = +2%			TOTAL ANTI ICE ON ΔFUEL = +4.5%		

附录 2.8 机场天气报文

METAR ZUUU 020400Z 36001MPS 2700 -SHRA BR FEW007 SCT026 25/23 Q1003 BECMG TL0430 3000 =

METAR ZUUU 020330Z 00000MPS 2700 -SHRA BR FEW007 SCT026 25/23 Q1003 NOSIG =

METAR ZUUU 020300Z OOOOOMPS 2500 -SHRA BR FEW007 SCT026 25/23 Q1003 NOSIG =

TAF ZUUU 020311Z 020606 02003MPS 3500 -SHRA BR FEW007 SCT030 =

TAF ZUUU 020138Z 020312 02003MPS 3500 BR SCT030 TEMPO 0812 -SHRA FEW030CB SCT030 = TAF ZUUU 012202Z 020009 02003MPS 3500 BR SCT040 TEMPO 0003 -SHRA FEW030CB SCT030 = SPECI ZUUU 290548Z 02006G13MPS 4000 TS BR FEW020CB SCT020 25/22 Q1003 NOSIG =

METAR ZSHC 020400Z 24007MPS 9999 FEW023 35/22 Q1004 NOSIG =

METAR ZSHC 020330Z 25008MPS 9999 FEW020 34/21 Q1004 NOSIG =

METAR ZSHC 020300Z 25007MPS 9999 FEW020 34/22 Q1004 NOSIG =

TAF ZSHC 020303Z 020606 25006MPS 6000 SCT025BECMG 1213 05003MPS SCT025 FEW030CBBECMG 0001 24005MPSTEMP0 0814 TSRA SCT025 FEW030CB =

TAF ZSHC 020135Z 020312 25005MPS 6000 SCT025TEMP0 0610 TSRA SCT025 FEW030CB =

TAF ZSHC 012214Z 020009 25003MPS 6000 SCT025TEMP0 0509 TSRA SCT025 FEW030CB =

SPECI ZSHC 011109Z 25002MPS 9999 TS SCT021 FEW026CB 32/23 Q1006N0SIG =

METAR ZSOF 020400Z 18003MPS 150V210 CAVOK 32/26 Q1002 NOSIG =

METAR ZSOF 020300Z 21003MPS 140V240 CAVOK 31/26 Q1002 NOSIG =

METAR ZSOF 020200Z 20003MPS 150V250 CAVOK 30/26 Q1003 NOSIG =

TAF ZSOF 020411Z 020615 18004MPS 5000 HZ NSC =

TAF ZSOF 020300Z 020606 18004MPS 5000 BR NSC TEMPO 0612 TSRAFEW030CB =

TAF ZSOF 020133Z 020312 18004MPS 5000 BR NSC =

SPECI ZSOF 010628Z 21002MPS 170V240 2000 R32/1200N -TSRA BR BKN011FEW030CB 0VC040 27/26 Q1006 RESHRA NOSIG =

METAR ZSNJ 020400Z 24008MPS CAVOK 33/19 Q1002 NOSIG =

METAR ZSNJ 020300Z 24008MPS CAVOK 33/21 Q1003 NOSIG =

METAR ZSNJ 020200Z 24006MPS 210V270 CAVOK 32/21 Q1003 NOSIG =

TAF ZSNJ 020420Z 020615 25008MPS 6000 NSC TEMPO 0610 TSRA FEW030CB =

TAF ZSNJ 020317Z 020606 24005MPS 4000 HZ NSC TEMPO 0612 TSRASCT030CB =

TAF ZSNJ 020143Z 020312 24005MPS 4000 HZ NSC TEMPO 0610 TSRASCT030CB =

SPECI ZSNJ 010812Z 32002MPS 290V010 7000 -TSRA SCT010 BKN040CB0VC040 26/22 Q1006 BECMG TL0900 NSW =

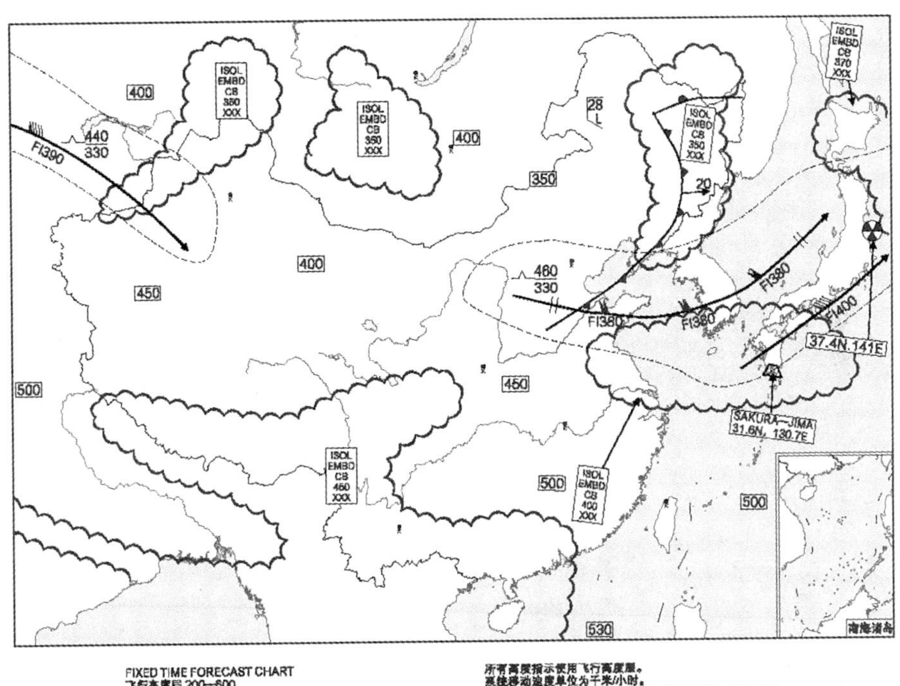
ISOL
EMBD
CB
350
XXX
400
440
330
Fl390
ISOL
EMBD
CB
360
XXX
400
28
L
350
ISOL
EMBD
CB
350
XXX
20
ISOL
EMBD
CB
370
XXX
400
450
460
330
Fl380
Fl380
Fl380
Fl400
37.4N.141E
500
450
SAKURA—JIMA
31.6N, 130.7E
ISOL
EMBD
CB
460
XXX
500
ISOL
EMBD
CB
400
XXX
500
530
南海诸岛
FIXED TIME FORECAST CHART
飞行高度层 200—600
FL200—600
有效时间（世界协调时）06 UTC 2012—07—02
VALID 06 UTC 02 JUL 2012
民航气象中心 制作
ISSUED BY AVIATION METEORLOGICAL CENTER
所有高度指示使用飞行高度层。
系统移动速度单位为千米/小时。
CB IMPLIES TS，GR，MOD OR SEV TURB AND ICE
UNITS USED:HEIGHTS IN FLIGHT LEVELS
SYSTEM SPEEDS IN KMH
5海里/小时（KT）
10海里/小时（KT）
50海里/小时（KT）

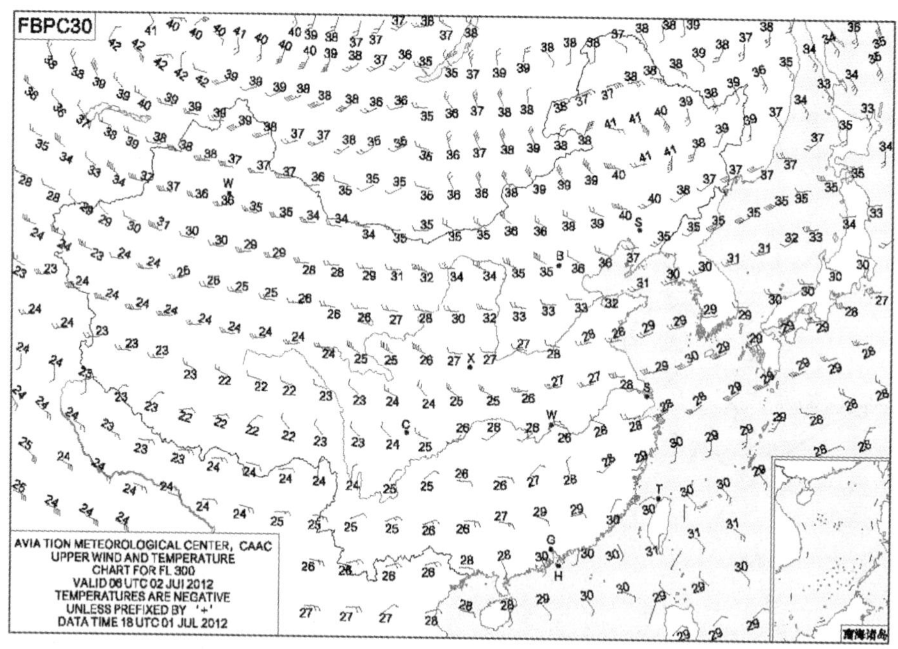
FBPC30
AVIA TION METEOROLOGICAL CENTER, CAAC
UPPER WIND AND TEMPERATURE
CHART FOR FL 300
VALID 06 UTC 02 JUl 2012
TEMPERATURES ARE NEGATIVE
UNLESS PREFIXED BY '+'
DATA TIME 18 UTC 01 JUL 2012
南海诸岛

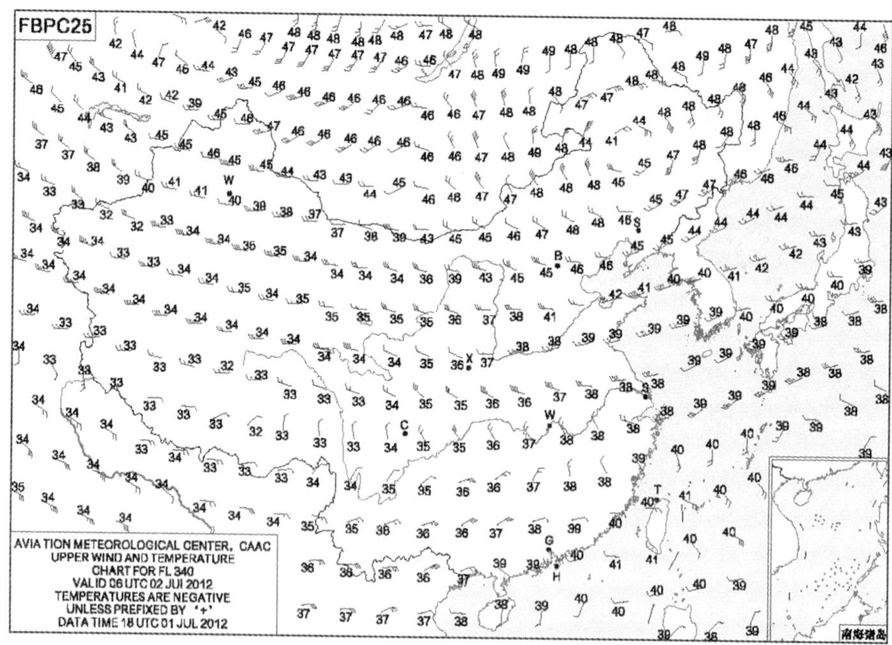
FBPC25
AVIA TION METEOROLOGICAL CENTER, CAAC
UPPER WIND AND TEMPERATURE
CHART FOR FL 340
VALID 06 UTC 02 JUl 2012
TEMPERATURES ARE NEGATIVE
UNLESS PREFIXED BY '+'
DATA TIME 18 UTC 01 JUL 2012
南海诸岛

附录 2.9 成都—杭州航路信息

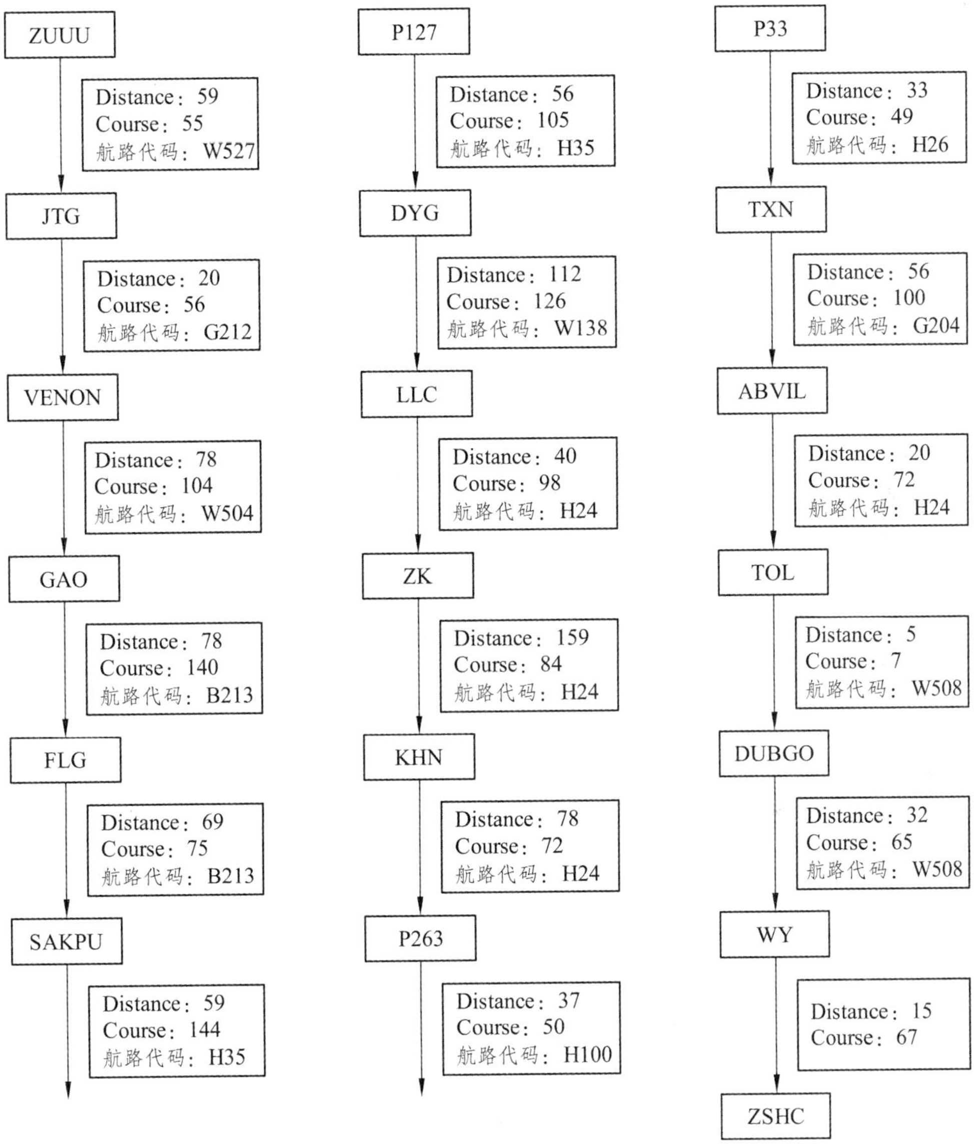

ZUUU

Distance：59
Course：55
航路代码：W527

JTG

Distance：20
Course：56
航路代码：G212

VENON

Distance：78
Course：104
航路代码：W504

GAO

Distance：78
Course：140
航路代码：B213

FLG

Distance：69
Course：75
航路代码：B213

SAKPU

Distance：59
Course：144
航路代码：H35

P127

Distance：56
Course：105
航路代码：H35

DYG

Distance：112
Course：126
航路代码：W138

LLC

Distance：40
Course：98
航路代码：H24

ZK

Distance：159
Course：84
航路代码：H24

KHN

Distance：78
Course：72
航路代码：H24

P263

Distance：37
Course：50
航路代码：H100

P33

Distance：33
Course：49
航路代码：H26

TXN

Distance：56
Course：100
航路代码：G204

ABVIL

Distance：20
Course：72
航路代码：H24

TOL

Distance：5
Course：7
航路代码：W508

DUBGO

Distance：32
Course：65
航路代码：W508

WY

Distance：15
Course：67

ZSHC

附录 2.10

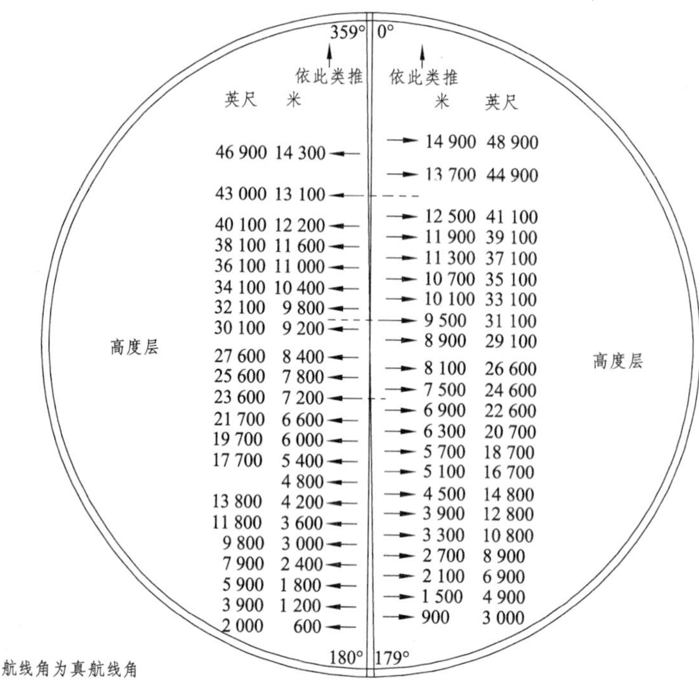

附录 2.11 风分量图

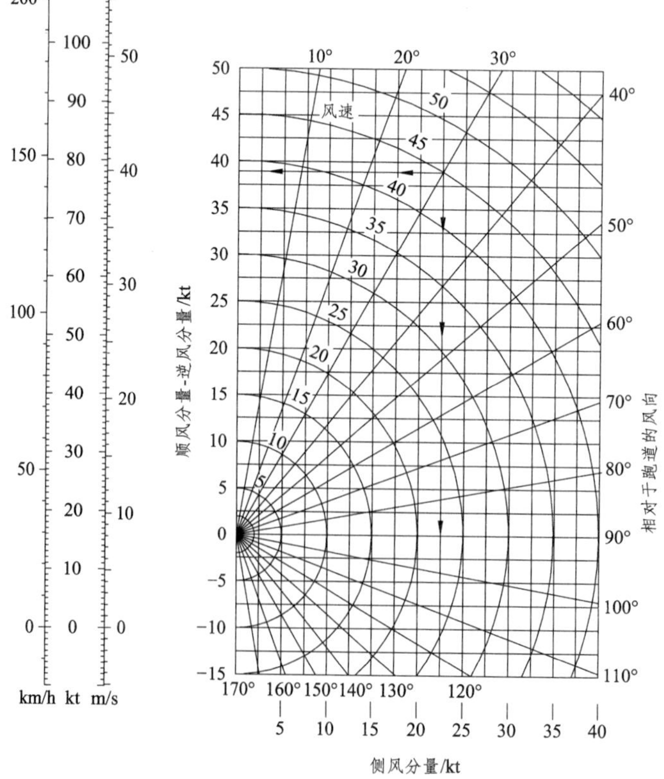

附录 2.12

FLIGHT PLANNING FROM BRAKE RELEASE TO LANDING CLIMB: 250 kt/300 kt/M.78-CRUISE: LONG RANGE-DESCENT: M.78/300 kt/250 kt IMC PROCEDURE: 120 kg (6 min)									
REF. LANDING WEIGHT = 55 000 kg NORMAL AIR CONDITIONING ANTI-ICING OFF				ISA CG = 33.0%		FUEL CONSUMED/kg TIME/h · min			
AIR DIST. /n mile	FLIGHT LEVEL						CORRECTION ON FUEL CONSUMPTION /(kg/1 000 kg)		
	290	310	330	350	370	390	FL290 FL310	FL330 FL350	FL370 FL390
825	4 971 2.13	4 870 2.10	4 777 2.07	4 696 2.05	4 630 2.03	4 604 2.02	48	51	60
850	5 108 2.16	5 003 2.13	4 907 2.10	4 821 2.08	4 753 2.06	4 726 2.05	50	53	62
875	5 246 2.20	5 137 2.17	5 036 2.14	4 947 2.11	4 876 2.09	4 649 2.09	51	54	64
900	5 383 2.24	5 270 2.21	5 166 2.17	5 073 2.15	5 000 2.13	4 971 2.12	53	56	66
925	5 521 2.27	5 403 2.24	5 295 2.21	5 200 2.18	5 123 2.16	5 094 2.15	54	57	68
950	5 659 2.31	5 537 2.28	5 425 2.24	5 326 2.22	5 247 2.20	5 218 21.9	55	59	70
975	5 797 2.35	5 671 2.31	5 555 2.28	5 453 2.25	5 371 2.23	5 341 2.22	57	60	72
1 000	5 936 2.38	5 805 2.35	5 686 2.31	5 580 2.28	5 493 2.26	5 465 2.25	58	62	74
1 025	6 074 2.42	5 939 2.38	5 816 2.35	5 707 2.32	5 620 2.30	5 589 2.29	60	63	75
1 050	6 213 2.46	6 073 2.42	5 947 2.38	5 834 2.35	5 744 2.33	5 713 2.32	61	65	77
1 075	6 352 2.49	6 207 2.46	6 077 2.42	5 961 2.39	5 869 2.36	5 837 2.35	62	66	79
1 100	6 491 2.53	6 342 2.49	6 208 2.45	6 089 2.42	5 994 2.40	5 982 2.39	64	67	81
1 125	6 630 2.57	6 477 2.53	6 340 2.49	6 217 2.45	6 119 2.43	6 087 2.42	65	69	83
1 150	6 770 3.00	6 612 2.56	6 471 2.52	6 345 2.49	6 244 2.46	6 212 2.45	67	70	85

续表

FLIGHT PLANNING FROM BRAKE RELEASE TO LANDING CLIMB: 250 kt/300 kt/M.78-CRUISE: LONG RANGE-DESCENT: M.78/300 kt/250 kt IMC PROCEDURE: 120 kg (6 min)									
REF. LANDING WEIGHT = 55 000 kg NORMAL AIR CONDITIONING ANTI-ICING OFF				ISA CG = 33.0%		FUEL CONSUMED/kg TIME/h · min			
AIR DIST. /n mile	FLIGHT LEVEL						CORRECTION ON FUEL CONSUMPTION /(kg/1 000 kg)		
	290	310	330	350	370	390	FL290 FL310	FL330 FL350	FL370 FL390
1 175	6 910 3.04	6 747 3.00	6 603 2.56	6 473 2.52	6 370 2.50	6 337 2.49	68	72	87
1 200	7 049 3.08	6 883 3.30	6 734 2.59	6 601 2.55	6 495 2.53	6 463 2.52	69	73	89
1 225	7 190 3.11	7 018 3.07	6 866 3.02	6 729 2.59	6 621 2.56	6 589 2.55	71	75	91
1 250	7 330 3.15	7 154 3.10	6 999 3.05	6 858 3.02	6 747 3.00	6 715 2.59	72	76	93
1 275	7 470 3.18	7 290 3.14	7 131 3.09	6 987 3.06	6 874 3.03	6 841 3.02	74	78	95
1 300	7 611 3.22	7 426 3.18	7 264 3.13	7 116 3.09	7 000 3.06	6 968 3.05	75	79	97
1 325	7 752 3.26	7 562 3.21	7 396 3.16	7 246 3.12	7 127 3.10	7 095 3.09	77	81	99
1 350	7 893 3.29	7 699 3.25	7 529 3.20	7 375 3.16	7 255 3.13	7 233 3.12	78	83	101
1 375	8 035 3.33	7 836 3.28	7 663 3.23	7 505 3.19	7 381 3.16	7 350 3.15	80	84	103
1 400	8 176 3.37	7 973 3.32	7 796 3.26	7 635 3.22	7 509 3.20	7 478 3.19	81	86	105
1 425	8 318 3.40	8 110 3.35	7 930 3.30	7 765 3.26	7 637 3.23	7 606 3.22	82	87	107
1 450	8 460 3.44	8 247 3.39	8 063 3.33	7 896 3.29	7 764 3.26	7 735 3.25	84	89	109
LOW AIR CONDITIONING ΔFUEL = −0.5%			ENGINE ANTI ICE ON ΔFUEL = +2.5%			TOTAL ANTI ICE ON ΔFUEL = +5%			

附录 2.13 爬升修正

从综合巡航表中所查出的燃油和时间数值必须经下表中给出的数值修正。这些表格是按 0.78 马赫和远程速度，并且考虑了自松开刹车点起以 250 n mile/h 或 300 n mile/h 或 0.78 马赫爬升。

0.78 马赫和远程速度

FL	耗油量修正/1 000 kg							时间修正/min
	松开刹车时重量/1 000 kg							
	46	50	54	58	62	66	70	
390	0.8	0.8	0.9	0.9	1.0	—	—	4
370	0.8	0.8	0.8	0.9	0.9	1.0	1.0	4
350	0.7	0.8	0.8	0.9	0.9	1.0	1.0	4
330	0.7	0.7	0.8	0.8	0.9	0.9	1.0	4
310	0.7	0.7	0.8	0.8	0.8	0.9	0.9	4
290	0.6	0.7	0.7	0.8	0.8	0.8	0.9	5
270	0.6	0.6	0.7	0.7	0.8	0.8	0.8	5
250	0.5	0.6	0.6	0.7	0.7	0.7	0.8	5
200	0.4	0.5	0.5	0.6	0.6	0.6	0.7	4
150	0.4	0.4	0.4	0.5	0.5	0.5	0.5	3
100	0.3	0.3	0.3	0.3	0.4	0.4	0.4	3

附录 2.14 下降修正

综合巡航表中所确定的燃油和时间数值必须按照下表修正，以考虑到至 1 500 ft 的下降，随后是 6 min 仪表进近和着陆。

FL	耗油量修正/1 000 kg							时间修正/min
	目的地上空重量/1 000 kg							
	46	50	54	58	62	66	70	
390	0.2	0.2	0.2	0.3	0.3	—	—	10
370	0.2	0.2	0.2	0.2	0.3	0.3	0.4	10
350	0.2	0.2	0.2	0.2	0.3	0.3	0.3	10
330	0.2	0.2	0.2	0.2	0.3	0.3	0.3	10
310	0.2	0.2	0.2	0.2	0.3	0.3	0.3	10
290	0.2	0.2	0.2	0.2	0.3	0.3	0.3	11
270	0.2	0.2	0.2	0.2	0.3	0.3	0.3	11
250	0.2	0.2	0.2	0.2	0.3	0.3	0.3	11
200	0.2	0.2	0.2	0.2	0.3	0.3	0.3	10
150	0.1	0.2	0.2	0.2	0.2	0.2	0.2	9
100	0.1	0.1	0.1	0.1	0.1	0.1	0.2	9

附录 2.15 爬升图表

爬升 -250 kt/300 kt/M.78

最大爬升升力 正常空调 防冰关	ISA + 15 CG = 33.0%	自动刹车时 时间/min 燃油/kg 距离/n mile 真空速/kt

飞行高度层	松刹车时的重量/1 000 kg						
	48	52	56	60	64	68	72
390	16 1 270 104 397	18 1 409 116 399	20 1 564 131 401	22 1 738 148 403	25 1 942 169 406		
370	14 1 197 92 390	16 1 323 103 392	17 1 461 115 393	19 1 612 128 395	22 1 781 143 397	24 1 974 161 400	27 2 201 183 403
350	13 1 134 83 384	14 1 250 92 385	16 1 376 102 386	18 1 512 114 388	19 1 662 126 390	21 1 829 140 392	24 2 017 157 394
330	12 1 075 75 377	13 1 183 83 378	15 1 299 92 379	16 1 423 102 381	18 1 559 112 382	19 1 708 124 384	21 1 873 137 386
310	11 1 017 68 369	12 1 117 75 370	13 1 224 83 371	15 1 338 91 372	16 1 462 100 373	18 1 596 110 375	19 1 743 121 376
290	10 954 60 359	11 1 047 67 360	12 1 145 73 361	13 1 249 80 362	15 1 362 88 363	16 1 483 96 364	17 1 614 105 365
270	9 878 52 346	10 963 57 347	11 1 051 63 347	12 1 145 68 348	13 1 245 75 349	14 1 352 82 350	15 1 467 89 351
250	8 810 45 333	9 887 49 334	10 967 54 335	10 1 052 59 336	11 1 142 64 336	12 1 238 70 337	13 1 341 76 338
240	8 778 42 327	8 851 46 328	9 928 50 329	10 1008 54 329	11 1 094 59 339	12 1 186 64 331	13 1 283 70 332
220	7 716 36 315	7 783 39 316	8 853 43 317	9 926 47 317	10 1 004 51 318	10 1 086 55 319	11 1 174 60 319
200	6 658 31 303	7 718 34 304	7 782 37 304	8 848 40 305	9 919 44 306	9 994 47 306	10 1 073 51 307
180	5 601 26 291	6 657 29 292	6 714 32 292	7 774 34 293	8 838 37 293	8 906 40 294	9 978 44 295
160	5 547 22 278	5 597 25 279	6 649 27 279	6 703 29 280	7 761 32 281	7 822 34 281	8 887 37 282
140	4 494 19 264	5 538 21 265	5 585 22 266	5 634 24 266	6 686 26 267	6 741 29 268	7 799 31 268
120	4 442 15 249	4 481 17 250	4 523 18 251	5 566 20 251	5 613 22 252	6 662 24 253	6 714 26 254
100	3 356 11 221	3 388 12 222	3 421 13 223	4 455 14 223	4 492 15 224	4 532 16 225	5 574 18 226
50	2 238 6 185	2 259 6 185	2 280 7 185	2 302 7 186	2 326 8 187	3 351 8 188	3 378 9 190
15	1 155 2 133	1 168 3 132	1 181 3 132	1 195 3 132	1 209 3 134	2 225 4 135	2 242 4 137

经济空调流量 Δ燃油 = −0.6%	发动机防冰开 Δ燃油 = +6%	全部防冰开 Δ燃油 = +12%

附录 2.16

巡航-M.78

最大巡航推力限制 正常空调 防冰关	ISA + 10 CG = 33.0%	EPR 马赫数 kg/h/ENG IAS/kt n mile/1 000 kg TAS/kt

重量 /1 000 kg	FL290	FL310	FL330	FL350	FL370	FL390
50	1.217 .700 1 311 302 179.9 472	1.223 .700 1 206 289 193.8 468	1.232 .700 111 4 277 208.1 464	1.247 .780 1 046 264 219.7 460	1.265 .780 995 252 229.9 458	1.293 .700 955 241 239.6 458
52	1.218 .780 1 315 302 179.3 472	1.226 .780 1 213 289 192.8 468	1.237 .780 1 127 277 205.7 464	1.253 .780 1 063 264 216.3 460	1.274 .780 1 014 252 225.7 458	1.306 .780 975 241 234.7 458
54	1.220 .780 1 321 302 178.5 472	1.228 .780 1 220 289 191.7 468	1.242 .780 1 143 277 202.9 464	1.259 .780 1 081 264 212.6 460	1.284 .780 1 032 252 221.8 458	1.320 .780 1 000 241 228.8 458
56	1.222 .780 1 327 302 177.6 472	1.233 .780 1 230 289 190.0 468	1.247 .780 1 160 277 200.0 464	1.207 .780 1 100 264 208.9 460	1.295 .780 1 051 252 217.8 458	1.338 .780 1 035 241 221.1 458
58	1.225 .780 1 334 302 176.8 472	1.237 .780 1 245 289 187.8 468	1253 .780 1 177 277 197.0 464	1.275 .780 1 119 264 205.5 460	1.370 .780 1 072 252 213.4 458	1.357 .780 1 072 241 213.5 458
60	1.228 .780 1 343 302 175.6 472	1.242 .780 1 261 289 185.4 468	1.260 .780 1 196 277 193.9 464	1.284 .780 1 137 264 202.2 460	1.321 .780 1 099 252 208.2 458	1.378 .780 1 111 241 206.0 458
62	1.232 .780 1 353 302 174.2 472	1.247 .780 1 278 289 182.9 468	1.288 .780 1 215 277 190.8 464	1.294 .780 1 156 264 198.8 460	1.338 .780 1 134 252 201.7 458	1.401 .780 1 153 241 198.4 458
64	1.236 .780 1 369 302 172.3 472	1.252 .780 1 296 289 180.4 468	1.274 .780 1 234 277 187.9 464	1.305 .780 1 178 264 195.1 460	1.355 .780 1 171 252 195.4 458	1.425 .780 1 201 241 190.6 458
66	1.241 .780 1 385 302 170.2 472	1.258 .780 1 315 289 177.8 468	1.282 .780 1 253 277 185.1 464	1.318 .780 1 204 264 190.9 460	1.374 .780 1 211 252 189.0 458	1.451 .780 1 251 241 182.8 458
68	1.245 .780 1 402 302 168.2 472	1.264 .780 1 335 289 175.2 468	1.291 .780 1 272 277 182.3 464	1.333 .780 1 239 264 185.5 460	1.395 .780 1 253 252 182.6 458	1.480 .780 1 309 241 174.8 458
70	1.250 .780 1 420 302 166.0 472	1.270 .780 1 355 289 172.6 468	1.301 .780 1 294 277 179.2 464	1.349 .780 1 276 264 180.1 460	1.417 .780 1 299 252 176.2 458	
72	1.256 .780 1 439 302 163.8 472	1.278 .780 1 373 289 170.3 468	1.312 .780 1 318 277 176.0 464	1.366 .780 1 316 264 174.7 460	1.440 .780 1 348 252 169.7 458	
74	1.261 .780 1 459 302 161.6 472	1.286 .780 1 393 289 167.9 468	1.326 .780 1 351 277 171.6 464	1.384 .780 1 357 264 169.4 460	1.465 .780 1 403 252 163.1 458	
76	1.266 .780 1 479 302 159.4 472	1.295 .780 1 413 289 165.5 468	1.340 .780 1 388 277 167.1 464	1.403 .780 1 401 264 164.1 460	1.492 .780 1 462 252 156.5 458	

空调低流量 Δ燃油 = −0.6%	发动机防冰开 Δ燃油 = +3.5%	全部防冰开 Δ燃油 = +6%

远程巡航						
最大巡航推力限制 正常空调 防冰关				ISA + 15 CG = 33.0%	EPR 马赫数 kg/h/ENG IAS/kt n mile/1 000 kg TAS/kt	
重量 /1 000 kg	FL290	FL310	FL330	FL350	FL370	FL390
50	1.121 .625 913 238 209.1 382	1.146 .646 903 236 216.6 391	1.184 .686 920 241 224.1 412	1.215 .713 919 240 231.2 425	1.248 .744 935 240 235.9 441	1.292 .777 963 240 239.2 461
52	1.130 .632 942 241 205.0 386	1.162 .666 953 244 211.7 403	1.195 .694 950 244 219.5 417	1.229 .730 966 246 225.2 435	1.261 .755 978 244 229.0 448	1.311 .784 1 000 242 232.5 464
54	1.140 .642 977 245 200.6 392	1.177 .682 997 250 207.2 413	1.207 .705 987 248 214.4 423	1.239 .737 1 001 248 219.5 439	1.280 .771 1 028 249 222.4 457	1.327 .785 1 031 243 225.7 465
56	1.154 .658 1 025 252 196.2 402	1.190 .694 1 034 255 203.2 420	1.220 .722 1 037 254 209.1 434	1.251 .748 1 045 253 213.4 446	1.298 .781 1 069 253 216.7 463	1.346 .786 1 070 243 217.9 466
58	1.168 .675 1 072 258 192.4 412	1.198 .697 1 059 256 199.4 422	1.232 .735 1 081 259 204.2 441	1.264 .759 1 089 257 207.6 452	1.314 .785 1 103 254 211.1 466	1.365 .786 1 109 243 210.4 466
60	1.181 .688 1 112 264 188.8 420	1.210 .712 1 106 262 194.9 431	1.241 .742 1 118 262 199.4 446	1.282 .774 1 141 262 202.2 461	1.328 .785 1 134 254 205.4 466	1.386 .785 1 145 243 203.4 466
62	1.191 .697 1 147 267 185.5 426	1.222 .727 1 155 268 190.6 440	1.252 .751 1 161 266 194.4 451	1.298 .782 1 180 265 197.5 466	1.346 .786 1 173 255 198.8 466	
64	1.199 .699 1 171 268 182.4 427	1.232 .737 1 197 272 186.6 447	1.264 .761 1 205 269 189.7 457	1.312 .785 1 213 266 192.9 468	1.363 .786 1 211 255 192.5 466	
66	1.210 .713 1 219 274 178.6 436	1.240 .743 1 232 274 182.7 450	1.280 .775 1 258 275 185.0 466	1.326 .786 1 244 267 188.1 468	1.382 .785 1 248 254 186.6 466	
68	1.220 .727 1 268 280 175.0 444	1.250 .751 1 274 277 178.5 455	1.294 .782 1 297 277 181.1 470	1.341 .786 1 282 267 182.7 469	1.393 .771 1 255 249 182.1 457	
70	1.230 .738 1 314 285 171.6 451	1.260 .760 1 318 281 174.6 460	1.308 .785 1 331 279 177.3 427	1.357 .786 1 321 267 177.4 469		
72	1.237 .742 1 345 286 168.5 453	1.274 .771 1 368 285 170.7 467	1.320 .786 1 361 279 173.5 472	1.374 .786 1 359 267 172.3 468		
74	1.246 .75 1 388 289 164.9 458	1.288 .781 1 415 290 167.1 473	1.334 .786 1 397 279 169.1 473	1.382 .770 1 358 261 168.8 459		
76	1.256 .757 1 432 292 161.6 463	1.301 .784 1 450 291 163.9 475	1.348 .787 1 437 279 164.6 473			
空调低流量 Δ燃油 = −0.4%			发动机防冰开 Δ燃油 = +3%		全部防冰开 Δ燃油 = +5.5%	

附录 2.17

下降-M.78/300 kt/250 kt									
慢车推力 正常空调 防冰关			ISA CG = 33.0%		最大客舱下降率 350 ft/min				
重量/1 000 kg	45				65				IAS/kt
FL	时间/min	燃油/kg	距离/n mile	EPR	时间/min	燃油/kg	距离/n mile	EPR	
390	16.1	188	98	1.047	19.0	192	114	慢车	241
370	14.6	158	87	1.066	18.2	185	108	慢车	252
350	13.5	139	78	慢车	17.5	178	102	慢车	264
330	12.9	134	74	慢车	16.8	171	97	慢车	277
310	12.4	129	71	慢车	16.1	166	93	慢车	289
290	12.0	125	67	慢车	15.5	160	88	慢车	300
270	11.4	120	63	慢车	14.7	153	82	慢车	300
250	10.8	115	58	慢车	13.9	146	76	慢车	300
240	10.5	112	56	慢车	13.5	143	73	慢车	300
220	9.9	107	52	慢车	12.7	136	67	慢车	300
200	9.3	102	48	慢车	11.8	129	62	慢车	300
180	8.7	97	44	慢车	11.0	122	56	慢车	300
160	8.0	91	40	慢车	10.1	114	50	慢车	300
140	7.4	85	36	慢车	9.2	106	45	慢车	300
120	6.7	79	32	慢车	8.3	97	39	慢车	300
100	6.0	72	28	慢车	7.4	88	34	慢车	300
50	2.2	28	10	慢车	2.7	34	12	慢车	250
15	0	0	0	慢车	0	0	0	慢车	250
修正量		低空调流量		发动机防冰开		全部防冰开		高于 ISA 每 1°	
时　间		—		+ 4%		+ 18%		+ 0.3%	
燃　油		− 1%		+ 17%		+ 85%		+ 0.4%	
距　离		—		+ 4%		+ 18%		+ 0.4%	

附录 2.18

Depart.Fix	Dest. Fix	Route	Mag. Course	FL	True wind /(°)	Wind speed /kt	Mag. var	Mag wind /(°)	Mach Number	Temp /°C	TAS	GS	Leg Distance /n mile	Cum Distance /n mile	Leg time /min	Cum time /min	Leg fuel /lb	Cum fuel /lb
ZUUU	TOC			Climb									112	112	18	18	1 614	1 614
TOC	GAO	W504	104	311	290	20	2 °W	292	0.78	– 28	476	496	45	157	5.4	23.4	238	1 852
GAO	FLG	B213	140	311	250	15	2 °W	252	0.78	– 29	476	481	78	235	9.7	33.1	427	2 279
FLG	SAKPU	B213	75	311	240	13	2 °W	242	0.78	– 29	476	489	69	304	8.5	41.6	374	2 653
SAKPU	P127	H35	141	311	225	10	3 °W	228	0.78	– 29	476	475	59	363	7.5	49.1	330	2 983
P127	DYG	H35	105	311	160	13	3 °W	163	0.78	– 29	476	469	56	419	7.5	56.6	330	3 313
DYG	LLC	W138	126	311	80	15	3 °W	83	0.78	– 29	476	466	112	531	14.5	71.1	638	3 951
LLC	ZK	H24	98	311	50	13	3 °W	53	0.78	– 30	476	468	40	571	5.1	76.2	224	4 225
ZK	KHN	H24	84	311	360	10	3 °W	3	0.78	– 30	476	474	159	730	20.1	96.3	884	5 109
KHN	P263	H24	72	311	330	10	4 °W	334	0.78	– 31	476	478	78	808	9.8	106.1	431	5 540
P263	P33	H100	50	311	320	10	4 °W	324	0.78	– 31	476	477	37	845	4.7	110.8	207	5 747
P33	TXN	H26	49	311	310	13	4 °W	314	0.78	– 31	476	478	33	878	4.1	114.9	180	5 927
TXN	TOD	G204	100	311	310	15	4 °W	314	0.78	– 31	476	488	42	920	5.2	120.1	229	6 156
TOD	ZSHC			Desc									95	1 015	16	136	169	6 325

附录 2.19

Holding Planning

This table provides total fuel flow information necessary for planning holding and reserve fuel requirements. The chart is based on the higher of the maximum endurance speed and the maneuvering speed. The fuel flow is based upon flight in a racetrack holding pattern. For holding in straight and level flight reduce the table values by 5%.

757-200/RB211-535E4
FAA

BOEING
Flight Planning and Performance Manual

FLIGHTPLANNING
Simplified Flight Planning

Holding Planning
Flaps Up

PRESSURE ALTITUDE /ft	TOTAL FUEL FLOW/(lb/HR)												
	WEIGHT/1 000 lb												
	260	250	240	230	220	210	200	190	180	170	160	150	140
40 000											5 730	5 300	4 910
35 000									6 170	5 780	5 420	5 070	4 750
30 000						7 150	6 780	6 430	6 090	5 750	5 420	5 100	4 930
25 000		8 470	8 110	7 760	7 420	7 080	6 840	6 510	6 180	6 040	5 710	5 380	5 050
20 000	8 880	8 530	8 200	7 860	7 750	7 420	7 090	6 850	6 510	6 170	5 840	5 510	5 180
15 000	9 010	8 670	8 330	7 980	7 640	7 300	6 960	6 630	6 380	6 050	5 720	5 390	5 070
10 000	9 150	8 800	8 450	8 110	7 760	7 420	7 080	6 740	6 410	6 160	6 320	5 980	5 640
5 000	9 290	8 940	8 590	8 240	7 900	7 550	7 810	7 460	7 120	6 860	6 510	6 160	5 820
1 500	9 400	9 050	8 700	9 040	8 690	8 330	7 970	7 620	7 270	6 910	6 650	6 300	5 940

This table includes 5% additional fuel for holding in a racetrack pattern.

FLIGHT PLANNING
Simplified Flight Planning

BOEING
Flight Planning and Performance Manual

757-200/RB211-535E4
FAA

Long Range Cruise Short Trip Fuel and Time
Based on 290/.78 climb, short trip cruise altitude and .78/290/250 descent

附录 2.20

FLIGHT PLANNING
Simplified Flight Planning

Flight Planning and Performance Manual

757-200/RB211-535E4
FAA

Long Range Cruise Short Trip Fuel and Time
Based on 290/.78 climb,short trip cruise altitude and .78/290/250 descent

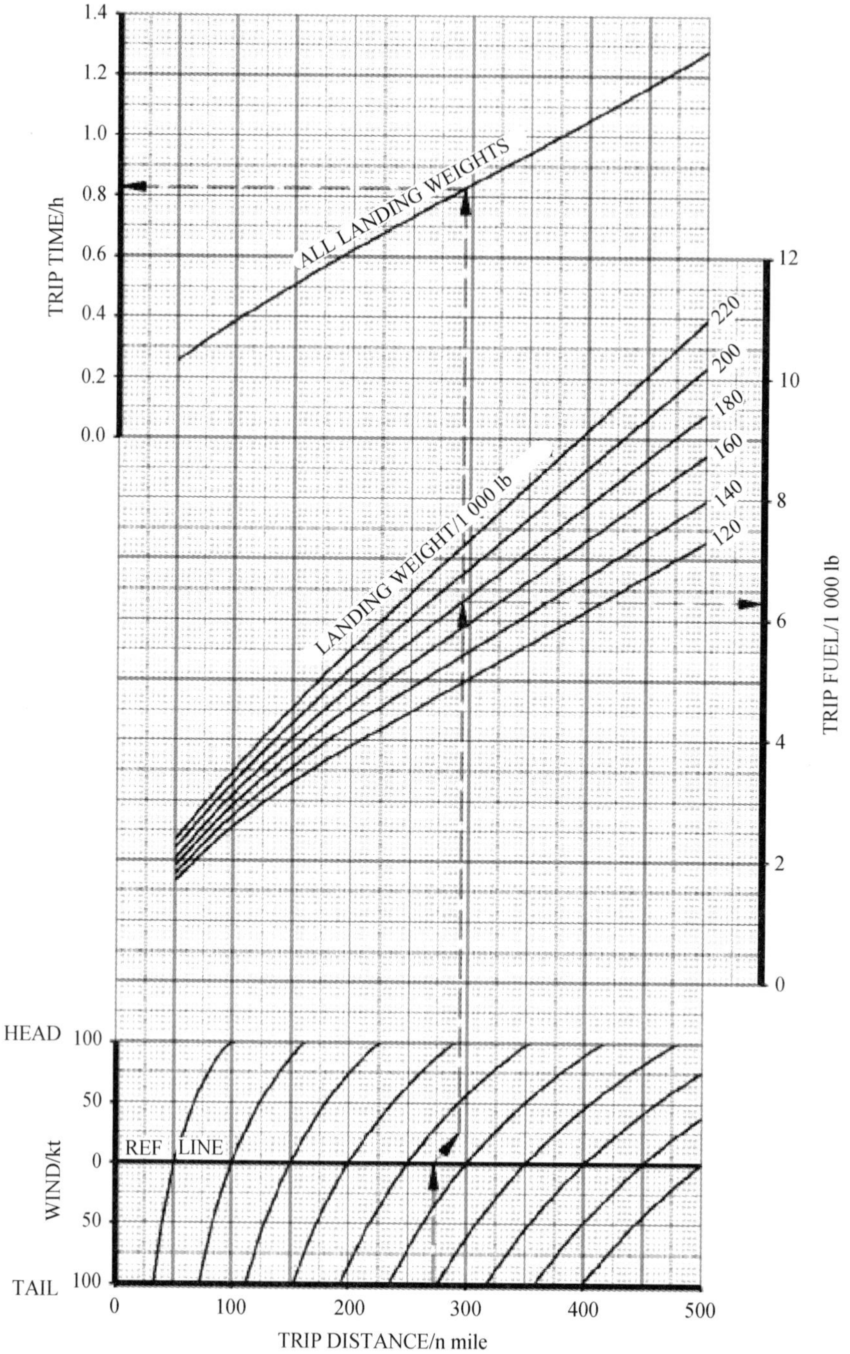

TRIP TIME/h
1.4
1.2
1.0
0.8
0.6
0.4
0.2
0.0

ALL LANDING WEIGHTS

LANDING WEIGHT/1 000 lb
220
200
180
160
140
120

TRIP FUEL/1 000 lb
12
10
8
6
4
2
0

HEAD 100
50
REF LINE
0
50
TAIL 100
WIND/kt

0
100
200
300
400
500
TRIP DISTANCE/n mile

附录 2.21

Long Range Cruise Trip Fuel and Time
0 to 1 800 n mile Distance
Based on 290/.78 climb and.78/290/250 descent

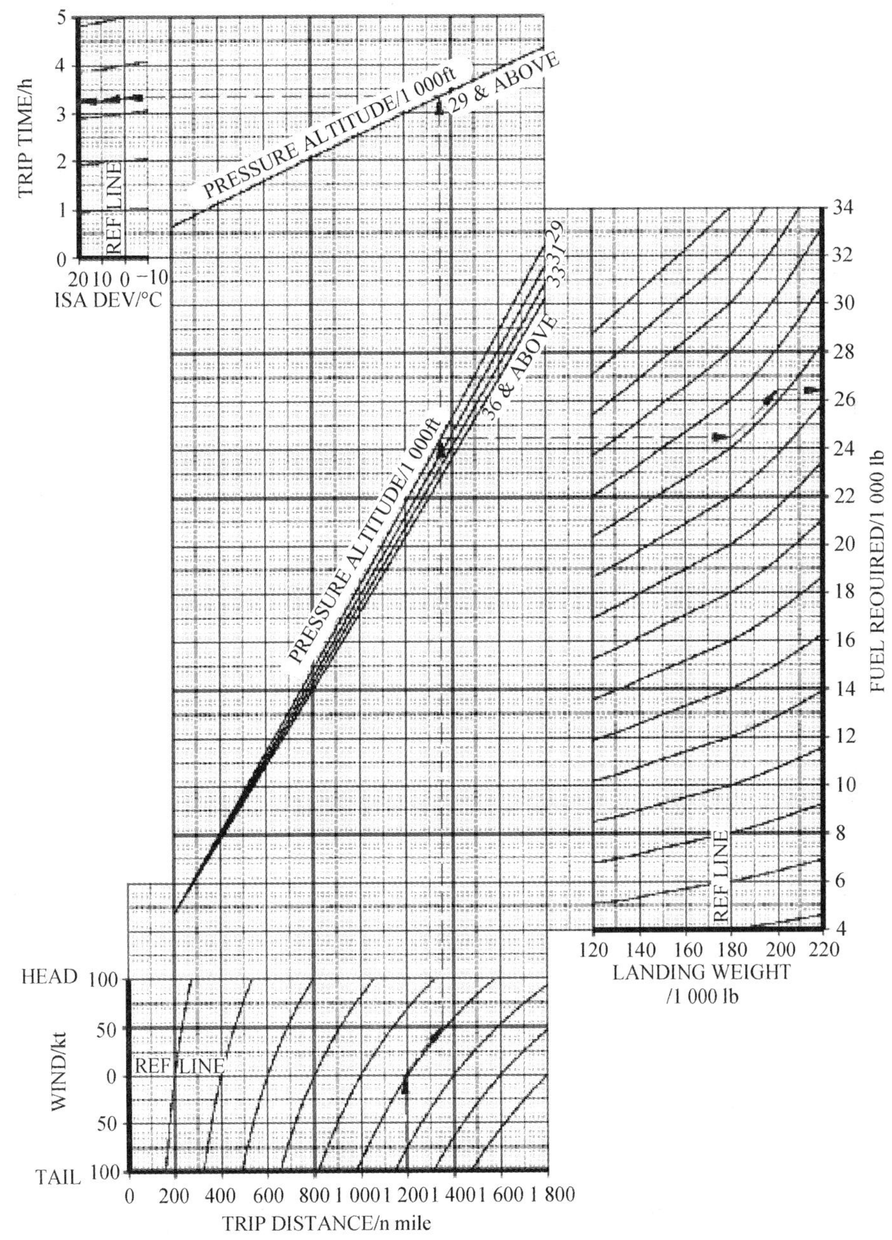

附图 2.22

ENROUTE
All Engine

BOEING
Flight Planning and Performance Manual

757-200/R B211-535E4
FAA

Long Range Cruise Table
30 000 ft to 25 000 ft

PRESS ALT /1 000 ft (STD TAT)		WEIGHT/1 000 lb														
		260	250	240	230	220	210	200	190	180	170	160	150	140	130	120
30 (-20)	ERR	1.55	1.54	1.52	1.50	1.49	1.47	1.45	1.44	1.42	1.40	1.39	1.37	1.35	1.33	1.31
	MAX TAT	15														
	KIAS	303	302	300	297	293	288	283	277	271	265	260	254	245	236	228
	MACH	.799	.796	.792	.784	.774	.763	.750	.735	.719	.706	.693	.677	.656	.632	.613
	FFR/ENG	4 787	4 625	4 461	4 296	4 122	3 948	3 769	3 585	3 447	3 279	3 122	2 961	2 773	2 573	2 474
	KTAS	471	469	466	462	456	449	442	433	424	416	408	399	387	373	361
29 (-19)	ERR	1.53	1.52	1.50	1.48	1.47	1.45	1.44	1.42	1.41	1.39	1.38	1.36	1.34	1.32	1.30
	MAX TAT	18														
	KIAS	309	307	303	299	295	290	284	278	272	267	262	254	245	236	229
	MACH	.796	.791	.783	.773	.763	.751	.737	.722	.709	.696	.683	.664	.642	.621	.604
	FFR/ENG	4 824	4 660	4 494	4 319	4 144	3 965	3 781	3 592	3 473	3 313	3 159	2 976	2 778	2 671	2 501
	KTAS	471	468	464	458	452	444	436	427	419	412	404	393	380	368	357
28 (-17)	ERR	1.51	1.50	1.48	1.47	1.45	1.44	1.42	1.41	1.39	1.38	1.36	1.35	1.33	1.31	1.29
	MAX TAT															
	KIAS	313	310	309	301	296	291	284	279	274	269	262	253	245	237	231
	MACH	.790	.782	.773	.763	.751	.738	.724	.711	.698	.687	.670	.650	.628	.611	.595
	FFR/ENG	4 860	4 692	4 517	4 341	4 161	3 977	3 788	3 616	3 456	3 354	3 177	2 983	2 786	2 695	2 532
	KTAS	470	465	459	453	447	439	430	422	415	408	398	389	373	363	354
27 (-16)	ERR	1.49	1.48	1.46	1.45	1.44	1.42	1.41	1.39	1.38	1.37	1.35	1.33	1.32	1.30	1.28
	MAX TAT															
	KIAS	316	312	307	303	297	291	286	281	276	270	262	253	245	239	232
	MACH	.781	.772	.762	.751	.739	.725	.712	.701	.689	.675	.656	.635	.618	.602	.586
	FFR/ENG	4 892	4 715	4 539	4 359	4 174	3 985	3 810	3 648	3 497	3 378	3 188	2 984	2 893	2 724	2 559
	KTAS	466	461	455	448	441	433	425	418	411	403	392	379	369	359	350
26 (-14)	ERR	1.48	1.46	1.45	1.44	1.42	1.41	1.40	1.38	1.37	1.35	1.34	1.32	1.31	1.29	1.27
	MAX TAT															
	KIAS	318	314	309	303	298	292	287	283	277	269	261	253	247	240	232
	MACH	.771	.761	.751	.739	.726	.713	.702	.691	.678	.661	.642	.623	.608	.593	.574
	FFR/ENG	4 915	4 738	4 557	4 372	4 182	4 006	3 843	3 689	3 530	3 392	3 192	3 094	2 920	2 758	2 576
	KTAS	462	456	450	443	435	428	421	414	407	396	385	374	364	356	344

续表

PRESS ALT /1 000 ft (STD TAT)		WEIGHT/1 000 lb														
		260	250	240	230	220	210	200	190	180	170	160	150	140	130	120
25 (-13)	ERR	1.46	1.45	1.43	1.42	1.41	1.40	1.38	1.37	1.36	1.34	1.32	1.31	1.30	1.28	1.26
	MAX TAT															
	KIAS	320	315	310	304	299	294	289	284	277	269	261	254	248	241	232
	MACH	.760	.750	.738	.726	.714	.703	.693	.681	.665	.647	.628	.613	.599	.584	.563
	FFR/ENG	4 938	4 756	4 570	4 381	4 203	4 039	3 884	3 729	3 546	3 351	3 297	3 120	2 952	2 783	2 591
	KTAS	458	451	444	437	430	423	417	410	400	390	378	369	361	351	339

Max TAT not shown where EPR can be set in ISA +30 °C conditions.
Increase/decrease fuel flow 3% per 10 °C above/below standard TAT.
Increase/decrease KTAS by 1 kt per 1 °C above/below standard TAT.

Max Cruise EPR

PRESS ALT/1 000 ft	25	26	27	28	29	30
LIMTTEPR	1.63	1.64	1.65	1.66	1.67	1.68
MAX TAT/°C	5	4	1	0	−2	−4

Decrease limit EPR by 0.07 per 10 °C TAT hotter than table value.
With engine anti-ice on, decrease limit EPR by 0.01.
With engine and wing anti-ice on, decrease limit EPR by 0.03.

附录 2.23　737-300 爬升性能图表

ENROUTE
All Engine

BOEING
Flight Planning and Performance Manual

737-300/CFM56-3_20K
FAA
Category A Brakes

280/.74 Enroute Climb
ISA + 10 °C

PRESSURE ALTITUDE /ft	UNITS MIN/lb NAM/kt	BRAKE RELEASE WEIGHT/lb						NOTE CHANGE IN SCALE				
		140 000	135 000	130 000	125 000	120 000	115 000	110 000	100 000	90 000	80 000	70 000
37 000	TIME/FUEL DIST/TAS			31/4 700 195/406	26/4 200 165/402	24/3 800 145/400	21/3 500 130/399	20/3 200 115/397	17/2 800 99/395	14/2 400 84/394	12/2 100 71/393	11/1 800 60/392
36 000	TIME/FUEL DIST/TAS	38/5 700 245/409	30/4 800 191/404	27/4 300 164/401	24/3 900 146/399	22/3 600 132/397	20/3 300 120/396	18/3 100 110/395	16/2 700 93/393	14/2 300 79/392	12/2 000 67/391	10/1 800 57/380
35 000	TIME/FUEL DIST/TAS	31/ 4 900 192/402	27/4 400 166/399	24/4 000 148/397	22/3 700 133/395	20/3 400 122/394	19/3 200 112/393	17/3 000 103/392	15/2 600 88/391	13/2 300 75/388	11/2 000 64/389	10/1 700 54/388
34 000	TIME/FUEL DIST/TAS	27/4 500 167/397	25/4 200 149/395	22/3 800 135/394	21/3 600 123/392	19/3 500 113/391	18/3 100 104/390	17/2 900 96/389	14/2 500 83/388	13/2 200 71/387	11/1 900 81/386	9/1 700 52/388
33 000	TIME/FUEL DIST/TAS	25/4 300 150/393	23/4 000 136/392	21/3 700 125/390	20/3 400 115/388	18/3 200 106/388	17/3 000 97/387	16/2 800 91/387	14/2 500 78/388	12/2 200 67/385	10/1 900 58/384	9/1 600 49/383
32 000	TIME/FUEL DIST/TAS	23/4 100 137/389	21/3 800 126/388	20/3 500 116/387	18/3 300 107/386	17/3 100 99/385	16/2 900 92/384	15/2 700 85/384	13/2 400 74/383	12/2 100 64/382	10/1 800 55/381	9/1 600 47/381
31 000	TIME/FUEL DIST/TAS	22/3 900 127/385	20/3 600 117/384	19/3 400 108/383	18/3 200 100/383	16/3 000 93/382	15/2 800 86/381	14/2 600 80/381	13/2 300 70/380	11/2 100 60/379	10/1 800 52/378	8/1 600 44/378
30 000	TIME/FUEL DIST/TAS	20/3 700 117/381	19/3 500 109/380	18/3 300 101/380	17/3 100 94/379	16/2 900 87/378	15/2 700 81/378	14/2 600 76/377	12/2 300 66/377	11/2 000 57/376	9/1 800 49/375	8/1 500 42/375
29 000	TIME/FUEL DIST/TAS	19/3 500 107/378	18/3 300 99/375	17/3 100 92/375	16/2 900 86/374	15/2 800 80/374	14/2 600 75/373	13/2 500 70/373	11/2 200 61/372	10/1 900 53/372	9/1 700 46/371	8/1 500 39/371
28 000	TIME/FUEL DIST/TAS	18/3 400 97/371	17/3 200 90/370	16/3 000 84/370	15/2 800 79/369	14/2 700 74/369	13/2 500 69/369	12/2 400 65/368	11/2 100 56/368	10/1 900 49/367	8/1 600 43/367	7/1 400 36/367
27 000	TIME/FUEL DIST/TAS	17/3 200 89/366	16/3 000 83/366	15/2 900 77/365	14/2 700 72/365	13/2 500 68/365	12/2 400 64/364	12/2 300 60/364	10/2 000 52/363	9/1 800 46/363	8/1 600 40/365	7/1 400 34/362
26 000	TIME/FUEL DIST/TAS	15/3 100 81/362	15/2 900 76/361	14/2 700 71/361	13/2 600 67/361	12/2 400 63/360	12/2 300 59/360	11/2 200 55/360	10/1 900 48/359	9/1 700 42/359	8/1 500 37/359	7/1 300 31/359
25 000	TIME/FUEL DIST/TAS	14/2 900 74/357	14/2 800 70/357	13/2 600 65/357	12/2 500 61/357	12/2 300 58/356	11/2 200 54/356	10/2 100 51/356	9/1 900 45/355	8/1 700 39/355	7/1 500 34/355	6/1 300 29/355
24 000	TIME/FUEL DIST/TAS	14/2 800 68/353	13/2 600 64/353	12/2 500 60/353	11/2 400 57/353	11/2 200 53/352	10/2 100 50/352	10/2 000 47/352	9/1 800 41/352	8/1 600 36/352	7/1 400 32/351	6/1 200 27/351
23 000	TIME/FUEL DIST/TAS	13/2 700 63/350	12/2 500 59/349	11/2 400 55/349	11/2 300 52/349	10/2 100 49/349	10/2 000 46/329	9/1 900 43/348	8/1 700 38/348	7/1 500 34/348	6/1 400 29/348	6/1 200 35/348
22 000	TIME/FUEL DIST/TAS	12/2 500 58/348	11/2 400 54/346	11/2 300 51/345	10/2 200 48/345	10/2 100 45/345	9/1 900 43/345	9/1 800 40/345	8/1 700 35/345	7/1 500 31/344	6/1 300 27/344	5/1 100 23/344
21 000	TIME/FUEL DIST/TAS	11/2 400 53/342	11/2 300 50/342	10/2 200 47/342	10/2 100 44/342	9/2 000 42/342	9/1 900 39/342	8/1 800 37/341	7/1 600 33/341	7/1 400 29/341	6/1 300 25/341	5/1 100 22/341
20 000	TIME/FUEL DIST/TAS	11/2 300 48/339	10/2 200 46/339	10/2 100 43/339	9/2 000 41/338	9/1 900 38/338	8/1 800 36/338	8/1 700 34/338	7/1 500 30/338	6/1 400 26/338	6/1 200 23/338	5/1 100 20/338

续表

PRESSURE ALTITUDE /ft	UNITS MIN/lb NAM/kt	BRAKE RELEASE WEIGHT/lb						NOTE CHANGE IN SCALE				
		140 000	135 000	130 000	125 000	120 000	115 000	110 000	100 000	90 000	80 000	70 000
19 000	TIME/FUEL DIST/TAS	10/2 200 44/336	9/2 100 42/335	9/2 000 39/335	9/1 900 37/335	8/1 800 35/335	8/1 700 33/335	7/1 600 31/335	7/1 500 28/335	6/1 300 22/332	5/1 200 20/332	5/1 000 18/335
18 000	TIME/FUEL DIST/TAS	9/2 100 40/332	9/2 000 38/332	8/1 900 36/332	8/1 800 34/332	8/1 700 32/332	7/1 600 30/332	7/1 500 29/332	6/1 400 25/332	6/1 200 22/332	5/1 100 20/332	4/1 000 17/332
17 000	TIME/FUEL DIST/TAS	9/2 000 37/329	8/1 900 35/329	8/1 800 33/329	8/1 700 31/329	7/1 600 29/329	7/1 600 28/329	6/1 500 26/328	6/1 300 23/329	5/1 200 20/329	5/1 100 18/329	4/900 15/329
16 000	TIME/FUEL DIST/TAS	8/1 900 33/326	8/1 800 32/326	7/1 700 30/328	7/1 600 28/326	7/1 600 27/326	6/1 500 25/326	6/1 400 24/326	5/1 300 21/326	5/1 100 19/326	4/1 000 16/326	4/900 14/326
15 000	TIME/FUEL DIST/TAS	8/1 800 30/323	7/1 700 29/323	7/1 600 27/323	7/1 500 28/323	6/1 500 24/323	6/1 400 23/323	6/1 300 22/323	5/1 200 19/325	5/1 00 17/323	4/1 000 15/323	4/800 13/323
14 000	TIME/FUEL DIST/TAS	7/1 700 27/321	7/1 600 26/321	6/1 500 24/320	6/1 500 23/320	6/1 400 22/320	6/1 300 21/320	5/1 300 20/320	5/1 100 17/320	4/1 000 15/320	4/900 13/320	3/800 12/320
13 000	TIME/FUEL DIST/TAS	7/1 600 24/318	6/1 500 23/318	6/1 500 22/318	6/1 400 21/318	6/1 300 20/318	5/1 300 19/318	5/1 200 18/318	5/1 100 16/318	4/1 000 14/318	4/900 12/318	3/800 10/318
12 000	TIME/FUEL DIST/TAS	6/1 500 22/315	6/1 400 21/315	6/1 400 20/315	5/1 300 19/315	5/1 200 18/315	5/1 200 17/315	5/1 100 16/315	4/1 000 14/315	4/900 12/315	3/800 11/315	3/700 9/315
11 000	TIME/FUEL DIST/TAS	6/1 400 19/313	5/1 300 18/313	5/1 300 17/313	5/1 200 16/313	5/1 200 16/312	5/1 100 15/312	4/1 100 14/312	4/1 000 12/312	4/900 11/312	3/800 10/312	3/700 8/312
10 000	TIME/FUEL DIST/TAS	5/1 300 17/310	5/1 300 16/310	5/1 200 15/310	5/1 100 14/310	4/1 100 14/310	4/1 000 13/310	4/1 000 12/310	4/900 11/310	3/800 10/310	3/700 8/310	3/700 7/310
8 000	TIME/FUEL DIST/TAS	4/1 100 12/305	4/1 100 12/305	4/1 000 11/305	4/1 000 10/305	4/1 000 10/305	4/900 9/305	3/900 9/305	3/800 8/305	3/700 7/305	3/600 6/305	2/600 5/305
6 000	TIME/FUEL DIST/TAS	4/900 8/301	3/900 8/301	3/900 7/301	3/800 7/301	3/800 7/301	3/800 6/301	3/700 6/301	3/700 5/301	2/600 5/301	2/600 4/301	2/500 4/301
1 500	TIME/FUEL	2/600	2/500	2/500	2/500	2/500	2/500	2/500	2/400	2/400	1/400	1/300

FUEL ADJUSTMENT FOR HIGH ELEVATION AIRPORTS EFFECT ON TIME AND DISTANCE IS NEGLIGIGLE	AIRPORT ELEVATION	2 000	4 000	6 000	8 000	10 000	12 000
	FUEL ADJUSTMENT	− 100	− 200	− 400	− 500	− 600	− 700

附录 2.24

ENROUTE
All Engine

BOEING
Flight Planning and Performance Manual

737-300/CFM56-3_20K
FAA
Category A Brakes

.74M Cruise Table

37 000 ft to 29 000 ft
%N1
MAX TAX
FF/ENG

PRESS ALT /1 000 ft	IAS STD TAT TAS	GROSS WEIGHT/1 000 lb													
		140	135	130	125	120	115	110	105	100	95	90	85	80	75
37	238 -33 424				90.8 -20 2 723	89.0 -12 2 566	87.4 -5 2 436	86.1 2 326	85.0 2 230	83.9 2 147	83.0 2 073	82.1 2 005	81.3 1 942	80.5 1 885	79.8 1 833
36	244 -33 425			90.3 -18 2 806	88.6 -10 2 656	87.2 -4 2 528	86.0 2 420	84.9 2 325	83.9 2 242	83.0 2 167	82.2 2 099	81.4 2 035	80.6 1 977	79.9 1 923	79.3 1 876
35	250 -30 426		90.2 -15 2 902	88.6 -8 2 758	87.3 -2 2 634	86.2 2 528	85.1 2 433	84.2 2 349	83.4 2 274	82.5 2 274	81.8 2 141	81.0 2 081	80.3 2 027	79.7 1 977	79.1 1 933
34	255 -28 428	90.0 -13 3 000	88.6 -6 2 860	87.4 -1 2 740	86.3 2 636	85.4 2 542	84.5 2 459	83.7 2 384	82.9 2 315	82.1 2 249	81.4 2 188	80.8 2 133	80.2 2 082	79.6 2 036	79.1 1 995
33	261 -26 430	88.6 -4 2 964	87.5 1 2 848	86.5 6 2 745	85.5 2 653	84.7 2 570	83.9 2 495	83.2 2 426	82.5 2 360	81.8 2 298	81.1 2 242	80.6 2 190	80.0 2 143	79.5 2 100	79.0 2 061
32	267 -24 432	87.5 2 2 957	86.6 7 2 856	85.7 2 765	84.9 2 684	84.2 2 609	83.5 2 539	82.8 2 473	82.1 2 411	81.5 2 354	80.9 2 301	80.4 2 253	79.9 2 208	79.4 2 168	79.0 2 132
31	273 -22 434	86.7 8 2 969	85.9 2 880	85.1 2 800	84.4 2 725	83.7 2 655	83.0 2 588	82.4 2 526	81.8 2 468	81.3 2 415	80.8 2 366	80.3 2 320	79.7 2 279	79.4 2 242	79.0 2 208
30	279 -19 436	86.0 2 997	85.3 2 918	84.6 2 844	83.9 2 773	83.3 2 706	82.7 2 644	82.1 2 568	81.6 2 531	81.1 2 482	80.6 2 436	80.2 2 393	79.8 2 355	79.4 2 320	79.1 2 289
29	285 -17 438	85.4 3 038	84.8 2 964	84.1 2 894	83.0 2 764	83.0 2 764	82.4 2 706	81.9 2 651	81.4 2 601	81.0 2 554	80.5 2 511	80.1 2 472	79.4 2 403	79.4 2 403	79.1 2 374

MAX TAT NOT SHOWN FOR HOTTER THAN ISA +30 °C CONDITIONS
INCREASE/DECREASE TARGER %N1 BY 1% PER 5 °C ABOVE/BELOW STD TAT
INCREASE/DECREASE FUEL FLOW 1% PER 5 °C ABOVE/BELOW STD TAT
INCREASE/DECREASE TAS BY 1 KT PER 1 °C ABOVE/BELOW STD TAT

TURBULENT AIR PENETRATION

TARGET SPEED IAS/MACH	PRESS ALT /1 000 ft	GROSS WETGHT/1 000 lb						
		70	80	90	100	110	120	130
		APPROXIMATE POWER SETTING IN %N1 RPM						
280/.70	37	78	79	81	83	86	89	
	35	77	78	80	82	83	86	88
	30	77	78	79	80	81	82	84
	25	75	76	77	77	78	80	81
	20	72	72	73	74	75	76	77
	15	68	69	69	70	71	72	73
	10	64	65	66	66	67	68	69

N_1 BLEED ADJUSTMENTS

BLEED CONF IGURATION	N1 ADJUSTMENT/%
A/C OFF	+ 1.0
A/C HIGH	- 0.5
ENG TAI	- 1.0
WING TAI	
NORMAL	- 2.0
HIGH	- 2.0

MAX CRUISE PERCENT N1

PRESS ALT /1 000 ft	TAT DEG/°C											
	- 55	- 50	- 45	- 40	- 35	- 30	- 25	- 20	- 15	- 10	- 5	0
37	87.2	88.2	89.2	90.2	91.1	92.0	92.9	93.3	93.0	92.8	92.5	92.2
36	87.1	88.1	89.1	90.1	91.0	91.9	92.9	93.4	93.1	92.9	92.6	92.3
35	86.7	87.7	88.7	89.6	90.6	91.5	92.4	93.3	93.2	92.9	92.7	92.4
34	86.2	87.2	88.2	89.1	90.0	91.0	91.9	92.8	93.2	92.9	92.7	92.4
33	85.8	86.7	87.7	88.7	89.6	90.5	91.4	92.3	93.2	92.9	92.7	92.4
32	85.3	86.3	87.3	88.2	89.2	90.1	91.0	91.9	92.7	93.0	92.7	92.4
31	84.9	85.9	86.8	87.8	88.7	89.6	90.5	91.4	92.3	93.0	92.7	92.4
30	84.4	85.4	86.4	87.3	88.2	89.1	90.0	90.9	91.8	92.6	92.7	92.4
29	84.0	85.0	85.9	86.8	87.8	88.7	89.6	90.5	91.3	92.2	92.7	92.4

附录 2.25

Descent

.74M/250 KIAS

PRESS ALT /ft	TIME /min	FUEL /lb	DISTANCE NAM LANDING WEIGHT/lb		
			80 000	100 000	120 000
37 000	23	650	101	111	116
35 000	22	640	97	106	111
33 000	21	630	92	100	105
31 000	20	620	86	94	98
29 000	20	610	81	88	92
27 000	19	590	75	82	86
25 000	18	580	70	76	79
23 000	17	560	65	70	73
21 000	15	540	59	64	67
19 000	14	520	54	59	61
17 000	13	500	49	53	55
15 000	12	470	44	47	49
10 000	9	400	31	33	34
5 000	6	310	18	18	18
3 700	5	290	14	14	14

.70M/280/250 KIAS

PRESS ALT /ft	TIME /min	FUEL /lb	DISTANCE NAM LANDING WEIGHT/lb		
			80 000	100 000	120 000
37 000	21	620	92	102	109
35 000	20	610	87	97	104
33 000	19	600	83	93	99
31 000	19	590	79	88	94
29 000	18	580	75	84	89
27 000	17	570	71	79	85
25 000	17	560	66	74	79
23 000	16	540	62	68	73
21 000	15	530	57	63	67
19 000	14	510	52	58	61
17 000	13	490	48	52	55
15 000	12	470	43	47	49
10 000	9	400	31	33	34
5 000	6	310	18	18	18
3 700	5	290	14	14	14

BASED ON FLIGHT IDLE THRUST.
ALLOWANCES FOR A STRAIGHT-IN APPROACH ARE INCLUDED.

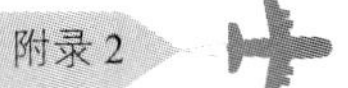

附录 2.26

Long Range Cruise Step Climb Trip Fuel and Time
Based on 290/.78 climb, LRC or .80M cruise and .78/290/250 descent

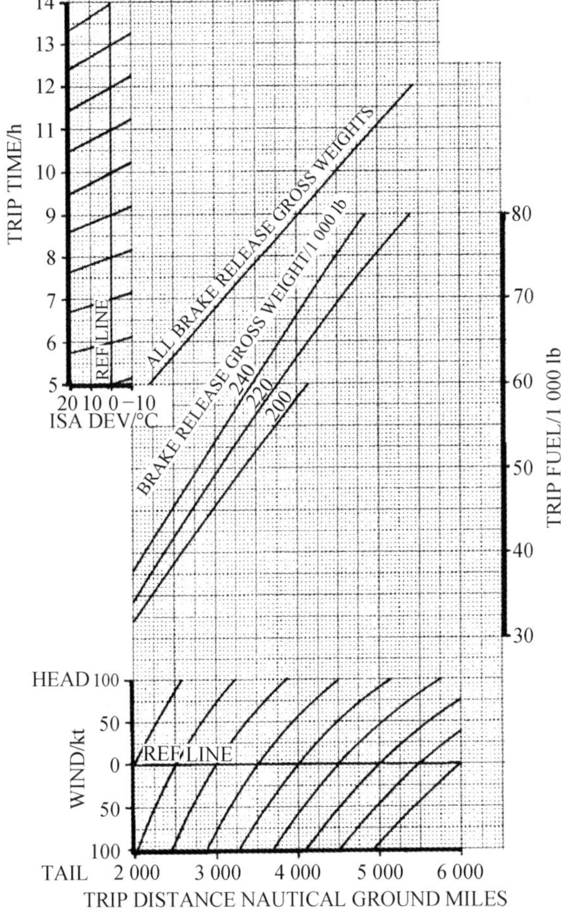

附录 2.27

757-200/RB211-535E4
FAA

Flight Planning and Performance Manual

FLIGHT PLANNING
ETOPS

ENGINE INOP

330 KIAS Cruise Critical Fuel Reserves

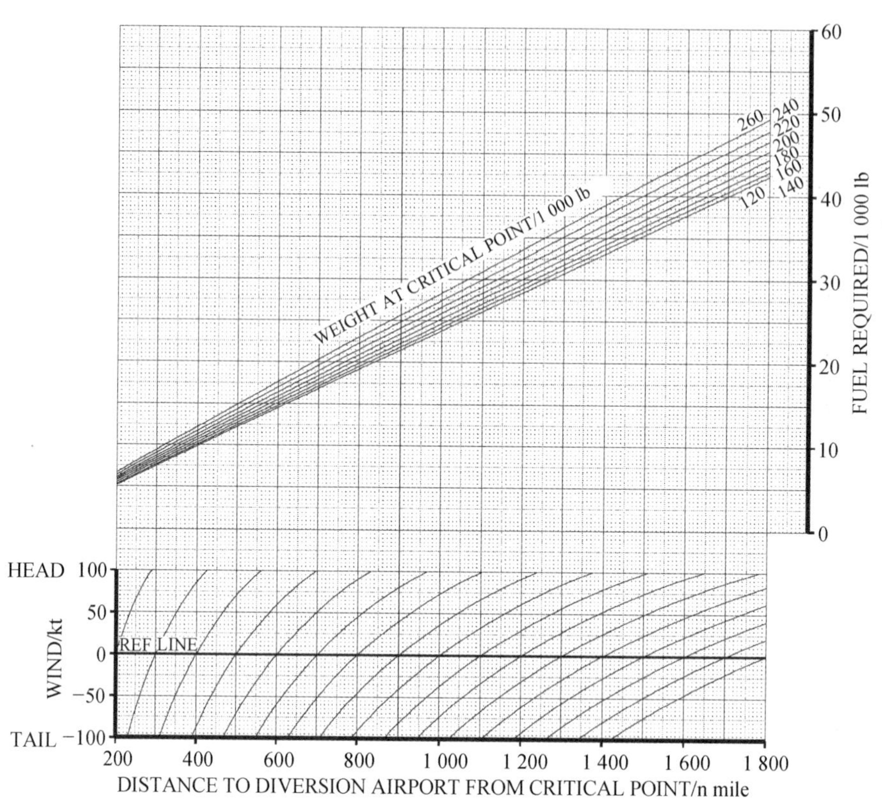

Based on: Emergency descent to 10000 ft, level cruise at 10000 ft, 250 KIAS descent to 1500 ft, 15 minutes hold at 1500 ft, approach and land. Allowance for performance deterioration not included. Includes APU fuel burn.

Adjustments:

- Increase forecast headwind or decrease forecast tailwind by 5% if an acceptable wind forecasting model is used; otherwise, increase diversion fuel by 5% to account for wind errors.
- Increase fuel required by 0.9% per 10°C above ISA.
- When icing conditions are forecast, use the greater of engine and wing anti-ice on (4%) for the total forecast time or engine and wing anti-ice on and ice drag (13%) for 10% of the forecast time.

Compare the critical fuel reserves required for all engines cruise, engine inoperative cruise, and engine inoperative driftdown and use the higher of the three.

附录 2.28

ALL ENGINES

LRC Cruise Critical Fuel Reserves

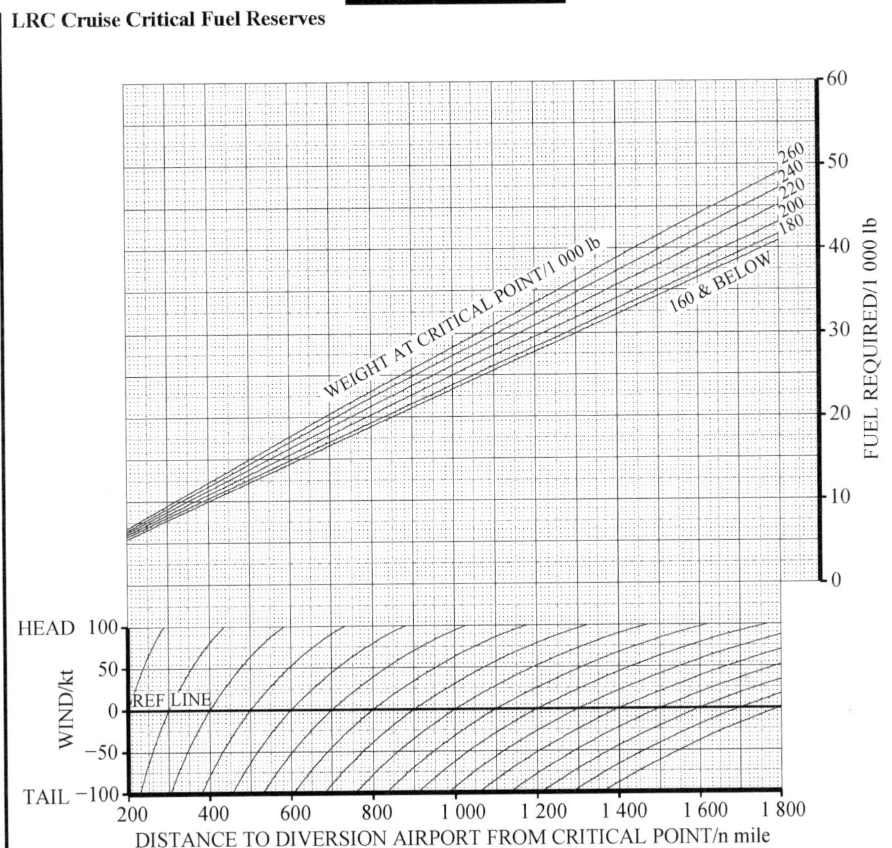

Based on: Emergency descent to 10000 ft, level cruise at 10000 ft, 250 KIAS descent to 1500 ft, 15 minutes hold at 1500 ft, approach and land. Allowance for performance deterioration not included.

Adjustments:
- Increase forecast headwind or decrease forecast tailwind by 5% if an acceptable wind forecasting model is used; otherwise, increase diversion fuel by 5% to account for wind errors.
- Increase fuel required by 0.9% per 10°C above ISA.
- When icing conditions are forecast, use the greater of engine and wing anti-ice on (5%) for the total forecast time or engine and wing anti-ice on and ice drag (10%) for 10% of the forecast time.

Compare the critical fuel reserves required for all engines cruise, engine inoperative cruise, and engine inoperative driftdown and use the higher of the three.

附录 2.29

ENGINE INOP

330 KIAS Driftdown Critical Fuel Reserves

WEIGHT AT CRITICAL POINT/1 000 lb

260 240 220 200 180 160 140 120

FUEL REQUIRED/1 000 lb

0 10 20 30 40 50

HEAD 100 50 0 −50 TAIL −100

WIND/kt

REF LINE

200 400 600 800 1 000 1 200 1 400 1 600 1 800

DISTANCE TO DIVERSION AIRPORT FROM CRITICAL POINT/n mile

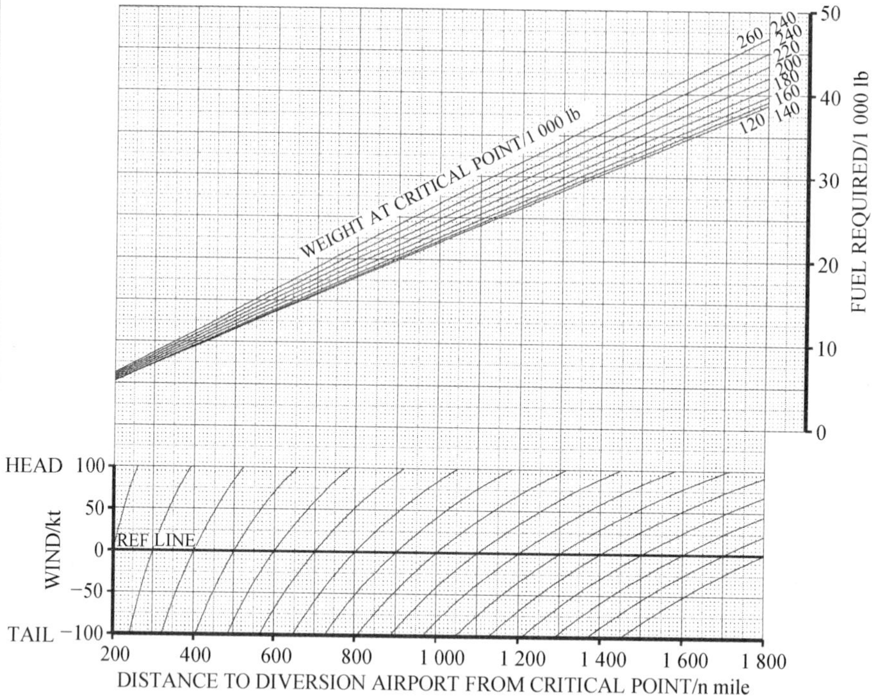

Based on: Driftdown to and cruise at level off altitude, 250 KIAS descent to 1500 ft, 15 minutes hold at 1500 ft, approach and land. Allowance for performance deterioration not included. Includes APU fuel burn.

Adjustments:

- Increase forecast headwind or decrease forecast tailwind by 5% if an acceptable wind forecasting model is used; otherwise, increase diversion fuel by 5% to account for wind errors.
- Increase fuel required by 0.9% per 10°C above ISA.
- When icing conditions are forecast, use the greater of engine and wing anti-ice on (4%) for the total forecast time or engine and wing anti-ice on and ice drag (13%) for 10% of the forecast time.

Compare the critical fuel reserves required for all engines cruise, engine inoperative cruise, and engine inoperative driftdown and use the higher of the three.

附录 2.30

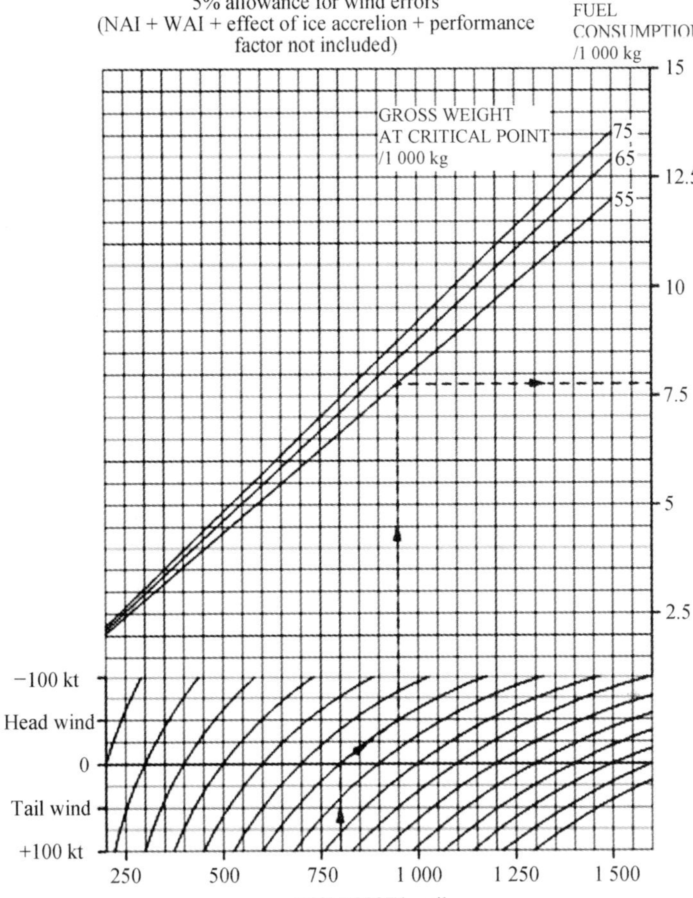
ETOPS FUEL REQUIREMENT FROM CRITICAL POINT TO LANDING
ALL ENGINES-LONG RANGE CRUISE
Including:energency descent-long range cruise at FL100
final descent 250 kt-holding 15 min at FL15
IFR procedure-Go Arcund-2nd VFR procedure
5% allowance for wind errors
(NAI + WAI + effect of ice accrelion + performance
factor not included)
FUEL
CONSUMPTION
/1 000 kg
15
12.5
10
7.5
5
2.5
GROSS WEIGHT
AT CRITICAL POINT
/1 000 kg
75
65
55
−100 kt
Head wind
0
Tail wind
+100 kt
250
500
750
1 000
1 250
1 500
DISTANCE/n mile

附录 2.31

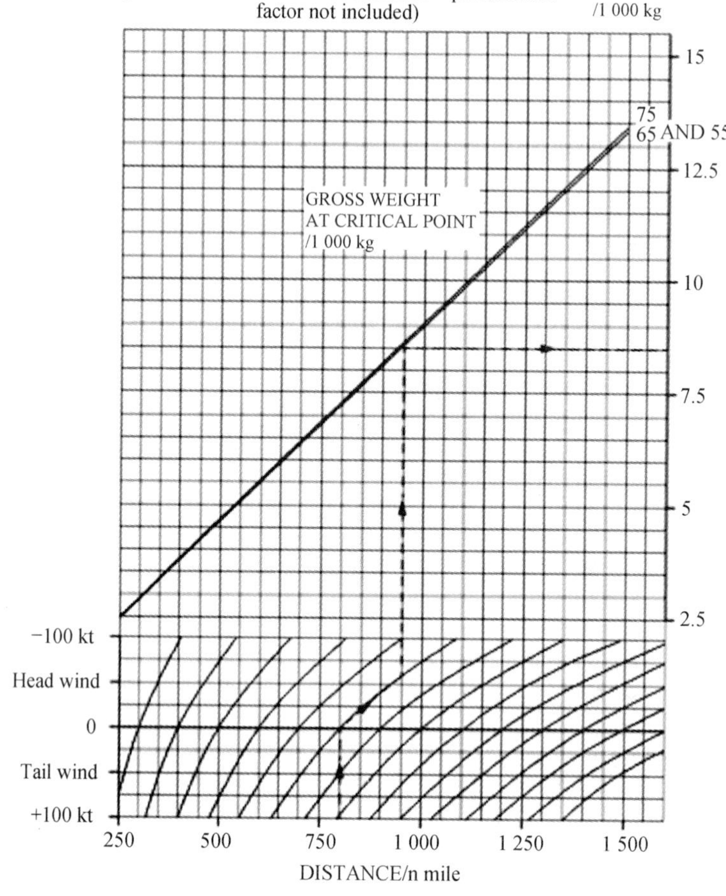
ETOPS FUEL REQUIREMENT FROM CRITICAL POINT TO LANDING
ONE ENGINE OUT-CRUISE AT 350 kt
Including:energency descent-cruise 350 kt at FL100
final descent 250 kt-holding 15 min at FL15
IFR procedure-Go Arcund-2nd VFR procedure
5% allowance for wind errors
(NAI + WAI + effect of ice accrelion + performance
factor not included)
FUEL
CONSUMPTION
/1 000 kg
15
12.5
10
7.5
5
2.5
75
65 AND 55
GROSS WEIGHT
AT CRITICAL POINT
/1 000 kg
−100 kt
Head wind
0
Tail wind
+100 kt
250
500
750
1 000
1 250
1 500
DISTANCE/n mile